サイエンス社のホームページのご案内
http://www.saiensu.co.jp
ご意見・ご要望は　rikei@saiensu.co.jp　まで．

まえがき

　本書は理工系向けの『微分積分概論 [新訂版]』と対をなす演習書として編集された．同新訂版と同程度の例題や問題に加え，より基礎的，またより高度な内容を含めて上下にそのレベルを広げた内容になっている．本書を通じて微分積分の計算に習熟すると同時に，その本質に触れることができるよう例題と問題を豊富に配置した．また，分かりやすい丁寧な解説を心がけたことと相まって，本書は幅広い需要に応える内容となった．

　本書ではいくつか工夫を凝らしている．

　(1) 『微分積分概論 [新訂版]』と同じく，基本的に見開きのページ配置で記述が完結するよう配慮した．

　(2) 例題の直後にその理解を即座に確かめることができるよう類題を配置した．その際，内容に応じて問題を多めにするなどきめ細かく編集した．

　(3) 微分積分学の本質的な理解が得られるよう，例題の配置や解説に工夫を凝らした．例えば，指数関数，対数関数，三角関数の導関数は基本的な1点における微分係数の計算が本質的であることを明示して，それらの導関数が導かれる仕組みの理解を促した．また，テイラーの定理，マクローリンの定理は具体的な場合に適用し，典型的な応用例を配置することで，それらを理解，運用できるよう配慮した．

　(4) 積分は何通りも計算法があったり，習得した計算法を用いない方が簡単なこともあるなど，一般にその計算は難しい．本書では，例題や問題を羅列的でなく，その計算法を系統的に順序立てて習得できるよう配置した．同時に，型どおりの計算法のみでなく，見方を変えた簡潔な計算例や問題も数多く掲載したから，読者は新たな解法を発見し，数学本来の楽しさに触れることができるであろう．

　(5) 無限級数は微分積分学において重要な役割を果たしているが，昨今，時間的制約により講義で省略されることが多い．本書では，級数の収束判定法，絶対収束と条件収束，また関数の整級数展開などの重要事項について，例題や問題を通して一通り習得できるよう配慮した．

　解析系諸分野，また関連分野における主要な概念や論法（またその萌芽）がすで

まえがき

に微分積分学の中に多く登場するから，その確かな理解は種々の数学分野の学修に際して大きな礎となる．本書が微分積分学修得の一助となることを願っている．

　本書の執筆にあたって，多くの類書を参考にさせていただきました．また，このたび執筆をお勧め下さったサイエンス社の田島伸彦氏，そして，見やすいページ構成や膨大な原稿校正に心を砕いて下さった同編集部の鈴木綾子，一ノ瀬知子両氏，その他お世話になった皆様に心より謝意を表します．

2016 年 4 月 17 日

著者

目　次

第1章　極限と連続　　1

- 1.1　実数の性質と数列の極限 ……………………………………… 1
- 1.2　関数の極限と連続関数 …………………………………………… 9
- 　　　演習問題 ……………………………………………………… 19

第2章　微　分　法　　21

- 2.1　導　関　数 …………………………………………………… 21
- 2.2　高次導関数 …………………………………………………… 32
- 2.3　平均値の定理，テイラーの定理 ……………………………… 36
- 2.4　微分法の応用 ………………………………………………… 44
- 　　　演習問題 ……………………………………………………… 57

第3章　積　分　法　　60

- 3.1　不　定　積　分 ……………………………………………… 60
- 3.2　有理関数の積分 ……………………………………………… 81
- 3.3　三角関数，無理関数他の積分 ………………………………… 88
- 3.4　定　積　分 …………………………………………………… 94
- 3.5　広　義　積　分 ……………………………………………… 104
- 3.6　積分の応用 …………………………………………………… 112
- 　　　演習問題 ……………………………………………………… 118

第4章　偏微分法　121

- 4.1　2変数関数と極限 121
- 4.2　偏導関数 125
- 4.3　全微分 129
- 4.4　合成関数の微分法とテイラーの定理 133
- 4.5　偏微分の応用 141
- 　　　演習問題 145

第5章　重積分法　148

- 5.1　2重積分 148
- 5.2　広義の2重積分 157
- 5.3　3重積分 160
- 5.4　重積分の応用 164
- 　　　演習問題 169

第6章　級数　172

- 6.1　級数の収束・発散 172
- 6.2　正項級数 174
- 6.3　絶対収束級数・条件収束級数 181
- 6.4　整級数 188
- 　　　演習問題 201

問題解答　203

- 1章 203
- 2章 209
- 3章 221
- 4章 247
- 5章 257
- 6章 266

索引　277

三角関数の公式

(1) **加法定理**
$$\sin(x \pm y) = \sin x \cos y \pm \cos x \sin y$$
$$\cos(x \pm y) = \cos x \cos y \mp \sin x \sin y$$

(2) **2倍角の公式**
$$\sin 2x = 2 \sin x \cos x$$
$$\cos 2x = \cos^2 x - \sin^2 x = 2\cos^2 x - 1 = 1 - 2\sin^2 x$$

(3) **半角の公式**
$$\sin^2 \frac{x}{2} = \frac{1 - \cos x}{2}, \quad \cos^2 \frac{x}{2} = \frac{1 + \cos x}{2}$$

(4) **和・差を積にする公式**
$$\sin \alpha + \sin \beta = 2 \sin \frac{\alpha + \beta}{2} \cos \frac{\alpha - \beta}{2}$$
$$\sin \alpha - \sin \beta = 2 \cos \frac{\alpha + \beta}{2} \sin \frac{\alpha - \beta}{2}$$
$$\cos \alpha + \cos \beta = 2 \cos \frac{\alpha + \beta}{2} \cos \frac{\alpha - \beta}{2}$$
$$\cos \alpha - \cos \beta = -2 \sin \frac{\alpha + \beta}{2} \sin \frac{\alpha - \beta}{2}$$

(5) **積を和・差にする公式**
$$\sin A \cos B = \frac{1}{2}\{\sin(A+B) + \sin(A-B)\}$$
$$\cos A \cos B = \frac{1}{2}\{\cos(A+B) + \cos(A-B)\}$$
$$\sin A \sin B = -\frac{1}{2}\{\cos(A+B) - \cos(A-B)\}$$

1 極限と連続

1.1 実数の性質と数列の極限

実数全体の集合を $\mathbb{R}$,自然数全体の集合を $\mathbb{N}$ とする.$\mathbb{R}$ の部分集合 S に対して,x が S の元であることを $x \in S$ で表す.

上限・下限 すべての $x \in S$ に対して $x \leqq M$ であるとき S は**上に有界**であるといい,M を S の**上界**という.S の上界で最小なものを S の**上限** (supremum) といい,$\sup S$ で表す.**下に有界**,**下界**,**下限** (infimum),$\inf S$ も同様に定義される.S が上に有界かつ下に有界であるとき,S は**有界**であるという.また S の**最大数** (maximum),**最小数** (minimum) をそれぞれ $\max S$,$\min S$ で表す.S に最大数があればそれは上限に等しい.同様に,S に最小数があればそれは下限に等しい.なお,S が上に(下に)有界でないとき,$\sup S = \infty$ ($\inf S = -\infty$) と書く.

実数の連続性 上に有界な集合には上限が存在する.同様に下に有界な集合には下限が存在する.

有理数の稠密性 $x < y$ である任意の実数 x, y に対して,$x < r < y$ となる有理数 r が存在する.

2項定理 $(a+b)^n = \sum_{k=0}^{n} {}_n C_k a^{n-k} b^k$.ただし ${}_n C_k = \dfrac{n!}{k!(n-k)!}$,$0! = 1$.

数列の極限 n を限りなく大きくすると a_n が限りなく a に近づくとき,数列 $\{a_n\}$ は a に**収束する**といい,$\lim_{n \to \infty} a_n = a$,または $a_n \to a$ $(n \to \infty)$ で表す.このとき a を $\{a_n\}$ の**極限値**という.$\{a_n\}$ がどんな実数にも収束しないとき $\{a_n\}$ は**発散する**という.特に,$n \to \infty$ とすると a_n が限りなく大きくなるとき,$\{a_n\}$ は $+\infty$(正の無限大)に**発散する**という.また,$n \to \infty$ とすると $a_n < 0$ で $|a_n|$ が限りなく大きくなるとき,$\{a_n\}$ は $-\infty$(負の無限大)に**発散する**という.このとき,それぞれ $\lim_{n \to \infty} a_n = +\infty$,$\lim_{n \to \infty} a_n = -\infty$ で表す.これらの定義は直観的であり,このような理解では取り扱うことができない場合がある.厳密には次のように定義される.

数列 $\{a_n\}$ が a に収束するとは,どんなに小さな $\varepsilon > 0$ に対してもある自然数 N があって

$$n \geqq N \text{ ならば } |a_n - a| < \varepsilon$$

が成り立つことである.また,数列 $\{a_n\}$ が $+\infty$ に発散するとは,どんなに大きな $K > 0$ に対してもある自然数 N があって

$$n \geqq N \quad \text{ならば} \quad a_n > K$$

が成り立つことである．他の場合も同様である．

定理 1.1（**極限の基本性質**）　$\lim_{n\to\infty} a_n = a$, $\lim_{n\to\infty} b_n = b$ とする．

(1) $\lim_{n\to\infty} (a_n \pm b_n) = a \pm b$

(2) $\lim_{n\to\infty} a_n b_n = ab$, 特に $\lim_{n\to\infty} k a_n = ka$, ただし k は定数

(3) $\lim_{n\to\infty} \dfrac{a_n}{b_n} = \dfrac{a}{b}$, ただし $b_n, b \neq 0$

(4) $a_n \leqq b_n$ ならば $a \leqq b$

定理 1.2（**はさみうちの定理**）

$$a_n \leqq c_n \leqq b_n, \ \lim_{n\to\infty} a_n = \lim_{n\to\infty} b_n = a \quad \text{ならば} \quad \lim_{n\to\infty} c_n = a$$

ある定数 M が存在してすべての n に対して $a_n \leqq M$ が成り立つとき，数列 $\{a_n\}$ は**上に有界**であるという．またすべての n に対して $a_n \geqq M$ が成り立つとき，数列 $\{a_n\}$ は**下に有界**であるという．上かつ下に有界であるとき $\{a_n\}$ は**有界**であるという．

すべての n に対して $a_n \leqq a_{n+1}$ であるとき，$\{a_n\}$ は（単調）**増加数列**であるという．逆向きの不等式が成り立つとき $\{a_n\}$ は（単調）**減少数列**であるという．これらを合わせて**単調数列**という．

定理 1.3　収束する数列は有界．

定理 1.4　上に有界な増加数列は収束する．また，下に有界な減少数列は収束する．

■ **ネイピアの数 e の定義**　$e = \lim_{n\to\infty} \left(1 + \dfrac{1}{n}\right)^n$ を**ネイピアの数**という．

（数列 $\left\{\left(1 + \dfrac{1}{n}\right)^n\right\}$ は上に有界な増加数列だからこの極限値は存在する）．

数列 $\{a_n\}$ の項の順序を変えずにその一部を取り出してできる数列 $\{a_{n_k}\}$ を $\{a_n\}$ の**部分列**という．

定理 1.5　$\lim_{n\to\infty} a_n = a$ とする．$\{a_{n_k}\}$ を $\{a_n\}$ の任意の部分列とすると，$\lim_{k\to\infty} a_{n_k} = a$ である．

定理 1.6（**ボルツァノ-ワイエルシュトラスの定理**）　有界数列 $\{a_n\}$ は収束部分列をもつ．

数列 $\{a_n\}$ について $a_n - a_m \to 0 \ (n, m \to \infty)$ が成り立つとき，$\{a_n\}$ を**コーシー列**という．厳密には，任意の $\varepsilon > 0$ に対して自然数 N が存在して

$$n, m \geqq N \quad \Longrightarrow \quad |a_n - a_m| < \varepsilon$$

が成り立つことをいう．

定理 1.7（**コーシーの定理**）　数列 $\{a_n\}$ が収束するための必要十分条件は，$\{a_n\}$ がコーシー列になることである．

1.1 実数の性質と数列の極限

例題 1.1 ━━━━━━━━━━━━━━━━━━━━━ 上限・下限 ━━

実数 l が集合 S の上限であるための必要十分条件は，l が次の 2 つの条件をみたすことであることを示せ．
 (a) すべての $x \in S$ に対して，$x \leqq l$.
 (b) $l' < l$ ならば，$l' < x$ となる $x \in S$ が存在する．

解答　[$\Rightarrow$] $l = \sup S$ とすると，l は S の上界だから，すべての $x \in S$ に対して $x \leqq l$. また l は S の最小上界だから，$l' < l$ なら l' は S の上界でない．したがって，$l' < x$ となる $x \in S$ が存在する．

[$\Leftarrow$]　(a) より l は S の上界．(b) より，$l' < l$ なら l' は S の上界でない．ゆえに l は S の最小上界，すなわち，$l = \sup S$ である．

例題 1.2 ━━━━━━━━━━━━━━━━━━━━━ 三角不等式 ━━

次を示せ．
 (1)　$|x + y| \leqq |x| + |y|$　（三角不等式）
 (2)　$\bigl||x| - |y|\bigr| \leqq |x - y|$

解答　(1)　$-|x| - |y| \leqq x + y \leqq |x| + |y|$ より明らか．
　(2)　(1) より
$$|x| = |x - y + y| \leqq |x - y| + |y|$$
だから $|x| - |y| \leqq |x - y|$. x と y を入れ替えて，
$$|y| - |x| \leqq |y - x| = |x - y|.$$
したがって $\bigl||x| - |y|\bigr| \leqq |x - y|$.

～～～ **問 題** ～～～

1.1　集合 S が上に有界であるとき，S に最大数が存在するための必要十分条件は，$\sup S \in S$ であることを示せ．

1.2　次の集合 S の上限，下限，最大数，最小数について調べよ．
 (1)　$S = (-1, 1)$
 (2)　$S = \mathbb{N}$　（自然数全体）
 (3)　無理数 $\sqrt{2}$ の小数第 n 位までをとった有理数を a_n とする．$S = \{a_n; n \in \mathbb{N}\}$

1.3　上に有界な集合 S に対して $l = \sup S$ とする．このとき，$a_n \in S$ $(n = 1, 2, \ldots)$ で l に収束する数列 $\{a_n\}$ が存在することを示せ．

1.4　$\lim_{n \to \infty} a_n = a$ ならば $\lim_{n \to \infty} |a_n| = |a|$ であることを示せ．

例題 1.3 — 数列の極限値

次の数列の極限値を求めよ．
(1) $\displaystyle\lim_{n\to\infty}\frac{3n^2-5n+2}{5n^2+3n+2}$ (2) $\displaystyle\lim_{n\to\infty}\frac{\cos n\pi}{\sqrt{n}}$ (3) $\displaystyle\lim_{n\to\infty}\left(1-\frac{1}{n^2}\right)^n$

解答 (1) $\displaystyle\lim_{n\to\infty}\frac{3n^2-5n+2}{5n^2+3n+2}=\lim_{n\to\infty}\frac{3-\frac{5}{n}+\frac{2}{n^2}}{5+\frac{3}{n}+\frac{2}{n^2}}=\frac{3}{5}.$

(2) $0\leqq\left|\dfrac{\cos n\pi}{\sqrt{n}}\right|\leqq\dfrac{1}{\sqrt{n}}\to 0\ (n\to\infty).$ したがって，はさみうちの定理より

$$\frac{\cos n\pi}{\sqrt{n}}\to 0 \quad (n\to\infty).$$

(3) $\displaystyle\lim_{n\to\infty}\left(1+\frac{1}{n}\right)^n=e$ であるから

$$\begin{aligned}\lim_{n\to\infty}\left(1-\frac{1}{n^2}\right)^n &= \lim_{n\to\infty}\left(1+\frac{1}{n}\right)^n\left(1-\frac{1}{n}\right)^n \\ &= \lim_{n\to\infty}\left(1+\frac{1}{n}\right)^n\left(\frac{n-1}{n}\right)^n \\ &= \lim_{n\to\infty}\left(1+\frac{1}{n}\right)^n\frac{1}{\left(1+\frac{1}{n-1}\right)^n} \\ &= \lim_{n\to\infty}\left(1+\frac{1}{n}\right)^n\frac{1}{\left(1+\frac{1}{n-1}\right)^{n-1}}\frac{1}{1+\frac{1}{n-1}} \\ &= 1.\end{aligned}$$

問題

1.5 次の極限値を求めよ．

(1) $\displaystyle\lim_{n\to\infty}(\sqrt{n^2+n}-n)$ (2) $\displaystyle\lim_{n\to\infty}(\sqrt{n+\sqrt{n}}-\sqrt{n})$

(3) $\displaystyle\lim_{n\to\infty}\frac{5n^3-4n^2+2}{n^3-2n+1}$ (4) $\displaystyle\lim_{n\to\infty}\frac{1+2+\cdots+n}{n^2}$

(5) $\displaystyle\lim_{n\to\infty}\frac{1^2+2^2+\cdots+n^2}{n^3}$ (6) $\displaystyle\lim_{n\to\infty}\left(1+\frac{1}{n+1}\right)^n$

(7) $\displaystyle\lim_{n\to\infty}\left(1-\frac{1}{n}\right)^{-n}$

例題 1.4 — 数列の極限値

$|a| < 1$ のとき次を示せ.

(1) $\lim_{n \to \infty} a^n = 0$ (2) $\lim_{n \to \infty} na^n = 0$

(3) $\lim_{n \to \infty} n^k a^n = 0$ （k は自然数）

解答 $a=0$ なら明らか. $a \neq 0$ のとき $0 < a < 1$ として一般性を失わない. このとき $b = \frac{1}{a}$ とおくと $b > 1$ だから, $b = 1+h, h > 0$ と書ける.

(1) $(1+h)^n$ を 2 項展開すると

$$b^n = (1+h)^n = 1 + nh + \frac{n(n-1)}{2}h^2 + \cdots + h^n \geqq 1 + nh \to \infty \ (n \to \infty)$$

となるから, $b^n \to \infty \ (n \to \infty)$. したがって $a^n = \dfrac{1}{b^n} \to 0 \ (n \to \infty)$.

(2) (1) と同様にして

$$b^n = (1+h)^n = 1 + nh + \frac{n(n-1)}{2}h^2 + \cdots + h^n \geqq \frac{n(n-1)}{2}h^2.$$

これより

$$0 \leqq na^n = \frac{n}{b^n} \leqq \frac{2}{(n-1)h^2} \to 0 \ (n \to \infty).$$

したがって $na^n \to 0 \ (n \to \infty)$.

(3) 上と同様にして

$$\begin{aligned}
b^n &= (1+h)^n \\
&= 1 + nh + \frac{n(n-1)}{2}h^2 + \cdots + \frac{n(n-1)\cdots(n-k)}{(k+1)!}h^{k+1} + \cdots + h^n \\
&\geqq \frac{n(n-1)\cdots(n-k)}{(k+1)!}h^{k+1}
\end{aligned}$$

これより

$$\begin{aligned}
0 &\leqq n^k a^n = \frac{n^k}{b^n} \\
&\leqq \frac{n^k}{n(n-1)\cdots(n-k)} \frac{(k+1)!}{h^{k+1}} \leqq \frac{1}{n-k}\left(\frac{n}{n-k}\right)^k \frac{(k+1)!}{h^{k+1}} \to 0 \ (n \to \infty).
\end{aligned}$$

したがって $n^k a^n \to 0 \ (n \to \infty)$ を得る.

問題

1.6 $a > 1$ とし, k を 0 以上の整数とする. このとき, $\displaystyle\lim_{n \to \infty} \frac{a^n}{n^k} = \infty$ を示せ.

例題 1.5 ────────────────────── 数列の極限値 ─

$\lim_{n\to\infty} \sqrt[n]{n} = 1$ を示せ.

解答 $n > 1$ のとき $\sqrt[n]{n} > 1$ であるから $\sqrt[n]{n} = 1 + h_n$ とおくと $h_n > 0$. このとき

$$n = (1 + h_n)^n = 1 + nh_n + \frac{n(n-1)}{2!} h_n^2 + \cdots + h_n^n$$
$$> \frac{n(n-1)}{2!} h_n^2.$$

これより $h_n^2 < \dfrac{2}{n-1}$. よって

$$0 < h_n < \sqrt{\frac{2}{n-1}} \to 0 \quad (n \to \infty)$$

だから $\lim_{n\to\infty} h_n = 0$. したがって $\lim_{n\to\infty} \sqrt[n]{n} = 1$ を得る.

例題 1.6 ────────────────────── 数列の極限値 ─

$a > 0$ とする. $\lim_{n\to\infty} \dfrac{a^n}{n!} = 0$ を示せ.

解答 $0 < a \leqq 1$ のとき

$$0 < \frac{a^n}{n!} \leqq \frac{1}{n!} \to 0 \quad (n \to \infty)$$

だから, はさみうちの定理より $\dfrac{a^n}{n!} \to 0 \, (n \to \infty)$.
$a > 1$ のとき, $m \leqq a < m+1$ である $m \in \mathbb{N}$ をとり $r = \dfrac{a}{m+1} \, (< 1)$ とおく.
また $\dfrac{a^m}{m!} = M$ とおくと, $n \geqq m+1$ ならば,

$$0 \leqq \frac{a^n}{n!} = \frac{a}{n} \cdots \frac{a}{m+1} \frac{a}{m} \cdots \frac{a}{1} \leqq Mr^{n-m} \to 0 \quad (n \to \infty)$$

となり, はさみうちの定理より結論を得る.

～～ 問 題 ～～～～～～～～～～～～～～～～～～～～～～

1.7 $a > 0$ のとき, $\lim_{n\to\infty} \sqrt[n]{a} = 1$ を示せ.

1.8 $\lim_{n\to\infty} \sqrt[n]{2n}$ を求めよ.

1.1 実数の性質と数列の極限

例題 1.7 ──────────────────── 数列の極限値 ──

$a > 0$ とする. $x_1 > \sqrt{a}$ とし
$$x_{n+1} = \frac{1}{2}\left(x_n + \frac{a}{x_n}\right) \quad (n = 1, 2, \dots)$$
とする. 数列 $\{x_n\}$ は収束することを示せ. またその極限値は $\sqrt{a}$ であることを示せ.

解答 相加平均と相乗平均の大小関係から

$$x_{n+1} = \frac{1}{2}\left(x_n + \frac{a}{x_n}\right) \geqq \sqrt{a} \quad (n = 1, 2, \dots).$$

したがって数列 $\{x_n\}$ は下に有界. またこの不等式より

$$\begin{aligned} x_n - x_{n+1} &= \frac{1}{2}\left(x_n - \frac{a}{x_n}\right) \\ &= \frac{x_n^2 - a}{2x_n} \geqq 0 \quad (n = 1, 2, \dots). \end{aligned}$$

これより $x_n \geqq x_{n+1}\ (n = 1, 2, \dots)$ となるから, $\{x_n\}$ は減少数列. ゆえに定理 1.4 より $\{x_n\}$ は収束する. $\alpha = \lim_{n\to\infty} x_n$ とする.

$$x_{n+1} = \frac{1}{2}\left(x_n + \frac{a}{x_n}\right)$$

で $n \to \infty$ とすると

$$\alpha = \frac{1}{2}\left(\alpha + \frac{a}{\alpha}\right).$$

ゆえに

$$\alpha^2 = a$$

となる. $\alpha \geqq \sqrt{a}$ だから, $\alpha = \sqrt{a}$ である.

問題

1.9 $a_1 = 1, a_{n+1} = \sqrt{1 + a_n}$ のとき $\lim_{n\to\infty} a_n$ を求めよ.

1.10 $a_n = \dfrac{1}{1+n} + \dfrac{1}{2+n} + \cdots + \dfrac{1}{n+n}$ とおくとき, 次を示せ.

(1) $\{a_n\}$ は収束する.　　(2) $\dfrac{1}{2} \leqq \lim_{n\to\infty} a_n \leqq 1$

例題 1.8 ───────────────── 数列の極限値

$a_n \leqq b_n$ $(n=1,2,\dots)$ のとき, $\lim_{n\to\infty} a_n = a$, $\lim_{n\to\infty} b_n = b$ ならば, $a \leqq b$ であることを示せ. また, $a_n < b_n$ $(n=1,2,\dots)$ であっても $a < b$ とは限らないことを示せ.

[解答] $\lim_{n\to\infty} a_n = a$ だから, 任意の $\varepsilon > 0$ に対してある番号 N_1 が存在して
$$n \geqq N_1 \implies |a_n - a| < \varepsilon, \ \text{すなわち}, \ a - \varepsilon < a_n < a + \varepsilon.$$
同様に $\lim_{n\to\infty} b_n = b$ より, この ε に対してある番号 N_2 が存在して
$$n \geqq N_2 \implies b - \varepsilon < b_n < b + \varepsilon.$$
$N = \max\{N_1, N_2\}$ とする. $n \geqq N$ のとき, 上の2つの不等式は同時に成り立つから
$$a - \varepsilon < a_n \leqq b_n < b + \varepsilon.$$
これより $a - b < 2\varepsilon$ となる. $\varepsilon > 0$ は任意だから $a - b \leqq 0$, したがって $a \leqq b$ を得る. また, $a_n = -\dfrac{1}{n}$, $b_n = \dfrac{1}{n}$ とすると $a_n < b_n$ $(n=1,2,\dots)$ であるが,
$$\lim_{n\to\infty} a_n = \lim_{n\to\infty} b_n = 0.$$
したがって後半を得る.

例題 1.9 ───────────────── 数列の収束性

収束する数列 $\{a_n\}$ は有界であることを示せ.

[解答] $\lim_{n\to\infty} a_n = a$ とすると, $\varepsilon = 1$ に対してある番号 N が存在して
$$n \geqq N \implies |a_n - a| < 1, \ \text{したがって}, \ a - 1 < a_n < a + 1.$$
これより区間 $(a-1, a+1)$ に含まれない a_n は高々 $N-1$ 個だから $\{a_n\}$ は有界 (区間については p.10 注 参照).

注 精密には
$$\min\{a_1, \dots, a_{N-1}, a-1\} \leqq a_n \leqq \max\{a_1, \dots, a_{N-1}, a+1\} \quad (n=1,2,\dots)$$
より $\{a_n\}$ は有界.

問題

1.11 コーシー列 $\{a_n\}$ は有界であることを示せ.

1.2 関数の極限と連続関数

関数の極限 x が a に限りなく近づくとき，関数 $f(x)$ の値が l に限りなく近づくならば，$f(x)$ の $x = a$ における**極限値**は l であるといい，$\lim_{n \to a} f(x) = l$，または $f(x) \to l$ $(x \to a)$ で表す．厳密には，どんな小さな $\varepsilon > 0$ に対しても

$$0 < |x - a| < \delta \text{ ならば } |f(x) - l| < \varepsilon$$

をみたす $\delta > 0$ が存在することである．

x を a に右から近づけていくと $f(x)$ が限りなく l に近づくとき，$f(x)$ の $x = a$ における**右極限値**は l であるといい，$\lim_{x \to a+0} f(x) = l$ または $f(x) \to l$ $(x \to a+0)$ で表す．**左極限値** $\lim_{x \to a-0} f(x) = l$ についても同様である．$a = 0$ の場合，$x \to 0+0$ $(x \to 0-0)$ の代わりに単に $x \to +0$ $(x \to -0)$ と書く．

定理 1.8 (極限の基本性質) $\lim_{x \to a} f(x) = l$ であるためには，

$$\lim_{x \to a+0} f(x) = \lim_{x \to a-0} f(x) = l$$

であることが必要十分．

x が a に限りなく近づくとき $f(x)$ が限りなく大きくなるならば，$f(x)$ は $x = a$ において $+\infty$ (正の無限大) に**発散する**といい，$\lim_{x \to a} f(x) = +\infty$ または $f(x) \to +\infty$ $(x \to a)$ で表す．厳密には，どんなに大きな正数 M に対しても次をみたす正数 δ が存在することである：$0 < |x - a| < \delta$ ならば $f(x) > M$．

$-\infty$ (負の無限大) に発散する場合や $x \to \infty$, $x \to -\infty$ の場合も同様に定義される．

定理 1.9 (極限の基本性質) $\lim_{x \to a} f(x) = l$, $\lim_{x \to a} g(x) = m$ とすると
(1) $\lim_{x \to a} \{f(x) \pm g(x)\} = l \pm m$.
(2) $\lim_{x \to a} f(x)g(x) = lm$, 特に $\lim_{x \to a} kf(x) = kl$, ただし k は定数.
(3) $\lim_{x \to a} \dfrac{f(x)}{g(x)} = \dfrac{l}{m}$ $(m \neq 0)$.
(4) $f(x) \leqq g(x)$ ならば $l \leqq m$.

定理 1.10 (はさみうちの定理)

$$f(x) \leqq h(x) \leqq g(x), \lim_{x \to a} f(x) = \lim_{x \to a} g(x) = l \text{ ならば } \lim_{x \to a} h(x) = l.$$

定理 1.11 (関数の極限と数列の極限) $\lim_{x \to a} f(x) = l$ となるための必要十分条件は，$\lim_{n \to \infty} x_n = a$ $(x_n \neq a)$ である任意の数列 $\{x_n\}$ に対して $\lim_{n \to \infty} f(x_n) = l$ となることである ($l = \pm\infty$ でもよい)．

連続関数

$\lim_{x \to a} f(x) = f(a)$ が成り立つとき $f(x)$ は $x = a$ で連続であるという．また $\lim_{x \to a+0} f(x) = f(a)$ が成り立つとき，$f(x)$ は $x = a$ で右連続であるという．同様に $\lim_{x \to a-0} f(x) = f(a)$ が成り立つとき，$f(x)$ は $x = a$ で左連続であるという．区間 I の各点で連続であるとき $f(x)$ は**区間 I で連続**であるという．

注 区間とは次の形の集合の総称である．

$[a,b] = \{x;\ a \leqq x \leqq b\}$ （閉区間），$\quad (a,b) = \{x;\ a < x < b\}$ （開区間），

$(a,b] = \{x;\ a < x \leqq b\}$ （左半開区間），$\quad [a,b) = \{x;\ a \leqq x < b\}$ （右半開区間），

$(-\infty, \infty)$ （全区間），$\quad [a, \infty),\ (-\infty, b)$ など．

上の定義において，例えば $f(x)$ が閉区間 $I = [a,b]$ で連続であるとは，I の端の点 a, b ではそれぞれ右連続，左連続であればよい．

定理 1.12 $f(x)$ が $x = a$ で連続であるためには，$f(x)$ が $x = a$ で右連続かつ左連続であることが必要十分である．

定理 1.13（**連続関数の基本性質**）

(1) $f(x), g(x)$ が $x = a$ で連続ならば，$f(x) \pm g(x), f(x)g(x), kf(x), \frac{f(x)}{g(x)}$ も $x = a$ で連続．

(2) $y = f(x)$ が $x = a$ で連続，$z = g(y)$ が $y = f(a)$ で連続ならば，合成関数 $z = g(f(x))$ も $x = a$ で連続．

定理 1.14（**中間値の定理**）　関数 $f(x)$ が閉区間 $[a,b]$ で連続，$f(a) \neq f(b)$ ならば，$f(a)$ と $f(b)$ の間の任意の実数 k に対して

$$f(c) = k$$

となる $c\ (a < c < b)$ が存在する．

定理 1.15（**関数の連続性と数列の極限**）　関数 $f(x)$ が $x = a$ で連続であるための必要十分条件は，$\lim_{n \to \infty} x_n = a$ である任意の数列 $\{x_n\}$ に対して $\lim_{n \to \infty} f(x_n) = f(a)$ となることである．

関数 $f(x)$ が区間 I で $x_1 < x_2$ ならば $f(x_1) \leqq f(x_2)\ (f(x_1) \geqq f(x_2))$ をみたすとき，$f(x)$ は区間 I で**増加（減少）**であるという．関数 $f(x)$ が区間 I で $x_1 < x_2$ ならば $f(x_1) < f(x_2)\ (f(x_1) > f(x_2))$ をみたすとき，$f(x)$ は区間 I で**狭義増加（狭義減少）**であるという．増加関数，減少関数を合わせて**単調関数**という．また狭義増加関数，狭義減少関数を合わせて**狭義の単調関数**という．

定理 1.16（**逆関数の存在**）　$y = f(x)$ を閉区間 $[a,b]$ で連続な狭義増加関数とすると，区間 $[f(a), f(b)]$ 内の各 y に対して $y = f(x)$ となる x が $[a,b]$ 内にただ1つ存在する．すなわち $y = f(x)$ の**逆関数** $x = f^{-1}(y)$ が存在する．$x = f^{-1}(y)$ は定義域 $[f(a), f(b)]$ で連続，狭義増加である．$f(x)$ が狭義減少関数の場合も同様．また通常，逆関数 $x = f^{-1}(y)$ は x と y を入れ替えて $y = f^{-1}(x)$ と書く．

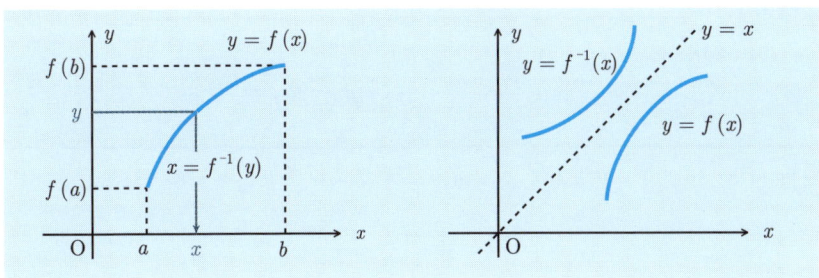

無理関数　自然数 n が偶数のとき，関数 $y = x^n$ は $x \geqq 0$ で連続で狭義増加だから逆関数が存在する．それを $x = \sqrt[n]{y}$，また x と y を入れ替えて $y = \sqrt[n]{x}$ と書く．逆関数 $y = \sqrt[n]{x}$ の定義域は $[0, \infty)$ である．特に $n = 2$ のとき $y = \sqrt{x}$ と書く．

n が奇数のとき，同様に $y = x^n$ は $(-\infty, \infty)$ で連続で狭義増加だから逆関数 $y = \sqrt[n]{x}$ が存在する．その定義域は $(-\infty, \infty)$ である．

指数関数と対数関数　$a > 0, a \neq 1$ とする．x に a^x を対応させる関数 $y = a^x$ を a を底とする**指数関数**という．$y = a^x$ は $(-\infty, +\infty)$ で連続，$a > 1$ のとき狭義増加，$0 < a < 1$ のとき狭義減少だから，いずれの場合にも逆関数が存在する．これを a を底とする**対数関数**といい，$x = \log_a y$ で表す．また x と y を入れ替えて $y = \log_a x$ と書く．$a = e$ のとき $\log_e x$ を $\log x$ と書き，**自然対数**という．

逆三角関数　$y = \sin x$ は $\left[-\dfrac{\pi}{2}, \dfrac{\pi}{2}\right]$ で狭義増加，連続だから，$[-1, 1]$ を定義域，$\left[-\dfrac{\pi}{2}, \dfrac{\pi}{2}\right]$ を値域とする逆関数が存在する．これを**逆正弦関数**といい，$x = \sin^{-1} y$，また x と y を入れ替えて $y = \sin^{-1} x$ で表す（$\sin^{-1}$ はアークサインと読む）．

$y = \cos x$ は $[0, \pi]$ で狭義減少，連続だから，$[-1, 1]$ を定義域，$[0, \pi]$ を値域とする逆関数が存在する．これを**逆余弦関数**といい，$x = \cos^{-1} y$，また x と y を入れ替えて $y = \cos^{-1} x$ で表す（$\cos^{-1}$ はアークコサインと読む）．

$y = \tan x$ は $\left(-\dfrac{\pi}{2}, \dfrac{\pi}{2}\right)$ で狭義増加，連続だから，$(-\infty, +\infty)$ を定義域，$\left(-\dfrac{\pi}{2}, \dfrac{\pi}{2}\right)$ を値域とする逆関数が存在する．これを**逆正接関数**といい，$x = \tan y$，また x と y を入れ替えて $y = \tan^{-1} x$ で表す（$\tan^{-1}$ はアークタンジェントと読む）．

これらの関数の定義域と値域は以下の通りまとめられる．

関数	定義域		値域
$\sin^{-1} x$	$[-1, 1]$	$\to$	$\left[-\dfrac{\pi}{2}, \dfrac{\pi}{2}\right]$
$\cos^{-1} x$	$[-1, 1]$	$\to$	$[0, \pi]$
$\tan^{-1} x$	$(-\infty, \infty)$	$\to$	$\left(-\dfrac{\pi}{2}, \dfrac{\pi}{2}\right)$

例題 1.10　　逆三角関数

次の値を求めよ.
(1) $\sin^{-1}\dfrac{1}{2}$　　(2) $\tan^{-1}\sqrt{3}$　　(3) $\sin\left(2\cos^{-1}\dfrac{4}{5}\right)$

解答　(1) $\sin^{-1}\dfrac{1}{2}=\theta$ とおくと, $\sin\theta=\dfrac{1}{2}$ で $-\dfrac{\pi}{2}\leqq\theta\leqq\dfrac{\pi}{2}$. ゆえに
$$\theta=\sin^{-1}\dfrac{1}{2}=\dfrac{\pi}{6}.$$

(2) $\tan^{-1}\sqrt{3}=\theta$ とおくと $\tan\theta=\sqrt{3},\ 0<\theta<\dfrac{\pi}{2}$. ゆえに $\theta=\tan^{-1}\sqrt{3}=\dfrac{\pi}{3}$.

(3) $\theta=\cos^{-1}\dfrac{4}{5}$ とおくと $\cos\theta=\dfrac{4}{5},\ 0\leqq\theta\leqq\dfrac{\pi}{2}$. ゆえに $\sin\theta=\sqrt{1-\cos^2\theta}=\dfrac{3}{5}$. したがって

$$\sin\left(2\cos^{-1}\dfrac{4}{5}\right)=\sin 2\theta=2\sin\theta\cos\theta=2\cdot\dfrac{3}{5}\cdot\dfrac{4}{5}=\dfrac{24}{25}.$$

例題 1.11　　逆三角関数

次の等式を示せ.
(1) $\sin^{-1}(-x)=-\sin^{-1}x$　　(2) $\cos^{-1}(-x)=\pi-\cos^{-1}x$
(3) $\tan^{-1}(-x)=-\tan^{-1}x$

解答　(1) $\sin^{-1}x=\theta$ とすると $\sin\theta=x,\ -\dfrac{\pi}{2}\leqq\theta\leqq\dfrac{\pi}{2}$. このとき $\sin(-\theta)=-x,\ -\dfrac{\pi}{2}\leqq-\theta\leqq\dfrac{\pi}{2}$. ゆえに $\sin^{-1}(-x)=-\theta=-\sin^{-1}x$.

(2) $\cos^{-1}x=\theta$ とすると $\cos\theta=x,\ 0\leqq\theta\leqq\pi$. このとき
$$\cos(\pi-\theta)=-\cos\theta=-x,\quad 0\leqq\pi-\theta\leqq\pi.$$
ゆえに $\cos^{-1}(-x)=\pi-\theta=\pi-\cos^{-1}x$.

(3) $\tan^{-1}x=\theta$ とすると $\tan\theta=x,\ -\dfrac{\pi}{2}<\theta<\dfrac{\pi}{2}$. このとき
$$\tan(-\theta)=-\tan\theta=-x,\quad -\dfrac{\pi}{2}<-\theta<\dfrac{\pi}{2}.$$
ゆえに $\tan^{-1}(-x)=-\theta=-\tan^{-1}x$.

問　題

1.12 次の値を求めよ.
(1) $\cos^{-1}\dfrac{1}{2}$　　(2) $\tan^{-1}\left(\tan\dfrac{5\pi}{4}\right)$　　(3) $\tan\left(\sin^{-1}\dfrac{2}{3}\right)$

1.13 次の式をみたす x を求めよ.
(1) $\sin^{-1}x=\cos^{-1}\dfrac{1}{3}$　　(2) $\tan^{-1}x=\sin^{-1}\dfrac{3}{4}$　　(3) $\cos^{-1}x=\tan^{-1}\dfrac{3}{5}$

1.2 関数の極限と連続関数

例題 1.12 ──────────────────────────── 逆三角関数 ──

次の等式を示せ.
$$\tan^{-1}\frac{1}{4} + \tan^{-1}\frac{3}{5} = \frac{\pi}{4}$$

解答 $\tan^{-1}\dfrac{1}{4} = \alpha$, $\tan^{-1}\dfrac{3}{5} = \beta$ とおくと, $\tan\alpha = \dfrac{1}{4}$, $0 < \alpha < \dfrac{\pi}{4}$, また $\tan\beta = \dfrac{3}{5}$, $0 < \beta < \dfrac{\pi}{4}$. よって

$$\tan(\alpha+\beta) = \frac{\tan\alpha + \tan\beta}{1 - \tan\alpha\tan\beta} = \frac{\frac{1}{4}+\frac{3}{5}}{1-\frac{1}{4}\times\frac{3}{5}} = 1.$$

$0 < \alpha+\beta < \dfrac{\pi}{2}$ より $\alpha+\beta = \tan^{-1}1 = \dfrac{\pi}{4}$. したがって $\tan^{-1}\dfrac{1}{4} + \tan^{-1}\dfrac{3}{5} = \dfrac{\pi}{4}$.

例題 1.13 ──────────────────────────── はさみうちの定理 ──

$f(x) \leqq h(x) \leqq g(x)$ とする. 次を示せ.
$$\lim_{x \to a} f(x) = \lim_{x \to a} g(x) = l \quad \text{ならば} \quad \lim_{x \to a} h(x) = l.$$

解答 $\lim_{x \to a} f(x) = l$ より, 任意の $\varepsilon > 0$ に対して適当な $\delta_1 > 0$ が存在して
$$0 < |x - a| < \delta_1 \implies |f(x) - l| < \varepsilon.$$
$\lim_{x \to a} g(x) = l$ より, 同じ $\varepsilon > 0$ に対して適当な $\delta_2 > 0$ が存在して
$$0 < |x - a| < \delta_2 \implies |g(x) - l| < \varepsilon.$$
$\delta = \min\{\delta_1, \delta_2\}$ とおくと
$$0 < |x - a| < \delta \implies l - \varepsilon < f(x) \leqq h(x) \leqq g(x) < l + \varepsilon.$$
すなわち $|h(x) - l| < \varepsilon$. ゆえに $\lim_{x \to a} h(x) = l$.

問題

1.14 次を示せ.
 (1) $\sin^{-1} x + \cos^{-1} x = \dfrac{\pi}{2}$ (2) $\tan^{-1} x + \tan^{-1}\dfrac{1}{x} = \dfrac{\pi}{2}$ $(x > 0)$

1.15 $f(x) \leqq g(x)$ とする. $\lim_{x \to a} f(x) = l$, $\lim_{x \to a} g(x) = m$ ならば $l \leqq m$ であることを示せ. また, $f(x) < g(x)$ であっても $l < m$ とは限らないことを示せ.

例題 1.14 ━━━━━━━━━━━━━━━━━━━━━━━━━━━━━━━ 関数の極限値 ━

次を示せ．

(1) $\displaystyle\lim_{x\to\pm\infty}\left(1+\frac{1}{x}\right)^x = e$ 　　(2) $\displaystyle\lim_{x\to 0}(1+x)^{1/x} = e$

解答　(1) 任意の $x>1$ に対して $n \leqq x < n+1$ をみたす自然数 n をとると

$$\left(1+\frac{1}{x}\right)^x \leqq \left(1+\frac{1}{n}\right)^x < \left(1+\frac{1}{n}\right)^{n+1},$$

$$\left(1+\frac{1}{x}\right)^x > \left(1+\frac{1}{n+1}\right)^x \geqq \left(1+\frac{1}{n+1}\right)^n$$

であるから

$$\left(1+\frac{1}{n+1}\right)^{n+1}\left(1+\frac{1}{n+1}\right)^{-1} < \left(1+\frac{1}{x}\right)^x < \left(1+\frac{1}{n}\right)^n\left(1+\frac{1}{n}\right).$$

ここで $x \to \infty$ とすると $n \to \infty$ となり，はさみうちの定理から

$$\lim_{x\to +\infty}\left(1+\frac{1}{x}\right)^x = e.$$

$x \to -\infty$ のときは $t = -x$ とおくと $t \to +\infty$ だから，

$$\left(1+\frac{1}{x}\right)^x = \left(1-\frac{1}{t}\right)^{-t} = \left(\frac{t}{t-1}\right)^t$$

$$= \left(1+\frac{1}{t-1}\right)^{t-1}\left(1+\frac{1}{t-1}\right)$$

$$\to e\cdot 1 = e \quad (x\to -\infty).$$

(2) (1) で $x = \dfrac{1}{t}$ とおくと，$x \to \pm 0$ のとき $t \to \pm\infty$ だから

$$\lim_{x\to\pm 0}(1+x)^{1/x} = \lim_{t\to\pm\infty}\left(1+\frac{1}{t}\right)^t = e.$$

したがって，$\displaystyle\lim_{x\to 0}(1+x)^{1/x} = e$．

問　題

1.16 次の極限値を求めよ．

(1) $\displaystyle\lim_{x\to\pm\infty}\left(1+\frac{1}{2x}\right)^x$ 　　(2) $\displaystyle\lim_{x\to\infty}\left(1+\frac{3}{x}\right)^x$ 　　(3) $\displaystyle\lim_{x\to 0}(1+2x)^{1/x}$

1.2 関数の極限と連続関数

例題 1.15 ──────────────── 基本的な極限値 ──

次を示せ.
(1) $\displaystyle\lim_{x\to 0}\frac{\log(1+x)}{x}=1$ (2) $\displaystyle\lim_{x\to 0}\frac{e^x-1}{x}=1$ (3) $\displaystyle\lim_{x\to 0}\frac{\sin x}{x}=1$

[解答] (1) ($\log x$ は $x=e$ で連続だから) 例題 1.14 (2) より

$$\lim_{x\to 0}\frac{\log(1+x)}{x}=\lim_{x\to 0}\log(1+x)^{1/x}=\log\left\{\lim_{x\to 0}(1+x)^{1/x}\right\}=\log e=1.$$

(2) $e^x-1=t$ とおくと $x=\log(1+t)$. $x\to 0$ のとき $t\to 0$ だから

$$\lim_{x\to 0}\frac{e^x-1}{x}=\lim_{t\to 0}\frac{t}{\log(1+t)}=1.$$

(3) $0<x<\frac{\pi}{2}$ とする. $\triangle$OAB, 扇型 OAB, $\triangle$OAC の面積を比較して $\frac{1}{2}\sin x < \frac{1}{2}x < \frac{1}{2}\tan x$. よって $1<\frac{x}{\sin x}<\frac{1}{\cos x}$. ゆえに $1>\frac{\sin x}{x}>\cos x$. これは $-\frac{\pi}{2}<x<0$ のときも成り立つので $\cos x\to\cos 0=1$ ($x\to 0$) に注意して結論を得る (例題 1.19 参照).
注 この証明より $|\sin x|\leqq |x|$ を得る.

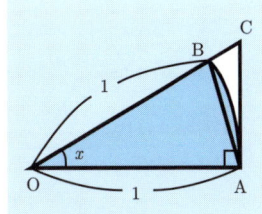

例題 1.16 ──────────────── 関数の極限値 ──

次の極限値を求めよ.
(1) $\displaystyle\lim_{x\to 0}\frac{\log(1-x+x^2)}{x}$ (2) $\displaystyle\lim_{x\to 0}\frac{e^x-e^{-x}}{x}$ (3) $\displaystyle\lim_{x\to 0}\frac{\tan 2x}{x}$

[解答] 例題 1.15 を用いる.

(1) $\displaystyle\lim_{x\to 0}\frac{\log(1-x+x^2)}{x}=\lim_{x\to 0}\frac{\log(1-x+x^2)}{-x+x^2}(-1+x)=-1.$

(2) $\displaystyle\frac{e^x-e^{-x}}{x}=\frac{e^x-1}{x}-\frac{e^{-x}-1}{x}=\frac{e^x-1}{x}+\frac{e^{-x}-1}{-x}\to 2\quad(x\to 0).$

(3) $\displaystyle\lim_{x\to 0}\frac{\tan 2x}{x}=\lim_{x\to 0}\frac{\sin 2x}{2x}\frac{2}{\cos 2x}=2.$

──── 問 題 ────

1.17 次の極限値を求めよ.
(1) $\displaystyle\lim_{x\to 0}\frac{\log(1+x+x^2)}{x}$ (2) $\displaystyle\lim_{x\to 0}\frac{e^{3x}-e^x}{x}$ (3) $\displaystyle\lim_{x\to 0}\frac{\sin(x+x^2)}{x}$

1.18 次の極限値を求めよ (定理 1.11 参照).
(1) $\displaystyle\lim_{n\to\infty} n\log\left(1-\frac{1}{n}+\frac{1}{n^2}\right)$ (2) $\displaystyle\lim_{n\to\infty} n\tan\frac{2}{n}$ (3) $\displaystyle\lim_{n\to\infty}\tan^{-1} n$

16 　　　　　　　　　　　第 1 章　極限と連続

── 例題 1.17 ─────────────────────────── 関数の極限値 ──
次の極限値を求めよ.
(1) $\displaystyle\lim_{x\to\infty}(\sqrt{x^2+3x+5}-x)$　　(2) $\displaystyle\lim_{x\to 0}\frac{\tan^{-1}x}{x}$　　(3) $\displaystyle\lim_{x\to 0}\sqrt{|x|}\sin\frac{2}{x}$

[解答] (1) $\displaystyle\lim_{x\to\infty}(\sqrt{x^2+3x+5}-x)=\lim_{x\to\infty}\frac{3x+5}{\sqrt{x^2+3x+5}+x}$
$=\displaystyle\lim_{x\to\infty}\frac{3+\frac{5}{x}}{\sqrt{1+\frac{3}{x}+\frac{5}{x^2}}+1}=\frac{3}{2}.$

(2) $\tan^{-1}x=y$ とおくと $\tan y=x, -\frac{\pi}{2}<y<\frac{\pi}{2}$ で,$x\to 0\iff y\to 0$. ゆえに
$$\lim_{x\to 0}\frac{\tan^{-1}x}{x}=\lim_{y\to 0}\frac{y}{\tan y}=\lim_{y\to 0}\frac{y}{\sin y}\cos y=1$$

(3) $0\leq\left|\sqrt{|x|}\sin\frac{2}{x}\right|\leq\sqrt{|x|}\to 0\ (x\to 0)$ より,$\displaystyle\lim_{x\to 0}\sqrt{|x|}\sin\frac{2}{x}=0.$

──例題 1.18 ─────────────────────────── 関数の連続性 ──
次の関数 $f(x)$ の $x=0$ での連続性を調べよ.
(1) $f(x)=\begin{cases} x\sin\dfrac{1}{x} & (x\neq 0) \\ 0 & (x=0)\end{cases}$　　(2) $f(x)=\begin{cases} \dfrac{x}{|x|} & (x\neq 0) \\ 0 & (x=0)\end{cases}$

[解答] (1) $\displaystyle\lim_{x\to 0}\left|x\sin\frac{1}{x}\right|\leq\lim_{x\to 0}|x|=0$ より $\displaystyle\lim_{x\to 0}f(x)=0=f(0)$.
したがって $f(x)$ は $x=0$ で連続.
(2) $\displaystyle\lim_{x\to +0}f(x)=\lim_{x\to +0}\frac{x}{x}=1, \lim_{x\to -0}f(x)=\lim_{x\to -0}\frac{x}{-x}=-1$
だから $\displaystyle\lim_{x\to 0}f(x)$ は存在しない.したがって $f(x)$ は $x=0$ で連続でない.

―― 問　題 ――

1.19 次の極限値を求めよ.
(1) $\displaystyle\lim_{x\to\infty}\frac{x^2+x}{x^2+x+1}$　　(2) $\displaystyle\lim_{x\to -1}\frac{x^2-x-2}{x^2+5x+4}$
(3) $\displaystyle\lim_{x\to 0}\left(\frac{1}{x\sqrt{1+x}}-\frac{1}{x\sqrt{1-x}}\right)$　　(4) $\displaystyle\lim_{x\to 0}\frac{1-\cos x}{x}$
(5) $\displaystyle\lim_{x\to 0}\frac{x\tan x}{1-\cos x}$　　(6) $\displaystyle\lim_{x\to 0}\frac{\log_a(1+x)}{x}$

1.20 関数 $f(x)=\begin{cases}\dfrac{\sin x}{|x|} & (x\neq 0)\\ 1 & (x=0)\end{cases}$ の $x=0$ での連続性を調べよ.

1.2 関数の極限と連続関数

___ 例題 1.19 _____ 連続関数 ___

関数 $y = \cos x$ は $(-\infty, \infty)$ で連続であることを示せ．これより特に
$$\lim_{x \to 0} \cos x = \cos 0 = 1.$$

解答 任意の x_0 をとる．任意の x に対して

$$0 \leq |\cos x - \cos x_0| = \left| -2\sin\frac{x+x_0}{2} \sin\frac{x-x_0}{2} \right|$$
$$\leq 2\left|\sin\frac{x-x_0}{2}\right| \leq 2\left|\frac{x-x_0}{2}\right| = |x - x_0| \to 0 \quad (x \to x_0)$$

(例題 1.15 注より, $|\sin x| \leq |x|$). ゆえに $\lim_{x \to x_0} \cos x = \cos x_0$ となるから, $\cos x$ は x_0 で連続. x_0 は任意だから $\cos x$ は $(-\infty, \infty)$ で連続.

___ 例題 1.20 _____ 連続関数 ___

関数 $f(x), g(x)$ が連続ならば, 次の関数も連続であることを示せ.
(1) $|f(x)|$ (2) $\max\{f(x), g(x)\}$

解答 (1) 任意の x_0 をとる. $f(x)$ は x_0 で連続だから $\lim_{x \to x_0} f(x) = f(x_0)$. 例題 1.2 より,

$$0 \leq \big| |f(x)| - |f(x_0)| \big| \leq |f(x) - f(x_0)| \to 0 \quad (x \to x_0).$$

ゆえに $\lim_{x \to x_0} |f(x)| = |f(x_0)|$ となるから, $|f(x)|$ は x_0 で連続. x_0 は任意だから $|f(x)|$ は連続.

(2) まず $\max\{f(x), g(x)\} = \frac{1}{2}\{f(x) + g(x) + |f(x) - g(x)|\}$ に注意する. ここで $f(x) + g(x), f(x) - g(x)$ は連続. また (1) より, $|f(x) - g(x)|$ は連続だから, $\max\{f(x), g(x)\}$ も連続である.

___ 例題 1.21 _____ 連続関数 ___

$f(x), g(x)$ を区間 I で連続な関数とする. 区間 I 内のすべての有理数 r に対して $f(r) = g(r)$ ならば, I で $f(x) = g(x)$ となることを示せ.

解答 任意の実数 $x \in I$ をとる. 有理数の稠密性により $r_n \to x \ (n \to \infty)$ となる有理数列 $\{r_n\}$ が I 内に存在する (下の注). $f(x), g(x)$ は x で連続, また仮定より $f(r_n) = g(r_n)$ $(n \in \mathbb{N})$ だから $f(x) = \lim_{n \to \infty} f(r_n) = \lim_{n \to \infty} g(r_n) = g(x)$ を得る.

注 $a < x \leq b$ のとき, 任意の $n \in \mathbb{N}$ に対して $x - \frac{1}{n} < r_n < x$ となる有理数 $r_n \in I$ が存在する. このとき $r_n \to x \ (n \to \infty)$. $x = a$ のとき, $a < r_n < a + \frac{1}{n}$ となる $r_n \in I$ をとればよい.

例題 1.22 ― 中間値の定理

奇数次の整式
$$f(x) = a_0 x^{2n+1} + a_1 x^{2n} + \cdots + a_{2n} x + a_{2n+1} \quad (a_0 \neq 0)$$
に対して，代数方程式 $f(x) = 0$ は少なくとも 1 つの実数解をもつことを示せ．

[解答] $a_0 > 0$ とする．
$$f(x) = x^{2n+1}\left(a_0 + \frac{a_1}{x} + \cdots + \frac{a_{2n+1}}{x^{2n+1}}\right) \to \infty \quad (x \to \infty).$$
また，$f(x) \to -\infty \ (x \to -\infty)$．したがって，$f(x_1) < 0$ かつ $f(x_2) > 0$ となる x_1, x_2 $(x_1 < x_2)$ が存在する．$f(x)$ は区間 $[x_1, x_2]$ で連続だから，中間値の定理より $f(c) = 0$ をみたす実数 $c \in (x_1, x_2)$ が存在する．$a_0 < 0$ のときも同様．

例題 1.23 ― 連続関数

関数 $f(x)$ が区間 (a, b) で次式をみたすとき，$f(x)$ は凸であるという：
$a < x_1 < x_2 < b$, $0 \leqq \lambda \leqq 1$ のとき
$$f((1-\lambda)x_1 + \lambda x_2) \leqq (1-\lambda)f(x_1) + \lambda f(x_2).$$
関数 $f(x)$ が開区間 (a, b) で凸ならば，(a, b) で連続であることを示せ．

[解答] $a < x_0 < b$ とし，$a < s < x_0 < x < t < b$ とする．点 $(s, f(s))$ を S とする．同様に，x_0, x, t に対応する曲線 $y = f(x)$ 上の点を X_0, X, T とする．

$f(x)$ は凸だから，点 X は点 X_0 を通る 2 直線 SX_0 と $X_0 T$ の間にある（直線上を含む）．したがって，$x \to x_0 + 0$ のとき $f(x) \to f(x_0)$ となる．

同様に $x \to x_0 - 0$ のとき $f(x) \to f(x_0)$ となるから，$f(x)$ は x_0 で連続，したがって (a, b) で連続である．

問題

1.21 関数 $\sin x, \tan x$ は定義域で連続であることを示せ．

1.22 関数 $f(x), g(x)$ が連続ならば $\min\{f(x), g(x)\}$ も連続であることを示せ．

1.23 方程式 $\sin x - x \cos x = 0$ は区間 $\left[\pi, \frac{3}{2}\pi\right]$ 内に少なくとも 1 つ解をもつことを示せ．

1.24 閉区間 $[a, b]$ で凸である関数 $f(x)$ は $[a, b]$ で連続とは限らないことを示せ（閉区間での凸性は例題 1.23 における定義に端点 a, b を含める）．

演習問題 1-A

1 一般項が次式で与えられる数列 $\{a_n\}$ の極限値を求めよ．

(1) $a_n = \dfrac{4^{n+1} + 2^{n+1}}{4^n + 2^n}$ (2) $a_n = \sqrt{n}(\sqrt{n+1} - \sqrt{n})$ (3) $a_n = \left(1 - \dfrac{1}{n}\right)^n$

(4) $a_n = \left(\dfrac{n}{n+3}\right)^n$ (5) $a_n = 3^n \sin \dfrac{\pi}{3^n}$ (6) $a_n = 3^n \sin \dfrac{\pi}{4^n}$

2 次の値を求めよ．

(1) $\sin\left(2\sin^{-1} \dfrac{2}{7}\right)$ (2) $\cos^{-1}\left(-\dfrac{1}{\sqrt{2}}\right) + \tan^{-1}\sqrt{3}$

(3) $\cos\left(3\cos^{-1} \dfrac{3}{5}\right)$ (4) $2\sin^{-1} 1 - \cos^{-1}\left(-\dfrac{1}{\sqrt{2}}\right) + \tan^{-1}(-1) + \tan^{-1} 0$

3 $a > 0, b > 0$ のとき，等式 $\tan^{-1} \dfrac{1}{a} = \tan^{-1} \dfrac{1}{a+b} + \tan^{-1} \dfrac{b}{a^2 + ab + 1}$ を示せ．

4 次の極限値を求めよ．

(1) $\displaystyle\lim_{x \to \pi} \dfrac{1 + \cos x}{\sin^2 x}$ (2) $\displaystyle\lim_{x \to 0} \dfrac{e^{2x} - 1}{\sin 2x}$

(3) $\displaystyle\lim_{x \to \infty} \left(1 + \dfrac{a}{x}\right)^x \;\; (a \neq 0)$ (4) $\displaystyle\lim_{x \to 0} \dfrac{1 - \cos x}{x^2}$

(5) $\displaystyle\lim_{x \to \infty} \dfrac{\log(1 + x^2)}{\log x}$ (6) $\displaystyle\lim_{x \to 0} (1 - x)^{1/x}$

(7) $\displaystyle\lim_{x \to +0} \dfrac{\sin x}{1 - \cos \sqrt{x}}$ (8) $\displaystyle\lim_{x \to 0} (1 - x + x^2)^{1/x}$

5
$$\sinh x = \dfrac{e^x - e^{-x}}{2}, \quad \cosh x = \dfrac{e^x + e^{-x}}{2}, \quad \tanh x = \dfrac{e^x - e^{-x}}{e^x + e^{-x}}$$

で定義される関数を**双曲線関数**という．次を示せ．

(1) $\cosh^2 x - \sinh^2 x = 1$

(2) $\sinh(x \pm y) = \sinh x \cosh y \pm \cosh x \sinh y$ （複号同順）

(3) $\cosh(x \pm y) = \cosh x \cosh y \pm \sinh x \sinh y$ （複号同順）

(4) $\displaystyle\lim_{x \to 0} \dfrac{\sinh x}{x} = 1$

6 $\sinh x, \; \cosh x \;\; (x \geqq 0), \; \tanh x$ の逆関数を**逆双曲線関数**といい，それぞれ $\sinh^{-1} x, \; \cosh^{-1} x, \; \tanh^{-1} x$ で表す．次を示せ．

(1) $\sinh^{-1} x = \log(x + \sqrt{x^2 + 1}) \;\; (-\infty < x < \infty)$

(2) $\cosh^{-1} x = \log(x + \sqrt{x^2 - 1}) \;\; (x \geqq 1)$

(3) $\tanh^{-1} x = \dfrac{1}{2} \log \dfrac{1+x}{1-x} \;\; (|x| < 1)$

第 1 章 極限と連続

注　$\sinh x$ は $(-\infty, \infty)$ で連続で狭義増加だから逆関数 $\sinh^{-1} x$ が存在する．その定義域は $(-\infty, \infty)$ である．$\cosh x$ は $[0, \infty)$ で連続，狭義増加だから逆関数 $\cosh^{-1} x$ が存在し，その定義域は $[1, \infty)$ である．$\tanh x$ は $(-\infty, \infty)$ で連続で狭義増加だから逆関数 $\tanh^{-1} x$ が存在し，その定義域は $(-1, 1)$ である．

7　数列 $\{a_n\}$ を $a_1 = 2$, $a_{n+1} = \dfrac{a_n^3 - 6}{7}$ $(n \geq 1)$ によって定める．任意の n について $-1 < a_{n+1} < a_n$ であることを示し，$\lim\limits_{n \to \infty} a_n$ を求めよ．

8　$0 < a_1 \leq a_2 \leq \cdots \leq a_m$ のとき，$\lim\limits_{n \to \infty} \sqrt[n]{a_1^n + a_2^n + \cdots + a_m^n}$ を求めよ．

演習問題 1-B

9　数列 $\{a_n\}$ を $a_n = 1 + \dfrac{1}{2} + \dfrac{1}{3} + \cdots + \dfrac{1}{n}$ $(n = 1, 2, \ldots)$ で定める．$\lim\limits_{n \to \infty} a_n = +\infty$ を示せ．

10　$a_0 > b_0 > 0$ とし $a_n = \frac{1}{2}(a_{n-1} + b_{n-1})$, $b_n = \sqrt{a_{n-1} b_{n-1}}$ $(n \geq 1)$ とする．数列 $\{a_n\}, \{b_n\}$ は同じ値に収束することを示せ．

11　a を実数とする．関数
$$f(x) = \begin{cases} x^a \sin \dfrac{1}{x} & (x \neq 0) \\ 0 & (x = 0) \end{cases}$$
は $a > 0$ のとき $x = 0$ で連続，$a \leq 0$ のとき $x = 0$ で連続でないことを示せ．

12　関数 $f(x)$ はすべての実数 x, y に対して $f(x + y) = f(x) + f(y)$ をみたすとする．$f(x)$ が $x = 0$ で連続のとき次を示せ．
(1) $f(x)$ はすべての x で連続である．
(2) ある定数 m が存在して，すべての実数 x に対して $f(x) = mx$ である．

13　次を示せ．
(1) コーシー列 $\{a_n\}$ が収束部分列 $\{a_{n_k}\}$ をもてば，$\{a_n\}$ は収束する．
(2) $\{a_n\}$ がコーシー列ならば $\{a_n\}$ は収束する（ボルツァノ-ワイエルシュトラスの定理を使う）．

14　$\lim\limits_{n \to \infty} a_n = a$ とする．$\{a_{n_k}\}$ を $\{a_n\}$ の任意の部分列とすると，$\lim\limits_{n \to \infty} a_{n_k} = a$ であることを示せ．

15　$\lim\limits_{n \to \infty} a_{2n-1} = a$ かつ $\lim\limits_{n \to \infty} a_{2n} = a$ とする．このとき $\{a_n\}$ は収束して $\lim\limits_{n \to \infty} a_n = a$ であることを示せ．

16　$\lim\limits_{n \to \infty} a_n = a$ のとき $\lim\limits_{n \to \infty} \dfrac{a_1 + a_2 + \cdots + a_n}{n} = a$ を示せ．

2 微分法

2.1 導関数

微分係数 関数 $f(x)$ に対して極限値

$$\lim_{h \to 0} \frac{f(a+h) - f(a)}{h}$$

が存在するとき $f(x)$ は $\boldsymbol{x = a}$ で**微分可能**であるという．この極限値を $f(x)$ の $x = a$ における**微分係数**といい，$f'(a)$ で表す．また，左右の極限値

$$f'_+(a) = \lim_{h \to +0} \frac{f(a+h) - f(a)}{h}, \quad f'_-(a) = \lim_{h \to -0} \frac{f(a+h) - f(a)}{h}$$

をそれぞれ $f(x)$ の $x = a$ における**右微分係数，左微分係数**という．

命題 2.1 $f(x)$ が $x = a$ で微分可能であることと $f'_+(a) = f'_-(a)$ であることは同値．

定理 2.2 $f(x)$ が $x = a$ で微分可能ならば，$f(x)$ は $x = a$ で連続．

導関数 区間 I の各点で微分可能なとき，関数 $y = f(x)$ は**区間 $\boldsymbol{I}$ で微分可能**であるという．I が区間の端点を含むとき，例えば，$I = [a, b]$ のとき，$f(x)$ は $x = a$ において右微分可能，$x = b$ において左微分可能であればよい．このとき各 $x \in I$ に x における微分係数 $f'(x)$ を対応させる関数を $f(x)$ の**導関数**といい，

$$f'(x), \ y', \ \frac{dy}{dx}, \ \frac{d}{dx}f(x)$$

などで表す．$f(x)$ の導関数を求めることを $f(x)$ を**微分する**という．

定理 2.3（**基本公式**）関数 $f(x), g(x)$ が微分可能ならば，それらの四則演算で得られる関数も微分可能で，以下の公式が成り立つ．

(1) $\{f(x) \pm g(x)\}' = f'(x) \pm g'(x)$

(2) $\{cf(x)\}' = cf'(x)$ （c は定数）

(3) （**積の微分公式**） $\{f(x)g(x)\}' = f'(x)g(x) + f(x)g'(x)$

(4) （**商の微分公式**） $\left\{\dfrac{f(x)}{g(x)}\right\}' = \dfrac{f'(x)g(x) - f(x)g'(x)}{g(x)^2}$ （$g(x) \neq 0$），

特に $\left\{\dfrac{1}{g(x)}\right\}' = -\dfrac{g'(x)}{g(x)^2}$ （$g(x) \neq 0$）

定理 2.4（合成関数の微分法）
$$\{g(f(x))\}' = g'(f(x))f'(x)$$

定理 2.5（逆関数の微分法） $y = f(x)$ が区間 I で微分可能で逆関数 $x = f^{-1}(y)$ をもつとき，I で $f'(x) \neq 0$ ならば $f^{-1}(y)$ も微分可能で
$$\frac{dx}{dy} = \frac{1}{\dfrac{dy}{dx}}$$

対数微分法 $y = f(x)$ において，$|y| = |f(x)|$ として対数をとると
$$\log|y| = \log|f(x)|.$$
この両辺を x で微分して，$\dfrac{y'}{y} = \dfrac{f'(x)}{f(x)}$. これより
$$y' = y\frac{f'(x)}{f(x)}$$
として y' を求める方法を**対数微分法**という．

定理 2.6（媒介変数表示された関数の微分法） $x = x(t), y = y(t)$ のとき
$$\frac{dy}{dx} = \frac{\dfrac{dy}{dt}}{\dfrac{dx}{dt}}$$

定理 2.7（主要な関数の導関数）
(1) $(x^n)' = nx^{n-1}$ （n は自然数）　(2) $(x^\alpha)' = \alpha x^{\alpha-1}$ 　$(x > 0, \alpha \in \mathbb{R})$
(3) $(e^x)' = e^x$ 　(4) $(a^x)' = a^x \log a$ 　$(a > 0, a \neq 1)$
(5) $(\log|x|)' = \dfrac{1}{x}$ 　(6) $(\log_a|x|)' = \dfrac{1}{x \log a}$ 　$(a > 0, a \neq 1)$
(7) $(\sin x)' = \cos x$ 　(8) $(\cos x)' = -\sin x$
(9) $(\tan x)' = \dfrac{1}{\cos^2 x}$ 　(10) $\left(\dfrac{1}{\tan x}\right)' = -\dfrac{1}{\sin^2 x}$
(11) $(\sin^{-1} x)' = \dfrac{1}{\sqrt{1-x^2}}$ 　(12) $(\cos^{-1} x)' = -\dfrac{1}{\sqrt{1-x^2}}$
(13) $(\tan^{-1} x)' = \dfrac{1}{x^2+1}$

___例題 2.1_____微分係数と導関数___

(1) $f(x) = e^x$ の $x = 0$ における微分係数を求め, $(e^x)' = e^x$ を示せ.
(2) $f(x) = \log x$ の $x = 1$ における微分係数を求め, $(\log x)' = \dfrac{1}{x}$ を示せ.
(3) $f(x) = \sin x$ の $x = 0$ における微分係数を求め, $(\sin x)' = \cos x$ を示せ.

[解答] (1) $f'(0) = \lim_{h \to 0} \dfrac{e^{0+h} - e^0}{h} = \lim_{h \to 0} \dfrac{e^h - 1}{h} = 1$ (例題 1.15(2)).
したがって

$$f'(x) = \lim_{h \to 0} \dfrac{e^{x+h} - e^x}{h} = \lim_{h \to 0} \dfrac{e^x e^h - e^x}{h}$$
$$= e^x \lim_{h \to 0} \dfrac{e^h - 1}{h} = f'(0) e^x = e^x.$$

(2) $f'(1) = \lim_{h \to 0} \dfrac{\log(1+h) - \log 1}{h} = \lim_{h \to 0} \dfrac{\log(1+h)}{h} = 1$ (例題 1.15(1)).
したがって, $x > 0$ のとき

$$f'(x) = \lim_{h \to 0} \dfrac{\log(x+h) - \log x}{h} = \lim_{h \to 0} \dfrac{\log(1 + \frac{h}{x})}{h}$$
$$= \dfrac{1}{x} \lim_{h \to 0} \dfrac{\log(1 + \frac{h}{x})}{\frac{h}{x}} = f'(1) \dfrac{1}{x} = \dfrac{1}{x}.$$

(3) $f'(0) = \lim_{h \to 0} \dfrac{\sin(0+h) - \sin 0}{h} = \lim_{h \to 0} \dfrac{\sin h}{h} = 1$ (例題 1.15(3)).
したがって

$$f'(x) = \lim_{h \to 0} \dfrac{\sin(x+h) - \sin x}{h}$$
$$= \lim_{h \to 0} \dfrac{2}{h} \cos \dfrac{2x+h}{2} \sin \dfrac{h}{2}$$
$$= \lim_{h \to 0} \cos\left(x + \dfrac{h}{2}\right) \lim_{h \to 0} \dfrac{\sin \frac{h}{2}}{\frac{h}{2}}$$
$$= f'(0) \cos x = \cos x.$$

注 $\cos x$ の連続性より, $\lim_{h \to 0} \cos\left(x + \dfrac{h}{2}\right) = \cos\left(\lim_{h \to 0}\left(x + \dfrac{h}{2}\right)\right) = \cos x$ に注意.

問 題

2.1 逆関数の微分法を用いて, $(e^x)' = e^x$ から $(\log x)' = \dfrac{1}{x}$ を導け.

例題 2.2 — 基本的な関数の導関数

次の関数の導関数を求めよ．
(1) x^α $(x>0, \alpha \in \mathbb{R})$ (2) a^x $(a>0, a\neq 1)$ (3) $\log|x|$
(4) $\log_a|x|$ $(a\neq 0, a\neq 1)$ (5) $\cos x$ (6) $\tan x$

解答 (1) $x^\alpha = e^{\alpha\log x}$ だから，例題 2.1(1), (2) と合成関数の微分法より

$$(x^\alpha)' = (e^{\alpha\log x})'$$
$$= e^{\alpha\log x}(\alpha\log x)'$$
$$= x^\alpha \frac{\alpha}{x} = \alpha x^{\alpha-1}.$$

(2) 例題 2.1(1) より

$$(a^x)' = (e^{x\log a})' = e^{x\log a}(x\log a)' = a^x \log a.$$

(3) $x>0$ のとき，例題 2.1(2) より

$$(\log|x|)' = (\log x)' = \frac{1}{x}.$$

$x<0$ のとき，合成関数の微分法により

$$(\log|x|)' = \{\log(-x)\}' = \frac{1}{-x}(-x)' = \frac{1}{x}.$$

(4) 前問 (3) より，$(\log_a|x|)' = \left(\dfrac{\log|x|}{\log a}\right)' = \dfrac{1}{x\log a}.$

(5) 例題 2.1(3) より

$$(\cos x)' = \left\{\sin\left(\frac{\pi}{2}-x\right)\right\}'$$
$$= \left\{\cos\left(\frac{\pi}{2}-x\right)\right\}\left(\frac{\pi}{2}-x\right)' = -\sin x.$$

(6) $(\tan x)' = \left(\dfrac{\sin x}{\cos x}\right)' = \dfrac{\cos^2 x + \sin^2 x}{\cos^2 x} = \dfrac{1}{\cos^2 x}.$

問題

2.2 自然数 n に対して $(x^n)' = nx^{n-1}$ であることを定義に従って示せ．

2.3 次の関数を微分せよ．
(1) $x^{\sqrt{2}}$ (2) $x^3 + 3^x$ (3) $\log_3|x|$
(4) $\dfrac{1}{x^n}$ (5) $\sqrt[3]{x}$

2.1 導関数

例題 2.3 ─────────────── 合成関数の微分法 ─

次の関数を微分せよ．
(1) $(2x^3+1)^5$　　(2) $\sqrt[3]{1-x^2+x^4}$

解答　(1)　$\{(2x^3+1)^5\}' = 5(2x^3+1)^4(2x^3+1)' = 30x^2(2x^3+1)^4.$

(2)　合成関数の微分法より

$$(\sqrt[3]{1-x^2+x^4})' = \{(1-x^2+x^4)^{1/3}\}' = \frac{1}{3}(1-x^2+x^4)^{-2/3}(1-x^2+x^4)'$$
$$= \frac{1}{3}(1-x^2+x^4)^{-2/3}(-2x+4x^3) = \frac{2x(2x^2-1)}{3\sqrt[3]{(1-x^2+x^4)^2}}.$$

例題 2.4 ─────────────── 合成関数の微分法 ─

次の関数を微分せよ．
(1) $\dfrac{1}{2a}\log\left|\dfrac{x-a}{x+a}\right|$　$(a \ne 0)$　　(2) $\log\left|x+\sqrt{x^2+A}\right|$　$(A \ne 0)$

解答　(1)　合成関数の微分法より

$$\left(\frac{1}{2a}\log\left|\frac{x-a}{x+a}\right|\right)' = \frac{1}{2a}(\log|x-a|-\log|x+a|)'$$
$$= \frac{1}{2a}\left(\frac{1}{x-a}-\frac{1}{x+a}\right) = \frac{1}{x^2-a^2}.$$

(2)　合成関数の微分法より

$$(\log|x+\sqrt{x^2+A}|)' = \frac{1}{x+\sqrt{x^2+A}}(x+\sqrt{x^2+A})'$$
$$= \frac{1}{x+\sqrt{x^2+A}}\left(1+\frac{x}{\sqrt{x^2+A}}\right)$$
$$= \frac{1}{x+\sqrt{x^2+A}}\frac{x+\sqrt{x^2+A}}{\sqrt{x^2+A}} = \frac{1}{\sqrt{x^2+A}}.$$

問題

2.4 次の関数を微分せよ．

(1) $(1-3x^5)^4$　　(2) $\dfrac{1}{(2x-1)^5}$　　(3) $\sqrt{x^2+a^2}$

(4) $e^{-x^2}+e^{\sqrt{x}}$　　(5) $\log|\cos x|$　　(6) $\tan\dfrac{1}{x}$

例題 2.5 　　　　　　　　　　積の微分公式・商の微分公式

次の関数を微分せよ．
(1) $e^x \cos 2x$ 　　(2) $\dfrac{x}{\sqrt{x^2+a^2}}$

(3) $(x^2+1)^n e^{-x}$ 　　(4) $\log\left|\tan x + \dfrac{1}{\cos x}\right|$

解答　(1) 積の微分公式より

$$(e^x \cos 2x)' = (e^x)' \cos 2x + e^x (\cos 2x)'$$
$$= e^x \cos 2x + e^x (-2\sin 2x)$$
$$= e^x (\cos 2x - 2\sin 2x).$$

(2) 商の微分公式より

$$\left(\dfrac{x}{\sqrt{x^2+a^2}}\right)' = \dfrac{\sqrt{x^2+a^2} - \dfrac{x^2}{\sqrt{x^2+a^2}}}{x^2+a^2} = \dfrac{a^2}{(x^2+a^2)^{3/2}}.$$

(3) 積の微分公式より

$$\{(x^2+1)^n e^{-x}\}' = n(x^2+1)^{n-1}(2x)e^{-x} + (x^2+1)^n(-e^{-x})$$
$$= (x^2+1)^{n-1}\{2nx - (x^2+1)\}e^{-x}$$
$$= -(x^2+1)^{n-1}(x^2 - 2nx + 1)e^{-x}.$$

(4) 商の微分公式より

$$\left(\log\left|\tan x + \dfrac{1}{\cos x}\right|\right)' = \left(\tan x + \dfrac{1}{\cos x}\right)^{-1}\left(\tan x + \dfrac{1}{\cos x}\right)'$$
$$= \left(\dfrac{1+\sin x}{\cos x}\right)^{-1}\left(\dfrac{1}{\cos^2 x} - \dfrac{-\sin x}{\cos^2 x}\right)$$
$$= \dfrac{\cos x}{1+\sin x}\dfrac{1+\sin x}{\cos^2 x} = \dfrac{1}{\cos x}.$$

問題

2.5 次の関数を微分せよ．

(1) $e^x \sin 2x$ 　　(2) $\dfrac{ax^2+b}{cx^2+d}$ 　　(3) $\sqrt{(a-x)(a+x)}$

(4) $\dfrac{1}{\tan x}$ 　　(5) $xe^{\cos 2x}$ 　　(6) $\sqrt{\dfrac{a-x}{a+x}}$

2.1 導関数

___例題 2.6___ ___逆三角関数の導関数___

次の公式を示せ．

(1) $(\sin^{-1} x)' = \dfrac{1}{\sqrt{1-x^2}}$ $(-1 < x < 1)$

(2) $(\tan^{-1} x)' = \dfrac{1}{1+x^2}$ $(-\infty < x < \infty)$

[解答] (1) $y = \sin^{-1} x$ とおくと，$x = \sin y$ $(-\pi/2 < y < \pi/2)$．これより $\dfrac{dx}{dy} = \cos y$．$-\dfrac{\pi}{2} < y < \dfrac{\pi}{2}$ のとき $\cos y > 0$ だから，逆関数の微分法より

$$\frac{dy}{dx} = \frac{1}{\frac{dx}{dy}} = \frac{1}{\cos y} = \frac{1}{\sqrt{\cos^2 y}} = \frac{1}{\sqrt{1-\sin^2 y}} = \frac{1}{\sqrt{1-x^2}}.$$

(2) $y = \tan^{-1} x$ とおくと，$x = \tan y$ $(-\infty < y < \infty)$．これより $\dfrac{dx}{dy} = \dfrac{1}{\cos^2 y}$．逆関数の微分法より

$$\frac{dy}{dx} = \frac{1}{\frac{dx}{dy}} = \cos^2 y = \frac{1}{1+\tan^2 y} = \frac{1}{1+x^2}.$$

___例題 2.7___ ___逆三角関数の導関数___

次の関数を微分せよ．

(1) $\sin^{-1} \dfrac{x}{a}$ $(a > 0, |x| < a)$ (2) $\dfrac{1}{a} \tan^{-1} \dfrac{x}{a}$ $(a \neq 0)$

[解答] (1) 例題 2.6(1) より

$$\left(\sin^{-1} \frac{x}{a}\right)' = \frac{1}{\sqrt{1-(\frac{x}{a})^2}} \left(\frac{x}{a}\right)' = \frac{1}{a\sqrt{1-(\frac{x}{a})^2}} = \frac{1}{\sqrt{a^2-x^2}}.$$

(2) 例題 2.6(2) より

$$\left(\frac{1}{a} \tan^{-1} \frac{x}{a}\right)' = \frac{1}{a} \frac{1}{1+(\frac{x}{a})^2} \frac{1}{a} = \frac{1}{a^2+x^2}.$$

問 題

2.6 $(\cos^{-1} x)' = -\dfrac{1}{\sqrt{1-x^2}}$ $(-1 < x < 1)$ を示せ．

2.7 次の関数を微分せよ．

(1) $\sin^{-1} \dfrac{x+1}{3}$ (2) $\cos^{-1}(2x-1)$ (3) $\tan^{-1} \sqrt{x}$

(4) $\sin^{-1}(\cos x)$ (5) $\sin^{-1} \dfrac{1}{x}$ (6) $\tan^{-1} x + \tan^{-1} \dfrac{1}{x}$

例題 2.8　対数微分法

対数微分法により，次の関数の導関数を求めよ．
(1)　$y = \dfrac{x}{(x+1)^2(x+2)^3}$　　(2)　$y = x^{x+1}$　$(x > 0)$

[解答]　(1)　$|y| = \dfrac{|x|}{|x+1|^2|x+2|^3}$ として両辺の対数をとると

$$\log|y| = \log|x| - \log(|x+1|^2|x+2|^3)$$
$$= \log|x| - 2\log|x+1| - 3\log|x+2|.$$

両辺を x で微分して

$$\frac{y'}{y} = \frac{1}{x} - \frac{2}{x+1} - \frac{3}{x+2}$$
$$= \frac{(x+1)(x+2) - 2x(x+2) - 3x(x+1)}{x(x+1)(x+2)}$$
$$= \frac{-4x^2 - 4x + 2}{x(x+1)(x+2)}.$$

したがって

$$y' = -y\frac{4x^2 + 4x - 2}{x(x+1)(x+2)} = -\frac{4x^2 + 4x - 2}{(x+1)^3(x+2)^4}.$$

(2)　$y = x^{x+1}$ の両辺の対数をとると，$\log y = (x+1)\log x$ （$y > 0$ なので $\log|y|$ としなくてよい）．両辺を x で微分すると

$$\frac{y'}{y} = \log x + (x+1)\frac{1}{x} = \log x + 1 + \frac{1}{x}.$$

したがって

$$y' = y\left(\log x + 1 + \frac{1}{x}\right) = x^{x+1}\left(\log x + 1 + \frac{1}{x}\right).$$

[別解]　(2)

$$(x^{x+1})' = (e^{(x+1)\log x})' = e^{(x+1)\log x}\{(x+1)\log x\}' = x^{x+1}\left(\log x + \frac{x+1}{x}\right).$$

問　題

2.8　対数微分法により，次の関数の導関数を求めよ．
(1)　$\sqrt[5]{(x^2+1)^4}\sqrt[3]{(x^2+2)^2}$　　(2)　$(1+x)^x$　$(x > -1)$

例題 2.9 — 媒介変数表示された関数の導関数

次の媒介変数表示された関数 $y = f(x)$ について，$\dfrac{dy}{dx}, \dfrac{d^2y}{dx^2}$ を求めよ．

(1) $x = \sin t,\ y = \cos 2t$ (2) $x = a(t - \sin t),\ y = a(1 - \cos t)$

解答 (1) $\dfrac{dx}{dt} = \dfrac{d}{dt}\sin t = \cos t,\ \dfrac{dy}{dt} = \dfrac{d}{dt}\cos 2t = -2\sin 2t.$ したがって

$$\frac{dy}{dx} = \frac{\frac{dy}{dt}}{\frac{dx}{dt}} = \frac{-2\sin 2t}{\cos t} = \frac{-4\sin t \cos t}{\cos t} = -4\sin t.$$

また，$\dfrac{d}{dt}\left(\dfrac{dy}{dx}\right) = \dfrac{d}{dt}(-4\sin t) = -4\cos t$ だから

$$\frac{d^2y}{dx^2} = \frac{d}{dx}\left(\frac{dy}{dx}\right) = \frac{\frac{d}{dt}\left(\frac{dy}{dx}\right)}{\frac{dx}{dt}} = \frac{-4\cos t}{\cos t} = -4.$$

(2) $\dfrac{dx}{dt} = \dfrac{d}{dt}\{a(t - \sin t)\} = a(1 - \cos t),\ \dfrac{dy}{dt} = \dfrac{d}{dt}\{a(1 - \cos t)\} = a\sin t.$
したがって

$$\frac{dy}{dx} = \frac{\frac{dy}{dt}}{\frac{dx}{dt}} = \frac{a\sin t}{a(1 - \cos t)} = \frac{\sin t}{1 - \cos t} \left(= \frac{2\sin\frac{t}{2}\cos\frac{t}{2}}{2\sin^2\frac{t}{2}} = \frac{1}{\tan\frac{t}{2}}\right).$$

また

$$\frac{d}{dt}\left(\frac{dy}{dx}\right) = \frac{d}{dt}\left(\frac{\sin t}{1 - \cos t}\right)$$
$$= \frac{\cos t(1 - \cos t) - \sin^2 t}{(1 - \cos t)^2} = \frac{\cos t - 1}{(1 - \cos t)^2} = -\frac{1}{1 - \cos t}$$

だから

$$\frac{d^2y}{dx^2} = \frac{d}{dx}\left(\frac{dy}{dx}\right) = \frac{\frac{d}{dt}\left(\frac{dy}{dx}\right)}{\frac{dx}{dt}}$$
$$= -\frac{1}{1 - \cos t}\frac{1}{a(1 - \cos t)} = -\frac{1}{a(1 - \cos t)^2}.$$

問題

2.9 次の媒介変数表示された関数 $y = f(x)$ について，$\dfrac{dy}{dx}, \dfrac{d^2y}{dx^2}$ を求めよ．

(1) $x = a\cos^3 t,\ y = a\sin^3 t$ (2) $x = t - \dfrac{1}{t},\ y = t + \dfrac{1}{t}$

例題 2.10 — 微分可能性と連続性

次を示せ.
(1) 関数 $f(x) = |x|$ は $x = 0$ において連続だが, $x = 0$ で微分可能でない.
(2) 関数
$$f(x) = \begin{cases} x \sin \dfrac{1}{x} & (x \neq 0) \\ 0 & (x = 0) \end{cases}$$
は $x = 0$ で連続だが, $x = 0$ で微分可能でない.

[解答] (1) $\lim\limits_{x \to 0} f(x) = 0 = f(0)$ だから, $f(x)$ は $x = 0$ で連続. また

$$f'_+(0) = \lim_{h \to +0} \frac{|0+h|-0}{h} = \frac{h}{h} = 1,$$
$$f'_-(0) = \lim_{h \to -0} \frac{|0+h|-0}{h} = \lim_{h \to -0} \frac{-h}{h} = -1.$$

したがって, $f'_+(0) \neq f'_-(0)$ だから $f(x)$ は $x = 0$ で微分可能でない.

(2) $x \neq 0$ に対して

$$0 \leqq |f(x)| = \left| x \sin \frac{1}{x} \right| \leqq |x| \to 0 \quad (x \to 0).$$

したがって $\lim\limits_{x \to 0} f(x) = 0 = f(0)$ だから, $f(x)$ は $x = 0$ で連続. また

$$\lim_{h \to 0} \frac{f(h) - f(0)}{h} = \lim_{h \to 0} \frac{h \sin \frac{1}{h}}{h} = \lim_{h \to 0} \sin \frac{1}{h}$$

となるが

$$h = \left(\frac{\pi}{2} + 2n\pi \right)^{-1} \text{のとき, } \sin \frac{1}{h} = \sin \left(\frac{\pi}{2} + 2n\pi \right) = 1,$$
$$h = \left(\frac{3\pi}{2} + 2n\pi \right)^{-1} \text{のとき, } \sin \frac{1}{h} = \sin \left(\frac{3\pi}{2} + 2n\pi \right) = -1$$

だから, $\lim\limits_{h \to 0} \sin \dfrac{1}{h}$ は存在しない. したがって, $f(x)$ は $x = 0$ で微分可能でない.

問題

2.10 関数
$$f(x) = \begin{cases} x^2 \sin \dfrac{1}{x} & (x \neq 0) \\ 0 & (x = 0) \end{cases}$$
は $x = 0$ で微分可能, したがって全区間 $(-\infty, \infty)$ で微分可能であるが, 導関数 $f'(x)$ は $x = 0$ で連続でないことを示せ.

例題 2.11 ━━ 微分可能性 ━━

関数 $f(x)$ は $x=a$ を除いて微分可能, $x=a$ で連続とする. このとき $\lim_{x \to a} f'(x)$ が存在して
$$\lim_{x \to a} f'(x) = \alpha$$
ならば, $f(x)$ は $x=a$ で微分可能で
$$f'(a) = \alpha$$
であることを示せ (このとき $f'(x)$ は $x=a$ で連続).

解答 $x \neq a$ のとき, 平均値の定理 (2.3 節の定理 2.12 参照) から
$$\frac{f(x)-f(a)}{x-a} = f'(c)$$
をみたす c が a と x の間に存在する. $x \to a$ のとき $c \to a$ だから
$$\lim_{x \to a} \frac{f(x)-f(a)}{x-a} = \lim_{c \to a} f'(c) = \alpha.$$
したがって $f(x)$ は $x=a$ で微分可能で,
$$f'(a) = \alpha$$
である.

問題

2.11 $n \geqq 3$ とする. 上の例題を用いて, 関数
$$f(x) = \begin{cases} x^n \sin \dfrac{1}{x} & (x \neq 0) \\ 0 & (x = 0) \end{cases}$$
は $x=0$ で微分可能, したがって全区間 $(-\infty, \infty)$ で微分可能で, 導関数 $f'(x)$ は $x=0$ で連続であることを示せ.

2.2 高次導関数

高次導関数　微分可能な関数 $y=f(x)$ の導関数 $f'(x)$ が微分可能なとき，$f'(x)$ の導関数 $(f')'(x)$ が定まる．これを $f(x)$ の **2 次導関数**，または **2 階の導関数**といい

$$f''(x),\ y'',\ \frac{d^2y}{dx^2},\ \frac{d^2f}{dx^2}(x),\ \frac{d^2}{dx^2}f(x)$$

などで表す．以下同様に 3 次導関数，4 次導関数，$\cdots$ を考えることができる．一般に，$f(x)$ の $(n-1)$ 次導関数が微分可能なとき，$f(x)$ は **n 回微分可能**であるという．$f^{(n-1)}(x)$ の導関数を **n 次導関数**といい

$$f^{(n)}(x),\ y^{(n)},\ \frac{d^ny}{dx^n},\ \frac{d^nf}{dx^n}(x),\ \frac{d^n}{dx^n}f(x)$$

などで表す．$f(x)$ が任意の自然数 n に対して n 回微分可能であるとき，$f(x)$ は**無限回微分可能**であるという．また，$f(x)$ が n 回微分可能で $f^{(n)}(x)$ が連続であるとき，$f(x)$ は **n 回連続微分可能**，あるいは **C^n 級**の関数であるという．任意の自然数 n に対して C^n 級であるとき，$f(x)$ は**無限回連続微分可能**，あるいは **C^∞ 級**の関数であるという．

定理 2.8　$f(x), g(x)$ が n 回微分可能ならば，$cf(x)+dg(x)$ も n 回微分可能で

$$(cf+dg)^{(n)}(x) = cf^{(n)}(x) + dg^{(n)}(x) \quad (c, d は定数).$$

定理 2.9（ライプニッツの公式）　$f(x), g(x)$ が n 回微分可能ならば，$f(x)g(x)$ も n 回微分可能で

$$(fg)^{(n)} = f^{(n)}g + {}_nC_1 f^{(n-1)}g' + {}_nC_2 f^{(n-2)}g'' + \cdots + {}_nC_r f^{(n-r)}g^{(r)} + \cdots + fg^{(n)}.$$

定理 2.10
(1) $(\sin x)^{(n)} = \sin\left(x + \dfrac{n\pi}{2}\right)$
(2) $(\cos x)^{(n)} = \cos\left(x + \dfrac{n\pi}{2}\right)$

2.2 高次導関数

例題 2.12 ─────────────────────────── n 次導関数 ─

次の関数の n 次導関数を求めよ．

(1) $\dfrac{1}{ax+b}$ $(a \neq 0)$　　(2) $\cos x$

[解答] (1)
$$\left(\frac{1}{ax+b}\right)' = \{(ax+b)^{-1}\}' = (-1)a(ax+b)^{-2},$$
$$\left(\frac{1}{ax+b}\right)'' = \{(-1)a(ax+b)^{-2}\}' = (-1)(-2)a^2(ax+b)^{-3}.$$

以下同様にして
$$\left(\frac{1}{ax+b}\right)^{(n)} = \{(ax+b)^{-1}\}^{(n)}$$
$$= (-1)(-2)\cdots(-n)a^n(ax+b)^{-(n+1)}$$
$$= \frac{(-1)^n n!\, a^n}{(ax+b)^{n+1}}.$$

[別解]
$$\left(\frac{1}{ax+b}\right)^{(n)} = \frac{1}{a}\left(\frac{1}{x+\frac{b}{a}}\right)^{(n)} = \frac{1}{a}\left\{\left(x+\frac{b}{a}\right)^{-1}\right\}^{(n)}$$
$$= \frac{1}{a}(-1)(-2)\cdots(-n)\left(x+\frac{b}{a}\right)^{-(n+1)}$$
$$= \frac{(-1)^n n!}{a\left(x+\frac{b}{a}\right)^{n+1}} = \frac{(-1)^n n!\, a^n}{(ax+b)^{n+1}}.$$

(2)
$$(\cos x)' = -\sin x = \cos\left(x+\frac{\pi}{2}\right),$$
$$(\cos x)'' = \left\{\cos\left(x+\frac{\pi}{2}\right)\right\}' = \cos\left(x+2\frac{\pi}{2}\right).$$

以下同様にして，
$$(\cos x)^{(n)} = \cos\left(x+\frac{n\pi}{2}\right).$$

問題

2.12 n 次導関数を求めよ．

(1) $\log(1+x)$　　(2) $\dfrac{a-x}{a+x}$　　(3) $\sin 2x + \cos 3x$

例題 2.13　　　　　　　　　　　　　　　　　　　　　　　　　n 次導関数

次の関数の n 次導関数を求めよ．
(1) $y = \sin 5x \sin 2x$　　(2) $y = e^x \cos x$

解答 (1) $\sin 5x \sin 2x = -\frac{1}{2}(\cos 7x - \cos 3x)$. したがって

$$y^{(n)} = -\frac{1}{2}\{(\cos 7x)^{(n)} - (\cos 3x)^{(n)}\}$$
$$= -\frac{1}{2}\left\{7^n \cos\left(7x + \frac{n\pi}{2}\right) - 3^n \cos\left(3x + \frac{n\pi}{2}\right)\right\}.$$

(2) $y' = e^x(\cos x - \sin x) = \sqrt{2}\, e^x \cos\left(x + \frac{\pi}{4}\right)$.

これより, $y'' = (\sqrt{2})^2 e^x \cos\left(x + \frac{2\pi}{4}\right)$. したがって $y^{(n)} = (\sqrt{2})^n e^x \cos\left(x + \frac{n\pi}{4}\right)$.

例題 2.14　　　　　　　　　　　　　　　　　　　　　　　　　ライプニッツの公式

次の関数の n 次導関数を求めよ．
(1) $y = x^2 e^x$　　(2) $y = x^3 \sin x$

解答 (1) ライプニッツの公式より

$$y^{(n)} = x^2(e^x)^{(n)} + {}_nC_1(2x)(e^x)^{(n-1)} + {}_nC_2 \cdot 2(e^x)^{(n-2)}$$
$$= e^x\{x^2 + 2nx + n(n-1)\}.$$

(2) ライプニッツの公式より

$$y^{(n)} = (\sin x)^{(n)} x^3 + {}_nC_1(\sin x)^{(n-1)} \cdot 3x^2 + {}_nC_2(\sin x)^{(n-2)} \cdot 6x$$
$$+ {}_nC_3(\sin x)^{(n-3)} \cdot 6$$
$$= x^3 \sin\left(x + \frac{n\pi}{2}\right) + 3nx^2 \sin\left(x + \frac{(n-1)\pi}{2}\right)$$
$$+ 3n(n-1)x \sin\left(x + \frac{(n-2)\pi}{2}\right) + n(n-1)(n-2)\sin\left(x + \frac{(n-3)\pi}{2}\right).$$

問題

2.13 n 次導関数を求めよ．
(1) $\dfrac{x}{x^2 - 1}$　　(2) $e^x \sin \sqrt{3}\, x$　　(3) $\cos 3x \sin 2x$

2.14 n 次導関数を求めよ．
(1) $x^2 \cos x$　　(2) $3^x x^2$　　(3) $x^3 e^{2x}$

例題 2.15 _____ n 次導関数

$y = f(x) = \sin^{-1} x$ とする.
(1) $(1-x^2)y'' = xy'$ を示せ.
(2) $f^{(n+2)}(0) = n^2 f^{(n)}(0)$ を示せ.
(3) $f^{(n)}(0)$ を求めよ.

解答 (1) 例題 2.6(1)（定理 2.7）より $y' = \dfrac{1}{\sqrt{1-x^2}}$ だから,

$$\sqrt{1-x^2}\, y' = 1.$$

両辺を微分して

$$\dfrac{-x}{\sqrt{1-x^2}} y' + \sqrt{1-x^2}\, y'' = 0.$$

したがって, $(1-x^2)y'' = xy'$.

(2) (1) の両辺を n 回微分すると

$$(1-x^2)y^{(n+2)} + {}_nC_1(-2x)y^{(n+1)} + {}_nC_2(-2)y^{(n)} = xy^{(n+1)} + {}_nC_1 y^{(n)},$$

$$\therefore\ (1-x^2)y^{(n+2)} - 2nxy^{(n+1)} - n(n-1)y^{(n)} = xy^{(n+1)} + ny^{(n)},$$

$$\therefore\ (1-x^2)y^{(n+2)} - (2n+1)xy^{(n+1)} - n^2 y^{(n)} = 0.$$

ここで $x = 0$ として, $f^{(n+2)}(0) - n^2 f^{(n)}(0) = 0$. したがって

$$f^{(n+2)}(0) = n^2 f^{(n)}(0).$$

(3) $y' = \dfrac{1}{\sqrt{1-x^2}}$ より, $f'(0) = 1$. また (1) より $f''(0) = 0$.
したがって, (2) より $n = 2k+1$ のとき

$$\begin{aligned}f^{(2k+1)}(0) &= (2k-1)^2 f^{(2k-1)}(0) = \cdots \\ &= (2k-1)^2(2k-3)^2\cdots 1^2 f'(0) \\ &= 1^2 \cdot 3^2 \cdots (2k-1)^2.\end{aligned}$$

$n = 2k$ のとき

$$f^{(2k)}(0) = (2k-2)^2 f^{(2k-2)}(0) = \cdots = (2k-2)^2(2k-4)^2\cdots 2^2 f''(0) = 0.$$

問題

2.15 $f(x) = \tan^{-1} x$ のとき, $f^{(n)}(0)$ を求めよ.

2.3 平均値の定理，テイラーの定理

定理 2.11（ロルの定理） 関数 $f(x)$ が閉区間 $[a,b]$ で連続，開区間 (a,b) で微分可能で $f(a)=f(b)$ ならば，$f'(c)=0$ をみたす c $(a<c<b)$ が存在する．

定理 2.12（平均値の定理） 関数 $f(x)$ が閉区間 $[a,b]$ で連続，開区間 (a,b) で微分可能ならば
$$\frac{f(b)-f(a)}{b-a}=f'(c) \quad (a<c<b)$$
をみたす c が存在する．この等式は次式と同値．
$$f(b)=f(a)+f'(c)(b-a) \quad (a<c<b)$$

定理 2.13（コーシーの平均値の定理） 関数 $f(x), g(x)$ が閉区間 $[a,b]$ で連続，開区間 (a,b) で微分可能，$g'(x)\neq 0$ $(a<x<b)$ ならば，
$$\frac{f(b)-f(a)}{g(b)-g(a)}=\frac{f'(c)}{g'(c)} \quad (a<c<b)$$
をみたす c が存在する（$g(x)=x$ のとき，平均値の定理に一致する）．

c の表現 定理 2.11～定理 2.13 において，$a<c<b$ をみたす c は $\theta=(c-a)/(b-a)$ とおくと
$$c=a+\theta(b-a) \quad (0<\theta<1)$$
と表される．

定理 2.14（テイラーの定理） 関数 $f(x)$ が a,b $(a\neq b)$ を含む開区間で n 回微分可能ならば
$$f(b)=f(a)+\frac{f'(a)}{1!}(b-a)+\frac{f''(a)}{2!}(b-a)^2+\cdots+\frac{f^{(n-1)}(a)}{(n-1)!}(b-a)^{n-1}+R_n,$$
$$\text{ただし},\ R_n=\frac{f^{(n)}(a+\theta(b-a))}{n!}(b-a)^n \quad (0<\theta<1)$$
をみたす θ が存在する．

注 ここで開区間 I は任意の区間としてよい．例えば，$I=[a,b]$（閉区間）のとき，$x=a$ においては右微分可能，$x=b$ では左微分可能であればよい．

定理 2.15（マクローリンの定理） 関数 $f(x)$ が $x=0$ を含む開区間 I で n 回微分可能ならば，任意の $x\in I$ において
$$f(x)=f(0)+\frac{f'(0)}{1!}x+\frac{f''(0)}{2!}x^2+\cdots+\frac{f^{(n-1)}(0)}{(n-1)!}x^{n-1}+R_n(x),$$

2.3 平均値の定理，テイラーの定理

ただし，$R_n(x) = \dfrac{f^{(n)}(\theta x)}{n!} x^n \quad (0 < \theta < 1)$

をみたす θ が存在する．$R_n(x)$ を**剰余項**（ラグランジュの剰余）という．

マクローリン級数 級数 $\sum_{n=1}^{\infty} a_n$ において，第 n 部分和 $S_n = \sum_{k=1}^{n} a_k$ のなす数列 $\{S_n\}$ が S に収束するとき，級数 $\sum_{n=1}^{\infty} a_n$ は S に収束するという．S をこの級数の和といい，$\sum_{n=1}^{\infty} a_n$ で表す．関数 $f_n(x) = a_n x^n$ を項とする関数項級数 $\sum_{n=0}^{\infty} a_n x^n$ を**整級数**という（第 6 章参照）．

関数 $f(x)$ は $x = 0$ を含む開区間 I で無限回微分可能とする．マクローリンの定理における剰余項 $R_n(x)$ が $R_n(x) \to 0 \ (n \to \infty)$ をみたすとき，

$$S_n(x) = \sum_{k=0}^{n-1} \frac{f^k(0)}{k!} x^k$$

とすると

$$0 \leqq |f(x) - S_n(x)| = \left| f(x) - \sum_{k=0}^{n-1} \frac{f^{(k)}(0)}{k!} x^k \right| = |R_n(x)| \to 0 \quad (n \to \infty)$$

となる．したがって $S_n(x) \to f(x) \ (n \to \infty)$ となり，$f(x)$ は

$$f(x) = f(0) + \frac{f'(0)}{1!} x + \frac{f''(0)}{2!} x^2 + \cdots + \frac{f^{(n)}(0)}{n!} x^n + \cdots \quad (x \in I)$$

と整級数の和として表される．右辺の整級数を $f(x)$ の**マクローリン級数**，あるいは**マクローリン展開**という．

定理 2.16（主要な関数のマクローリン展開）

$$e^x = 1 + \frac{x}{1!} + \frac{x^2}{2!} + \cdots + \frac{x^n}{n!} + \cdots \quad (-\infty < x < \infty)$$

$$\sin x = \frac{x}{1!} - \frac{x^3}{3!} + \cdots + (-1)^{n-1} \frac{x^{2n-1}}{(2n-1)!} + \cdots \quad (-\infty < x < \infty)$$

$$\cos x = 1 - \frac{x^2}{2!} + \frac{x^4}{4!} - \cdots + (-1)^n \frac{x^{2n}}{(2n)!} + \cdots \quad (-\infty < x < \infty)$$

$$\log(1+x) = x - \frac{x^2}{2} + \frac{x^3}{3} - \cdots + (-1)^{n-1} \frac{x^n}{n} + \cdots \quad (-1 < x \leqq 1)$$

$$(1+x)^\alpha = \binom{\alpha}{0} + \binom{\alpha}{1} x + \binom{\alpha}{2} x^2 + \cdots + \binom{\alpha}{n} x^n + \cdots \quad (|x| < 1)$$

ただし α は実数で，$\binom{\alpha}{0} = 1, \ \binom{\alpha}{n} = \dfrac{\alpha(\alpha-1)\cdots(\alpha-n+1)}{n!} \quad (n \neq 0)$

例題 2.16 — 平均値の定理，マクローリンの定理

(1) $f(x) = x^2$ とし，$a < b$ とする．
$$f(b) = f(a) + (b-a)f'(a + \theta(b-a)) \quad (0 < \theta < 1)$$
をみたす θ を求めよ．

(2) 関数 $f(x) = e^x$ に対して，$x = 1$ として
$$f(x) = f(0) + \frac{f'(0)}{1!}x + \frac{f''(0)}{2!}x^2 + \frac{f'''(\theta x)}{3!}x^3 \quad (0 < \theta < 1)$$
をみたす θ を求めよ．

解答 (1) $b^2 = a^2 + 2(b-a)\{a + \theta(b-a)\}$ だから，$b + a = 2\{a + \theta(b-a)\}$．これより
$$b - a = 2\theta(b-a).$$
したがって $\theta = \dfrac{1}{2}$．

(2) $(e^x)^{(k)} = e^x$ だから
$$f(0) = f'(0) = f''(0) = e^0 = 1, \quad f'''(\theta x) = e^{\theta x}.$$
したがって
$$e^x = 1 + x + \frac{x^2}{2} + \frac{e^{\theta x}}{3!}x^3.$$
$x = 1$ とおくと
$$e = 1 + 1 + \frac{1}{2} + \frac{e^\theta}{3!}.$$
これより，$\theta = \log(6e - 15)$．

問題

2.16 次の関数に対して
$$f(b) = f(a) + (b-a)f'(a + \theta(b-a))$$
をみたす θ $(0 < \theta < 1)$ を求めよ．ただし，$a = 1, b = 2$ とする．

(1) $f(x) = x^3$ (2) $f(x) = \log x$ (3) $f(x) = e^x$

2.17 関数 $f(x) = \log(1 + x)$ に対して，$x = 1$ として
$$f(x) = f(0) + \frac{f'(0)}{1!}x + \frac{f''(\theta x)}{2!}x^2 \quad (0 < \theta < 1)$$
をみたす θ を求めよ．

2.3 平均値の定理，テイラーの定理

例題 2.17 ――――――――――――――― マクローリンの定理，テイラーの定理 ――

関数
$$f(x) = x^4 + 2x^3 - 2x^2 + 3x + 1$$
にマクローリンの定理 ($n=4$) を適用せよ．また，$a=1, b=x$ としてテイラーの定理 ($n=4$) を適用せよ．

解答
$$\begin{aligned} f'(x) &= 4x^3 + 6x^2 - 4x + 3, \\ f''(x) &= 12x^2 + 12x - 4, \\ f'''(x) &= 24x + 12, \\ f^{(4)}(x) &= 24. \end{aligned}$$

したがって
$$f(0) = 1, \quad f'(0) = 3, \quad f''(0) = -4, \quad f'''(0) = 12$$
だから，マクローリンの定理より θ ($0 < \theta < 1$) が存在して
$$\begin{aligned} f(x) &= f(0) + \frac{f'(0)}{1!}x + \frac{f''(0)}{2!}x^2 + \frac{f'''(0)}{3!}x^3 + \frac{f^{(4)}(\theta x)}{4!}x^4 \\ &= 1 + 3x - 2x^2 + 2x^3 + x^4. \end{aligned}$$

また，
$$f(1) = 5, \quad f'(1) = 9, \quad f''(1) = 20, \quad f'''(1) = 36$$
だから，テイラーの定理より θ_1 ($0 < \theta_1 < 1$) が存在して
$$\begin{aligned} f(x) &= f(1) + \frac{f'(1)}{1!}(x-1) + \frac{f''(1)}{2!}(x-1)^2 + \frac{f'''(1)}{3!}(x-1)^3 \\ &\quad + \frac{f^{(4)}(1+\theta(x-1))}{4!}(x-1)^4 \\ &= 5 + 9(x-1) + 10(x-1)^2 + 6(x-1)^3 + (x-1)^4 \\ &= (x-1)^4 + 6(x-1)^3 + 10(x-1)^2 + 9(x-1) + 5. \end{aligned}$$

問題

2.18 関数
$$f(x) = x^4 - x^3 + 3x^2 + 2x + 1$$
にマクローリンの定理 ($n=4$) を適用せよ．また，$a=-1, b=x$ としてテイラーの定理 ($n=4$) を適用せよ．

__例題 2.18__ _____ マクローリンの定理 __

$f(x) = \sin x$ にマクローリンの定理を $n=4, n=5$ で適用せよ．

解答　定理 2.10(1) より
$$f^{(k)}(x) = \sin\left(x + \frac{k\pi}{2}\right)$$
だから
$$f(0) = 0, \quad f'(0) = 1, \quad f''(0) = 0, \quad f'''(0) = -1, \quad f^{(4)}(0) = 0.$$
したがってマクローリンの定理より，$n=4$ のとき，θ_1 $(0 < \theta_1 < 1)$ が存在して
$$\begin{aligned}
f(x) &= f(0) + \frac{f'(0)}{1!}x + \frac{f''(0)}{2!}x^2 + \frac{f'''(0)}{3!}x^3 + \frac{f^{(4)}(\theta_1 x)}{4!}x^4 \\
&= \frac{x}{1!} - \frac{x^3}{3!} + \frac{\sin(\theta_1 x + \frac{4\pi}{2})}{4!}x^4 \\
&= \frac{x}{1!} - \frac{x^3}{3!} + \frac{\sin \theta_1 x}{4!}x^4.
\end{aligned}$$
また，$n=5$ のとき，θ_2 $(0 < \theta_2 < 1)$ が存在して
$$\begin{aligned}
f(x) &= f(0) + \frac{f'(0)}{1!}x + \frac{f''(0)}{2!}x^2 + \frac{f'''(0)}{3!}x^3 + \frac{f^{(4)}(0)}{4!}x^4 + \frac{f^{(5)}(\theta_2 x)}{5!}x^5 \\
&= \frac{x}{1!} - \frac{x^3}{3!} + \frac{\sin(\theta_2 x + \frac{5\pi}{2})}{5!}x^5 \\
&= \frac{x}{1!} - \frac{x^3}{3!} + \frac{\sin(\theta_2 x + \frac{\pi}{2})}{5!}x^5 \\
&= \frac{x}{1!} - \frac{x^3}{3!} + \frac{\cos \theta_2 x}{5!}x^5.
\end{aligned}$$

問　題

2.19　$f(x) = \cos x$ にマクローリンの定理を $n=4, n=5$ で適用せよ．

2.3 平均値の定理，テイラーの定理

___ 例題 2.19 _____ マクローリン展開 ___

次の展開式を示せ．

(1) $e^x = 1 + \dfrac{x}{1!} + \dfrac{x^2}{2!} + \cdots + \dfrac{x^n}{n!} + \cdots \quad (|x| < \infty)$

(2) $\sin x = \dfrac{x}{1!} - \dfrac{x^3}{3!} + \cdots + (-1)^{n-1}\dfrac{x^{2n-1}}{(2n-1)!} + \cdots \quad (|x| < \infty)$

解答 (1) 関数 $f(x) = e^x$ は $|x| < \infty$ で無限回微分可能で，

$$f^{(n)}(x) = e^x \quad (n = 0, 1, 2, \dots).$$

マクローリンの定理より任意の自然数 n に対して

$$e^x = 1 + \frac{x}{1!} + \frac{x^2}{2!} + \cdots + \frac{x^{n-1}}{(n-1)!} + \frac{e^{\theta x}}{n!}x^n \quad (0 < \theta < 1)$$

をみたす θ が存在する．剰余項 $R_n(x) = \dfrac{e^{\theta x}}{n!}x^n$ に対して，例題 1.6 より

$$0 \leqq |R_n(x)| = \left|\frac{e^{\theta x}}{n!}x^n\right| = \frac{|x|^n}{n!}e^{\theta x} \leqq \frac{|x|^n}{n!}e^{|x|} \to 0 \quad (n \to \infty).$$

$$\therefore \quad \left|e^x - \sum_{k=0}^{n-1}\frac{x^k}{k!}\right| = |R_n(x)| \to 0 \quad (n \to \infty).$$

したがって $e^x = \displaystyle\sum_{n=0}^{\infty}\frac{x^n}{n!}$ を得る．

(2) $f(x) = \sin x$ とおくと，$f^{(n)}(x) = \sin\left(x + \dfrac{n\pi}{2}\right)$ だから，$f^{(2k)}(0) = 0$，$f^{(2k-1)}(0) = (-1)^{k-1}$．したがってマクローリンの定理より，任意の実数 x と自然数 n に対して θ $(0 < \theta < 1)$ が存在して

$$\sin x = \frac{x}{1!} - \frac{x^3}{3!} + \cdots + (-1)^{n-1}\frac{x^{2n-1}}{(2n-1)!} + \frac{\sin\left(\theta x + \frac{(2n+1)\pi}{2}\right)}{(2n+1)!}x^{2n+1}.$$

剰余項を $R_{2n+1}(x)$ とおくと例題 1.6 より

$$|R_{2n+1}(x)| = \left|\frac{\sin\left(\theta x + \frac{(2n+1)\pi}{2}\right)}{(2n+1)!}x^{2n+1}\right| \leqq \frac{|x|^{2n+1}}{(2n+1)!} \to 0 \quad (n \to \infty).$$

これより $R_{2n+1}(x) \to 0 \ (n \to \infty)$ となり結論を得る．

問 題

2.20 $\cos x = 1 - \dfrac{x^2}{2!} + \dfrac{x^4}{4!} - \cdots + (-1)^n\dfrac{x^{2n}}{(2n)!} + \cdots \quad (|x| < \infty)$ を示せ．

例題 2.20　　　　　　　　　　　　　　　　　マクローリンの定理

(1) ネイピアの数 e は次の級数の和で表されることを示せ.
$$e = 1 + \frac{1}{1!} + \frac{1}{2!} + \cdots + \frac{1}{n!} + \cdots$$

(2) 任意の自然数 n に対して次の不等式が成り立つことを示せ.
$$1 + \frac{1}{1!} + \frac{1}{2!} + \cdots + \frac{1}{n!} < e < 1 + \frac{1}{1!} + \frac{1}{2!} + \cdots + \frac{1}{n!} + \frac{1}{n!\,n}$$

(3) (2) より
$$e \fallingdotseq 1 + \frac{1}{1!} + \frac{1}{2!} + \cdots + \frac{1}{n!}$$

と近似したときの誤差を $E_n = e - \sum_{k=0}^{n} \dfrac{1}{k!}$ とすると

$$0 < E_n < \frac{1}{n!\,n}$$

である. このことを用いて, e の値を小数第 3 位まで正確に求めよ.

解答　e^x をマクローリン展開すると

$$e^x = 1 + \frac{x}{1!} + \frac{x^2}{2!} + \cdots + \frac{x^n}{n!} + \cdots \quad (-\infty < x < \infty).$$

ここで $x = 1$ として
$$e = 1 + \frac{1}{1!} + \frac{1}{2!} + \cdots + \frac{1}{n!} + \cdots$$

を得る.

(2) 第 1 の不等式は (1) より明らか. また, (1) より

$$\begin{aligned}
e &= 1 + \frac{1}{1!} + \frac{1}{2!} + \cdots + \frac{1}{n!} + \frac{1}{(n+1)!}\left\{1 + \frac{1}{n+2} + \frac{1}{(n+2)(n+3)} + \cdots\right\} \\
&< 1 + \frac{1}{1!} + \frac{1}{2!} + \cdots + \frac{1}{n!} + \frac{1}{(n+1)!}\left\{1 + \frac{1}{n+1} + \frac{1}{(n+1)^2} + \cdots\right\} \\
&= 1 + \frac{1}{1!} + \frac{1}{2!} + \cdots + \frac{1}{n!} + \frac{1}{(n+1)!}\frac{1}{1 - \dfrac{1}{n+1}} \\
&= 1 + \frac{1}{1!} + \frac{1}{2!} + \cdots + \frac{1}{n!} + \frac{1}{n!\,n}
\end{aligned}$$

となり, 第 2 の不等式を得る.

(3) $n=6$ とすると誤差 E_6 は $0 < E_6 < \dfrac{1}{6!\cdot 6} = 0.00023\cdots < 0.00024$. また

$$1 + 1 + \frac{1}{2!} = 2.5,$$
$$\frac{1}{3!} = 0.16666\cdots,$$
$$\frac{1}{4!} = 0.04166\cdots,$$
$$\frac{1}{5!} = 0.00833\cdots,$$
$$\frac{1}{6!} = 0.00138\cdots,$$
$$\therefore\ e \fallingdotseq 1 + \frac{1}{1!} + \frac{1}{2!} + \frac{1}{3!} + \frac{1}{4!} + \frac{1}{5!} + \frac{1}{6!} = 2.71803\cdots.$$

$1/3!,\ldots,1/6!$ の計算で小数第 6 位を切り捨てたから，これらの計算誤差（正にとる）をまとめて D_6 とすると $0 < D_6 < 0.00004$. したがって，e を $e \fallingdotseq 2.71803$ と近似したときの誤差（正）を $\widetilde{E}$ とすると

$$0 < \widetilde{E} \leqq E_6 + D_6 < 0.00028$$

となる．この誤差の限界 0.00028 は，$e \fallingdotseq 2.71803$ の小数第 3 位に影響を与えないから，$e \fallingdotseq 2.718$ は小数第 3 位まで正確な近似である．

___例題 2.21_____テイラーの定理___

$f(x)$ を n 次の多項式関数とする．$x=\alpha$ が方程式 $f(x)=0$ の k 重解であるための必要十分条件は

$$f(\alpha) = f'(\alpha) = \cdots = f^{(k-1)}(\alpha) = 0,\quad f^{(k)}(\alpha) \neq 0$$

であることを示せ．

[解答] $f(x)$ にテイラーの定理を $n+1$ で適用すると，$f^{(n+1)}(x)=0$ だから

$$f(x) = f(\alpha) + \frac{f'(\alpha)}{1!}(x-\alpha) + \frac{f''(\alpha)}{2!}(x-\alpha)^2 + \cdots$$
$$+ \frac{f^{(k)}(\alpha)}{k!}(x-\alpha)^k + \cdots + \frac{f^{(n)}(\alpha)}{n!}(x-\alpha)^n.$$

これより，$x=\alpha$ が $f(x)=0$ の k 重解であることと次式は同値である．

$$f(\alpha) = f'(\alpha) = \cdots = f^{(k-1)}(\alpha) = 0,\quad f^{(k)}(\alpha) \neq 0.$$

2.4 微分法の応用

関数の増減・極値

定理 2.17 関数 $f(x)$ は閉区間 $[a,b]$ で連続，開区間 (a,b) で微分可能とする．
(1) (a,b) で $f'(x) = 0$ ならば，$f(x)$ は $[a,b]$ で定数関数（逆も成立）．
(2) (a,b) で $f'(x) \geqq 0$ ならば，$f(x)$ は $[a,b]$ で増加関数（逆も成立）．
(3) (a,b) で $f'(x) > 0$ ならば，$f(x)$ は $[a,b]$ で狭義増加関数（逆は不成立）．
(2), (3) で不等号が逆向きのとき，$f(x)$ はそれぞれ減少関数，狭義減少関数になる．また区間 $[a,b]$, (a,b) はそれぞれ無限区間 $[a,\infty)$, (a,∞) などとしてよい．

関数 $f(x)$ が $x=a$ を含む開区間 I で
$$x \neq a \implies f(x) > f(a) \quad (f(x) < f(a))$$
であるとき，$f(x)$ は $\boldsymbol{x=a}$ で極小（極大）であるといい，$f(a)$ を極小値（極大値）という．$x=a$ を含む開区間 I で
$$x \in I \implies f(x) \geqq f(a) \quad (f(x) \leqq f(a))$$
であるとき，$f(x)$ は $\boldsymbol{x=a}$ で広義の極小（広義の極大）であるといい，$f(a)$ を広義の極小値（広義の極大値）という．

定理 2.18（極値をとるための必要条件） $f(x)$ が $x=a$ で広義の極値（したがって極値）をとり $x=a$ で微分可能ならば，$f'(a) = 0$ である．

定理 2.19（必ずしも微分可能でない点での極値） 関数 $f(x)$ がある $h>0$ に対して
 $(a-h, a)$ で $f'(x) < 0$ $(f'(x) > 0)$,
 $(a, a+h)$ で $f'(x) > 0$ $(f'(x) < 0)$
をみたし，$x=a$ で連続ならば $f(x)$ は $x=a$ で極小（極大）．

定理 2.20 関数 $f(x)$ は $x=a$ を含む開区間 I で C^n 級で
$$f'(a) = f''(a) = \cdots = f^{(n-1)}(a) = 0, \quad f^{(n)}(a) \neq 0$$
とする．n が偶数のとき，$f(x)$ は $x=a$ で極値をとり，
 $f^{(n)}(a) > 0$ ならば，$f(a)$ は極小値，
 $f^{(n)}(a) < 0$ ならば，$f(a)$ は極大値．
n が奇数のとき，$f(x)$ は $x=a$ で極値をとらない．
 特に，$n=2$ のとき，$f'(a) = 0$, $f''(a) \neq 0$ とすると
 $f''(a) > 0$ ならば，$f(a)$ は極小値，
 $f''(a) < 0$ ならば，$f(a)$ は極大値．

2.4 微分法の応用

関数の凹凸　関数 $f(x)$ が区間 I で

$$x_1 < x_2,\ x_1, x_2 \in I,\ 0 \leqq \lambda \leqq 1 \implies f((1-\lambda)x_1 + \lambda x_2) \leqq (1-\lambda)f(x_1) + \lambda f(x_2)$$

をみたすとき $f(x)$ は I で**凸**あるいは**下に凸**であるという．$x_1 < x_2$ に対して逆の不等式が成り立つとき $f(x)$ は I で**凹**あるいは**上に凸**であるという．$f(x)$ が区間 I で凸であることは，$x_1 < x < x_2,\ x \in I$ ならば $\dfrac{f(x) - f(x_1)}{x - x_1} \leqq \dfrac{f(x_2) - f(x)}{x_2 - x}$ が成り立つことと同値である．また I で $f(x)$ が凸であることと $-f(x)$ が凹であることは同値．

定理 2.21　関数 $f(x)$ は区間 I で微分可能とすると，以下同値．
- (a)　$f(x)$ は I で凸（凹）．
- (b)　$f'(x)$ は I で増加（減少）．
- (c)　$y = f(x)$ のグラフはその上の任意の点における接線より下にでない（上にでない）．

さらに，$f(x)$ が区間 I で 2 回微分可能ならば次が同値．
- (d)　$f''(x) \geqq 0\ (f''(x) \leqq 0)$．

$x = a$ の左右で $f(x)$ の凹凸が変わるとき，$f(x)$ は $x = a$ で**変曲点**をもつといい，点 $(a, f(a))$ を $y = f(x)$ の変曲点という．

定理 2.22　$x = a$ の左右で $f''(x)$ の符号が変われば，$f(x)$ は $x = a$ で変曲点をもつ．また，$f''(a) \neq 0$ で $f'''(a) \neq 0$ ならば，$f(x)$ は $x = a$ で変曲点をもつ．

不定形の極限　$\lim\limits_{x \to a} f(x) = \lim\limits_{x \to a} g(x) = 0$ のとき定理 1.9 を機械的に当てはめると

$$\lim_{x \to a} \frac{f(x)}{g(x)} = \frac{\lim\limits_{x \to a} f(x)}{\lim\limits_{x \to a} g(x)} = \frac{0}{0}$$

となり意味をもたない．この極限値は $f(x)$ と $g(x)$ の 0 への収束の "速さ" に関係する．このような極限を**不定形の極限**という．不定形の極限には次のような型がある．

$$\frac{0}{0},\ \frac{\infty}{\infty},\ \infty - \infty,\ 0 \cdot \infty,\ \infty^0,\ 0^0,\ 1^\infty.$$

定理 2.23（**ロピタルの定理：0/0 型**）　$\lim\limits_{x \to a} f(x) = \lim\limits_{x \to a} g(x) = 0,\ g'(x) \neq 0$ のとき，$\lim\limits_{x \to a} \dfrac{f'(x)}{g'(x)} = l$ ならば $\lim\limits_{x \to a} \dfrac{f(x)}{g(x)} = l\ (-\infty \leqq l \leqq \infty)$．

定理 2.24（**ロピタルの定理：∞/∞ 型**）　$\lim\limits_{x \to a} f(x) = \lim\limits_{x \to a} g(x) = \infty,\ g'(x) \neq 0$ のとき，$\lim\limits_{x \to a} \dfrac{f'(x)}{g'(x)} = l$ ならば $\lim\limits_{x \to a} \dfrac{f(x)}{g(x)} = l\ (-\infty \leqq l \leqq \infty)$．

$0/0, \infty/\infty$ 以外の不定形の極限値はこれらいずれかの形に変形する．また，$x \to a+0$, $x \to \infty$ などの場合も同様である．

例題 2.22 ────────────────────── 関数の増減

関数 $f(x)$ が閉区間 $[a,b]$ で連続，開区間 (a,b) で微分可能で $f'(x)=0$ ならば，$f(x)$ は $[a,b]$ で定数関数であることを示せ．

解答 $a<x\leqq b$ である任意の x をとる．$f(x)$ は $[a,x]$ で連続，(a,x) で微分可能だから，平均値の定理より

$$f(x)-f(a)=f'(c)(x-a) \quad (a<c<x)$$

となる c が存在する．仮定より $f'(c)=0$ だから，$f(x)-f(a)=0$．したがって

$$f(x)=f(a) \quad (a<x\leqq b)$$

となり，$f(x)$ は定数関数である．

例題 2.23 ────────────────────── 関数の増減

関数 $f(x)$ は閉区間 $[a,b]$ で連続，開区間 (a,b) で微分可能とする．(a,b) で $f'(x)>0$ ならば，$f(x)$ は $[a,b]$ で狭義の増加関数であることを示せ．

解答 $a\leqq x_1<x_2\leqq b$ とする．$f(x)$ は $[x_1,x_2]$ で連続，(x_1,x_2) で微分可能だから平均値の定理より，ある c $(x_1<c<x_2)$ が存在して

$$f(x_2)-f(x_1)=f'(c)(x_2-x_1)>0$$

が成り立つ．したがって

$$f(x_1)<f(x_2) \quad (a\leqq x_1<x_2\leqq b)$$

となり，$f(x)$ は $[a,b]$ で狭義の増加関数である．

注 例題 2.23（定理 2.17(3)）は無限区間で成り立つ（例題 2.22 も同様）．すなわち，$f(x)$ は $[a,\infty)$ で連続，(a,∞) で微分可能とする．(a,∞) で $f'(x)>0$ ならば，$f(x)$ は $[a,\infty)$ で狭義の増加関数である．

実際，上の証明で $a\leqq x_1<x_2$ とすればよい（b に関する条件を外す）．以下，不等式の証明などにおいてこの形で使われることも多い．

問題

2.21 関数 $f(x)$ は区間 I で $f''(x)=0$ $(x\in I)$ ならば，$f(x)$ は I で高々1次関数であることを示せ．

例題 2.24 不等式

次の不等式を示せ.
$$\frac{x}{1+x^2} < \tan^{-1} x < x \quad (x > 0)$$

解答

$$f(x) = \tan^{-1} x - \frac{x}{1+x^2} \quad (x \geqq 0)$$

とすると，例題 2.6(2) より

$$f'(x) = \frac{1}{1+x^2} - \frac{1+x^2-2x^2}{(1+x^2)^2} = \frac{2x^2}{(1+x^2)^2} > 0 \quad (x>0).$$

また $f(x)$ は区間 $[0,\infty)$ で連続だから，$[0,\infty)$ で狭義増加. したがって

$$f(x) > f(0) = \tan^{-1} 0 = 0 \quad (x>0)$$

となり

$$\tan^{-1} x > \frac{x}{1+x^2} \quad (x>0)$$

を得る.

次に，
$$g(x) = x - \tan^{-1} x \quad (x \geqq 0)$$

とすると

$$g'(x) = 1 - \frac{1}{1+x^2} = \frac{x^2}{1+x^2} > 0 \quad (x>0).$$

また $g(x)$ は区間 $[0,\infty)$ で連続だから，$[0,\infty)$ で狭義増加. したがって

$$g(x) > g(0) = -\tan^{-1} 0 = 0 \quad (x>0)$$

となり

$$x > \tan^{-1} x \quad (x>0)$$

を得る.

問題

2.22 次の不等式を示せ.

(1) $e^x > 1+x \quad (x>0)$ 　　(2) $\log(1+x) < x \quad (x>0)$

(3) $e^x - 1 < xe^x \quad (x>0)$ 　　(4) $\log x < \frac{1}{2}\left(x - \frac{1}{x}\right) \quad (x>1)$

例題 2.25 ─────────────────────── 不等式

$x>0$ のとき不等式 $\sin x+\cos x>1+x-x^2$ を示せ.

[解答] $f(x)=\sin x+\cos x-(1+x-x^2)\ (x\geqq 0)$ とする.

$$f'(x)=\cos x-\sin x-(1-2x), \quad f''(x)=-\sin x-\cos x+2.$$

$f''(x)>0\ (x>0)$ で $f'(x)$ は $x\geqq 0$ で連続だから, 定理 2.17(3) より $f'(x)$ は $x\geqq 0$ で狭義増加. ゆえに

$$x>0 \text{ のとき}, \ f'(x)>f'(0)=0.$$

また $f(x)$ は $x\geqq 0$ で連続だから, $f(x)$ は $x\geqq 0$ で狭義増加. したがって

$$x>0 \text{ のとき}, \ f(x)>f(0)=0$$

となり, $\sin x+\cos x>1+x-x^2\ (x>0)$ を得る.

例題 2.26 ─────────────────────── 不等式

$x>0$ のとき不等式 $\log x<\sqrt{x}$ を示せ.

[解答] $f(x)=\sqrt{x}-\log x\ (x>0)$ とする.

$$f'(x)=\frac{1}{2\sqrt{x}}-\frac{1}{x}=\frac{\sqrt{x}-2}{2x}=0$$

より, $x=4$. 増減表

x	0	$\cdots$	4	$\cdots$
$f'(x)$		$-$	0	$+$
$f(x)$		↘	最小	↗

より, $f(x)$ は $x=4$ で最小. したがって

$$f(x)\geqq f(4)=2-\log 4=2-2\log 2>2-2=0 \quad (x>0)$$

となり結論を得る.

問題

2.23 次を示せ.

(1) $\sin^{-1}x>x+\dfrac{x^3}{6}\quad (0<x\leqq 1)$
(2) $e^{x-\pi/4}\geqq \sqrt{2}\sin x \quad (0<x<\pi)$

例題 2.27 　　　　　　　　　　　　　　　　　　　　　　　　　　　　不等式

n を任意の自然数とする．$x > 0$ のとき，次の不等式を示せ．
$$x - \frac{x^2}{2} + \frac{x^3}{3} - \cdots - \frac{x^{2n}}{2n} < \log(1+x) < x - \frac{x^2}{2} + \frac{x^3}{3} - \cdots - \frac{x^{2n}}{2n} + \frac{x^{2n+1}}{2n+1}$$

解答 $f(x) = \log(1+x)$ とする．任意の自然数 m に対して
$$f^{(m)}(x) = (-1)^{m-1} \frac{(m-1)!}{(1+x)^m}$$
(問題 2.12(1)) だから，$1 \leqq k < m$ に対して $f^{(k)}(0) = (-1)^{k-1}(k-1)!$ となる．したがって，$m = 2n+1$ のときマクローリンの定理より θ_1 $(0 < \theta_1 < 1)$ が存在して
$$\begin{aligned}f(x) &= x - \frac{x^2}{2} + \frac{x^3}{3} - \cdots - \frac{x^{2n}}{2n} + \frac{x^{2n+1}}{(2n+1)(1+\theta_1 x)^{2n+1}} \\ &> x - \frac{x^2}{2} + \frac{x^3}{3} - \cdots - \frac{x^{2n}}{2n} \quad (\because x > 0).\end{aligned}$$
$m = 2n+2$ のとき θ_2 $(0 < \theta_2 < 1)$ が存在して
$$\begin{aligned}f(x) &= x - \frac{x^2}{2} + \frac{x^3}{3} - \cdots - \frac{x^{2n}}{2n} + \frac{x^{2n+1}}{2n+1} - \frac{x^{2n+2}}{(2n+2)(1+\theta_2 x)^{2n+2}} \\ &< x - \frac{x^2}{2} + \frac{x^3}{3} - \cdots - \frac{x^{2n}}{2n} + \frac{x^{2n+1}}{2n+1} \quad (\because x > 0).\end{aligned}$$

別解 $g(x) = \log(1+x) - (x - \frac{x^2}{2} + \frac{x^3}{3} - \cdots - \frac{x^{2n}}{2n})$ とすると
$$g'(x) = \frac{1}{1+x} - (1 - x + x^2 - \cdots - x^{2n-1}) = \frac{x^{2n}}{1+x} > 0 \quad (x > 0)$$
だから $g(x)$ は $x \geqq 0$ で狭義増加．ゆえに $x > 0$ のとき，$g(x) > g(0) = \log 1 = 0$．
次に $h(x) = x - \frac{x^2}{2} + \frac{x^3}{3} - \cdots - \frac{x^{2n}}{2n} + \frac{x^{2n+1}}{2n+1} - \log(1+x)$ とする．同様にして
$$h'(x) = 1 - x + x^2 - \cdots - x^{2n-1} + x^{2n} - \frac{1}{1+x} = \frac{x^{2n+1}}{1+x} > 0 \quad (x > 0).$$
これより $h(x)$ は狭義増加．ゆえに $x > 0$ のとき $h(x) > h(0) = \log 1 = 0$ となり結論を得る．

～～～ 問 題 ～～～

2.24 任意の自然数 n に対して次の不等式が成り立つことを示せ．
$$e^x > 1 + \frac{x}{1!} + \frac{x^2}{2!} + \cdots + \frac{x^n}{n!} \quad (x > 0)$$

例題 2.28　　　　　　　　　　　　　　　　　　　　　最大・最小

関数 $f(x) = \sin^{-1} x + 2\sqrt{1-x^2}$ $(-1 \leqq x \leqq 1)$ の最大値と最小値を求めよ．

解答　$-1 < x < 1$ のとき $f(x)$ は微分可能で

$$f'(x) = \frac{1}{\sqrt{1-x^2}} + 2\frac{-x}{\sqrt{1-x^2}} = \frac{1-2x}{\sqrt{1-x^2}} = 0$$

より $x = \frac{1}{2}$. また $f(-1) = \sin^{-1}(-1) = -\frac{\pi}{2}$, $f(1) = \sin^{-1} 1 = \frac{\pi}{2}$ だから

x	-1	$\cdots$	$\frac{1}{2}$	$\cdots$	1
$f'(x)$		$+$	0	$-$	
$f(x)$	$-\frac{\pi}{2}$	↗	最大	↘	$\frac{\pi}{2}$

これより，$f(x)$ は $x = \frac{1}{2}$ で最大．最大値は

$$f\left(\frac{1}{2}\right) = \sin^{-1}\frac{1}{2} + \sqrt{3} = \frac{\pi}{6} + \sqrt{3}.$$

また，$f(-1) < f(1)$ だから，$f(x)$ は $x = -1$ で最小で，最小値 $f(-1) = -\frac{\pi}{2}$ をとる．

例題 2.29　　　　　　　　　　　　　　　　　　　　　最大・最小

関数 $f(x) = \dfrac{x^2}{e^x - 1}$ $(x > 0)$ は区間 $(1, 2)$ で最大値をとることを示せ．

解答
$$f'(x) = \frac{x(2e^x - xe^x - 2)}{(e^x - 1)^2}.$$

ここで $g(x) = 2e^x - xe^x - 2$ $(x \geqq 0)$ とおくと，$g'(x) = (1-x)e^x$ であるから

$$0 < x < 1 \text{ のとき } g'(x) > 0, \quad x > 1 \text{ のとき } g'(x) < 0.$$

ゆえに $g(x)$ は $0 \leqq x \leqq 1$ のとき狭義増加，$x \geqq 1$ のとき狭義減少．また $g(1) = e - 2 > 0$, $g(2) = -2 < 0$ だから，中間値の定理より $g(c) = 0$ となる点 c $(1 < c < 2)$ がただ 1 つ存在する．このとき，$0 < x \leqq 1$ なら $g(x) > g(0) = 0$, $1 \leqq x < c$ なら $g(x) > g(c) = 0$, また $x > c$ なら $g(x) < g(c) = 0$ となる．$f'(x)$ と $g(x)$ は同符号だから，$0 < x < c$ のとき $f'(x) > 0$, $x > c$ のとき $f'(x) < 0$. したがって定理 2.19 より $f(x)$ は $x = c$ $(1 < c < 2)$ で極大値（最大値）をとる．

〜〜　問　題　〜〜〜〜〜〜〜〜〜〜〜〜〜〜〜〜〜〜〜〜〜〜〜〜〜〜〜〜〜〜〜〜〜

2.25 関数 $f(x) = x + \sqrt{1-x^2}$ の最大値と最小値を求めよ．

例題 2.30 ——————————————————— 極大・極小

関数 $f(x) = x + 1 - \sqrt[3]{x^2}$ の極値を求めよ．

[解答] $x \neq 0$ のとき，$f(x)$ は微分可能で

$$f'(x) = 1 - \frac{2}{3\sqrt[3]{x}} = 0$$

より，$\sqrt[3]{x} = \frac{2}{3}$．したがって $x = \frac{8}{27}$．また，$x \neq 0$ のとき

$$f''(x) = \left(-\frac{2}{3}\right)\left(-\frac{1}{3}\right)x^{-4/3} > 0.$$

ゆえに，定理 2.20 より $f(x)$ は $x = \frac{8}{27}$ で極小で，極小値 $f\left(\frac{8}{27}\right) = \frac{23}{27}$ をとる．

$x = 0$ において，$f(x)$ は微分可能でないが，区間 $(-1, 1)$ で連続．また

$$x < 0 \text{ のとき } f'(x) > 0, \quad 0 < x < \frac{8}{27} \text{ のとき } f'(x) < 0.$$

したがって $f(x)$ は $x = 0$ で極大で，極大値 $f(0) = 1$ をとる．

例題 2.31 ——————————————————— 極大・極小

関数 $f(x) = x^n e^x$ の $x = 0$ における極大・極小を調べよ．

[解答] $1 \leqq k \leqq n$ に対して

$$f^{(k)}(x) = x^n e^x + n {}_k C_1 x^{n-1} e^x + n(n-1) {}_k C_2 x^{n-2} e^x$$
$$+ \cdots + n(n-1)\cdots(n-k+1) {}_k C_k x^{n-k} e^x$$

ゆえに

$$f'(0) = f''(0) = \cdots = f^{(n-1)}(0) = 0, \quad f^{(n)}(0) = n! > 0.$$

したがって定理 2.20 より，$f(x)$ は n が偶数のとき $x = 0$ で極小値 $f(0) = 0$ をとり，n が奇数のとき $x = 0$ で極値をとらない．

問題

2.26 次の関数の極値を求めよ．
  (1) $(x-1)^2(x-3)^2$ (2) $(x-5)\sqrt[3]{x^2}$

2.27 関数 $f(x) = e^x - e^{-x}\sin x - x^3 - x^2$ の $x = 0$ における極大・極小を調べよ．

例題 2.32 ——— 関数の凹凸，変曲点 ———

関数 $f(x) = e^{-x}\cos x$ $(-\pi \leqq x \leqq \pi)$ の増減，極値，凹凸を調べてグラフの概形をかけ．

解答 $f'(x) = -e^{-x}\cos x + e^{-x}(-\sin x) = -e^{-x}(\cos x + \sin x),$
$f''(x) = e^{-x}(\cos x + \sin x) - e^{-x}(-\sin x + \cos x) = 2e^{-x}\sin x.$

$f'(x) = 0$ とおくと $\sin x + \cos x = \sqrt{2}\sin\left(x + \dfrac{\pi}{4}\right) = 0.$ これより $x = -\dfrac{\pi}{4}, \dfrac{3\pi}{4}.$
$f''(x) = 0$ より，$x = -\pi, 0, \pi.$ これより $f(x)$ の増減表は

x	$-\pi$	$\cdots$	$-\dfrac{\pi}{4}$	$\cdots$	0	$\cdots$	$\dfrac{3\pi}{4}$	$\cdots$	π
$f'(x)$		$+$	0	$-$		$-$	0	$+$	
$f''(x)$		$-$		$-$	0	$+$		$+$	
$f(x)$	$-e^\pi$	↗	極大	↘	変曲点	↘	極小	↗	$-e^{-\pi}$

となる．したがって $f(x)$ は
$$x = -\frac{\pi}{4} \text{ で極大値 } f\left(-\frac{\pi}{4}\right) = \frac{e^{\pi/4}}{\sqrt{2}} \quad (\text{最大値}),$$
$$x = \frac{3\pi}{4} \text{ で極小値 } f\left(\frac{3\pi}{4}\right) = -\frac{e^{-3\pi/4}}{\sqrt{2}} \quad (\text{最小値})$$

をとる．また，$f(x)$ は
$-\pi \leqq x \leqq 0$ で上に凸，
$0 \leqq x \leqq \dfrac{3\pi}{4}$ で下に凸．

ゆえに変曲点は $(0, 1)$ である．
$f\left(-\dfrac{\pi}{2}\right) = f\left(\dfrac{\pi}{2}\right) = 0$ に注意すると，
$f(x)$ のグラフの概形は右図の通り．

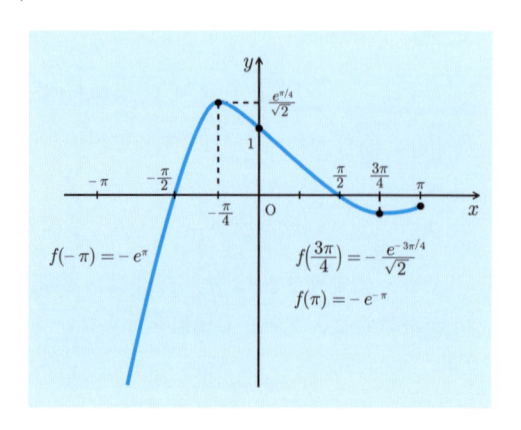

$f(-\pi) = -e^\pi$
$f\left(\dfrac{3\pi}{4}\right) = -\dfrac{e^{-3\pi/4}}{\sqrt{2}}$
$f(\pi) = -e^{-\pi}$

問題

2.28 関数 $f(x) = \dfrac{1}{x^2 + 1}$ の増減，凹凸を調べてグラフの概形をかけ．

例題 2.33 ― ニュートンの方法

関数 $f(x)$ は閉区間 $[a,b]$ で連続,開区間 (a,b) で 2 回微分可能とする.
$f(a) < 0 < f(b), f'(x) > 0, f''(x) > 0$ として以下を示せ.
 (1) $f(x) = 0$ は (a,b) 内にただ 1 つ解をもつ.
 (2) (1) の解を α とする. $f(a_1) > 0$ となる a_1 $(a < a_1 < b)$ を任意にとり

$$a_{n+1} = a_n - \frac{f(a_n)}{f'(a_n)} \quad (n = 1, 2, \ldots)$$

によって順次 a_n を定めると,$\lim_{n \to \infty} a_n = \alpha$ となる($f(x) = 0$ の近似解を求めるこの方法を**ニュートンの方法**という).

[解答] (1) $f(x)$ は $[a,b]$ で連続で $f(a) < 0 < f(b)$ だから,中間値の定理より $f(x) = 0$ は (a,b) 内に解をもつ. $f(x)$ は $[a,b]$ で狭義増加だから $f(x) = 0$ の解はただ 1 つである.

(2) 最初に,$\alpha < a_n < a_1$ $(n = 2, 3, \ldots)$ で a_{n+1} が定義され

$$\alpha < a_{n+1} < a_n \quad (n = 1, 2, \ldots)$$

であることを示す.まず次のことに注意する.

$$g(x) = x - \frac{f(x)}{f'(x)}$$

とすると,$f(\alpha) = 0$ より $g(\alpha) = \alpha$. また $f'(x) > 0$ より $f(x)$ は狭義増加で $f(\alpha) = 0$ だから,(α, b) で $f(x) > 0$. ゆえに

$$(\alpha, b) \text{ で } g'(x) = \frac{f(x)f''(x)}{f'(x)^2} > 0$$

である. $f(a_1) > 0$ だから,$a_2 = a_1 - \frac{f(a_1)}{f'(a_1)} < a_1$. また,

$$a_2 - \alpha = g(a_1) - g(\alpha) = g'(c_1)(a_1 - \alpha)$$

となる c_1 $(\alpha < c_1 < a_1)$ がとれる. $g'(c_1) > 0$ だから,$a_2 > \alpha$. したがって $\alpha < a_2 < a_1$ となる.これより特に $f(a_2) > 0$ だから,この議論で a_1 の代わりに a_2 とおけば $\alpha < a_3 < a_2$ となる.以下同様にして,すべての自然数 n に対して $\alpha < a_{n+1} < a_n$ を得る.

以上から $\{a_n\}$ は下に有界な減少数列だから収束する. $l = \lim_{n \to \infty} a_n$ とすると $\alpha \leqq l < b$. また $a_{n+1} = a_n - \frac{f(a_n)}{f'(a_n)}$ で $n \to \infty$ とすると,$l = l - \frac{f(l)}{f'(l)}$ ($f(x), f'(x)$ は α で連続). ゆえに $f(l) = 0$. ここで $f(x) = 0$ の解はただ 1 つだから,$l = \alpha$. したがって $\lim_{n \to \infty} a_n = \alpha$ を得る.

例題 2.34 　　　　　　　　　　　　　　　　　　　　不定形の極限

次の極限値を求めよ．
(1) $\displaystyle\lim_{x\to 0}\frac{e^x - e^{-x}}{\sin x}$ 　　(2) $\displaystyle\lim_{x\to\infty}\frac{\log(1+e^x)}{x}$

解答 　(1) ($\frac{0}{0}$ の不定形)

$$\lim_{x\to 0}\frac{(e^x-e^{-x})'}{(\sin x)'} = \lim_{x\to 0}\frac{e^x+e^{-x}}{\cos x} = 2.$$

したがってロピタルの定理より

$$\lim_{x\to 0}\frac{e^x-e^{-x}}{\sin x} = \lim_{x\to 0}\frac{(e^x-e^{-x})'}{(\sin x)'} = 2.$$

なお，この計算は通常，便宜的に次のように行う．$\frac{0}{0}$ の不定形であることに注意して

$$\lim_{x\to 0}\frac{e^x-e^{-x}}{\sin x} = \lim_{x\to 0}\frac{(e^x-e^{-x})'}{(\sin x)'} = \lim_{x\to 0}\frac{e^x+e^{-x}}{\cos x} = 2.$$

(2) ($\frac{\infty}{\infty}$ の不定形)

$$\lim_{x\to\infty}\frac{\log(1+e^x)}{x} = \lim_{x\to\infty}\frac{\frac{e^x}{1+e^x}}{1} = \lim_{x\to\infty}\frac{e^x}{1+e^x} = \lim_{x\to\infty}\frac{1}{1+1/e^x} = 1.$$

注　不定形でない場合にロピタルの定理を適用することはできない．例えば

$$\lim_{x\to 1}\frac{2x^2+2x+1}{x^2-x+1} = \frac{5}{1} = 5$$

だが

$$\lim_{x\to 1}\frac{(2x^2+2x+1)'}{(x^2-x+1)'} = \lim_{x\to 1}\frac{4x+2}{2x-1} = \frac{6}{1} = 6$$

だから

$$\lim_{x\to 1}\frac{2x^2+2x+1}{x^2-x+1} \neq \lim_{x\to 1}\frac{(2x^2+2x+1)'}{(x^2-x+1)'}$$

である．

問　題

2.29 次の極限値を求めよ．

(1) $\displaystyle\lim_{x\to 0}\frac{3^x - 2^x}{x}$ 　　(2) $\displaystyle\lim_{x\to\pi/2}\frac{x\sin x - \pi/2}{\cos x}$ 　　(3) $\displaystyle\lim_{x\to\infty}\frac{\log(ax+b)}{\log(cx+d)}$ 　$(a, c > 0)$

2.4 微分法の応用

例題 2.35 ━━━━━━━━━━━━━━━━━━━━━━━━ 不定形の極限

次の極限値を求めよ.
(1) $\lim_{x \to +0} x^a \log x \quad (a > 0)$
(2) $\lim_{x \to 0} \left(\dfrac{1}{x^2} - \dfrac{1}{\tan^2 x} \right)$
(3) $\lim_{x \to \infty} (1+x)^{1/x}$

解答 (1) ($0 \cdot (-\infty)$ の不定形)

$$\lim_{x \to +0} x^a \log x = \lim_{x \to +0} \frac{\log x}{\frac{1}{x^a}} \quad \left(\frac{-\infty}{\infty} \text{の不定形} \right)$$

$$= \lim_{x \to +0} \frac{\frac{1}{x}}{-\frac{a}{x^{a+1}}} = -\lim_{x \to +0} \frac{x^a}{a} = 0.$$

(2) ($\infty - \infty$ の不定形)

$$\lim_{x \to 0} \left(\frac{1}{x^2} - \frac{1}{\tan^2 x} \right) = \lim_{x \to 0} \frac{\sin^2 x - x^2 \cos^2 x}{x^2 \sin^2 x} \quad \left(\frac{0}{0} \text{の不定形} \right)$$

$$= \lim_{x \to 0} \frac{(\sin x + x \cos x)(\sin x - x \cos x)}{x^2 \sin^2 x}$$

$$= \lim_{x \to 0} \frac{\sin x + x \cos x}{x} \cdot \frac{\sin x - x \cos x}{x^3} \cdot \frac{x^2}{\sin^2 x}.$$

ここで, $\lim_{x \to 0} \dfrac{\sin x + x \cos x}{x} = \lim_{x \to 0} \left(\dfrac{\sin x}{x} + \cos x \right) = 2$, $\lim_{x \to 0} \dfrac{x^2}{\sin^2 x} = 1$.

また $\lim_{x \to 0} \dfrac{\sin x - x \cos x}{x^3}$ は $\dfrac{0}{0}$ の不定形だから

$$\lim_{x \to 0} \frac{\sin x - x \cos x}{x^3} = \lim_{x \to 0} \frac{\cos x - \cos x + x \sin x}{3x^2} = \frac{1}{3} \lim_{x \to 0} \frac{\sin x}{x} = \frac{1}{3}.$$

したがって $\lim_{x \to 0} \left(\dfrac{1}{x^2} - \dfrac{1}{\tan^2 x} \right) = 2 \cdot \dfrac{1}{3} \cdot 1 = \dfrac{2}{3}$.

(3) (∞^0 の不定形) $(1+x)^{1/x} = e^{\{\log(1+x)\}/x}$ に注意する.

$\lim_{x \to \infty} \dfrac{\log(1+x)}{x}$ は $\dfrac{\infty}{\infty}$ の不定形だから

$$\lim_{x \to \infty} \frac{\log(1+x)}{x} = \lim_{x \to \infty} \frac{\frac{1}{1+x}}{1} = 0.$$

したがって $\lim_{x \to \infty} (1+x)^{1/x} = \lim_{x \to \infty} e^{\{\log(1+x)\}/x} = e^0 = 1.$

問題

2.30 次の極限値を求めよ.

(1) $\lim_{x \to \infty} x^{1/x}$
(2) $\lim_{x \to 1-0} \left(\dfrac{x}{x-1} - \dfrac{1}{\log x} \right)$
(3) $\lim_{x \to +0} (\sin x) \log(\sin x)$

例題 2.36 — 数列の極限

次の極限値を求めよ．

(1) $\lim_{n\to\infty} n\tan\dfrac{2}{n}$ (2) $\lim_{n\to\infty}\dfrac{\log n}{n}$ (3) $\lim_{n\to\infty}\left(\cos\dfrac{1}{n}\right)^{n^2}$

解答 (1)
$$\lim_{x\to 0}\frac{\tan 2x}{x} = 2\lim_{x\to 0}\frac{\sin 2x}{2x}\frac{1}{\cos 2x} = 2.$$
したがって定理 1.11 より
$$\lim_{n\to\infty} n\tan\frac{2}{n} = \lim_{n\to\infty}\frac{\tan\dfrac{2}{n}}{\dfrac{1}{n}} = 2.$$

(2)
$$\lim_{x\to\infty}\frac{\log x}{x} = \lim_{x\to\infty}\frac{1}{x} = 0 \quad \left(\frac{\infty}{\infty}\text{ の不定形}\right)$$
したがって，定理 1.11 より
$$\lim_{n\to\infty}\frac{\log n}{n} = 0.$$

(3) $f(x) = (\cos x)^{1/x^2}$ とおくと，$\log f(x) = \dfrac{\log\cos x}{x^2}$.
$$\lim_{x\to 0}\frac{\log\cos x}{x^2} = \lim_{x\to 0}\frac{-\dfrac{\sin x}{\cos x}}{2x} = -\frac{1}{2}\lim_{x\to 0}\frac{\sin x}{x}\frac{1}{\cos x} = -\frac{1}{2}$$
($\lim_{x\to 0} f(x)$ は 1^∞ の不定形．$\lim_{x\to 0}\log f(x)$ は $\frac{0}{0}$ の不定形)．ゆえに
$$\lim_{x\to 0}(\cos x)^{1/x^2} = \lim_{x\to 0} e^{(\log\cos x)/x^2} = e^{-1/2} = \frac{1}{\sqrt{e}}.$$
したがって，定理 1.11 より
$$\lim_{n\to\infty}\left(\cos\frac{1}{n}\right)^{n^2} = \frac{1}{\sqrt{e}}.$$

問題

2.31 次の極限値を求めよ．

(1) $\lim_{n\to\infty}\dfrac{\log n}{\log(n+1)}$ (2) $\lim_{n\to\infty} n\left(\sqrt[n]{e} - \dfrac{1}{\sqrt[n]{e}}\right)$ (3) $\lim_{n\to\infty}\dfrac{\tan^{-1}\dfrac{1}{n}}{\sin^{-1}\dfrac{1}{n}}$

演習問題 2-A

1 次の関数を微分せよ．

(1) $x^3 \log(1+x^2)$ (2) $\dfrac{a-x}{a+x}$

(3) $\left(x+\dfrac{1}{x}\right)^3$ (4) $\log_3(\log_3 x)$

(5) $\dfrac{\sin x}{1-\tan x}$ (6) $\sin^{-1}\sqrt{1-x^2}$

(7) xe^{-1/x^2} (8) $x^{1/x}$ $(x>0)$

(9) $x\tan^{-1}x - \log\sqrt{1+x^2}$ (10) $\sqrt{1+\sqrt{x}}$

(11) $\cos^{-1}\dfrac{1}{2x}$ (12) $\log\left(\tan\dfrac{x}{2}\right)$

(13) $(x-a_1)(x-a_2)\cdots(x-a_n)$

(14) $x\sqrt{a^2-x^2} + a^2\sin^{-1}\dfrac{x}{a}$ $(a>0)$

(15) $x\sqrt{x^2+A} + A\log\left|x+\sqrt{x^2+A}\right|$ $(A\neq 0)$

2 次を示せ．

(1) $(\sinh x)' = \cosh x$

(2) $(\cosh x)' = \sinh x$

(3) $(\tanh x)' = \dfrac{1}{\cosh^2 x}$

3 次の関数の n 次導関数を求めよ．

(1) $\dfrac{1}{\sqrt{1-x}}$ (2) $\log(1-x^2)$ (3) $\cos^2 x$

(4) $x^2 \log x$ $(n\geqq 3)$ (5) $x^3 e^{ax}$ $(a>0)$

4 $f(x) = \log(1+x^2)$ のとき，$f^{(n)}(0)$ を求めよ．

5 次の不等式を示せ．

(1) $x^{1/x} \leqq e^{1/e}$ $(x>0)$

(2) $\tan^{-1}\sqrt{1-x} < \dfrac{\pi-x}{4}$ $(0<x\leqq 1)$

(3) $x - \sin x < \tan x - x$ $(0<x<\pi/2)$

(4) $x - \dfrac{x^2}{2} < \log(1+x) < x - \dfrac{x^2}{2} + \dfrac{x^3}{3}$ $(x>0)$

(5) $x - \dfrac{x^3}{3!} < \sin x < x - \dfrac{x^3}{3!} + \dfrac{x^5}{5!}$ $(x>0)$

6 関数
$$f(x) = e^{-x}\sin x \quad (0 \leqq x \leqq 2\pi)$$
の最大値および最小値を求めよ．

7 次の関数の極値を求めよ．
(1) $x^{1/x} \quad (x > 0)$
(2) $\sqrt[3]{x^2}(2-x)$

8 関数 $f(x) = e^{-x^2}$ の極大・極小，凹凸，変曲点を調べてグラフの概形をかけ．

9 次の極限値を求めよ．
(1) $\displaystyle\lim_{x\to 0}\frac{\tan x - x}{x - \sin x}$
(2) $\displaystyle\lim_{x\to 0}\left(\frac{1}{x^2} - \frac{1}{\sin^2 x}\right)$
(3) $\displaystyle\lim_{x\to 0}\frac{\log(1-x^2)}{\log(\cos x)}$
(4) $\displaystyle\lim_{x\to\infty} x\left(\frac{\pi}{2} - \tan^{-1} x\right)$
(5) $\displaystyle\lim_{x\to 0}\left(\frac{3^x + 2^x}{2}\right)^{1/x}$
(6) $\displaystyle\lim_{x\to +0}\left\{\frac{1}{x(x+1)} - \frac{\log(1+x)}{x^2}\right\}$
(7) $\displaystyle\lim_{x\to +0}(\sin x)^{\sin x}$
(8) $\displaystyle\lim_{x\to \pi/2-0}(\tan x)^{\cos x}$

10 関数の極限を用いて次を示せ．ただし，$a>0$ とする．
(1) $\displaystyle\lim_{n\to\infty}\sqrt[n]{n} = 1$
(2) $\displaystyle\lim_{n\to\infty}\sqrt[n]{a} = 1$
(3) $\displaystyle\lim_{n\to\infty} n(\sqrt[n]{a} - 1) = \log a$.

演習問題 2-B

11 次を示せ．
(1) 奇関数の導関数は偶関数である．
(2) 偶関数の導関数は奇関数である．

12 (1) 実数 $x \ (x \neq 0)$ に対して，$e^x + e^{-x} > 2\cos x$ を示せ．
(2) 関数 $f(x) = e^x + e^{-x} + 2\cos x$ の極値を求めよ．

13 次を示せ．
(1) 関数 $f(x) = -\log x \ (x > 0)$ は凸関数である．
(2) $\alpha + \beta = 1 \ (\alpha, \beta > 0)$ とする．任意の $x, y > 0$ に対して
$$x^\alpha y^\beta \leqq \alpha x + \beta y$$
が成り立つ（$\alpha = \beta = \dfrac{1}{2}$ のとき $\sqrt{xy} \leqq \dfrac{x+y}{2}$ となる）．

14 関数 $f(x)$ は区間 I で n 回微分可能とする．$f^{(n)}(x) = 0$ $(x \in I)$ ならば，$f(x)$ は I で高々 $(n-1)$ 次の多項式関数であることを示せ．

15 次を示せ．

(1) 関数 $\dfrac{\sin x}{x}$ は $0 < x \leqq \dfrac{\pi}{2}$ で狭義の減少関数である．

(2) 関数 $\dfrac{\tan x}{x}$ は $0 < x < \dfrac{\pi}{2}$ で狭義の増加関数である．

16 関数 $f(x) = \left(1 + \dfrac{1}{x}\right)^x$ $(x > 0)$ は狭義増加関数であることを示せ．

17 関数 $f(x) = \begin{cases} e^{-1/x^2} & (x \neq 0) \\ 0 & (x = 0) \end{cases}$ に対して次に答えよ．

(1) $f'(0)$ を求めよ．

(2) 関数 $f'(x)$ の $x = 0$ における連続性を調べよ．

18 関数
$$f(x) = x|x|$$
は全区間 $(-\infty, \infty)$ で C^1 級だが，C^2 級でないことを示せ．

19 次を示せ．

(1) (ヤングの不等式) $p, q > 1$, $\dfrac{1}{p} + \dfrac{1}{q} = 1$ とする．

$$ab \leqq \dfrac{a^p}{p} + \dfrac{b^q}{q} \quad (a, b > 0)$$

(2) (ヘルダーの不等式) $p, q > 1$, $\dfrac{1}{p} + \dfrac{1}{q} = 1$ とする．実数 $a_1, \ldots, a_n, b_1, \ldots, b_n$ に対して

$$\sum_{i=1}^n |a_i b_i| \leqq \left(\sum_{i=1}^n |a_i|^p\right)^{1/p} \left(\sum_{i=1}^n |b_i|^q\right)^{1/q}$$

($p = q = 2$ のときシュワルツの不等式という)．

20 $0 < p < q$ とする．実数 $a_1, \ldots, a_n$ に対して次の不等式を示せ．

$$\left(\dfrac{1}{n} \sum_{k=1}^n |a_k|^p\right)^{1/p} \leqq \left(\dfrac{1}{n} \sum_{k=1}^n |a_k|^q\right)^{1/q}$$

(左辺を $a_1, \cdots, a_n$ の **p 乗平均**という．)

[ヒント：ヘルダーの不等式を使う．]

3 積 分 法

3.1 不定積分

原始関数・不定積分　関数 $f(x)$ に対して $F'(x) = f(x)$ となる関数 $F(x)$ を $f(x)$ の原始関数という．

定理 3.1　$F(x)$ が $f(x)$ の原始関数ならば

$$f(x) \text{ の原始関数全体} = \{F(x) + C; C \in \mathbb{R}\}$$

$f(x)$ の原始関数全体，あるいは $f(x)$ の原始関数の一般形 $F(x) + C$ を $f(x)$ の不定積分といい，$\int f(x)dx$ で表す．すなわち

$$\int f(x)dx = F(x) + C.$$

$f(x)$ を被積分関数，x を積分変数，C を積分定数という．$f(x)$ の不定積分を求めることを $f(x)$ を積分するという．また $\int 1\,dx$ を $\int dx$，$\int \dfrac{1}{f(x)}dx$ を $\int \dfrac{dx}{f(x)}$ とも書く．以下，簡略のため不定積分における積分定数は省略する．

定理 3.2（基本的な関数の不定積分）

(1) $\displaystyle\int e^x dx = e^x$　　　　　　　(2) $\displaystyle\int a^x dx = \dfrac{a^x}{\log a}$　　　$(a > 0, a \neq 1)$

(3) $\displaystyle\int \dfrac{dx}{x} = \log |x|$　　　　　(4) $\displaystyle\int x^\alpha dx = \dfrac{1}{\alpha + 1}x^{\alpha+1}$　$(\alpha \neq -1)$

(5) $\displaystyle\int \sin x\, dx = -\cos x$　　(6) $\displaystyle\int \cos x\, dx = \sin x$

(7) $\displaystyle\int \tan x\, dx = -\log |\cos x|$　(8) $\displaystyle\int \dfrac{dx}{\tan x} = \log |\sin x|$

(9) $\displaystyle\int \dfrac{dx}{\sin^2 x} = -\dfrac{1}{\tan x}$　　(10) $\displaystyle\int \dfrac{dx}{\cos^2 x} = \tan x$

(11) $\displaystyle\int \dfrac{dx}{x^2 + a^2} = \dfrac{1}{a}\tan^{-1}\dfrac{x}{a}$　　$(a \neq 0)$

(12) $\displaystyle\int \dfrac{dx}{x^2 - a^2} = \dfrac{1}{2a}\log \left|\dfrac{x - a}{x + a}\right|$　$(a \neq 0)$

3.1 不定積分

(13) $\displaystyle\int \frac{dx}{\sqrt{a^2-x^2}} = \sin^{-1}\frac{x}{a}$　　　$(a>0)$

(14) $\displaystyle\int \frac{dx}{\sqrt{x^2+A}} = \log\left|x+\sqrt{x^2+A}\right|$　$(A\neq 0)$

定理 3.3（不定積分の線形性）

(1) $\displaystyle\int \{f(x) \pm g(x)\}dx = \int f(x)dx \pm \int g(x)dx$

(2) $\displaystyle\int kf(x)dx = k\int f(x)dx$　（k は定数）

置換積分・部分積分

定理 3.4（置換積分法）　$\displaystyle\int f(x)dx = \int f(\varphi(t))\varphi'(t)dt$　$(x=\varphi(t))$

系 3.5　(1)　$\displaystyle\int f(x)^\alpha f'(x)dx = \frac{1}{\alpha+1}f(x)^{\alpha+1}$　$(\alpha\neq -1)$

(2)　$\displaystyle\int \frac{f'(x)}{f(x)}dx = \log|f(x)|$

定理 3.6（部分積分法）　$\displaystyle\int f(x)g'(x)dx = f(x)g(x) - \int f'(x)g(x)dx$

定理 3.7（漸化式）　(1)　$I_n = \displaystyle\int \frac{dx}{(x^2+A)^n}$　（$A\neq 0, n\geqq 2$, n は整数）のとき

$$I_n = \frac{1}{2(n-1)A}\left\{\frac{x}{(x^2+A)^{n-1}} + (2n-3)I_{n-1}\right\}$$

（n は $n\neq 1$ である実数でよい.）

(2)　$I_n = \displaystyle\int \tan^n x\,dx$（$n$ は整数, $n\neq 1$）のとき, $I_n = \dfrac{1}{n-1}\tan^{n-1}x - I_{n-2}$.

(3)　$I_n = \displaystyle\int \sin^n x\,dx$（$n$ は整数, $n\neq 0$）のとき, $I_n = -\dfrac{\sin^{n-1}x\cos x}{n} + \dfrac{n-1}{n}I_{n-2}$.

(4)　$I_{m,n} = \displaystyle\int \sin^m x\cos^n x\,dx$（$m,n$ は整数, $m+n\neq 0$）のとき

$$I_{m,n} = \frac{\sin^{m+1}x\cos^{n-1}x}{m+n} + \frac{n-1}{m+n}I_{m,n-2}.$$

(5)　$I_n = \displaystyle\int x^n e^{ax}dx$　$(a\neq 0)$ のとき, $I_n = \dfrac{1}{a}(x^n e^{ax} - nI_{n-1})$.

(6)　$I_n = \displaystyle\int x^\alpha(\log x)^n dx$　$(\alpha\neq -1)$ のとき, $I_n = \dfrac{x^{\alpha+1}}{\alpha+1}(\log x)^n - \dfrac{n}{\alpha+1}I_{n-1}$.

(7)　$I_n = \displaystyle\int (\log x)^n dx$ のとき, $I_n = x(\log x)^n - nI_{n-1}$.

例題 3.1 — 不定積分

次の関数を積分せよ．
(1) $\dfrac{1}{(2x+3)^3}$ (2) $\sin x \cos^5 x$ (3) $\dfrac{\log x}{x}$ (4) xe^{x^2}

[解答] （原始関数がすぐに分かる．）

(1) $\displaystyle\int \dfrac{dx}{(2x+3)^3} = \int (2x+3)^{-3} dx = \dfrac{1}{2}\left\{-\dfrac{1}{2}(2x+3)^{-2}\right\} = -\dfrac{1}{4(2x+3)^2}$

(2) $(\cos^6 x)' = 6\cos^5 x(-\sin x)$ だから，$\displaystyle\int \sin x \cos^5 x\, dx = -\dfrac{1}{6}\cos^6 x.$

(3) $\{(\log x)^2\}' = 2(\log x)\dfrac{1}{x}$ だから，$\displaystyle\int \dfrac{\log x}{x} dx = \dfrac{1}{2}(\log x)^2.$

(4) $\left(e^{x^2}\right)' = 2xe^{x^2}$ だから，$\displaystyle\int xe^{x^2} dx = \dfrac{1}{2}e^{x^2}.$

例題 3.2 — 不定積分（線形性）

次の関数を積分せよ．
(1) $\dfrac{(x-1)^2}{x}$ (2) $\tan^2 x$ (3) $\sin 3x \cos 2x$

[解答] （積分の線形性よりすぐに求まる．）

(1) $\displaystyle\int \dfrac{(x-1)^2}{x} dx = \int \dfrac{x^2 - 2x + 1}{x} dx$
$\displaystyle = \int \left(x - 2 + \dfrac{1}{x}\right) dx = \dfrac{1}{2}x^2 - 2x + \log|x|$

(2) $\displaystyle\int \tan^2 x\, dx = \int \left(\dfrac{1}{\cos^2 x} - 1\right) dx = \int \dfrac{dx}{\cos^2 x} - \int dx = \tan x - x$

(3) $\sin 3x \cos 2x = \dfrac{1}{2}(\sin 5x + \sin x)$ だから

$\displaystyle\int \sin 3x \cos 2x\, dx = \dfrac{1}{2}\left(\int \sin 5x\, dx + \int \sin x\, dx\right)$
$\displaystyle = \dfrac{1}{2}\left(-\dfrac{1}{5}\cos 5x - \cos x\right) = -\dfrac{1}{10}(\cos 5x + 5\cos x).$

問 題

3.1 次の関数を積分せよ．

(1) $\dfrac{1}{\sqrt{4x-3}}$ (2) $\dfrac{1}{x^2} e^{1/x}$ (3) $\dfrac{(\log x)^2}{x}$

(4) $\dfrac{(x-2)^2}{x\sqrt{x}}$ (5) $\cos^2 \dfrac{x}{2}$ (6) $\sin 5x \sin 3x$

3.1 不定積分

例題 3.3 ─────────────────────────── 置換積分 ──

次の関数を積分せよ.
(1) $\dfrac{x-2}{(2x+3)^2}$ (2) $\dfrac{x}{(x^2+1)^3}$

[解答] (1) $2x+3=t$ とおくと, $2\,dx=dt$ だから

$$\int \frac{x-2}{(2x+3)^2}dx = \frac{1}{2}\int \frac{2x+3-7}{(2x+3)^2}dx = \frac{1}{2}\int \frac{t-7}{t^2}\frac{dt}{2} = \frac{1}{4}\left(\int \frac{dt}{t}-7\int \frac{dt}{t^2}\right)$$
$$= \frac{1}{4}\left(\log|t|+\frac{7}{t}\right) = \frac{1}{4}\log|2x+3|+\frac{7}{4(2x+3)}.$$

(2) $x^2+1=t$ とおくと, $2x\,dx=dt$. したがって

$$\int \frac{x}{(x^2+1)^3}dx = \frac{1}{2}\int \frac{2x}{(x^2+1)^3}dx = \frac{1}{2}\int \frac{dt}{t^3}$$
$$= \frac{1}{2}\int t^{-3}dt = \frac{1}{2}\frac{t^{-2}}{-2} = -\frac{1}{4t^2} = -\frac{1}{4(x^2+1)^2}.$$

例題 3.4 ─────────────────────────── 置換積分 ──

次の関数を積分せよ. ただし, $a>0$ とする.
(1) $\dfrac{x}{(a^2+x^2)^{3/2}}$ (2) $\dfrac{1}{(a^2+x^2)^{3/2}}$

[解答] (1) $a^2+x^2=t$ とおくと, $2x\,dx=dt$. ゆえに,

$$\int \frac{x}{(a^2+x^2)^{3/2}}dx = \frac{1}{2}\int \frac{dt}{t^{3/2}} = \frac{1}{2}\int t^{-3/2}dt = \frac{1}{2}\frac{1}{-1/2}t^{-1/2} = -\frac{1}{t^{1/2}} = -\frac{1}{\sqrt{a^2+x^2}}.$$

(2) $x=a\tan\theta\ (-\pi/2<\theta<\pi/2)$ とおくと,
$(a^2+x^2)^{3/2}=\{a^2(1+\tan^2\theta)\}^{3/2}=\dfrac{a^3}{\cos^3\theta},\ dx=\dfrac{a}{\cos^2\theta}d\theta$ だから

$$\int \frac{dx}{(a^2+x^2)^{3/2}} = \int \frac{\cos^3\theta}{a^3}\frac{a}{\cos^2\theta}d\theta = \frac{1}{a^2}\int \cos\theta\,d\theta = \frac{1}{a^2}\sin\theta$$
$$= \frac{1}{a^2}\tan\theta\cos\theta = \frac{1}{a^2}\frac{x}{a}\frac{a}{\sqrt{x^2+a^2}} = \frac{x}{a^2\sqrt{x^2+a^2}}.$$

━━━━━━━━━━━━━━━ 問 題 ━━━━━━━━━━━━━━━

3.2 次の関数を積分せよ.
(1) $\dfrac{x+2}{(x-2)^5}$ (2) $\dfrac{x}{x^4-5}$ (3) $\dfrac{x}{(x^2+1)^2\sqrt{x^2+1}}$ (4) $\dfrac{x}{(4-x^2)^{3/2}}$

例題 3.5 　　　　　　　　　　　　　　　　　　　　　　置換積分

次の関数を積分せよ．
(1) $\sin^6 x \cos x$ (2) $\sin^5 x$ (3) $\dfrac{e^x}{e^x + e^{-x}}$ (4) $\dfrac{1}{x(\log x)^2}$

解答 (1) $\sin x = t$ とおくと $\cos x\, dx = dt$ だから

$$\int \sin^6 x \cos x\, dx = \int t^6 dt = \frac{1}{7}t^7 = \frac{1}{7}\sin^7 x.$$

(2)
$$I = \int \sin^5 x\, dx = \int \sin^4 x \sin x\, dx = \int (1 - \cos^2 x)^2 \sin x\, dx.$$

ここで $\cos x = t$ とおくと $-\sin x\, dx = dt$ だから

$$I = -\int (1 - t^2)^2 dt$$
$$= -\int (1 - 2t^2 + t^4) dt$$
$$= -t + \frac{2t^3}{3} - \frac{t^5}{5} = -\cos x + \frac{2\cos^3 x}{3} - \frac{\cos^5 x}{5}.$$

(3) $e^x = t$ とおくと $e^x dx = dt$ だから

$$\int \frac{e^x}{e^x + e^{-x}} dx = \int \frac{dt}{t + 1/t}$$
$$= \int \frac{t}{t^2 + 1} dt = \frac{1}{2} \log(t^2 + 1)$$
$$= \frac{1}{2} \log(e^{2x} + 1).$$

(4) $\log x = t$ とおくと $\frac{dx}{x} = dt$ だから

$$\int \frac{dx}{x(\log x)^2} = \int \frac{dt}{t^2} = -\frac{1}{t} = -\frac{1}{\log x}.$$

━━━ 問 題 ━━━

3.3 次の関数を積分せよ．
(1) $\dfrac{\sin^2 x}{\cos^4 x}$ (2) $\cos^3 x + \cos^5 x$ (3) $\dfrac{1}{e^x - e^{-x}}$ (4) $\dfrac{x^2}{\sqrt{2x + 1}}$

例題 3.6 — 不定積分（公式）

次の関数を積分せよ．
(1) $\dfrac{1}{4x^2+5}$ (2) $\dfrac{1}{4x^2-5}$ (3) $\dfrac{1}{\sqrt{5-4x^2}}$ (4) $\dfrac{1}{\sqrt{4x^2-5}}$

解答 (1) $\displaystyle\int \dfrac{dx}{4x^2+5} = \dfrac{1}{4}\int \dfrac{dx}{x^2+\frac{5}{4}} = \dfrac{1}{4}\dfrac{1}{\frac{\sqrt{5}}{2}}\tan^{-1}\dfrac{x}{\frac{\sqrt{5}}{2}} = \dfrac{1}{2\sqrt{5}}\tan^{-1}\dfrac{2x}{\sqrt{5}}$

(2) $\displaystyle\int \dfrac{dx}{4x^2-5} = \dfrac{1}{4}\int \dfrac{dx}{x^2-\frac{5}{4}} = \dfrac{1}{4}\dfrac{1}{2\frac{\sqrt{5}}{2}}\log\left|\dfrac{x-\frac{\sqrt{5}}{2}}{x+\frac{\sqrt{5}}{2}}\right| = \dfrac{1}{4\sqrt{5}}\log\left|\dfrac{2x-\sqrt{5}}{2x+\sqrt{5}}\right|$

(3) $\displaystyle\int \dfrac{dx}{\sqrt{5-4x^2}} = \dfrac{1}{2}\int \dfrac{dx}{\sqrt{\frac{5}{4}-x^2}} = \dfrac{1}{2}\sin^{-1}\dfrac{x}{\frac{\sqrt{5}}{2}} = \dfrac{1}{2}\sin^{-1}\dfrac{2x}{\sqrt{5}}$

(4) $\displaystyle\int \dfrac{dx}{\sqrt{4x^2-5}} = \dfrac{1}{2}\int \dfrac{dx}{\sqrt{x^2-\frac{5}{4}}}$

$= \dfrac{1}{2}\log\left|x+\sqrt{x^2-\dfrac{5}{4}}\right| = \dfrac{1}{2}\log\left|x+\dfrac{1}{2}\sqrt{4x^2-5}\right|$

例題 3.7 — 置換積分

次の関数を積分せよ．
(1) $\dfrac{x}{x^4+4}$ (2) $\dfrac{x}{\sqrt{x^4+4}}$

解答 (1) $x^2=t$ とおくと $2x\,dx=dt$. したがって

$$\int \dfrac{x}{x^4+4}dx = \dfrac{1}{2}\int \dfrac{2x}{(x^2)^2+4}dx = \dfrac{1}{2}\int \dfrac{dt}{t^2+4} = \dfrac{1}{2}\dfrac{1}{2}\tan^{-1}\dfrac{t}{2} = \dfrac{1}{4}\tan^{-1}\dfrac{x^2}{2}.$$

(2) $x^2=t$ とおくと $2x\,dx=dt$. したがって

$$\int \dfrac{x}{\sqrt{x^4+4}}dx = \dfrac{1}{2}\int \dfrac{dt}{\sqrt{t^2+4}} = \dfrac{1}{2}\log\left|t+\sqrt{t^2+4}\right| = \dfrac{1}{2}\log\left|x^2+\sqrt{x^4+4}\right|.$$

問題

3.4 次の関数を積分せよ．
(1) $\dfrac{1}{2x^2+3}$ (2) $\dfrac{1}{2x^2-3}$ (3) $\dfrac{1}{\sqrt{5-2x^2}}$
(4) $\dfrac{1}{\sqrt{2x^2+5}}$ (5) $\dfrac{x}{x^4-3}$ (6) $\dfrac{x}{\sqrt{3-x^4}}$

例題 3.8 ──────────────────────── 置換積分 $\left(\frac{1}{2\text{次式}}\right)$ ──

次の関数を積分せよ．
(1) $\dfrac{1}{x^2-4x+7}$ (2) $\dfrac{1}{x^2-4x+1}$

解答 (1) 置換積分の公式と定理 3.2(11) を用いて

$$\int \frac{dx}{x^2-4x+7} = \int \frac{dx}{(x-2)^2+(\sqrt{3})^2} = \frac{1}{\sqrt{3}}\tan^{-1}\frac{x-2}{\sqrt{3}}.$$

(最後の等式は $x-2=t$ とおくと $dx=dt$ となり置換積分の公式から得られるが，$dx=dt$ の場合，$x-2$ を t と見て上のように簡略に書いてよい．)

(2) 置換積分の公式と定理 3.2(12) を用いて

$$\int \frac{dx}{x^2-4x+1} = \int \frac{dx}{(x-2)^2-(\sqrt{3})^2}$$
$$= \frac{1}{2\sqrt{3}}\log\left|\frac{(x-2)-\sqrt{3}}{(x-2)+\sqrt{3}}\right| = \frac{1}{2\sqrt{3}}\log\left|\frac{x-(2+\sqrt{3})}{x-(2-\sqrt{3})}\right|.$$

例題 3.9 ──────────────────────── 置換積分 $\left(\frac{1}{\sqrt{2\text{次式}}}\right)$ ──

次の関数を積分せよ．
(1) $\dfrac{1}{\sqrt{2-2x-x^2}}$ (2) $\dfrac{1}{\sqrt{x^2-2x-2}}$

解答 (1) 定理 3.2(13) より

$$\int \frac{dx}{\sqrt{2-2x-x^2}} = \int \frac{dx}{\sqrt{(\sqrt{3})^2-(x+1)^2}} = \sin^{-1}\frac{x+1}{\sqrt{3}}.$$

(2) 定理 3.2(14) より

$$\int \frac{dx}{\sqrt{x^2-2x-2}} = \int \frac{dx}{\sqrt{(x-1)^2-3}}$$
$$= \log\left|(x-1)+\sqrt{(x-1)^2-3}\right| = \log\left|x-1+\sqrt{x^2-2x-2}\right|.$$

問 題

3.5 次の関数を積分せよ．

(1) $\dfrac{1}{x^2+x+1}$ (2) $\dfrac{1}{x^2-2x-2}$ (3) $\dfrac{1}{\sqrt{x^2-x+1}}$ (4) $\dfrac{1}{\sqrt{x-x^2}}$

3.1 不定積分

例題 3.10 ──────────────── 不定積分 $\left(\frac{f'(x)}{f(x)}\right)$

次の関数を積分せよ．
(1) $\tan x$ (2) $\dfrac{x+2}{x^2+4x+1}$ (3) $\dfrac{1}{x\log x}$

解答 (1) 系 3.5(2) より

$$\int \tan x\, dx = \int \frac{\sin x}{\cos x}dx = -\int \frac{(\cos x)'}{\cos x}dx = -\log|\cos x|.$$

(2) $\displaystyle\int \frac{x+2}{x^2+4x+1}dx = \frac{1}{2}\int \frac{2x+4}{x^2+4x+1}dx$
$\qquad = \dfrac{1}{2}\displaystyle\int \dfrac{(x^2+4x+1)'}{x^2+4x+1}dx = \dfrac{1}{2}\log|x^2+4x+1|$

(3) $\displaystyle\int \frac{dx}{x\log x} = \int \frac{(\log x)'}{\log x}dx = \log|\log x|$

例題 3.11 ──────────────── 不定積分 $(f(x)^\alpha f'(x))$

次の関数を積分せよ．
(1) $x\sqrt{4x^2+1}$ (2) $\dfrac{x+2}{\sqrt{x^2+4x+1}}$ (3) $\dfrac{1}{x(\log x)^n}$ $(n\neq 1)$

解答 (1) 系 3.5(1) より

$\displaystyle\int x\sqrt{4x^2+1} = \frac{1}{8}\int (4x^2+1)^{1/2}(4x^2+1)'dx = \frac{1}{8}\frac{2}{3}(4x^2+1)^{3/2} = \frac{1}{12}(4x^2+1)^{3/2}.$

(2) $\displaystyle\int \frac{x+2}{\sqrt{x^2+4x+1}}dx = \frac{1}{2}\int (x^2+4x+1)^{-1/2}(x^2+4x+1)'dx$
$\qquad\qquad = \dfrac{1}{2}\dfrac{1}{1/2}(x^2+4x+1)^{1/2} = \sqrt{x^2+4x+1}$

(3) $\displaystyle\int \frac{dx}{x(\log x)^n} = \int (\log x)^{-n}(\log x)'dx$
$\qquad\qquad = \dfrac{1}{-n+1}(\log x)^{-n+1} = -\dfrac{1}{(n-1)(\log x)^{n-1}}$

～～ 問 題 ～～～～～～～～～～～～～～～～～～～～

3.6 次の関数を積分せよ．

(1) $\dfrac{1}{\tan x}$ (2) $\dfrac{e^x+e^{-x}}{e^x-e^{-x}}$ (3) $\dfrac{x^2+1}{x^3+3x+1}$ (4) $\dfrac{x}{(x^2+A)^{3/2}}$ $(A\neq 0)$

(5) $\dfrac{x}{(x^2+1)^3}$ (6) $\dfrac{x}{\sqrt{5-4x^2}}$ (7) $\dfrac{x^2-2}{\sqrt[3]{x^3-6x+1}}$

例題 3.12 置換積分 $\left(\frac{1 次式}{2 次式}\right)$

不定積分 $\displaystyle\int \frac{x+1}{x^2-4x+9}dx$ を求めよ.

[解答] （分母の 2 次式が実数の範囲で因数分解できない場合：分子の 1 次式を $\frac{f'(x)}{f(x)}$ の形で処理して，$\frac{1}{t^2+a^2}$ の型の積分に帰着させる（定理 3.2(11)）.）

$$\begin{aligned}
\int \frac{x+1}{x^2-4x+9}dx &= \frac{1}{2}\int \frac{2x-4+6}{x^2-4x+9}dx \\
&= \frac{1}{2}\int \frac{2x-4}{x^2-4x+9}dx + 3\int \frac{1}{x^2-4x+9}dx \\
&= \frac{1}{2}\int \frac{(x^2-4x+9)'}{x^2-4x+9}dx + 3\int \frac{dx}{(x-2)^2+5} \\
&= \frac{1}{2}\log(x^2-4x+9) + \frac{3}{\sqrt{5}}\tan^{-1}\frac{x-2}{\sqrt{5}}
\end{aligned}$$

例題 3.13 置換積分 $\left(\frac{1 次式}{2 次式}\right)$

不定積分 $\displaystyle\int \frac{x-3}{x^2-2x-1}dx$ を求めよ.

[解答] （分母の 2 次式が因数分解できる場合：分子の 1 次式を $\frac{f'(x)}{f(x)}$ の形で処理して，$\frac{1}{t^2-a^2}$ の型の積分に帰着させる（定理 3.2(12)）.）

$$\begin{aligned}
\int \frac{x-3}{x^2-2x-1}dx &= \frac{1}{2}\int \frac{2x-2-4}{x^2-2x-1}dx = \frac{1}{2}\int \frac{2x-2}{x^2-2x-1}dx - \int \frac{2\,dx}{x^2-2x-1} \\
&= \frac{1}{2}\int \frac{(x^2-2x-1)'}{x^2-2x-1}dx - 2\int \frac{dx}{(x-1)^2-2} \\
&= \frac{1}{2}\log|x^2-2x-1| - 2\cdot\frac{1}{2\sqrt{2}}\log\left|\frac{(x-1)-\sqrt{2}}{(x-1)+\sqrt{2}}\right| \\
&= \frac{1}{2}\log|x^2-2x-1| - \frac{1}{\sqrt{2}}\log\left|\frac{x-(1+\sqrt{2})}{x-(1-\sqrt{2})}\right|
\end{aligned}$$

問題

3.7 次の関数を積分せよ.

(1) $\dfrac{x}{x^2-2x+2}$ (2) $\dfrac{2x-1}{x^2+x+1}$ (3) $\dfrac{x+2}{x^2+8x+8}$ (4) $\dfrac{x+4}{x^2+6x+6}$

例題 3.14 　　　　　　　　　　　　　　　　不定積分 $\left(\frac{1\text{次式}}{\sqrt{2\text{次式}}}\right)$

積分 $\displaystyle\int \frac{x+3}{\sqrt{2-2x-x^2}}dx$ を求めよ．

解答　(x^2 の係数が負のとき，分子の 1 次式を $f(x)^{-1/2}f'(x)$ で処理し，$\frac{1}{\sqrt{a^2-t^2}}$ の型の積分に帰着させる．) 定理 3.2(13) より

$$\int \frac{x+3}{\sqrt{2-2x-x^2}}dx = -\frac{1}{2}\int \frac{-2-2x-4}{\sqrt{2-2x-x^2}}dx = -\frac{1}{2}\int \left(\frac{-2-2x}{\sqrt{2-2x-x^2}} + \frac{-4}{\sqrt{2-2x-x^2}}\right)dx$$

$$= -\frac{1}{2}\int (2-2x-x^2)^{-1/2}(2-2x-x^2)'dx + 2\int \frac{dx}{\sqrt{3-(x+1)^2}}$$

$$= -\frac{1}{2}\cdot 2(2-2x-x^2)^{1/2} + 2\sin^{-1}\frac{x+1}{\sqrt{3}}$$

$$= -\sqrt{2-2x-x^2} + 2\sin^{-1}\frac{x+1}{\sqrt{3}}.$$

例題 3.15 　　　　　　　　　　　　　　　　不定積分 $\left(\frac{1\text{次式}}{\sqrt{2\text{次式}}}\right)$

積分 $\displaystyle\int \frac{x+1}{\sqrt{x^2-2x-2}}dx$ を求めよ．

解答　(x^2 の係数が正のとき，1 次式を $f(x)^{-1/2}f'(x)$ で処理し，$\frac{1}{\sqrt{t^2+A}}$ の型の積分に帰着させる．) 定理 3.2 (14) より

$$\int \frac{x+1}{\sqrt{x^2-2x-2}}dx = \frac{1}{2}\int \frac{2x-2+4}{\sqrt{x^2-2x-2}}$$

$$= \frac{1}{2}\int \left(\frac{2x-2}{\sqrt{x^2-2x-2}} + \frac{4}{\sqrt{x^2-2x-2}}\right)dx$$

$$= \frac{1}{2}\int (x^2-2x-2)^{-1/2}(x^2-2x-2)'dx + 2\int \frac{dx}{\sqrt{(x-1)^2-3}}$$

$$= \frac{1}{2}\cdot 2(x^2-2x-2)^{1/2} + 2\log\left|(x-1)+\sqrt{(x-1)^2-3}\right|$$

$$= \sqrt{x^2-2x-2} + 2\log\left|x-1+\sqrt{x^2-2x-2}\right|.$$

問題

3.8 次の関数を積分せよ．

(1) $\dfrac{2x+1}{\sqrt{8+2x-x^2}}$ 　　(2) $\dfrac{2x+1}{\sqrt{x^2-2x+5}}$

例題 3.16 ━━━━━━━━━━━━━━━━━━━━ 部分積分 ━━

次の関数を積分せよ．
(1) $x\sin^2 x$　　(2) $\tan^{-1} x$　　(3) $(\log x)^2$

解答　(1) 部分積分を用いて

$$\int x\sin^2 x\,dx = \frac{1}{2}\int x(1-\cos 2x)dx$$
$$= \frac{1}{2}\left\{x\left(x-\frac{1}{2}\sin 2x\right) - \int\left(x-\frac{1}{2}\sin 2x\right)dx\right\}$$
$$= \frac{1}{2}\left(x^2 - \frac{x}{2}\sin 2x - \frac{x^2}{2} - \frac{1}{4}\cos 2x\right)$$
$$= \frac{1}{2}\left(\frac{x^2}{2} - \frac{x}{2}\sin 2x - \frac{1}{4}\cos 2x\right) = \frac{1}{4}\left(x^2 - x\sin 2x - \frac{1}{2}\cos 2x\right).$$

(2) $\displaystyle\int \tan^{-1} x\,dx = \int (x)'\tan^{-1} x\,dx$
$$= x\tan^{-1} x - \int x(\tan^{-1} x)'dx$$
$$= x\tan^{-1} x - \int \frac{x}{1+x^2}dx$$
$$= x\tan^{-1} x - \frac{1}{2}\log(1+x^2)$$

(3) $\displaystyle\int (\log x)^2 dx = x(\log x)^2 - 2\int x\frac{\log x}{x}dx = x(\log x)^2 - 2\int \log x\,dx$
$$= x(\log x)^2 - 2\left(x\log x - \int x\frac{1}{x}dx\right)$$
$$= x(\log x)^2 - 2\left(x\log x - \int dx\right)$$
$$= x\{(\log x)^2 - 2\log x + 2\}$$

━━━━━━━━━━ **問　題** ━━━━━━━━━━

3.9 次の関数を積分せよ．

(1) $x^3\log x$　　(2) $x^2 e^{3x}$　　(3) $x\log x$

(4) $x^2\cos x$　　(5) $x\tan^{-1} x$　　(6) $\dfrac{\log x}{x^2}$

例題 3.17　　　　　　　　　　　　　　　　　　　　　　　部分積分

積分 $\displaystyle\int e^{ax}\sin bx\,dx,\ \int e^{ax}\cos bx\,dx$ を求めよ．ただし，$a^2+b^2\neq 0$ とする．

[解答] (1) $I=\int e^{ax}\sin bx\,dx,\ J=\int e^{ax}\cos bx\,dx$ とすると

$$aI=\int(ae^{ax})\sin bx\,dx=e^{ax}\sin bx-b\int e^{ax}\cos bx\,dx=e^{ax}\sin bx-bJ,$$

$$aJ=\int(ae^{ax})\cos bx\,dx=e^{ax}\cos bx+b\int e^{ax}\sin bx\,dx=e^{ax}\cos bx+bI.$$

したがって

$$\begin{cases} aI+bJ=e^{ax}\sin bx \\ -bI+aJ=e^{ax}\cos bx \end{cases}.$$

この連立一次方程式を解いて次を得る．

$$\begin{cases} I=\dfrac{e^{ax}}{a^2+b^2}(a\sin bx-b\cos bx) \\ J=\dfrac{e^{ax}}{a^2+b^2}(b\sin bx+a\cos bx) \end{cases}.$$

注 この例では I と J を組として同時に求めたが，例えば，I のみを計算するには次のように部分積分を 2 回行えばよい．

$$\begin{aligned} I &=\int e^{ax}\sin bx\,dx=\frac{1}{a}e^{ax}\sin bx-\frac{b}{a}\int e^{ax}\cos bx\,dx \\ &=\frac{1}{a}e^{ax}\sin bx-\frac{b}{a}\left(\frac{1}{a}e^{ax}\cos bx+\frac{b}{a}\int e^{ax}\sin bx\,dx\right) \\ &=\frac{1}{a^2}e^{ax}(a\sin bx-b\cos bx)-\frac{b^2}{a^2}I. \end{aligned}$$

これより

$$\frac{a^2+b^2}{a^2}I=\frac{1}{a^2}e^{ax}(a\sin bx-b\cos bx).$$

したがって，$I=\displaystyle\int e^{ax}\sin bx\,dx=\dfrac{e^{ax}}{a^2+b^2}(a\sin bx-b\cos bx)$ を得る．

問題

3.10 部分積分により次の不定積分を求めよ．

(1) $\displaystyle\int e^{2x}\cos 3x\,dx$　　(2) $\displaystyle\int e^{-2x}\sin 2x\,dx$

例題 3.18 ─────────────────── 部分積分

積分 $\displaystyle\int xe^x \sin x\, dx$ を求めよ.

解答 前例題で $a = b = 1$ として

$$\int e^x \sin x\, dx = \frac{1}{2}e^x(\sin x - \cos x) \text{ かつ } \int e^x \cos x\, dx = \frac{1}{2}e^x(\sin x + \cos x).$$

したがって

$$\begin{aligned}
\int xe^x \sin x\, dx &= x\frac{1}{2}e^x(\sin x - \cos x) - \int \frac{1}{2}e^x(\sin x - \cos x)dx \\
&= \frac{1}{2}xe^x(\sin x - \cos x) - \frac{1}{4}e^x(\sin x - \cos x) + \frac{1}{4}e^x(\sin x + \cos x) \\
&= \frac{1}{2}xe^x(\sin x - \cos x) + \frac{1}{2}e^x \cos x.
\end{aligned}$$

例題 3.19 ─────────────────── 部分積分

積分 $\displaystyle\int \cos(\log x)dx$ を求めよ.

解答
$$\begin{aligned}
\int \cos(\log x)dx &= x\cos(\log x) + \int x\{\sin(\log x)\}\frac{1}{x}dx \\
&= x\cos(\log x) + \int \sin(\log x)dx \\
&= x\cos(\log x) + \left[x\sin(\log x) - \int x\{\cos(\log x)\}\frac{1}{x}dx\right] \\
&= x\cos(\log x) + x\sin(\log x) - \int \cos(\log x)dx
\end{aligned}$$

であるから,$2\displaystyle\int \cos(\log x)dx = x\{\cos(\log x) + \sin(\log x)\}$. したがって

$$\int \cos(\log x)dx = \frac{x}{2}\{\sin(\log x) + \cos(\log x)\}.$$

問 題

3.11 次の関数を積分せよ.

(1) $xe^x \cos x$ (2) $\sin(\log x)$

例題 3.20 ── 部分積分

次を示せ．

(1) $\displaystyle\int \sqrt{a^2-x^2}\,dx = \frac{1}{2}\left(x\sqrt{a^2-x^2}+a^2\sin^{-1}\frac{x}{a}\right)$ ($a>0$)

(2) $\displaystyle\int \sqrt{x^2+A}\,dx = \frac{1}{2}\left(x\sqrt{x^2+A}+A\log|x+\sqrt{x^2+A}|\right)$ ($A\neq 0$)

解答 (1)

$$\begin{aligned}
\int \sqrt{a^2-x^2}\,dx &= \int (x)'\sqrt{a^2-x^2}\,dx \\
&= x\sqrt{a^2-x^2} - \int x\frac{-x}{\sqrt{a^2-x^2}}\,dx \\
&= x\sqrt{a^2-x^2} - \int \frac{a^2-x^2}{\sqrt{a^2-x^2}}\,dx + \int \frac{a^2}{\sqrt{a^2-x^2}}\,dx \\
&= x\sqrt{a^2-x^2} - \int \sqrt{a^2-x^2}\,dx + a^2\int \frac{dx}{\sqrt{a^2-x^2}}.
\end{aligned}$$

したがって $2\displaystyle\int \sqrt{a^2-x^2}\,dx = x\sqrt{a^2-x^2}+a^2\sin^{-1}\dfrac{x}{a}$ となり結論を得る．

(2)

$$\begin{aligned}
\int \sqrt{x^2+A}\,dx &= \int (x)'\sqrt{x^2+A}\,dx \\
&= x\sqrt{x^2+A} - \int x\frac{x}{\sqrt{x^2+A}}\,dx \\
&= x\sqrt{x^2+A} - \int \frac{x^2+A}{\sqrt{x^2+A}}\,dx + A\int \frac{dx}{\sqrt{x^2+A}} \\
&= x\sqrt{x^2+A} - \int \sqrt{x^2+A}\,dx + A\log\left|x+\sqrt{x^2+A}\right|.
\end{aligned}$$

したがって $2\displaystyle\int \sqrt{x^2+A}\,dx = x\sqrt{x^2+A}+A\log\left|x+\sqrt{x^2+A}\right|$ となり結論を得る．

── 問 題 ──

3.12 次の関数を積分せよ．

(1) $\sqrt{4x^2-1}$ (2) $\sqrt{x^2+2x+2}$ (3) $\sqrt{1-9x^2}$ (4) $\sqrt{4x-x^2}$

例題 3.21　　　　　　　　　　　　　　　　　　　　　　　　　不定積分

次の関数を積分せよ．

(1) $\dfrac{x^2}{\sqrt{4-x^2}}$　　(2) $\dfrac{x^2}{\sqrt{x^2+2x+3}}$

解答　(1)

$$\int \frac{x^2}{\sqrt{4-x^2}}dx = \int \frac{4-(4-x^2)}{\sqrt{4-x^2}}dx$$

$$= \int \frac{4}{\sqrt{4-x^2}}dx - \int \sqrt{4-x^2}\,dx$$

$$= 4\sin^{-1}\frac{x}{2} - \frac{1}{2}\left(x\sqrt{4-x^2} + 4\sin^{-1}\frac{x}{2}\right) \quad (\text{例題 } 3.20(1))$$

$$= 2\sin^{-1}\frac{x}{2} - \frac{1}{2}x\sqrt{4-x^2}$$

(2)

$$\int \frac{x^2}{\sqrt{x^2+2x+3}}dx$$

$$= \int \frac{x^2+2x+3-(2x+3)}{\sqrt{x^2+2x+3}}dx = \int \frac{x^2+2x+3}{\sqrt{x^2+2x+3}}dx - \int \frac{2x+3}{\sqrt{x^2+2x+3}}dx$$

$$= \int \sqrt{x^2+2x+3}\,dx - \int \frac{2x+2+1}{\sqrt{x^2+2x+3}}dx$$

$$= \int \sqrt{(x+1)^2+2}\,dx - \int (x^2+2x+3)^{-1/2}(2x+2)dx - \int \frac{dx}{\sqrt{(x+1)^2+2}}$$

$$= \frac{1}{2}\left\{(x+1)\sqrt{(x+1)^2+2} + 2\log\left|(x+1)+\sqrt{(x+1)^2+2}\right|\right\}$$

$$\quad -2(x^2+2x+3)^{1/2} - \log\left|(x+1)+\sqrt{(x+1)^2+2}\right|$$

$$= \left(\frac{x+1}{2}-2\right)\sqrt{x^2+2x+3}$$

$$= \frac{1}{2}(x-3)\sqrt{x^2+2x+3}$$

～～　問　題　～～～～～～～～～～～～～～～～～～～～～～～～～～

3.13 次の関数を積分せよ．

(1) $\dfrac{x^2}{\sqrt{x^2+3}}$　　(2) $\dfrac{x^2}{\sqrt{2-2x-x^2}}$　　(3) $x\sin^{-1}x$

3.1 不定積分

例題 3.22 ———————————————————— 漸化式 ——

$I_n = \int \dfrac{dx}{(x^2+A)^n}$ $(A \neq 0, n \geqq 2, n \text{ は整数})$ とする．次の漸化式を示せ．

$$I_n = \dfrac{1}{2(n-1)A}\left\{\dfrac{x}{(x^2+A)^{n-1}} + (2n-3)I_{n-1}\right\}$$

(n は $n \neq 1$ である実数でよい.)

解答
$$I_{n-1} = \int \dfrac{1}{(x^2+A)^{n-1}}dx = \dfrac{x}{(x^2+A)^{n-1}} - \int x\{(x^2+A)^{-(n-1)}\}'dx$$
$$= \dfrac{x}{(x^2+A)^{n-1}} - \int x\dfrac{-(n-1)\cdot 2x}{(x^2+A)^n}dx$$
$$= \dfrac{x}{(x^2+A)^{n-1}} + 2(n-1)\int \dfrac{x^2+A-A}{(x^2+A)^n}dx$$
$$= \dfrac{x}{(x^2+A)^{n-1}} + 2(n-1)(I_{n-1} - AI_n).$$

したがって $2(n-1)AI_n = \dfrac{x}{(x^2+A)^{n-1}} + (2n-3)I_{n-1}$ となり，結論を得る．

例題 3.23 ———————————————————— 漸化式 ——

積分 $\int \dfrac{dx}{(x^2+5)^3}$ を求めよ．

解答 $I_n = \int \dfrac{dx}{(x^2+5)^n}$ とおくと，$I_1 = \int \dfrac{dx}{x^2+5} = \dfrac{1}{\sqrt{5}}\tan^{-1}\dfrac{x}{\sqrt{5}}.$

$$I_2 = \int \dfrac{dx}{(x^2+5)^2} = \dfrac{1}{2(2-1)\cdot 5}\left\{\dfrac{x}{x^2+5} + (2\cdot 2-3)I_1\right\}$$
$$= \dfrac{1}{10}\left(\dfrac{x}{x^2+5} + \dfrac{1}{\sqrt{5}}\tan^{-1}\dfrac{x}{\sqrt{5}}\right).$$
$$I_3 = \int \dfrac{dx}{(x^2+5)^3} = \dfrac{1}{2(3-1)\cdot 5}\left\{\dfrac{x}{(x^2+5)^2} + (2\cdot 3-3)I_2\right\}$$
$$= \dfrac{1}{20}\left\{\dfrac{x}{(x^2+5)^2} + \dfrac{3}{10}\left(\dfrac{x}{x^2+5} + \dfrac{1}{\sqrt{5}}\tan^{-1}\dfrac{x}{\sqrt{5}}\right)\right\}.$$

――― 問　題 ―――

3.14 次の関数を積分せよ．

(1) $\dfrac{1}{(x^2+3)^2}$ 　　(2) $\dfrac{1}{(x^2-4)^3}$ 　　(3) $\dfrac{1}{(x^2+2x+5)^2}$

(4) $\dfrac{1}{(x^2+1)\sqrt{x^2+1}}$ 　　(5) $\dfrac{1}{(x^2+A)^{5/2}}$ 　$(A \neq 0)$

例題 3.24 ─────────────────────── 漸化式 ─

$I_n = \int \tan^n x\, dx$ (n は整数) とする．次の漸化式を示せ．

$$I_n = \frac{1}{n-1} \tan^{n-1} x - I_{n-2} \quad (n \neq 1)$$

[解答] 部分積分を用いて

$$\begin{aligned} I_n &= \int \tan^n x\, dx = \int \tan^{n-2} x \tan^2 x\, dx \\ &= \int \tan^{n-2} x \left(\frac{1}{\cos^2 x} - 1\right) dx \\ &= \int \tan^{n-2} x (\tan x)'\, dx - I_{n-2} = \frac{1}{n-1} \tan^{n-1} x - I_{n-2}. \end{aligned}$$

例題 3.25 ─────────────────────── 漸化式 ─

次の不定積分を求めよ．
(1) $\displaystyle\int \tan^4 x\, dx$ (2) $\displaystyle\int \tan^5 x\, dx$

[解答] (1) 例題 3.24 より

$$\begin{aligned} \int \tan^4 x\, dx &= \frac{1}{3} \tan^3 x - \int \tan^2 x\, dx \\ &= \frac{1}{3} \tan^3 x - \left(\tan x - \int \tan^0 x\, dx\right) = \frac{1}{3} \tan^3 x - \tan x + x. \end{aligned}$$

(2) 例題 3.24 より

$$\begin{aligned} \int \tan^5 x\, dx &= \frac{1}{4} \tan^4 x - \int \tan^3 x\, dx = \frac{1}{4} \tan^4 x - \left(\frac{1}{2} \tan^2 x - \int \tan x\, dx\right) \\ &= \frac{1}{4} \tan^4 x - \frac{1}{2} \tan^2 x - \log|\cos x|. \end{aligned}$$

問題

3.15 次の関数を積分せよ．
(1) $\tan^3 x$ (2) $\dfrac{1}{\tan^3 x}$

例題 3.26 — 漸化式

$I_n = \displaystyle\int \sin^n x\, dx$ （n は整数）とする．次の漸化式を示せ．
$$I_n = -\frac{\sin^{n-1} x \cos x}{n} + \frac{n-1}{n} I_{n-2} \quad (n \neq 0)$$

解答 $I_n = \displaystyle\int \sin^n x\, dx = \int \sin^{n-1} x \sin x\, dx$

$\qquad = -\sin^{n-1} x \cos x + (n-1) \displaystyle\int \sin^{n-2} x \cos^2 x\, dx$

$\qquad = -\sin^{n-1} x \cos x + (n-1) \displaystyle\int \sin^{n-2} x (1 - \sin^2 x)\, dx$

$\qquad = -\sin^{n-1} x \cos x + (n-1)(I_{n-2} - I_n)$.

したがって，$nI_n = -\sin^{n-1} x \cos x + (n-1) I_{n-2}$ となり結論を得る．

例題 3.27 — 漸化式

次の不定積分を求めよ．
(1) $\displaystyle\int \sin^4 x\, dx$ (2) $\displaystyle\int \frac{dx}{\sin^4 x}$

解答 $I_n = \displaystyle\int \sin^n x\, dx$ とする．

(1) $I_4 = \displaystyle\int \sin^4 x\, dx = -\frac{\sin^3 x \cos x}{4} + \frac{3}{4} I_2$

$\qquad = -\dfrac{\sin^3 x \cos x}{4} + \dfrac{3}{4}\left(-\dfrac{\sin x \cos x}{2} + \dfrac{1}{2}\displaystyle\int dx\right)$

$\qquad = -\dfrac{\sin^3 x \cos x}{4} - \dfrac{3}{8}\sin x \cos x + \dfrac{3}{8}x$

(2) $I_{-2} = -\dfrac{1}{\sin^3 x} \dfrac{\cos x}{-2} + \dfrac{-3}{-2} I_{-4}$. したがって

$\quad I_{-4} = \displaystyle\int \dfrac{dx}{\sin^4 x} = \dfrac{2}{3}\left(-\dfrac{\cos x}{2\sin^3 x} + \displaystyle\int \dfrac{dx}{\sin^2 x}\right)$

$\qquad = -\dfrac{\cos x}{3\sin^3 x} - \dfrac{2}{3}\dfrac{1}{\tan x} = -\dfrac{1}{3\tan x}\left(\dfrac{1}{\sin^2 x} + 2\right)$．

問 題

3.16 例題 3.26 に準じて $I_n = \displaystyle\int \cos^n x\, dx$ の漸化式を求めよ．

3.17 次の関数を積分せよ．
(1) $\sin^6 x$ (2) $\cos^4 x$ (3) $\dfrac{1}{\sin^5 x}$

例題 3.28 ── 漸化式

整数 m, n に対して

$$I_{m,n} = \int \sin^m x \cos^n x \, dx$$

とする．次の漸化式を示せ．

$$I_{m,n} = \frac{\sin^{m+1} x \cos^{n-1} x}{m+n} + \frac{n-1}{m+n} I_{m,n-2} \quad (m+n \neq 0)$$

解答 $m+1 \neq 0$ のとき，部分積分を用いて

$$\begin{aligned}
I_{m,n} &= \int (\sin^m x \cos x) \cos^{n-1} x \, dx \\
&= \frac{\sin^{m+1} x}{m+1} \cos^{n-1} x - \frac{n-1}{m+1} \int \sin^{m+1} x \cos^{n-2} x (-\sin x) dx \\
&= \frac{\sin^{m+1} x \cos^{n-1} x}{m+1} + \frac{n-1}{m+1} \int \sin^m x \cos^{n-2} x (1-\cos^2 x) dx \\
&= \frac{\sin^{m+1} x \cos^{n-1} x}{m+1} + \frac{n-1}{m+1} (I_{m,n-2} - I_{m,n}).
\end{aligned}$$

これより

$$\frac{m+n}{m+1} I_{m,n} = \frac{\sin^{m+1} x \cos^{n-1} x}{m+1} + \frac{n-1}{m+1} I_{m,n-2}.$$

したがって

$$I_{m,n} = \frac{\sin^{m+1} x \cos^{n-1} x}{m+n} + \frac{n-1}{m+n} I_{m,n-2}.$$

$m+1 = 0$ のとき

$$\begin{aligned}
I_{-1,n} &= \int \frac{\cos^n x}{\sin x} dx = \int \frac{\cos^{n-2} x (1-\sin^2 x)}{\sin x} dx \\
&= \int \frac{\cos^{n-2} x}{\sin x} dx - \int \cos^{n-2} x \sin x \, dx = I_{-1,n-2} + \frac{\cos^{n-1} x}{n-1}
\end{aligned}$$

となり，この漸化式は成り立つ．

注 この漸化式は $m=0$ のとき，$I_n = I_{0,n} = \int \cos^n x \, dx$ の漸化式となる．

問題

3.18 例題 3.28 の $I_{m,n}$ に対して次の漸化式を示せ．

$$I_{m,n} = -\frac{\sin^{m-1} x \cos^{n+1} x}{m+n} + \frac{m-1}{m+n} I_{m-2,n} \quad (m+n \neq 0)$$

($n=0$ のとき，$I_m = I_{m,0} = \int \sin^m x \, dx$ の漸化式となる．)

3.1 不定積分

___例題 3.29___ ___漸化式___

次の関数を積分せよ．
(1) $\sin^4 x \cos^2 x$ (2) $\sin^4 x \cos^3 x$

解答 (1) 例題 3.28 より

$$I_{4,2} = \int \sin^4 x \cos^2 x \, dx = \frac{\sin^5 x \cos x}{6} + \frac{1}{6} I_{4,0}.$$

例題 3.26 と例題 3.28 より

$$\begin{aligned}I_{4,0} &= \int \sin^4 x \, dx \\ &= -\frac{\sin^3 x \cos x}{4} + \frac{3}{4} \int \sin^2 x \, dx \\ &= -\frac{\sin^3 x \cos x}{4} + \frac{3}{4} \left(-\frac{\sin x \cos x}{2} + \frac{1}{2} \int dx \right) \\ &= -\frac{\sin^3 x \cos x}{4} - \frac{3}{8} \sin x \cos x + \frac{x}{8}.\end{aligned}$$

したがって

$$\begin{aligned}I_{4,2} &= \frac{\sin^5 x \cos x}{6} + \frac{1}{6} \left(-\frac{\sin^3 x \cos x}{4} - \frac{3}{8} \sin x \cos x + \frac{x}{8} \right) \\ &= \frac{\sin^5 x \cos x}{6} - \frac{\sin^3 x \cos x}{24} - \frac{1}{16} \sin x \cos x + \frac{x}{48}.\end{aligned}$$

(2) $\sin x = t$ とおくと $\cos x \, dx = dt$ だから

$$\begin{aligned}\int \sin^4 x \cos^3 x \, dx &= \int \sin^4 x (1 - \sin^2 x) \cos x \, dx \\ &= \int t^4 (1 - t^2) dt = \int (t^4 - t^6) dt \\ &= \frac{t^5}{5} - \frac{t^7}{7} = \frac{\sin^5 x}{5} - \frac{\sin^7 x}{7}.\end{aligned}$$

問題

3.19 次の関数を積分せよ．
(1) $\sin^2 x \cos^4 x$ (2) $\sin^3 x \cos^3 x$

例題 3.30 ──漸化式──

次の漸化式を示せ.

(1) $I_n = \int x^n e^{ax} dx \ (a \neq 0)$ とすると, $I_n = \dfrac{1}{a}(x^n e^{ax} - n I_{n-1})$.

(2) $I_n = \int x^\alpha (\log x)^n dx \ (\alpha \neq -1)$ とすると

$$I_n = \frac{x^{\alpha+1}}{\alpha+1}(\log x)^n - \frac{n}{\alpha+1}I_{n-1}.$$

($\alpha = 0$ のとき $I_n = \int (\log x)^n dx$ の漸化式 $I_n = x(\log x)^n - nI_{n-1}$ となる.)

[解答] (1) $I_n = \displaystyle\int x^n e^{ax} dx = \frac{1}{a}x^n e^{ax} - \frac{n}{a}\int x^{n-1}e^{ax}dx = \frac{1}{a}(x^n e^{ax} - nI_{n-1})$

(2) $I_n = \displaystyle\int x^\alpha (\log x)^n dx = \frac{x^{\alpha+1}}{\alpha+1}(\log x)^n - \frac{n}{\alpha+1}\int x^{\alpha+1}(\log x)^{n-1}\frac{1}{x}dx$

$= \dfrac{x^{\alpha+1}}{\alpha+1}(\log x)^n - \dfrac{n}{\alpha+1}I_{n-1}$

例題 3.31 ──漸化式──

次の関数を積分せよ.

(1) $x^2 e^{5x}$ (2) $x^3 (\log x)^2$

[解答] (1) 例題 3.30(1) を用いる. $I_n = \int x^n e^{5x} dx$ とおくと

$I_1 = \displaystyle\int x e^{5x} dx = \frac{1}{5}\left(xe^{5x} - \int e^{5x}dx\right) = \frac{xe^{5x}}{5} - \frac{e^{5x}}{25}$. ゆえに

$$\int x^2 e^{5x} dx = I_2 = \frac{1}{5}\left(x^2 e^{5x} - 2I_1\right) = \frac{x^2 e^{5x}}{5} - \frac{2}{5}\left(\frac{xe^{5x}}{5} - \frac{e^{5x}}{25}\right)$$

$$= e^{5x}\left(\frac{x^2}{5} - \frac{2x}{25} + \frac{2}{125}\right).$$

(2) 例題 3.30(2) を用いる. $I_n = \int x^3 (\log x)^n dx$ とおくと

$$\int x^3 (\log x)^2 dx = I_2 = \frac{x^4}{4}(\log x)^2 - \frac{2}{4}I_1 = \frac{x^4}{4}(\log x)^2 - \frac{1}{2}\left(\frac{x^4}{4}\log x - \frac{1}{4}I_0\right)$$

$$= \frac{x^4}{4}(\log x)^2 - \frac{x^4}{8}\log x + \frac{1}{8}\int x^3 dx = x^4\left\{\frac{1}{4}(\log x)^2 - \frac{1}{8}\log x + \frac{1}{32}\right\}.$$

問題

3.20 次の関数を積分せよ.

(1) $x^3 e^{5x}$ (2) $x^2 (\log x)^2$ (3) $(\log x)^3$

3.2 有理関数の積分

有理関数の積分　$f(x), g(x)$ を x の整式（$g(x)$ は "恒等的に 0" でない）とするとき，$\dfrac{f(x)}{g(x)}$ の形の関数を**有理関数**という．分子の次数が分母の次数より小さいとき，有理関数の積分は部分分数に分解することにより次の型の積分に帰着される．

$$(1)\quad \int \frac{dx}{(x+a)^n} \qquad (2)\quad \int \frac{Ax+B}{\{(x+a)^2+b^2\}^n}dx$$

(1) は $n=1$ と $n>1$ の場合で次のようになる．

$$\int \frac{dx}{(x+a)^n} = \begin{cases} \log|x+a| & (n=1) \\ -\dfrac{1}{(n-1)(x+a)^{n-1}} & (n>1) \end{cases}$$

(2) は $x+a=t$ とおくと

$$\int \frac{Ax+B}{\{(x+a)^2+b^2\}^n}dx = \int \frac{A(t-a)+B}{(t^2+b^2)^n}dt = \int \frac{At}{(t^2+b^2)^n}dt - \int \frac{Aa-B}{(t^2+b^2)^n}dt$$

となるが，右辺の第 1 項は $t^2=s$ とおけばよい．第 2 項は例題 3.22 の漸化式

$$\int \frac{dx}{(x^2+A)^n} = \frac{1}{2(n-1)A}\left\{\frac{x}{(x^2+A)^{n-1}} + (2n-3)\int \frac{dx}{(x^2+A)^{n-1}}\right\}$$

を用いて $n=1$ まで次数を下げればよい．

　分子の次数が分母の次数以上のときは，商を求めて分子の次数を小さくしてから部分分数分解すればよい．なお，部分分数分解とは通分の逆演算である（例題 3.32, 3.33）．

注　有理関数 $\dfrac{f(x)}{g(x)}$ において $g(x) = a_0 x^n + a_1 x^{n-1} + \cdots + a_{n-1}x + a_n$ を実係数の n 次整式とする．代数学の基本定理により n 次方程式 $g(x)=0$ は複素数の範囲で重複度をこめて n 個の解をもつ．また $g(x)=0$ は実係数の方程式だから，複素数 $a+ib$ が解ならば共役複素数 $a-ib$ も解である．このとき $g(x)$ は $\{x-(a+ib)\}\{x-(a-ib)\} = (x-a)^2+b^2$（実数の範囲で因数分解できない 2 次式）を因数にもつから，一般に $g(x)$ は次の形に因数分解される．

$$g(x) = a_0(x-\alpha)^l(x-\beta)^m \cdots \{(x-a)^2+b^2\}^r\{(x-c)^2+d\}^s \cdots.$$

ここで $l, m, \ldots, r, s, \ldots$ は解の重複度で $l+m+\cdots+2(r+s+\cdots)=n$ である．したがって，これらの因子を分母にもつ分数関数の積分は上の (1), (2) の型になる．

例題 3.32 ─────────────────── 有理関数の部分分数分解 ─

次の有理関数を部分分数分解せよ．

(1) $\dfrac{x-1}{(x-3)(x+2)}$　　(2) $\dfrac{x-1}{(x-3)(x+2)^2}$

[解答] (1) （1次式（分母）に対する分子は定数とおく．）
$\dfrac{x-1}{(x-3)(x+2)} = \dfrac{A}{x-3} + \dfrac{B}{x+2}$ とおく．両辺の分母を払って

$$x - 1 = A(x+2) + B(x-3).$$

$x = 3$ として，　$5A = 2$,　　　$\therefore A = \dfrac{2}{5}$,

$x = -2$ として，　$-5B = -3$,　　$\therefore B = \dfrac{3}{5}$.

したがって，$\dfrac{x-1}{(x-3)(x+2)} = \dfrac{2}{5(x-3)} + \dfrac{3}{5(x+2)}$.

(2) （分母が1次式の2乗を含む場合，次のようにおく；3乗等の場合も同様）
$\dfrac{x-1}{(x-3)(x+2)^2} = \dfrac{A}{x-3} + \dfrac{B}{x+2} + \dfrac{C}{(x+2)^2}$ とおく．両辺の分母を払って

$$x - 1 = A(x+2)^2 + B(x-3)(x+2) + C(x-3).$$

ここで $x = 3$ とおくと，　$25A = 2$,　　$\therefore A = \dfrac{2}{25}$.

$x = -2$ とおくと，　$-5C = -3$,　　$\therefore C = \dfrac{3}{5}$.

両辺の x^2 の係数を比較すると，$A + B = 0$ であるから，$B = -\dfrac{2}{25}$ となる．したがって

$$\dfrac{x-1}{(x-3)(x+2)^2} = \dfrac{2}{25(x-3)} - \dfrac{2}{25(x+2)} + \dfrac{3}{5(x+2)^2}.$$

注 (2) で $\dfrac{x-1}{(x-3)(x+2)^2} = \dfrac{A}{x-3} + \dfrac{B}{(x+2)^2}$ とおくことはできない．すなわち，この等式を恒等的にみたす定数 A, B は存在しない．実際，この等式を仮定すると

$$x - 1 = A(x+2)^2 + B(x-3) = Ax^2 + (4A+B)x + 4A - 3B$$

だから $A = 0$ となる．$4A + B = 1$ より $B = 1$. これより $4A - 3B = -3 \neq -1$ となり矛盾.

── 問　題 ──────────────────────────────

3.21 次の有理関数を部分分数分解せよ．

(1) $\dfrac{2x+3}{x^2+x-12}$　　(2) $\dfrac{x}{(x-1)(x+2)(x-3)}$　　(3) $\dfrac{x-1}{(x+2)^2(x+3)}$

3.2 有理関数の積分

例題 3.33 ────────────────── 有理関数の部分分数分解 ──

有理関数 $\dfrac{2x-3}{(x-1)(x^2-x+2)}$ を部分分数分解せよ．

解答　((実数の範囲で) 因数分解できない 2 次式の分子は 1 次式とおく.)

$$\frac{2x-3}{(x-1)(x^2-x+2)} = \frac{A}{x-1} + \frac{Bx+C}{x^2-x+2}$$

とおくと

$$2x-3 = A(x^2-x+2) + (Bx+C)(x-1). \tag{3.1}$$

$x=1$ として，$2A = -1$，$\therefore A = -\dfrac{1}{2}$．

x^2 の係数を比較して，$A+B=0$，$\therefore B = \dfrac{1}{2}$．

また定数項を比較して，$2A - C = -3$．ゆえに $C = 2$．

したがって

$$\frac{2x-3}{(x-1)(x^2-x+2)} = -\frac{1}{2(x-1)} + \frac{x+4}{2(x^2-x+2)}.$$

注1　A, B, C を次の (a), (b) のように計算してもよいが，一般には上述の方法が簡潔．
　(a) (代入法)　(3.1) 式で $x = 1, 0, 2$ とおくと，$2A = -1$，$2A - C = -3$，$4A + 2B + C = 1$ となるから，これを解く．
　(b) (未定係数比較法)　(3.1) 式で x^2, x, 定数項の係数を比較すると $A + B = 0$，$-A - B + C = 2$，$2A - C = -3$ となるから，これを解く．

注2　$\dfrac{2x-3}{(x-1)(x^2-x+2)} = \dfrac{A}{x-1} + \dfrac{B}{x^2-x+2}$ とおくことはできない．実際，このとき

$$2x - 3 = A(x^2-x+2) + B(x-1)$$

だから，$A = 0$．$-A + B = 2$ より $B = 2$．これより $2A - B = -2 \neq -3$ となり矛盾．

注3　分母が (実数の範囲で因数分解できない) 2 次式の 2 乗を含めば，次のようにおく．

$$\frac{2x-3}{(x-1)(x^2-x+2)^2} = \frac{A}{x-1} + \frac{Bx+C}{x^2-x+2} + \frac{Dx+E}{(x^2-x+2)^2}$$

～～～　問　題　～～～

3.22　次の有理関数を部分分数分解せよ．
　(1) $\dfrac{1}{x^3+1}$　　(2) $\dfrac{2x+1}{(x^2+1)(x^2+2x+2)}$

例題 3.34　　　　　　　　　　　　　　　　　　　　　　　有理関数

次の関数を積分せよ．
(1) $\dfrac{x+1}{(x-1)(x+2)}$　　(2) $\dfrac{x+1}{(x-1)(x+2)^2}$

[解答] (1) $\dfrac{x+1}{(x-1)(x+2)} = \dfrac{A}{x-1} + \dfrac{B}{x+2}$ とおく．両辺の分母を払って

$$x+1 = A(x+2) + B(x-1).$$

ここで $x=1$ として，$3A = 2$, $\therefore A = 2/3$.

$x = -2$ とすると，$-3B = -1$, $\therefore B = 1/3$.

したがって

$$\begin{aligned}\int \dfrac{x+1}{(x-1)(x+2)} dx &= \dfrac{1}{3} \int \left(\dfrac{2}{x-1} + \dfrac{1}{x+2} \right) dx \\ &= \dfrac{2}{3} \log|x-1| + \dfrac{1}{3} \log|x+2| \\ &= \dfrac{1}{3} \log|(x-1)^2(x+2)|.\end{aligned}$$

(2) $\dfrac{x+1}{(x-1)(x+2)^2} = \dfrac{A}{x-1} + \dfrac{B}{x+2} + \dfrac{C}{(x+2)^2}$ とおくと

$$x+1 = A(x+2)^2 + B(x-1)(x+2) + C(x-1).$$

ここで $x=1$ として，$9A = 2$, $\therefore A = 2/9$.

$x = -2$ とすると，$-3C = -1$, $\therefore C = 1/3$.

また，両辺の x^2 の係数を比較して，$A + B = 0$. ゆえに，$B = -2/9$ となる．したがって

$$\begin{aligned}\int \dfrac{x+1}{(x-1)(x+2)^2} dx &= \dfrac{1}{9} \int \left\{ \dfrac{2}{x-1} - \dfrac{2}{x+2} + \dfrac{3}{(x+2)^2} \right\} dx \\ &= \dfrac{2}{9} \log|x-1| - \dfrac{2}{9} \log|x+2| - \dfrac{3}{9} \dfrac{1}{x+2} \\ &= \dfrac{2}{9} \log \left| \dfrac{x-1}{x+2} \right| - \dfrac{1}{3(x+2)}.\end{aligned}$$

問 題

3.23 次の関数を積分せよ．

(1) $\dfrac{2x+1}{x^2+5x+6}$　　(2) $\dfrac{x^2+x+1}{(x+1)(x+2)(x+3)}$　　(3) $\dfrac{2x+1}{(x-2)^2(x+3)}$

例題 3.35 — 有理関数

積分 $\displaystyle\int \frac{dx}{(x+1)^2(x^2+1)}$ を求めよ.

解答 ((実数の範囲で) 因数分解できない 2 次式の分子は 1 次式とする.)

$$\frac{1}{(x+1)^2(x^2+1)} = \frac{A}{x+1} + \frac{B}{(x+1)^2} + \frac{Cx+D}{x^2+1}$$

とおくと

$$\begin{aligned}1 &= A(x+1)(x^2+1) + B(x^2+1) + (Cx+D)(x+1)^2 \\ &= (A+C)x^3 + (A+B+2C+D)x^2 + (A+C+2D)x + (A+B+D)\end{aligned}$$

$x = -1$ とおくと, $2B = 1$. ゆえに $B = \dfrac{1}{2}$.

x^3 と x の係数を比較すると

$$A + C = A + C + 2D = 0 \quad \text{より} \quad D = 0.$$

定数項を比較すると

$$A + B + D = 1$$

だから, $A = \dfrac{1}{2}$, ゆえに $C = -\dfrac{1}{2}$.

したがって

$$\begin{aligned}\int \frac{dx}{(x+1)^2(x^2+1)} &= \frac{1}{2}\int\frac{dx}{x+1} + \frac{1}{2}\int\frac{dx}{(x+1)^2} - \frac{1}{2}\int\frac{x}{x^2+1}dx \\ &= \frac{1}{2}\log|x+1| - \frac{1}{2}\frac{1}{x+1} - \frac{1}{4}\int\frac{2x}{x^2+1}dx \\ &= \frac{1}{2}\log|x+1| - \frac{1}{2(x+1)} - \frac{1}{4}\log(x^2+1) \\ &= \frac{1}{4}\log\frac{(x+1)^2}{x^2+1} - \frac{1}{2(x+1)}.\end{aligned}$$

問 題

3.24 次の関数を積分せよ.

(1) $\dfrac{2x+3}{x^3+1}$ (2) $\dfrac{x^2-3}{(x-1)^2(x^2+1)}$

例題 3.36 ─────────────────────────── 有理関数 ─

積分 $\displaystyle\int \frac{x^4 + 2x^2}{x^3 - 1}dx$ を求めよ.

解答 （分子の次数が分母の次数以上のとき，商を求めて分子の次数を小さくしてから部分分数分解する.）

$$\frac{x^4 + 2x^2}{x^3 - 1} = x + \frac{2x^2 + x}{x^3 - 1}$$

だから

$$\frac{2x^2 + x}{x^3 - 1} = \frac{A}{x - 1} + \frac{Bx + C}{x^2 + x + 1}$$

とおく．これより

$$2x^2 + x = A(x^2 + x + 1) + (Bx + C)(x - 1).$$

ここで $x = 1$ とおくと，$A = 1$.

x^2 の係数を比較して $A + B = 2$ だから，$B = 1$.

定数項を比較すると $A - C = 0$ となるから $C = 1$.

したがって

$$\begin{aligned}
\int \frac{x^4 + 2x^2}{x^3 - 1}dx &= \int x\,dx + \int \frac{dx}{x - 1} + \int \frac{x + 1}{x^2 + x + 1}dx \\
&= \frac{x^2}{2} + \log|x - 1| + \frac{1}{2}\int \frac{(2x + 1) + 1}{x^2 + x + 1}dx \\
&= \frac{x^2}{2} + \log|x - 1| + \frac{1}{2}\int \frac{2x + 1}{x^2 + x + 1}dx + \frac{1}{2}\int \frac{dx}{(x + \frac{1}{2})^2 + \frac{3}{4}} \\
&= \frac{x^2}{2} + \log|x - 1| + \frac{1}{2}\log|x^2 + x + 1| + \frac{1}{2}\frac{2}{\sqrt{3}}\tan^{-1}\frac{x + \frac{1}{2}}{\frac{\sqrt{3}}{2}} \\
&= \frac{x^2}{2} + \frac{1}{2}\log(x - 1)^2 + \frac{1}{2}\log(x^2 + x + 1) + \frac{1}{\sqrt{3}}\tan^{-1}\frac{2x + 1}{\sqrt{3}} \\
&= \frac{x^2}{2} + \frac{1}{2}\log(x - 1)(x^3 - 1) + \frac{1}{\sqrt{3}}\tan^{-1}\frac{2x + 1}{\sqrt{3}}.
\end{aligned}$$

問題

3.25 積分 $\displaystyle\int \frac{x^4 - x - 1}{x^3 + 1}dx$ を求めよ.

3.2 有理関数の積分

例題 3.37 ──────────────────────────── 有理関数 ──

次の関数を積分せよ．

(1) $\dfrac{x^2+1}{x^4+2x^2-3}$ (2) $\dfrac{1}{x(x^5+2)}$ (3) $\dfrac{x}{x^4-1}$

解答 (1) (x^2 について部分分数分解する．)

$$\dfrac{x^2+1}{x^4+2x^2-3} = \dfrac{x^2+1}{(x^2-1)(x^2+3)} \text{ で } x^2=X \text{ とおくと}$$

$$\dfrac{X+1}{(X-1)(X+3)} = \dfrac{1}{2}\left(\dfrac{1}{X-1}+\dfrac{1}{X+3}\right).$$

$$\therefore \int \dfrac{x^2+1}{x^4+2x^2-3}dx = \dfrac{1}{2}\int\left(\dfrac{1}{x^2-1}+\dfrac{1}{x^2+3}\right)dx$$

$$= \dfrac{1}{2}\left(\dfrac{1}{2}\log\left|\dfrac{x-1}{x+1}\right|+\dfrac{1}{\sqrt{3}}\tan^{-1}\dfrac{x}{\sqrt{3}}\right) = \dfrac{1}{4}\log\left|\dfrac{x-1}{x+1}\right|+\dfrac{1}{2\sqrt{3}}\tan^{-1}\dfrac{x}{\sqrt{3}}.$$

(2) (置換積分により，より簡単な有理関数の積分に変形する．)

$\displaystyle\int\dfrac{dx}{x(x^5+2)} = \int\dfrac{x^4}{x^5(x^5+2)}dx$ であるから，$x^5=t$ とおく．$5x^4 dx=dt$ だから

$$\int\dfrac{dx}{x(x^5+2)} = \dfrac{1}{5}\int\dfrac{dt}{t(t+2)} = \dfrac{1}{10}\int\left(\dfrac{1}{t}-\dfrac{1}{t+2}\right)dt$$

$$= \dfrac{1}{10}(\log|t|-\log|t+2|) = \dfrac{1}{10}\log\left|\dfrac{t}{t+2}\right| = \dfrac{1}{10}\log\left|\dfrac{x^5}{x^5+2}\right|.$$

(3) (部分分数分解しない方がよい．)
$x^2=t$ とおくと $2x\,dx=dt$ だから

$$\int\dfrac{x}{x^4-1}dx = \dfrac{1}{2}\int\dfrac{dt}{t^2-1} = \dfrac{1}{2}\dfrac{1}{2}\log\left|\dfrac{t-1}{t+1}\right| = \dfrac{1}{4}\log\left|\dfrac{x^2-1}{x^2+1}\right|.$$

(部分分数分解するには $\dfrac{x}{x^4-1} = \dfrac{x}{(x-1)(x+1)(x^2+1)} = \dfrac{A}{x-1}+\dfrac{B}{x+1}+\dfrac{Cx+D}{x^2+1}$ とおく．)

問 題

3.26 次の関数を積分せよ．

(1) $\dfrac{x^3}{x^6+x^4+2x^2+2}$ (2) $\dfrac{1}{x^7+3x^3}$ (3) $\dfrac{x}{x^4+2}$

(4) $\dfrac{x^2}{x^4-1}$ (5) $\dfrac{x^3}{x^4-1}$ (6) $\dfrac{1}{x(x^5-3)}$

3.3 三角関数，無理関数他の積分

$R(X,Y)$ を X,Y に関する有理関数とする．たとえば，$R(X,Y) = \frac{XY}{X^3+Y^3}$ など．

三角関数の積分　次の型の積分は以下の置換により有理関数の積分に帰着される．

(1) $I = \int R(\sin x, \cos x)dx$ のとき，$\tan \frac{x}{2} = t$ とおくと
$$\sin x = \frac{2t}{1+t^2}, \quad \cos x = \frac{1-t^2}{1+t^2}, \quad dx = \frac{2\,dt}{1+t^2}.$$

(2) $I = \int R(\sin^2 x, \cos^2 x)dx$ のとき，$\tan x = t$ とおくと
$$\sin^2 x = \frac{t^2}{1+t^2}, \quad \cos^2 x = \frac{1}{1+t^2}, \quad dx = \frac{dt}{1+t^2}.$$

(3) $I = \int R(\sin x, \cos^2 x)\cos x\,dx$ のとき，$\sin x = t$ とおくと，
$$\cos^2 x = 1 - t^2, \quad \cos x\,dx = dt.$$

(4) $I = \int R(\sin^2 x, \cos x)\sin x\,dx$ のとき，$\cos x = t$ とおくと，
$$\sin^2 x = 1 - t^2, \quad \sin x\,dx = -dt.$$

無理関数の積分　次の型の積分は以下の置換により有理関数の積分に帰着される．

(1) $I = \int R\left(x, \sqrt[n]{\dfrac{ax+b}{cx+d}}\right)dx \quad (ad-bc \neq 0, n \geqq 2)$：$\sqrt[n]{\dfrac{ax+b}{cx+d}} = t$ とおく．

(2) $I = \int R(x, \sqrt{ax^2+bx+c})dx \quad (a < 0)$：$ax^2+bx+c = 0$ の実数解を α, β $(\alpha < \beta)$ として，$\sqrt{\dfrac{x-\alpha}{\beta-x}} = t$ または $\sqrt{\dfrac{\beta-x}{x-\alpha}} = t$ とおく．

(3) $I = \int R(x, \sqrt{ax^2+bx+c})dx \quad (a > 0)$：$\sqrt{ax^2+bx+c} = t - \sqrt{a}\,x$ とおく．

その他の積分

(1) **e^x の有理関数の積分** $I = \int R(e^x)dx$：$e^x = t$ とおくと I は t の有理関数の積分に帰着される．ここで $R(X)$ は X の有理関数である．

(2) **2項積分**　$I = \int x^p(ax^q+b)^r dx \quad (p, q, r$ は有理数$)$

$x^q = t$ とおくと，I は無理関数の積分 (1) に，また $r = m/n$ (m は整数，n は自然数) のとき $(ax^q+b)^{1/n} = t$ とおくと，I は t の有理関数の積分に帰着される場合がある．

3.3 三角関数，無理関数他の積分

例題 3.38 ─────────────────────── 三角関数 ─

次の関数を積分せよ．

(1) $\dfrac{1}{3+\sin x+\cos x}$　　(2) $\dfrac{1}{2\cos^2 x-\sin^2 x}$　　(3) $\dfrac{1}{\sin x\cos^2 x}$

解答 (1) $\tan\dfrac{x}{2}=t$ とおくと $\sin x=\dfrac{2t}{1+t^2}$, $\cos x=\dfrac{1-t^2}{1+t^2}$, $dx=\dfrac{2\,dt}{1+t^2}$.

$$\therefore\quad \int\frac{dx}{3+\sin x+\cos x}=\int\frac{1}{3+\frac{2t}{1+t^2}+\frac{1-t^2}{1+t^2}}\frac{2\,dt}{1+t^2}$$

$$=\int\frac{2}{3(1+t^2)+2t+(1-t^2)}dt$$

$$=\int\frac{dt}{t^2+t+2}=\int\frac{dt}{(t+\frac{1}{2})^2+\frac{7}{4}}$$

$$=\frac{2}{\sqrt{7}}\tan^{-1}\frac{2(t+\frac{1}{2})}{\sqrt{7}}=\frac{2}{\sqrt{7}}\tan^{-1}\frac{2\tan\frac{x}{2}+1}{\sqrt{7}}.$$

(2) $\tan x=t$ とおくと $\sin^2 x=\dfrac{t^2}{1+t^2}$, $\cos^2 x=\dfrac{1}{1+t^2}$, $dx=\dfrac{dt}{1+t^2}$.

$$\therefore\quad \int\frac{dx}{2\cos^2 x-\sin^2 x}=\int\frac{1}{2\frac{1}{1+t^2}-\frac{t^2}{1+t^2}}\frac{dt}{1+t^2}=\int\frac{dt}{2-t^2}=-\int\frac{dt}{t^2-2}$$

$$=-\frac{1}{2\sqrt{2}}\log\left|\frac{t-\sqrt{2}}{t+\sqrt{2}}\right|=-\frac{1}{2\sqrt{2}}\log\left|\frac{\tan x-\sqrt{2}}{\tan x+\sqrt{2}}\right|.$$

(3) $\displaystyle\int\frac{dx}{\sin x\cos^2 x}=\int\frac{\sin x}{\sin^2 x\cos^2 x}dx=\int\frac{\sin x}{\cos^2 x(1-\cos^2 x)}dx$

だから，$\cos x=t$ とおくと $-\sin x\,dx=dt$.

$$\int\frac{dx}{\sin x\cos^2 x}=-\int\frac{dt}{t^2(1-t^2)}=\int\left(\frac{1}{t^2-1}-\frac{1}{t^2}\right)dt$$

$$=\frac{1}{2}\log\left|\frac{t-1}{t+1}\right|+\frac{1}{t}=\frac{1}{2}\log\left|\frac{\cos x-1}{\cos x+1}\right|+\frac{1}{\cos x}.$$

問　題

3.27 次の関数を積分せよ．

(1) $\dfrac{1}{2+\cos x}$　　(2) $\dfrac{1}{2+\sin x}$　　(3) $\dfrac{\sin^2 x}{1+3\cos^2 x}$

(4) $\dfrac{1}{\sin^2 x\cos^2 x}$　　(5) $\dfrac{1}{2-\tan^2 x}$　　(6) $\dfrac{x+\sin x}{1+\cos 2x}$

例題 3.39 ─────────────────────────────────── 三角関数 ───

次の関数を積分せよ．

(1) $\dfrac{1-\sin x}{1+\cos x}$ (2) $\dfrac{1}{1-\cos x}$

解答 (1) $\tan\dfrac{x}{2}=t$ とおくと $\sin x=\dfrac{2t}{1+t^2}$, $\cos x=\dfrac{1-t^2}{1+t^2}$, $dx=\dfrac{2\,dt}{1+t^2}$. したがって

$$\int \frac{1-\sin x}{1+\cos x}dx = \int \frac{1-\frac{2t}{1+t^2}}{1+\frac{1-t^2}{1+t^2}}\frac{2}{1+t^2}dt = \int \frac{(t-1)^2}{2}\frac{2}{1+t^2}dt$$

$$= \int \left(1-\frac{2t}{1+t^2}\right)dt = t-\log(1+t^2)$$

$$= \tan\frac{x}{2}-\log\left(1+\tan^2\frac{x}{2}\right) = \tan\frac{x}{2}+2\log\left|\cos\frac{x}{2}\right|.$$

別解 $\displaystyle\int\frac{1-\sin x}{1+\cos x}dx = \int\left(\frac{1}{2\cos^2\frac{x}{2}}+\frac{-\sin x}{1+\cos x}\right)dx = \tan\frac{x}{2}+\log(1+\cos x).$

(2) $\tan\dfrac{x}{2}=t$ とおくと，(1) と同様にして

$$\int \frac{1}{1-\cos x}dx = \int \frac{1}{1-\frac{1-t^2}{1+t^2}}\frac{2}{1+t^2}dt = \int \frac{1}{t^2}dt$$

$$= -\frac{1}{t} = -\frac{1}{\tan\frac{x}{2}}.$$

別解 $\displaystyle\int\frac{dx}{1-\cos x} = \int\frac{dx}{2\sin^2\frac{x}{2}} = -\frac{1}{\tan\frac{x}{2}}.$

注 これらの例のように，三角関数の積分は適当な変形により簡潔に計算できることがある．このような場合 $\tan\frac{x}{2}=t$ と置換しない方がよい．

問 題

3.28 次の関数を積分せよ．

(1) $\dfrac{\cos x}{1+\cos x}$ (2) $\dfrac{1}{\sin^3 x \cos^3 x}$ (3) $\dfrac{1}{\sin x(1+\cos^2 x)}$

(4) $\dfrac{1}{\cos x \sin^2 x}$ (5) $\dfrac{1}{\sin x - \cos x}$ (6) $\dfrac{x+\sin x}{1-\cos x}$

3.3 三角関数，無理関数他の積分

例題 3.40 ────────────────────── 無理関数 $\left(R\left(x, \sqrt[n]{\frac{ax+b}{cx+d}}\right)\right)$

積分 $\displaystyle\int \frac{1}{x}\sqrt{\frac{1-x}{x+1}}\,dx$ を求めよ．

[解答] $\sqrt{\frac{1-x}{x+1}}=t$ とおく．$x=\frac{1-t^2}{t^2+1}=-1+\frac{2}{t^2+1}$ より $dx=-\frac{4t}{(t^2+1)^2}dt$.

$$\therefore \int \frac{1}{x}\sqrt{\frac{1-x}{x+1}}\,dx = \int \frac{t^2+1}{1-t^2}t\frac{-4t}{(t^2+1)^2}dt = \int \frac{4t^2}{(t^2-1)(t^2+1)}dt$$

$$= 2\int\left(\frac{1}{t^2-1}+\frac{1}{t^2+1}\right)dt = 2\cdot\frac{1}{2}\log\left|\frac{t-1}{t+1}\right|+2\tan^{-1}t$$

$$= \log\left|\frac{\sqrt{\frac{1-x}{x+1}}-1}{\sqrt{\frac{1-x}{x+1}}+1}\right|+2\tan^{-1}\sqrt{\frac{1-x}{x+1}}$$

$$= \log\left|\frac{\sqrt{1-x}-\sqrt{x+1}}{\sqrt{1-x}+\sqrt{x+1}}\right|+2\tan^{-1}\sqrt{\frac{1-x}{x+1}}.$$

例題 3.41 ────────────────────── 無理関数 $(R(x,\sqrt{ax^2+bx+c}),\ a<0)$

積分 $\displaystyle\int \frac{\sqrt{2x-x^2}}{x^2}\,dx$ を求めよ．

[解答] $\frac{\sqrt{2x-x^2}}{x^2}=\frac{\sqrt{x(2-x)}}{x^2}=\frac{1}{x}\sqrt{\frac{2-x}{x}}$ だから，$\sqrt{\frac{2-x}{x}}=t$ とおく．$x=\frac{2}{t^2+1}$ より $dx=-\frac{4t}{(t^2+1)^2}dt$.

$$\therefore \int \frac{\sqrt{2x-x^2}}{x^2}dx = \int \frac{1}{x}\sqrt{\frac{2-x}{x}}\,dx = \int \frac{t^2+1}{2}t\frac{-4t}{(t^2+1)^2}dt$$

$$= \int \frac{-2t^2}{t^2+1}dt = \int\left(-2+\frac{2}{t^2+1}\right)dt$$

$$= -2t+2\tan^{-1}t = -2\sqrt{\frac{2-x}{x}}+2\tan^{-1}\sqrt{\frac{2-x}{x}}.$$

問題

3.29 次の関数を積分せよ．

(1) $\sqrt{\dfrac{x+1}{x-2}}\quad (x>2)$ (2) $\dfrac{1}{x\sqrt{(1-x)(x+2)}}$

例題 3.42 ────────── 無理関数 $(R(x, \sqrt{ax^2+bx+c}),\ a > 0)$

積分 $\displaystyle\int \frac{dx}{x\sqrt{x^2+x+1}}$ を求めよ．

解答 $\sqrt{x^2+x+1} = t - x$ とおくと

$$x = \frac{t^2-1}{2t+1}, \quad \sqrt{x^2+x+1} = t - \frac{t^2-1}{2t+1} = \frac{t^2+t+1}{2t+1}, \quad dx = \frac{2(t^2+t+1)}{(2t+1)^2}dt.$$

したがって

$$\int \frac{dx}{x\sqrt{x^2+x+1}} = \int \frac{1}{\frac{t^2-1}{2t+1}\frac{t^2+t+1}{2t+1}} \frac{2(t^2+t+1)}{(2t+1)^2}dt = \int \frac{2}{t^2-1}dt$$

$$= \log\left|\frac{t-1}{t+1}\right| = \log\left|\frac{x-1+\sqrt{x^2+x+1}}{x+1+\sqrt{x^2+x+1}}\right|.$$

例題 3.43 ────────── 無理関数

積分 $\displaystyle\int \sqrt{\frac{x}{\sqrt{x}-1}}\, dx$ を求めよ．

解答 $\sqrt{x} - 1 = t$ とおく．$x = (t+1)^2$ より $dx = 2(t+1)dt$．したがって

$$\int \sqrt{\frac{x}{\sqrt{x}-1}}\, dx = \int \sqrt{\frac{(t+1)^2}{t}}\, 2(t+1)dt = \int \frac{2(t+1)^2}{\sqrt{t}}\, dt$$

$$= \int (2t^{3/2} + 4t^{1/2} + 2t^{-1/2})dt$$

$$= \frac{4}{5}t^{5/2} + \frac{8}{3}t^{3/2} + 4t^{1/2}$$

$$= \frac{4}{15}t^{1/2}(3t^2 + 10t + 15)$$

$$= \frac{4}{15}(\sqrt{x}-1)^{1/2}\{3(\sqrt{x}-1)^2 + 10(\sqrt{x}-1) + 15\}$$

$$= \frac{4}{15}(\sqrt{x}-1)^{1/2}(3x + 4\sqrt{x} + 8).$$

問題

3.30 次の関数を積分せよ．

(1) $\dfrac{1}{\sqrt{x^2+A}}$ $(A \neq 0)$ (2) $\dfrac{1}{x+\sqrt{x^2+2x-3}}$ (3) $\dfrac{\sqrt[4]{x}}{\sqrt{x}+1}$

3.3 三角関数，無理関数他の積分

例題 3.44 ────────────────────────── e^x の有理関数 ──

積分 $\displaystyle\int \frac{e^{-x}}{e^x+1+e^{-x}}dx$ を求めよ．

[解答] $e^x = t$ とおく．$e^x dx = dt$ より $dx = \frac{dt}{t}$．したがって

$$\int \frac{e^{-x}}{e^x+1+e^{-x}}dx = \int \frac{\frac{1}{t}}{t+1+\frac{1}{t}}\frac{dt}{t} = \int \frac{dt}{t(t^2+t+1)}$$

$$= \int \left(\frac{1}{t} - \frac{t+1}{t^2+t+1}\right) dt$$

$$= \log|t| - \frac{1}{2}\int \left\{\frac{2t+1}{t^2+t+1} + \frac{1}{(t+\frac{1}{2})^2 + \frac{3}{4}}\right\} dt$$

$$= \log|t| - \frac{1}{2}\log(t^2+t+1) - \frac{1}{2}\frac{2}{\sqrt{3}}\tan^{-1}\frac{2t+1}{\sqrt{3}}$$

$$= \frac{1}{2}\log\frac{e^{2x}}{e^{2x}+e^x+1} - \frac{1}{\sqrt{3}}\tan^{-1}\frac{2e^x+1}{\sqrt{3}}.$$

例題 3.45 ──────────────────────────── 2 項積分 ──

積分 $\displaystyle\int \frac{\sqrt{x^4-1}}{x}dx$ を求めよ．

[解答] $x^4 = t$ とおくと $4x^3 dx = dt$．したがって

$$\int \frac{\sqrt{x^4-1}}{x}dx = \int \frac{\sqrt{x^4-1}}{x^4}x^3 dx = \frac{1}{4}\int \frac{\sqrt{t-1}}{t} dt \quad (無理関数 (1) の型).$$

$\sqrt{t-1} = s$ とおくと，$t = s^2+1$, $dt = 2s\,ds$ だから

$$\int \frac{\sqrt{x^4-1}}{x}dx = \frac{1}{4}\int \frac{s}{s^2+1}2s\,ds = \frac{1}{2}\int \frac{s^2}{s^2+1}ds$$

$$= \frac{1}{2}\int \left(1 - \frac{1}{s^2+1}\right)ds = \frac{1}{2}\left(s - \tan^{-1}s\right)$$

$$= \frac{1}{2}\left(\sqrt{x^4-1} - \tan^{-1}\sqrt{x^4-1}\right).$$

―― 問　題 ――

3.31 次の関数を積分せよ．

(1) $\dfrac{1}{e^x+4+3e^{-x}}$　　(2) $\dfrac{1}{\sqrt{1+e^{2x}}}$　　(3) $\dfrac{1}{x(1+x^3)^{3/2}}$

3.4 定 積 分

定積分 関数 $f(x)$ は有界閉区間 $[a,b]$ で連続であるとする.区間を次のように小区間に分割する:

$$\Delta : a = x_0 < x_1 < x_2 < \cdots < x_n = b$$

この分割を Δ で表し,小区間 $[x_{i-1}, x_i]$ の幅 $x_i - x_{i-1}$ の最大値を $|\Delta|$ で表す.すなわち $|\Delta| = \max\{x_i - x_{i-1}; 1 \leqq i \leqq n\}$.各小区間 $[x_{i-1}, x_i]$ に点 ξ_i を任意にとり

$$S(\Delta) = \sum_{i=1}^{n} f(\xi_i)(x_i - x_{i-1})$$

とする.$S(\Delta)$ を $f(x)$ の分割 Δ に関する**リーマン和**という.ここで $|\Delta| \to 0$ として区間 $[a,b]$ の分割を細かくしてゆくと,$S(\Delta)$ は ξ_i の取り方に関係なく一定数に限りなく近づくことが示される.すなわち

定理 3.8(**定積分の存在**) $f(x)$ が有界閉区間 $[a,b]$ で連続であれば

$$I = \lim_{|\Delta| \to 0} S(\Delta) = \lim_{|\Delta| \to 0} \sum_{i=1}^{n} f(\xi_i)(x_i - x_{i-1})$$

が存在する.I は $[a,b]$ の分割の仕方,ξ_i の取り方によらない.

この極限値 I を $f(x)$ の $[a,b]$ における**定積分**といい,$\int_a^b f(x)dx$ で表す.

$a \geqq b$ のとき $\int_a^b f(x)dx = -\int_b^a f(x)dx$, $a = b$ のとき $\int_a^b f(x)dx = 0$ と定義する.

定理 3.9(**定積分の基本性質**)

(1) $\int_a^b \{f(x) \pm g(x)\}dx = \int_a^b f(x)dx \pm \int_a^b g(x)dx$

(2) $\int_a^b kf(x)dx = k\int_a^b f(x)dx$ (k は定数)

(3) $\int_a^b f(x)dx = \int_a^c f(x)dx + \int_c^b f(x)dx$

(4) $[a,b]$ で $f(x) \geqq g(x)$ ならば,$\int_a^b f(x)dx \geqq \int_a^b g(x)dx$.

特に $[a,b]$ で $f(x) \geqq 0$ ならば,$\int_a^b f(x)dx \geqq 0$.これを積分の**正値性**という.

(5) $\left| \int_a^b f(x)dx \right| \leqq \int_a^b |f(x)|\, dx$ ($a < b$).

3.4 定積分

定理 3.10（**定積分の性質**）関数 $f(x), g(x)$ は区間 $[a,b]$ で連続で，$[a,b]$ で $f(x) \geqq g(x)$ とする．$[a,b]$ で恒等的に $f(x) = g(x)$ でなければ，$\int_a^b f(x)dx > \int_a^b g(x)dx$. 言い換えれば，$\int_a^b f(x)dx = \int_a^b g(x)dx$ ならば，恒等的に $f(x) = g(x)$．

定理 3.11（**積分の平均値定理**）$f(x)$ が区間 $[a,b]$ で連続ならば

$$\int_a^b f(x)dx = f(c)(b-a) \quad (a < c < b)$$

をみたす点 c が存在する．

定理 3.12（**微分積分学の基本定理**）関数 $f(x)$ は区間 $[a,b]$ で連続であるとする．

(1) $F(x) = \int_a^x f(x)dx \ (a \leqq x \leqq b)$ とすると，$F(x)$ は $[a,b]$ で微分可能で $F'(x) = f(x)$．すなわち連続関数は原始関数をもつ．

(2) $F(x)$ を $f(x)$ の任意の原始関数とすると，

$$\int_a^b f(x)dx = F(b) - F(a) \quad (\text{右辺を } [F(x)]_a^b \text{で表す}).$$

定理 3.13（**置換積分法**）$f(x)$ は区間 $[a,b]$ で連続，$\varphi(t)$ は $[\alpha, \beta]$ または $[\beta, \alpha]$ で微分可能で $\varphi'(t)$ は連続であるとする．このとき $a = \varphi(\alpha), b = \varphi(\beta)$ ならば

$$\int_a^b f(x)dx = \int_\alpha^\beta f(\varphi(t))\varphi'(t)dt \quad (x = \varphi(t))$$

$\varphi(t)$ の値域は $[a,b]$ に含まれるとする．

定理 3.14（**部分積分法**）$f(x), g(x)$ は区間 $[a,b]$ で微分可能，$f'(x), g'(x)$ が区間 $[a,b]$ で連続ならば

$$\int_a^b f(x)g'(x)dx = \left[f(x)g(x)\right]_a^b - \int_a^b f'(x)g(x)dx$$

定理 3.15（**定積分の性質**）$a > 0$ とする．

(1) $f(x)$ が偶関数（$f(-x) = f(x)$）ならば，$\int_{-a}^a f(x)dx = 2\int_0^a f(x)dx$．

(2) $f(x)$ が奇関数（$f(-x) = -f(x)$）ならば，$\int_{-a}^a f(x)dx = 0$．

定理 3.16（**定積分の性質**）$a > 0$ とする．

(1) $\int_0^a f(a-x)dx = \int_0^a f(x)dx$．

(2) 関数 $f(x)$ が $f(a-x) = f(x)$ をみたすとき，$\int_0^a f(x)dx = 2\int_0^{a/2} f(x)dx$．

(3) 関数 $f(x)$ が $f(a-x) = -f(x)$ をみたすとき，$\int_0^a f(x)dx = 0$．

定理 3.17（漸化式） $n \geqq 2$ のとき

$$\int_0^{\pi/2} \sin^n x \, dx = \int_0^{\pi/2} \cos^n x \, dx = \begin{cases} \dfrac{n-1}{n} \dfrac{n-3}{n-2} \cdots \dfrac{3}{4} \dfrac{1}{2} \dfrac{\pi}{2} & (n : \text{偶数}) \\ \dfrac{n-1}{n} \dfrac{n-3}{n-2} \cdots \dfrac{4}{5} \dfrac{2}{3} & (n : \text{奇数}) \end{cases}$$

例題 3.46 ────────────────────── 定積分の計算 ──

次の定積分を求めよ．

(1) $\displaystyle\int_2^3 \dfrac{dx}{x^2 - 4x + 7}$ (2) $\displaystyle\int_0^2 \dfrac{x^2}{\sqrt{4 - x^2}} dx$ (3) $\displaystyle\int_0^{\pi/2} x e^x \sin x \, dx$

解答　(1)　（例題 3.8(1) 参照．）

$$\int_2^3 \frac{dx}{x^2 - 4x + 7} = \int_2^3 \frac{dx}{(x-2)^2 + 3} = \left[\frac{1}{\sqrt{3}} \tan^{-1} \frac{x-2}{\sqrt{3}} \right]_2^3$$

$$= \frac{1}{\sqrt{3}} \left(\tan^{-1} \frac{1}{\sqrt{3}} - \tan^{-1} 0 \right) = \frac{\pi}{6\sqrt{3}}.$$

(2)　例題 3.21(1) より

$$\int \frac{x^2}{\sqrt{4 - x^2}} dx = 2 \sin^{-1} \frac{x}{2} - \frac{1}{2} x \sqrt{4 - x^2}$$

だから $\displaystyle\int_0^2 \frac{x^2}{\sqrt{4 - x^2}} dx = \left[2 \sin^{-1} \frac{x}{2} - \frac{1}{2} x \sqrt{4 - x^2} \right]_0^2 = 2 \sin^{-1} 1 - 2 \sin^{-1} 0 = \pi.$

(3)　例題 3.18 より

$$\int x e^x \sin x \, dx = \frac{1}{2} x e^x (\sin x - \cos x) + \frac{1}{2} e^x \cos x$$

だから $\displaystyle\int_0^{\pi/2} x e^x \sin x \, dx = \left[\frac{1}{2} x e^x (\sin x - \cos x) + \frac{1}{2} e^x \cos x \right]_0^{\pi/2} = \frac{\pi}{4} e^{\pi/2} - \frac{1}{2}.$

─── 問　題 ───

3.32　次の定積分を求めよ．

(1) $\displaystyle\int_1^3 \dfrac{dx}{(1 - 2x)^2}$ (2) $\displaystyle\int_0^{\pi/2} \sin x \cos^4 x \, dx$ (3) $\displaystyle\int_0^1 \dfrac{dx}{\sqrt{3 + 2x - x^2}}$

(4) $\displaystyle\int_1^4 \dfrac{dx}{x^2 - 2x + 4}$ (5) $\displaystyle\int_1^2 \dfrac{dx}{\sqrt{x^2 + 2x - 2}}$ (6) $\displaystyle\int_1^e \cos(\log x) dx$

例題 3.47 ─────────────────────────── 置換積分

次の定積分を求めよ．

(1) $\displaystyle\int_e^{e^2} \frac{dx}{x\log x}$ (2) $\displaystyle\int_{-1}^1 \frac{dx}{(1+x^2)^2}$ (3) $\displaystyle\int_0^a x^2\sqrt{a^2-x^2}\,dx$ $(a>0)$

解答 (1) $\log x = t$ $(1 \leqq t \leqq 2)$ とおくと $\frac{dx}{x} = dt$ だから

$$\int_e^{e^2} \frac{dx}{x\log x} = \int_1^2 \frac{dt}{t} = [\log t]_1^2 = \log 2.$$

(2) $x = \tan t$ $(-\pi/4 \leqq t \leqq \pi/4)$ とおくと $dx = \frac{dt}{\cos^2 t}$ だから

$$\int_{-1}^1 \frac{dx}{(1+x^2)^2} = \int_{-\pi/4}^{\pi/4} \frac{1}{(1+\tan^2 t)^2} \frac{dt}{\cos^2 t} = \int_{-\pi/4}^{\pi/4} \frac{\cos^4 t}{\cos^2 t} dt$$

$$= \int_{-\pi/4}^{\pi/4} \cos^2 t\, dt = \int_{-\pi/4}^{\pi/4} \frac{1+\cos 2t}{2} dt$$

$$= \frac{1}{2}\left[t + \frac{\sin 2t}{2}\right]_{-\pi/4}^{\pi/4} = \frac{1}{2}\left(\frac{\pi}{2}+1\right) = \frac{\pi+2}{4}.$$

(3) $x = a\sin t$ $(0 \leqq t \leqq \pi/2)$ とおくと $dx = a\cos t\, dt$ だから

$$\int_0^a x^2\sqrt{a^2-x^2}\,dx = \int_0^{\pi/2} a^2\sin^2 t\sqrt{a^2(1-\sin^2 t)}\, a\cos t\, dt$$

$$= a^4 \int_0^{\pi/2} \sin^2 t\sqrt{\cos^2 t}\cos t\, dt$$

$$= a^4 \int_0^{\pi/2} \sin^2 t\cos^2 t\, dt = a^4 \int_0^{\pi/2} (\sin^2 t - \sin^4 t)\, dt$$

$$= a^4 \left(\frac{1}{2}\frac{\pi}{2} - \frac{3}{4}\frac{1}{2}\frac{\pi}{2}\right) = \frac{\pi}{16}a^4 \quad (\text{定理 } 3.17).$$

問　題

3.33 次の定積分を求めよ．

(1) $\displaystyle\int_e^{e^2} \frac{dx}{x(\log x)^n}$ (2) $\displaystyle\int_0^1 \frac{e^x}{(e^{2x}+4)^2} dx$ (3) $\displaystyle\int_1^3 \frac{dx}{x(x^2+2)}$

(4) $\displaystyle\int_{\pi/4}^{\pi/2} \frac{dx}{\sin x}$ (5) $\displaystyle\int_{-1}^1 \frac{dx}{(1+x^2)^{3/2}}$

例題 3.48 — 定積分の性質（偶関数・奇関数）

$a > 0$ とする．次を示せ．

(1) $f(x)$ が偶関数ならば，$\displaystyle\int_{-a}^{a} f(x)dx = 2\int_{0}^{a} f(x)dx$.

(2) $f(x)$ が奇関数ならば，$\displaystyle\int_{-a}^{a} f(x)dx = 0$.

[解答]
$$\int_{-a}^{a} f(x)dx = \int_{-a}^{0} f(x)dx + \int_{0}^{a} f(x)dx.$$
右辺の第 1 項で $x = -t$ とおくと次のようになり，(1), (2) の結論を得る．

$$\int_{-a}^{0} f(x)dx = \int_{a}^{0} f(-t)(-dt) = \int_{0}^{a} f(-t)dt = \begin{cases} \int_{0}^{a} f(t)dt & (f(x):\text{偶関数}) \\ -\int_{0}^{a} f(t)dt & (f(x):\text{奇関数}) \end{cases}$$

例題 3.49 — 定積分の性質

$a > 0$ とする．次を示せ．

(1) 関数 $f(x)$ が $f(a-x) = f(x)$ をみたすとき，$\displaystyle\int_{0}^{a} f(x)dx = 2\int_{0}^{a/2} f(x)dx$.

(2) 関数 $f(x)$ が $f(a-x) = -f(x)$ をみたすとき，$\displaystyle\int_{0}^{a} f(x)dx = 0$.

[解答]
$$\int_{0}^{a} f(x)dx = \int_{0}^{a/2} f(x)dx + \int_{a/2}^{a} f(x)dx.$$
右辺の第 2 項で $x = a - t$ とおくと，次のようになり (1), (2) の結論を得る．

$$\int_{a/2}^{a} f(x)dx = \int_{a/2}^{0} f(a-t)(-dt)$$
$$= \int_{0}^{a/2} f(a-t)dt = \begin{cases} \int_{0}^{a/2} f(t)dt & (f(a-x) = f(x) \text{ のとき}) \\ -\int_{0}^{a/2} f(t)dt & (f(a-x) = -f(x) \text{ のとき}) \end{cases}$$

問題

3.34 次の定積分を求めよ．

(1) $\displaystyle\int_{-\pi/3}^{\pi/3} (\cos x + \sin^3 x)\,dx$ (2) $\displaystyle\int_{-a}^{a} x^3 \sqrt{a^2 - x^2}\,dx \quad (a > 0)$

(3) $\displaystyle\int_{0}^{\pi} \sin^2 x |\cos x|\,dx$

例題 3.50 置換積分

次の定積分を求めよ.

(1) $\displaystyle\int_0^\pi \frac{\sin x}{1+\cos^2 x}dx$ (2) $\displaystyle\int_0^\pi \frac{x\sin x}{1+\cos^2 x}dx$

解答 (1) $\dfrac{\sin(\pi-x)}{1+\cos^2(\pi-x)} = \dfrac{\sin x}{1+\cos^2 x}$ だから

$$\int_0^\pi \frac{\sin x}{1+\cos^2 x}dx = 2\int_0^{\pi/2}\frac{\sin x}{1+\cos^2 x}dx.$$

ここで $\cos x = t$ とおくと $-\sin x\,dx = dt$ だから

$$\begin{aligned}\int_0^\pi \frac{\sin x}{1+\cos^2 x}dx &= 2\int_0^{\pi/2}\frac{\sin x}{1+\cos^2 x}dx = -2\int_1^0\frac{dt}{1+t^2}\\ &= 2\int_0^1\frac{dt}{1+t^2}dt = 2\left[\tan^{-1}t\right]_0^1 = \frac{\pi}{2}.\end{aligned}$$

(2) $I = \displaystyle\int_0^\pi \frac{x\sin x}{1+\cos^2 x}dx$ とおく. $x = \pi - t$ $(\pi \geqq t \geqq 0)$ と置換すると

$$\begin{aligned}I &= \int_0^\pi \frac{x\sin x}{1+\cos^2 x}dx = \int_\pi^0 \frac{(\pi-t)\sin(\pi-t)}{1+\cos^2(\pi-t)}(-dt)\\ &= \int_0^\pi \frac{(\pi-t)\sin t}{1+\cos^2 t}dt\\ &= \pi\int_0^\pi \frac{\sin t}{1+\cos^2 t}dt - \int_0^\pi \frac{t\sin t}{1+\cos^2 t}dt.\end{aligned}$$

したがって (1) より

$$2I = \pi\int_0^\pi \frac{\sin t}{1+\cos^2 t}dt = \frac{\pi^2}{2}$$

となるから, $I = \dfrac{\pi^2}{4}$ を得る.

問題

3.35 次の定積分を求めよ.

(1) $\displaystyle\int_0^\pi \frac{\cos x}{1+\sin^2 x}dx$ (2) $\displaystyle\int_0^\pi \frac{x\sin x}{1+\sin^2 x}dx$

例題 3.51 　　　　　　　　　　　　　　　　　　　　　　部分積分

次の関数を積分せよ．

(1) $\displaystyle\int_1^e x\log x\,dx$ 　　(2) $\displaystyle\int_0^{2\pi} e^x\cos x\,dx$ 　　(3) $\displaystyle\int_0^{1/\sqrt{2}} x\sin^{-1} x\,dx$

解答 　(1) 部分積分法により

$$\int_1^e x\log x\,dx = \left[\frac{x^2}{2}\log x\right]_1^e - \int_1^e \frac{x^2}{2}\frac{1}{x}dx = \frac{e^2}{2} - \frac{1}{2}\int_1^e x\,dx$$

$$= \frac{e^2}{2} - \frac{1}{2}\left[\frac{x^2}{2}\right]_1^e = \frac{e^2}{2} - \frac{1}{2}\left(\frac{e^2}{2} - \frac{1}{2}\right) = \frac{e^2+1}{4}.$$

(2) $\displaystyle\int_0^{2\pi} e^x\cos x\,dx = [e^x\cos x]_0^{2\pi} + \int_0^{2\pi} e^x\sin x\,dx$

$$= e^{2\pi} - 1 + [e^x\sin x]_0^{2\pi} - \int_0^{2\pi} e^x\cos x\,dx = e^{2\pi} - 1 - \int_0^{2\pi} e^x\cos x\,dx.$$

これより $2\displaystyle\int_0^{2\pi} e^x\cos x\,dx = e^{2\pi} - 1$ となるから，$\displaystyle\int_0^{2\pi} e^x\cos x\,dx = \frac{e^{2\pi}-1}{2}.$

(3) （第3の等号で例題 3.20(1) を使う．）

$$\int_0^{1/\sqrt{2}} x\sin^{-1} x\,dx = \left[\frac{x^2}{2}\sin^{-1} x\right]_0^{1/\sqrt{2}} - \int_0^{1/\sqrt{2}} \frac{x^2}{2\sqrt{1-x^2}}dx$$

$$= \frac{1}{4}\sin^{-1}\frac{1}{\sqrt{2}} + \frac{1}{2}\left(\int_0^{1/\sqrt{2}}\sqrt{1-x^2}\,dx - \int_0^{1/\sqrt{2}}\frac{dx}{\sqrt{1-x^2}}\right)$$

$$= \frac{\pi}{16} + \frac{1}{2}\left(\frac{1}{2}\left[x\sqrt{1-x^2} + \sin^{-1} x\right]_0^{1/\sqrt{2}} - \left[\sin^{-1} x\right]_0^{1/\sqrt{2}}\right)$$

$$= \frac{\pi}{16} + \frac{1}{2}\left(\frac{1}{4} - \frac{1}{2}\sin^{-1}\frac{1}{\sqrt{2}}\right) = \frac{\pi}{16} + \frac{1}{8} - \frac{\pi}{16} = \frac{1}{8}$$

注　$\sin^{-1} x = t\ (0\leqq t\leqq \pi/4)$ とおいてもよい．

問題

3.36 次の定積分を求めよ．

(1) $\displaystyle\int_0^{\pi/2} x\sin x\,dx$ 　　(2) $\displaystyle\int_0^{2\pi} e^x\sin x\,dx$ 　　(3) $\displaystyle\int_1^2 x(\log x)^2 dx$

(4) $\displaystyle\int_0^\pi x^2\sin x\,dx$ 　　(5) $\displaystyle\int_0^1 x\tan^{-1} x\,dx$ 　　(6) $\displaystyle\int_1^2 x^3\log x\,dx$

── 例題 3.52 ──────────────────────────────── 三角関数 ──

$n \geqq 2$ のとき次を示せ.

$$\int_0^{\pi/2} \sin^n x \, dx = \int_0^{\pi/2} \cos^n x \, dx$$
$$= \begin{cases} \dfrac{n-1}{n} \dfrac{n-3}{n-2} \cdots \dfrac{3}{4} \dfrac{1}{2} \dfrac{\pi}{2} & (n:\text{偶数}) \\ \dfrac{n-1}{n} \dfrac{n-3}{n-2} \cdots \dfrac{4}{5} \dfrac{2}{3} & (n:\text{奇数}) \end{cases}$$

解答 $I_n = \displaystyle\int_0^{\pi/2} \sin^n x \, dx = \int_0^{\pi/2} \sin^{n-1} x \sin x \, dx$

$= \left[-\sin^{n-1} x \cos x \right]_0^{\pi/2} + (n-1) \displaystyle\int_0^{\pi/2} \sin^{n-2} x \cos^2 x \, dx$

$= (n-1) \displaystyle\int_0^{\pi/2} \sin^{n-2} x (1 - \sin^2 x) dx = (n-1)(I_{n-2} - I_n).$

したがって $I_n = \dfrac{n-1}{n} I_{n-2} \ (n \geqq 2).$

n が偶数のとき $I_0 = \displaystyle\int_0^{\pi/2} dx = \dfrac{\pi}{2}$ だから

$$I_n = \dfrac{n-1}{n} \dfrac{n-3}{n-2} \cdots \dfrac{3}{4} \dfrac{1}{2} I_0 = \dfrac{n-1}{n} \dfrac{n-3}{n-2} \cdots \dfrac{3}{4} \dfrac{1}{2} \dfrac{\pi}{2}.$$

n が奇数のとき $I_1 = \displaystyle\int_0^{\pi/2} \sin x \, dx = [-\cos x]_0^{\pi/2} = 1$ だから

$$I_n = \dfrac{n-1}{n} \dfrac{n-3}{n-2} \cdots \dfrac{4}{5} \dfrac{2}{3} I_1 = \dfrac{n-1}{n} \dfrac{n-3}{n-2} \cdots \dfrac{4}{5} \dfrac{2}{3}.$$

また $I_n = \displaystyle\int_0^{\pi/2} \sin^n x \, dx$ で $x = \dfrac{\pi}{2} - t \ \left(0 \leqq t \leqq \dfrac{\pi}{2} \right)$ とおくと

$$I_n = \int_{\pi/2}^0 \sin^n \left(\dfrac{\pi}{2} - t \right) (-dt) = \int_0^{\pi/2} \cos^n t \, dt.$$

～～ 問 題 ～～～～～～～～～～～～～～～～～～～～～～～

3.37 次の定積分を求めよ.

(1) $\displaystyle\int_0^{2\pi} \sin^6 x \, dx$　　(2) $\displaystyle\int_0^{2\pi} \sin^6 x \cos x \, dx$　　(3) $\displaystyle\int_0^{\pi} \cos^n x \, dx$

(4) $\displaystyle\int_0^{2\pi} \cos^n \dfrac{x}{2} dx$　　(5) $\displaystyle\int_0^{\pi} \sin^n x \, dx$　　(6) $\displaystyle\int_0^{2\pi} \sin^n \dfrac{x}{2} dx$

102　　第 3 章　積　分　法

例題 3.53　　　　　　　　　　　　　　　　　　　　定積分における極限表示

次の極限値を求めよ．
$$\lim_{n\to\infty}\sum_{k=0}^{n-1}\frac{1}{n+k}=\lim_{n\to\infty}\left(\frac{1}{n}+\frac{1}{n+1}+\frac{1}{n+2}+\cdots+\frac{1}{2n-1}\right)$$

解答
$$\lim_{n\to\infty}\left(\frac{1}{n}+\frac{1}{n+1}+\frac{1}{n+2}+\cdots+\frac{1}{2n-1}\right)$$
$$=\lim_{n\to\infty}\frac{1}{n}\left(1+\frac{1}{1+\frac{1}{n}}+\frac{1}{1+\frac{2}{n}}+\cdots+\frac{1}{1+\frac{n-1}{n}}\right)$$
$$=\int_0^1\frac{dx}{1+x}=[\log(1+x)]_0^1=\log 2$$

例題 3.54　　　　　　　　　　　　　　　　　　　　　　定積分の性質

関数 $f(x)$ は $[a,b]$ で連続で $f(x)\geqq 0$ とする．このとき，$\int_a^b f(x)dx=0$ ならば $[a,b]$ で $f(x)=0$ であることを示せ．

解答　$f(c)>0$ となる c $(a\leqq c\leqq b)$ が存在したとする．$f(x)$ は $x=c$ で連続だから，$\varepsilon=\dfrac{f(c)}{2}>0$ に対して a_1,b_1 $(a\leqq a_1\leqq c\leqq b_1\leqq b,\ a_1\neq b_1)$ が存在して
$$a_1\leqq x\leqq b_1\ \Longrightarrow\ |f(x)-f(c)|<\frac{f(c)}{2}$$
となる．このとき $f(x)>f(c)-\dfrac{f(c)}{2}=\dfrac{f(c)}{2}$ だから，定理 3.9(3), (4) より
$$\int_a^b f(x)dx\geqq\int_{a_1}^{b_1}f(x)dx\geqq\int_{a_1}^{b_1}\frac{f(c)}{2}dx=\frac{f(c)}{2}(b_1-a_1)>0$$
となり結論を得る．

問　題

3.38 次の極限値を求めよ．

(1) $\displaystyle\lim_{n\to\infty}\sum_{k=0}^{n-1}\frac{n}{n^2+k^2}=\lim_{n\to\infty}\left(\frac{n}{n^2}+\frac{n}{n^2+1^2}+\cdots+\frac{n}{n^2+(n-1)^2}\right)$

(2) $\displaystyle\lim_{n\to\infty}\sum_{k=0}^{n-1}\frac{1}{\sqrt{n^2-k^2}}=\lim_{n\to\infty}\left(\frac{1}{\sqrt{n^2}}+\frac{1}{\sqrt{n^2-1^2}}+\cdots+\frac{1}{\sqrt{n^2-(n-1)^2}}\right)$

例題 3.55 ── ヘルダーの不等式・ミンコフスキーの不等式

区間 $[a,b]$ で連続な関数 $f(x), g(x)$ に対して次の不等式を示せ.
(1) （ヘルダーの不等式） $p, q > 1$, $\frac{1}{p} + \frac{1}{q} = 1$ のとき
$$\int_a^b |f(x)g(x)|dx \leqq \left(\int_a^b |f(x)|^p dx\right)^{1/p} \left(\int_a^b |g(x)|^q dx\right)^{1/q}$$
（$p = q = 2$ のとき，シュワルツの不等式という.）
(2) （ミンコフスキーの不等式） $1 \leqq p < \infty$ のとき
$$\left(\int_a^b |f(x)+g(x)|^p dx\right)^{1/p} \leqq \left(\int_a^b |f(x)|^p dx\right)^{1/p} + \left(\int_a^b |g(x)|^p dx\right)^{1/p}$$

[解答] (1) $A = \left(\int_a^b |f(x)|^p dx\right)^{1/p}$, $B = \left(\int_a^b |g(x)|^q dx\right)^{1/q}$ とし, $A > 0, B > 0$ とする. $a = \frac{|f(x)|}{A}, b = \frac{|g(x)|}{B}$ とおいてヤングの不等式 $ab \leqq \frac{a^p}{p} + \frac{b^q}{q}$ （章末問題 2-B の 19) を用いると
$$\int_a^b \frac{|f(x)|}{A}\frac{|g(x)|}{B} dx \leqq \frac{1}{p}\int_a^b \frac{|f(x)|^p}{A^p}dx + \frac{1}{q}\int_a^b \frac{|g(x)|^q}{B^q}dx = \frac{1}{p} + \frac{1}{q} = 1.$$
よって $\int_a^b |f(x)g(x)|dx \leqq AB = \left(\int_a^b |f(x)|^p dx\right)^{1/p} \left(\int_a^b |g(x)|^q dx\right)^{1/q}$. $A = 0$ のとき, 例題 3.54 より $f(x)$ は $[a,b]$ で恒等的に 0 だから, 結論を得る. $B = 0$ のときも同様.

(2) $1 < p < \infty$ とする. 三角不等式を用いて
$$\int_a^b |f(x)+g(x)|^p dx = \int_a^b |f(x)+g(x)||f(x)+g(x)|^{p-1}dx$$
$$\leqq \int_a^b |f(x)||f(x)+g(x)|^{p-1}dx + \int_a^b |g(x)||f(x)+g(x)|^{p-1}dx.$$
ここで $q = \frac{p}{p-1}$ とおくと $\frac{1}{p} + \frac{1}{q} = 1$ で $q(p-1) = p$ だからヘルダーの不等式より
$$\int_a^b |f(x)+g(x)|^p dx \leqq \left(\int_a^b |f(x)|^p dx\right)^{1/p}\left(\int_a^b |f(x)+g(x)|^p\right)^{1/q}$$
$$+ \left(\int_a^b |g(x)|^p dx\right)^{1/p}\left(\int_a^b |f(x)+g(x)|^p dx\right)^{1/q}.$$
両辺を $\left(\int_a^b |f(x)+g(x)|^p dx\right)^{1/q}$ で割って結論を得る（この積分値が 0 のときは自明). $p = 1$ のときは三角不等式より直ちに得られる.

問題

3.39 対数関数 $\log x$ が上に凸であることを用いて, ヤングの不等式 $ab \leqq \frac{a^p}{p} + \frac{b^q}{q}$ （$a, b > 0$, $p, q > 1$, $\frac{1}{p} + \frac{1}{q} = 1$) を示せ.

3.5 広義積分

有界閉区間 $[a,b]$ で連続な関数 $f(x)$ には定積分 $\int_a^b f(x)dx$ が存在する（定理 3.8）. $f(x)$ が区間 $[a,b]$ に不連続点をもつ場合や積分範囲が無限区間の場合, 広義の定積分が定義される.

広義定積分

(1) $f(x)$ が区間 $[a,b)$ で連続なとき：

$$\int_a^b f(x)dx = \lim_{\varepsilon \to +0} \int_a^{b-\varepsilon} f(x)dx$$

と定義する. すなわち, 右辺の極限値が存在するとき, 左辺を右辺で定義する. このとき**広義積分** $\int_a^b f(x)dx$ **は存在する**（**収束する**）という. 極限値が存在しないとき, この**広義積分は存在しない**（**発散する**）という. 以下同様である.

(2) $f(x)$ が区間 $(a,b]$ で連続なとき：

$$\int_a^b f(x)dx = \lim_{\varepsilon \to +0} \int_{a+\varepsilon}^b f(x)dx.$$

(3) $f(x)$ が区間 (a,b) で連続な場合：

$$\int_a^b f(x)dx = \lim_{\varepsilon, \varepsilon' \to +0} \int_{a+\varepsilon}^{b-\varepsilon'} f(x)dx.$$

(4) $f(x)$ が区間 $[a,b]$ で $x=c\ (a<c<b)$ を除いて連続な場合：

$$\int_a^b f(x)dx = \int_a^c f(x)dx + \int_c^b f(x)dx.$$

定理 3.18　$f(x)$ は区間 (a,b) で連続とする.

(1) 広義積分 $\int_a^b f(x)dx$ が存在すれば, 任意の $c\ (a<c<b)$ に対して $(a,c]$ および $[c,b)$ における広義積分 $\int_a^c f(x)dx,\ \int_c^b f(x)dx$ が存在して,

$$\int_a^b f(x)dx = \int_a^c f(x)dx + \int_c^b f(x)dx.$$

逆に, ある $c\ (a<c<b)$ に対して広義積分 $\int_a^c f(x)dx,\ \int_c^b f(x)dx$ が存在すれば,

広義積分 $\int_a^b f(x)dx$ は存在して，$\int_a^b f(x)dx = \int_a^c f(x)dx + \int_c^b f(x)dx$．

(2) ある c $(a<c<b)$ に対して広義積分 $\int_a^c f(x)dx$ または $\int_c^b f(x)dx$ が存在しなければ，$\int_a^b f(x)dx$ は存在しない．

定理 3.19 関数 $f(x)$ が区間 $[a,b]$ で連続ならば，$f(x)$ の $[a,b)$ における広義積分が存在して定積分 $\int_a^b f(x)dx$ に等しい．すなわち

$$\lim_{\varepsilon \to +0} \int_a^{b-\varepsilon} f(x)dx = \int_a^b f(x)dx \quad \text{（定積分）}$$

$(a,b]$ のときも同様である．

無限積分 積分範囲が無限区間である広義積分を**無限積分**という．

(1) $f(x)$ が $[a,\infty)$ で連続なとき：

$$\int_a^\infty f(x)dx = \lim_{M \to \infty} \int_a^M f(x)dx$$

(2) $f(x)$ が (a,∞) で連続なとき：

$$\int_a^\infty f(x)dx = \lim_{\varepsilon \to +0, M \to \infty} \int_{a+\varepsilon}^M f(x)dx$$

(3) $f(x)$ が $(-\infty,\infty)$ で連続なとき：

$$\int_{-\infty}^\infty f(x)dx = \lim_{M,M' \to \infty} \int_{-M}^{M'} f(x)dx$$

(4) $f(x)$ が (a,∞) で $x=c$ $(a<c<\infty)$ を除いて連続なとき：

$$\int_a^\infty f(x)dx = \int_a^c f(x)dx + \int_c^\infty f(x)dx$$

他の場合も同様である．

定理 3.20 $f(x)$ は区間 (a,∞) で連続とする（$a = -\infty$ でもよい）．
(1) 広義積分 $\int_a^\infty f(x)dx$ が存在すれば，任意の c $(a<c<\infty)$ に対して広義積分 $\int_a^c f(x)dx, \int_c^\infty f(x)dx$ が存在して，$\int_a^\infty f(x)dx = \int_a^c f(x)dx + \int_c^\infty f(x)dx$．
逆に，ある c $(a<c<\infty)$ に対して広義積分 $\int_a^c f(x)dx, \int_c^\infty f(x)dx$ が存在すれ

ば，広義積分 $\int_a^\infty f(x)dx$ は存在して，$\int_a^\infty f(x)dx = \int_a^c f(x)dx + \int_c^\infty f(x)dx$.

(2) ある c $(a < c < \infty)$ に対して広義積分 $\int_a^c f(x)dx$ または $\int_c^\infty f(x)dx$ が存在しなければ，広義積分 $\int_a^\infty f(x)dx$ は存在しない．

広義積分の存在

定理 3.21（広義積分の存在） $f(x), g(x)$ は $(a,b]$ で連続で $|f(x)| \leqq g(x)$ とする．このとき，広義積分 $\int_a^b g(x)dx$ が存在すれば広義積分 $\int_a^b f(x)dx$ は存在する．

特に，$f(x)$ が $(a,b]$ で有界ならば，広義積分 $\int_a^b f(x)dx$ は存在する．

注 定理 3.21 の前半は $(a,b]$ を $[a,b), [a,\infty), (a,b), (-\infty,\infty)$ などとしても成り立つ．後半は $(a,b]$ を $[a,b), (a,b)$ などとしてもよい．

系 3.22（広義積分の存在）
(1) $f(x)$ は $[a,b)$ で連続であるとする．

$$x \text{ が } b \text{ に十分近いとき,} \quad |f(x)|(b-x)^\lambda \leqq M$$

となる $M > 0$ と $\lambda < 1$ が存在すれば，広義積分 $\int_a^b f(x)dx$ は存在する．

(2) $f(x)$ は $[a,\infty)$ で連続であるとする．

$$x \text{ が十分大きいとき,} \quad |x^\lambda f(x)| \leqq M$$

となる $M > 0$ と $\lambda > 1$ が存在すれば，無限積分 $\int_a^\infty f(x)dx$ は存在する．

注 $f(x)$ が $(a,b]$ で連続であるとき，$b-x$ を $x-a$ でおきかえれば系 3.22(1) は同様に成り立つ．また $f(x)$ が $(-\infty,b]$ で連続であるとき，系 3.22(2) と同様なことが成り立つ．

定理 3.23 $a > 0$ とし，p は実数とする．

(1) $\displaystyle\int_0^a \frac{dx}{x^p} = \begin{cases} \dfrac{a^{1-p}}{1-p} & (p < 1) \\ \text{存在しない} & (p \geqq 1) \end{cases}$ (2) $\displaystyle\int_a^\infty \frac{dx}{x^p} = \begin{cases} \dfrac{a^{1-p}}{p-1} & (p > 1) \\ \text{存在しない} & (p \leqq 1) \end{cases}$

定理 3.24 (1) $s > 0$ のとき，**ガンマ関数** $\Gamma(s) = \displaystyle\int_0^\infty e^{-x} x^{s-1} dx$ は存在する．

(2) $p, q > 0$ のとき，**ベータ関数** $B(p,q) = \displaystyle\int_0^1 x^{p-1}(1-x)^{q-1} dx$ は存在する．

例題 3.56 広義積分

次の広義積分を求めよ.

(1) $\displaystyle\int_0^e \log x\, dx$ (2) $\displaystyle\int_{-2}^2 \frac{dx}{\sqrt{4-x^2}}$

解答 (1) $\log x$ は $(0, e]$ で連続. 任意の $\varepsilon > 0$ に対して

$$\int_\varepsilon^e \log x\, dx = \bigl[x \log x\bigr]_\varepsilon^e - \int_\varepsilon^e dx = e - \varepsilon \log \varepsilon - (e - \varepsilon) = \varepsilon - \varepsilon \log \varepsilon.$$

ロピタルの定理より

$$\lim_{\varepsilon \to +0} \varepsilon \log \varepsilon = \lim_{\varepsilon \to +0} \frac{\log \varepsilon}{1/\varepsilon} = \lim_{\varepsilon \to +0} \frac{1/\varepsilon}{-1/\varepsilon^2} = -\lim_{\varepsilon \to +0} \varepsilon = 0$$

であるから, $\displaystyle\int_\varepsilon^e \log x\, dx \to 0 \ (\varepsilon \to +0)$. よって $\displaystyle\int_0^e \log x\, dx = 0$.

(2) $\displaystyle\int_{-2}^2 \frac{dx}{\sqrt{4-x^2}} = \lim_{\varepsilon, \varepsilon' \to +0} \int_{-2+\varepsilon}^{2-\varepsilon'} \frac{dx}{\sqrt{4-x^2}} = \lim_{\varepsilon, \varepsilon' \to +0} \left[\sin^{-1} \frac{x}{2}\right]_{-2+\varepsilon}^{2-\varepsilon'}$

$= \displaystyle\lim_{\varepsilon, \varepsilon' \to +0} \left(\sin^{-1} \frac{2-\varepsilon'}{2} - \sin^{-1} \frac{-2+\varepsilon}{2}\right)$

$= \sin^{-1} 1 - \sin^{-1}(-1) = \dfrac{\pi}{2} - \left(-\dfrac{\pi}{2}\right) = \pi.$

例題 3.57 広義積分

広義積分 $\displaystyle\int_{-1}^1 \frac{dx}{x}$ を求めよ.

解答 $\dfrac{1}{x}$ は $[-1, 1]$ で $x = 0$ を除いて連続である. 任意の $\varepsilon > 0$ に対して

$$\int_\varepsilon^1 \frac{dx}{x} = [\log x]_\varepsilon^1 = -\log \varepsilon \to \infty \quad (\varepsilon \to +0)$$

だから, 広義積分 $\displaystyle\int_0^1 \frac{dx}{x}$ は存在しない. したがって $\displaystyle\int_{-1}^1 \frac{dx}{x}$ は存在しない(定理 3.18(2)).

問題

3.40 次の広義積分を求めよ.

(1) $\displaystyle\int_0^1 \frac{dx}{\sqrt[3]{x}}$ (2) $\displaystyle\int_1^3 \frac{dx}{\sqrt{x-1}}$ (3) $\displaystyle\int_0^2 \frac{dx}{\sqrt{x(2-x)}}$ (4) $\displaystyle\int_0^1 \frac{\log x}{x} dx$

例題 3.58 ——————————————————— 定積分における広義積分 ——

定積分 $\displaystyle\int_0^{2\pi} \frac{d\theta}{1-2a\cos\theta+a^2}$ を求めよ．ただし，$-1<a<1$ とする．

解答 （定積分の計算に広義定積分を用いる．）

分母 $= 1-2a\cos\theta+a^2 = \sin^2\theta+\cos^2\theta-2a\cos\theta+a^2 = \sin^2\theta+(a-\cos\theta)^2$

だから，分母 $=0$ となるのは $\sin\theta=0$，かつ $a=\cos\theta$．このとき，$a=1$ または $a=-1$ となるが，仮定より $-1<a<1$ であるから分母は 0 にならない．したがって被積分関数は $[0,2\pi]$ で連続だから，$\displaystyle\int_0^{2\pi}\frac{d\theta}{1-2a\cos\theta+a^2}$ は定積分として存在する．

この定積分を I とおくと $\cos(2\pi-x)=\cos x$ だから定理 3.16(2) より，

$$I = \int_0^{2\pi}\frac{d\theta}{1-2a\cos\theta+a^2} = 2\int_0^{\pi}\frac{d\theta}{1-2a\cos\theta+a^2}.$$

まず不定積分を求める．$\tan\frac{\theta}{2}=t$ と置換すると

$$\int\frac{d\theta}{1-2a\cos\theta+a^2} = \int\frac{1}{1-2a\frac{1-t^2}{1+t^2}+a^2}\frac{2}{1+t^2}dt = \int\frac{2dt}{(1-a)^2+(1+a)^2t^2}$$
$$= \frac{2}{(1+a)^2}\int_0^\infty\frac{dt}{t^2+\left(\frac{1-a}{1+a}\right)^2} = \frac{2}{(1+a)^2}\frac{1+a}{1-a}\tan^{-1}\frac{(1+a)t}{1-a}.$$

定理 3.19 より定積分 $\displaystyle\int_0^{\pi}\frac{d\theta}{1-2a\cos\theta+a^2}$ は $[0,\pi)$ における広義積分に等しい．また $\theta\to\pi-0$ のとき $t\to\infty$ だから

$$I = 2\int_0^{\pi}\frac{d\theta}{1-2a\cos\theta+a^2} = 2\lim_{\varepsilon\to+0}\int_0^{\pi-\varepsilon}\frac{d\theta}{1-2a\cos\theta+a^2}$$
$$= 2\lim_{M\to\infty}\int_0^M\frac{2dt}{(1-a)^2+(1+a)^2t^2}$$
$$= 2\lim_{M\to\infty}\left[\frac{2}{(1+a)^2}\frac{1+a}{1-a}\tan^{-1}\frac{(1+a)t}{1-a}\right]_0^M$$
$$= \frac{4}{1-a^2}\lim_{M\to\infty}\tan^{-1}\frac{(1+a)M}{1-a} = \frac{4}{1-a^2}\frac{\pi}{2} = \frac{2\pi}{1-a^2}.$$

問題

3.41 定積分 $\displaystyle\int_1^{\sqrt{2}}\frac{\sqrt{2-x^2}}{x^2}dx$ を求めよ．

3.5 広義積分

例題 3.59 ── 無限積分 ──

次の無限積分を求めよ．
(1) $\displaystyle\int_0^\infty e^{-x/2}dx$ 　　(2) $\displaystyle\int_{-\infty}^\infty \frac{dx}{1+3x^2}$

[解答] (1) $e^{-x/2}$ は $[0,\infty)$ で連続であるから，任意の $M>0$ に対して

$$\int_0^M e^{-x/2}dx = \left[-2e^{-x/2}\right]_0^M = -2e^{-M/2}+2 \to 2 \quad (M\to\infty).$$

よって $\displaystyle\int_0^\infty e^{-x/2}dx = 2$．

(2) $\dfrac{1}{1+3x^2}$ は偶関数であるから，$\displaystyle\int_{-\infty}^\infty \frac{dx}{1+3x^2} = 2\int_0^\infty \frac{dx}{1+3x^2}$．
関数 $\dfrac{1}{1+3x^2}$ は $[0,\infty)$ で連続．任意の $M>0$ に対して

$$\int_0^M \frac{dx}{1+3x^2} = \frac{1}{3}\int_0^M \frac{dx}{1/3+x^2} = \frac{1}{3}\left[\sqrt{3}\tan^{-1}(\sqrt{3}\,x)\right]_0^M$$
$$= \frac{\sqrt{3}}{3}\tan^{-1}(\sqrt{3}\,M) \to \frac{\sqrt{3}}{3}\frac{\pi}{2} = \frac{\sqrt{3}}{6}\pi \quad (M\to\infty)$$

よって $\displaystyle\int_{-\infty}^\infty \frac{dx}{1+3x^2} = 2\int_0^\infty \frac{dx}{1+3x^2} = \frac{\sqrt{3}}{3}\pi$．

例題 3.60 ── 無限積分 ──

無限積分 $\displaystyle\int_1^\infty \frac{dx}{x^p}$ は $p>1$ のときのみ存在することを示せ．

[解答] $p\neq 1$ とする．任意の $M>0$ に対して

$$\int_1^M \frac{dx}{x^p} = \left[\frac{x^{1-p}}{1-p}\right]_1^M = \frac{1}{1-p}(M^{1-p}-1) \to \begin{cases} \dfrac{1}{p-1} & (p>1) \\ \infty & (p<1) \end{cases} \quad (M\to\infty).$$

$p=1$ のとき $\displaystyle\int_1^M \frac{dx}{x} = [\log x]_1^M = \log M \to \infty \ (M\to\infty)$．以上より結論を得る．

── 問題 ──

3.42 次の無限積分を求めよ．
(1) $\displaystyle\int_{-\infty}^0 xe^{-x^2}dx$ 　　(2) $\displaystyle\int_1^\infty \frac{\log x}{x^2}dx$ 　　(3) $\displaystyle\int_0^\infty e^{-ax}\sin bx\,dx \ (a>0,\,b\neq 0)$

例題 3.61 ───────────────── 広義積分の存在 ──

広義積分 $\displaystyle\int_0^1 \frac{\cos x}{\sqrt{x}}dx$ の存在を調べよ.

解答 $\left|\dfrac{\cos x}{\sqrt{x}}\right| \leqq \dfrac{1}{\sqrt{x}}$ $(0 < x \leqq 1)$ で，定理 3.23(1) より $\displaystyle\int_0^1 \frac{dx}{\sqrt{x}}$ は存在する．よって定理 3.21 より $\displaystyle\int_0^1 \frac{\cos x}{\sqrt{x}}dx$ は存在する．

例題 3.62 ───────────────── ガンマ関数 ──

$s > 0$ のとき，ガンマ関数 $\Gamma(s) = \displaystyle\int_0^\infty e^{-x}x^{s-1}dx$ は存在することを示せ．

解答

$$\int_0^\infty e^{-x}x^{s-1}dx = \int_0^1 e^{-x}x^{s-1}dx + \int_1^\infty e^{-x}x^{s-1}dx$$

であるから，右辺の 2 つの積分の存在を示す（定理 3.20(1)）．それらをそれぞれ I_1, I_2 とする．$s \geqq 1$ のとき，$f(x) = e^{-x}x^{s-1}$ は $[0,1]$ で連続だから，I_1 は定積分として存在する．$0 < s < 1$ のとき，$f(x) = e^{-x}x^{s-1}$ は $(0,1]$ で連続．このとき，$0 < x \leqq 1$ では

$$|f(x)x^{1-s}| = |e^{-x}| < 1$$

であるから，系 3.22(1) 注より，I_1 は存在する．

次に，$f(x) = e^{-x}x^{s-1}$ は $[1, \infty)$ で連続．$n-1 < s \leqq n$ である自然数 n をとると，ロピタルの定理より

$$\lim_{x \to \infty} x^2 f(x) = \lim_{x \to \infty} \frac{x^{s+1}}{e^x} = \lim_{x \to \infty} \frac{(s+1)x^s}{e^x} = \cdots$$
$$= \lim_{x \to \infty} \frac{(s+1)s\cdots(s-n+1)}{x^{n-s}e^x} = 0$$

となるから，系 3.22(2) より I_2 は存在する．

よって定理 3.20(1) より $\displaystyle\int_0^\infty e^{-x}x^{s-1}dx = I_1 + I_2$ は存在する．

問題

3.43 次の広義積分の収束・発散を調べよ．

(1) $\displaystyle\int_0^1 \sin\frac{1}{x^2}dx$ (2) $\displaystyle\int_2^\infty \frac{dx}{\sqrt[3]{x(x-1)}}$ (3) $\displaystyle\int_0^\infty \frac{dx}{\sqrt{x^4+4}}$

3.5 広義積分

例題 3.63 ━━━━━━━━━━━━━━━━━━━━ 広義積分の存在と計算 ━━━

広義積分 $I = \displaystyle\int_0^{\pi/2} \log(\sin x)dx$ は存在することを示せ．また，その値を求めよ．

[解答] ロピタルの定理より

$$\lim_{x \to +0} \sqrt{x}\log(\sin x) = \lim_{x \to +0} \frac{\log(\sin x)}{1/\sqrt{x}} = \lim_{x \to +0} \frac{\frac{\cos x}{\sin x}}{(-1/2)x^{-3/2}}$$
$$= -2 \lim_{x \to +0} \sqrt{x}\frac{x}{\sin x}\cos x = 0.$$

ゆえに系 3.22(1) 注より広義積分 $I = \int_0^{\pi/2} \log(\sin x)dx$ は存在する．次に定理 3.18 より

$$I = \int_0^{\pi/2} \log(\sin x)dx = \int_0^{\pi/4} \log(\sin x)dx + \int_{\pi/4}^{\pi/2} \log(\sin x)dx.$$

右辺の第 2 項で $x = \frac{\pi}{2} - t$ $(\pi/4 \geqq t \geqq 0)$ とおくと

$$\int_{\pi/4}^{\pi/2} \log(\sin x)dx = \int_{\pi/4}^0 \log\left(\sin\left(\frac{\pi}{2} - t\right)\right)(-dt) = \int_0^{\pi/4} \log(\cos t)dt.$$

$$\therefore \quad I = \int_0^{\pi/2} \log(\sin x)dx = \int_0^{\pi/4} \log(\sin x)dx + \int_0^{\pi/4} \log(\cos x)dx$$
$$= \int_0^{\pi/4} \{\log(\sin x) + \log(\cos x)\}dx = \int_0^{\pi/4} \log(\sin x \cos x)dx$$
$$= \int_0^{\pi/4} \log\left(\frac{\sin 2x}{2}\right)dx = \int_0^{\pi/4} \log(\sin 2x)dx - \int_0^{\pi/4} \log 2\, dx$$
$$= \frac{1}{2}\int_0^{\pi/2} \log(\sin t)dt - \frac{\pi}{4}\log 2 \quad (2x = t \text{ とおいた})$$

したがって
$$I = \frac{1}{2}I - \frac{\pi}{4}\log 2$$
であるから $I = -\dfrac{\pi}{2}\log 2$. ■

━━━ 問 題 ━━━

3.44 例題 3.63 の積分を用いて広義積分 $\displaystyle\int_0^{\pi/2} \frac{x}{\tan x}dx$ を求めよ．

3.6 積分の応用

面積 関数 $f(x)$ は有界閉区間 $[a,b]$ で連続で，$f(x) \geqq 0$ であるとする．曲線 $y = f(x)$ と直線 $x = a, x = b$ および x 軸で囲まれた部分の面積 S は

$$S = \int_a^b f(x)dx$$

で与えられる．

極座標 点 O を始点とする半直線を OX とする．点 P と O を結ぶ線分 OP が OX となす角（反時計回りを正とする）を θ とし，OP $= r$ とする．このとき (r, θ) を点 P の極座標という．このように定められた座標系を O を極，OX を始線とする極座標系という．

定理 3.25（極座標で表される図形の面積） 曲線 $C : r = f(\theta)$ $(\alpha \leqq \theta \leqq \beta)$ と 2 つの半直線 $\theta = \alpha, \theta = \beta$ で囲まれる図形の面積 S は次式で与えられる．

$$S = \frac{1}{2}\int_\alpha^\beta f(\theta)^2 d\theta$$

定理 3.26（曲線の長さ） (1) $C : x = f(t), y = g(t)$ $(\alpha \leqq t \leqq \beta)$ のとき，$f(t), g(t)$ が区間 $[\alpha, \beta]$ で C^1 級ならば

$$l = \int_\alpha^\beta \sqrt{f'(t)^2 + g'(t)^2}\, dt$$

(2) $C : y = f(x)$ $(a \leqq x \leqq b)$ のとき，$f(x)$ が区間 $[a,b]$ で C^1 級ならば

$$l = \int_a^b \sqrt{1 + f'(x)^2}\, dx$$

(3) $C : r = f(\theta)$ $(\alpha \leqq \theta \leqq \beta)$ のとき，$f(\theta)$ が区間 $[\alpha, \beta]$ で C^1 級ならば

$$l = \int_\alpha^\beta \sqrt{f(\theta)^2 + f'(\theta)^2}\, d\theta$$

定理 3.27（回転体の体積） $f(x)$ は閉区間 $[a,b]$ において連続で $f(x) \geqq 0$ とする．xy 平面上の領域 $D = \{(x,y); a \leqq x \leqq b, 0 \leqq y \leqq f(x)\}$ を x 軸のまわりに 1 回転してできる回転体の体積 V は次で与えられる．

$$V = \pi \int_a^b f(x)^2 dx$$

例題 3.64 ────────────────────────────── 面積 ──

(1) $0 \leqq x \leqq \pi$ で $y = x\sin x$ と x 軸とによって囲まれる部分の面積 S を求めよ。

(2) 楕円 $\dfrac{x^2}{a^2} + \dfrac{y^2}{b^2} = 1$ $(a, b > 0)$ の面積 S を求めよ。

解答 (1) $0 \leqq x \leqq \pi$ で $x\sin x \geqq 0$ であるから

$$S = \int_0^\pi x \sin x \, dx = \Big[x(-\cos x) \Big]_0^\pi - \int_0^\pi 1 \cdot (-\cos x) dx$$
$$= \pi + \int_0^\pi \cos x \, dx = \pi + \Big[\sin x \Big]_0^\pi = \pi.$$

(2) $y \geqq 0$ の部分は $y = b\sqrt{1 - \dfrac{x^2}{a^2}} = \dfrac{b}{a}\sqrt{a^2 - x^2}$ $(-a \leqq x \leqq a)$. 第 1 象限の部分の面積を 4 倍すればよいから

$$S = 4\dfrac{b}{a} \int_0^a \sqrt{a^2 - x^2} \, dx.$$

$x = a \sin t$ $(0 \leqq t \leqq \pi/2)$ とおくと $dx = a \cos t \, dt$ だから

$$S = \dfrac{4b}{a} \int_0^{\pi/2} \sqrt{a^2(1 - \sin^2 t)} \, a \cos t \, dt$$
$$= 4ab \int_0^{\pi/2} \cos^2 t \, dt \quad (0 \leqq t \leqq \pi/2 \text{ では } \cos t \geqq 0 \text{ より } \sqrt{\cos^2 t} = \cos t \text{ に注意})$$
$$= 4ab \dfrac{1}{2} \dfrac{\pi}{2} \quad (\text{例題 } 3.52)$$
$$= \pi ab.$$

注 (1) $\displaystyle\int_0^a \sqrt{a^2 - x^2} \, dx$ は半径 a の円の面積の $1/4$ だから,

$$S = 4\dfrac{b}{a} \int_0^a \sqrt{a^2 - x^2} \, dx = \dfrac{4b}{a} \dfrac{\pi a^2}{4} = \pi ab.$$

(2) 例題 3.20(1) より $S = \dfrac{4b}{a} \displaystyle\int_0^a \sqrt{a^2 - x^2} \, dx = \dfrac{4b}{a} \dfrac{1}{2} \left[x\sqrt{a^2 - x^2} + a^2 \sin^{-1} \dfrac{x}{a} \right]_0^a$

$= \dfrac{2b}{a} a^2 \sin^{-1} 1 = 2ab \dfrac{\pi}{2} = \pi ab.$

──────── 問 題 ────────

3.45 次の曲線と x 軸とによって囲まれる部分の面積 S を求めよ。

(1) $a^2 y = x(x^2 - a^2)$ $(a > 0)$ 　　(2) $y = e^x \sin x$ $(0 \leqq x \leqq 3\pi)$

例題 3.65 —————————————————— 面積 —

(1) 曲線 $x = 2t+1$, $y = 2-t-t^2$ と x 軸とによって囲まれる部分の面積 S を求めよ．

(2) アステロイド（星芒形）
$$x^{2/3} + y^{2/3} = a^{2/3} \quad (a > 0)$$
で囲まれる部分の面積 S を求めよ．

解答 (1) $y = 0$ となるのは $t = -2, 1$ であり，$t = -2$ のとき $x = -3$，$t = 1$ のとき $x = 3$ である．$dx = 2\,dt$ より

$$S = \int_{-3}^{3} y\,dx = 2\int_{-2}^{1}(2-t-t^2)dt = 2\left[2t - \frac{t^2}{2} - \frac{t^3}{3}\right]_{-2}^{1} = 9.$$

(2) $x^{2/3} + y^{2/3} = a^{2/3}$ は媒介変数 t を用いて

$$x = a\cos^3 t, \quad y = a\sin^3 t \quad (0 \leqq t \leqq 2\pi)$$

と表される．

$$dx = (3a\cos^2 t)(-\sin t)dt = -3a\sin t\cos^2 t\,dt$$

だから

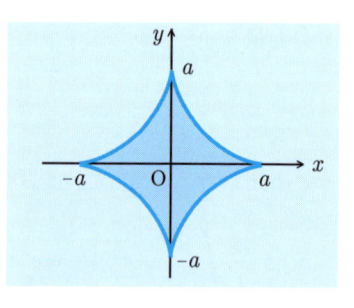

$$\begin{aligned}
S &= 4\int_0^a y\,dx = 4\int_{\pi/2}^0 a\sin^3 t(-3a\sin t\cos^2 t)dt \\
&= 12a^2 \int_0^{\pi/2} \sin^4 t\cos^2 t\,dt = 12a^2 \int_0^{\pi/2} \sin^4 t(1-\sin^2 t)dt \\
&= 12a^2 \int_0^{\pi/2} (\sin^4 t - \sin^6 t)dt \\
&= 12a^2 \left(\frac{3}{4}\frac{1}{2}\frac{\pi}{2} - \frac{5}{6}\frac{3}{4}\frac{1}{2}\frac{\pi}{2}\right) = \frac{3}{8}\pi a^2 \quad (\text{例題 3.52 より}).
\end{aligned}$$

問題

3.46 (1) 曲線 $x = \sin t$, $y = t\cos t$ $(0 \leqq t \leqq \pi/2)$ と x 軸とによって囲まれる部分の面積 S を求めよ．

(2) サイクロイド $x = a(t-\sin t), y = a(1-\cos t)$ $(a > 0, 0 \leqq t \leqq 2\pi)$ と x 軸で囲まれる部分の面積 S を求めよ．

例題 3.66 　　　　　　　　　　　　　　　　　　　　　　　面積

次の図形の面積を求めよ．
(1) 曲線 $r = a$ $(a > 0)$ の $0 \leqq \theta \leqq 2\pi$ の部分（原点を中心とした半径 a の円）の面積 S を求めよ．
(2) **カージオイド（心臓形）** $r = a(1 + \cos\theta)$ $(a > 0, 0 \leqq \theta \leqq 2\pi)$ の概形を描け．またこの曲線の囲む部分の面積 S を求めよ．

解答 (1) これは半径 a の円の面積であるが，定理 3.25 の公式を用いて求めると

$$S = \frac{1}{2}\int_0^{2\pi} a^2 d\theta = \frac{a^2}{2}\int_0^{2\pi} d\theta = \pi a^2.$$

(2) r は θ の偶関数だから $0 \leqq \theta \leqq \pi$ の部分の曲線を始線 OX および半直線 $\theta = \pi$ に関して折り返せばよい．増減表は

θ	0	$\cdots$	$\pi/2$	$\cdots$	π
r	$2a$	↘	a	↘	0

であるから，概形は右のようになる．

この曲線の囲む部分の面積は

$$\begin{aligned}
S &= 2 \cdot \frac{1}{2}\int_0^\pi a^2(1+\cos\theta)^2 d\theta \\
&= a^2 \int_0^\pi (1+\cos\theta)^2 d\theta \\
&= a^2 \int_0^\pi (1 + 2\cos\theta + \cos^2\theta) d\theta \\
&= a^2\left(\pi + 2\int_0^{\pi/2} \cos^2\theta \, d\theta\right) \\
&= a^2\left(\pi + 2 \cdot \frac{1}{2} \cdot \frac{\pi}{2}\right) = \frac{3}{2}\pi a^2 \quad \text{(例題 3.52 より)}.
\end{aligned}$$

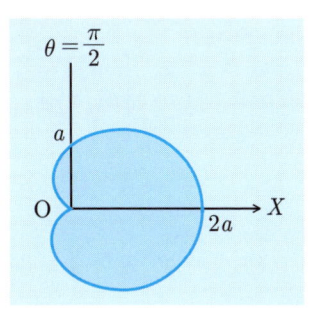

問　題

3.47 次の曲線で囲まれる部分の面積を求めよ．

(1) 螺旋 $r = a\theta$ $\left(a > 0, 0 \leqq \theta \leqq \dfrac{\pi}{2}\right)$ と半直線 $\theta = \dfrac{\pi}{2}$

(2) **カテーナリー（懸垂線）** $y = \dfrac{a}{2}\left(e^{x/a} + e^{-x/a}\right)$ $(a > 0, -a \leqq x \leqq a)$ と x 軸，2 直線 $x = -a$ と $x = a$

例題 3.67 ―――――――――――――――――――――――― 曲線の長さ ――

次の曲線の長さ l を求めよ．
(1) サイクロイド $x = a(t - \sin t), y = a(1 - \cos t)$　$(a > 0, 0 \leqq t \leqq 2\pi)$
(2) $y = \sqrt{x}$　$(0 \leqq x \leqq 1)$
(3) $r = a\theta^2$　$(a > 0, 0 \leqq \theta \leqq 2\pi)$

解答　(1) $x'(t) = a(1 - \cos t), y'(t) = a \sin t$ より

$$\sqrt{x'(t)^2 + y'(t)^2} = \sqrt{a^2(1 - \cos t)^2 + a^2 \sin^2 t} = a\sqrt{2(1 - \cos t)} = 2a \sin \frac{t}{2}$$

（最後の等号は半角の公式）．よって

$$l = \int_0^{2\pi} \sqrt{x'(t)^2 + y'(t)^2}\, dt = 2a \int_0^{2\pi} \sin \frac{t}{2} dt = 2a \left[-2 \cos \frac{t}{2} \right]_0^{2\pi} = 8a.$$

(2) $x = y^2$ $(0 \leqq y \leqq 1)$ だから

$$l = \int_0^1 \sqrt{1 + (2y)^2}\, dy = 2 \int_0^1 \sqrt{y^2 + \frac{1}{4}}\, dy$$

$$= \left[y\sqrt{y^2 + \frac{1}{4}} + \frac{1}{4} \log \left| y + \sqrt{y^2 + \frac{1}{4}} \right| \right]_0^1$$

$$= \frac{\sqrt{5}}{2} + \frac{1}{4} \log \left(1 + \frac{\sqrt{5}}{2} \right) - \frac{1}{4} \log \frac{1}{2} = \frac{\sqrt{5}}{2} + \frac{1}{4} \log(2 + \sqrt{5}).$$

(3) $r = a\theta^2$ より $\frac{dr}{d\theta} = 2a\theta$ だから

$$l = \int_0^{2\pi} \sqrt{a^2 \theta^4 + 4a^2 \theta^2}\, d\theta = a \int_0^{2\pi} \theta \sqrt{\theta^2 + 4}\, d\theta$$

$$= a \left[\frac{1}{3} (\theta^2 + 4)^{3/2} \right]_0^{2\pi} = \frac{a}{3} \left\{ (4\pi^2 + 4)^{3/2} - 8 \right\}$$

$$= \frac{8a}{3} \left\{ (\pi^2 + 1)^{3/2} - 1 \right\}.$$

――― 問　題 ―――

3.48 次の曲線の長さ l を求めよ．

(1) $y = \dfrac{x^2}{2}$　$(-1 \leqq x \leqq 1)$　　(2) $y = \log(\cos x)$　$\left(0 \leqq x \leqq \dfrac{\pi}{4} \right)$

(3) $r = e^{-a\theta}$　$(a > 0, 0 \leqq \theta \leqq 2\pi)$

(4) カージオイド　$r = a(1 + \cos \theta)$　$(a > 0, 0 \leqq \theta \leqq 2\pi)$

3.6 積分の応用

___ 例題 3.68 _____ 回転体の体積 ___

楕円 $\dfrac{x^2}{a^2} + \dfrac{y^2}{b^2} = 1$ $(a, b > 0)$ で囲まれた部分を x 軸のまわりに 1 回転してできる回転体の体積 V を求めよ．

解答 $y \geqq 0$ の部分は $y = \dfrac{b}{a}\sqrt{a^2 - x^2}$ であるから

$$\begin{aligned}
V &= \pi \int_{-a}^{a} y^2 dx = \pi \int_{-a}^{a} \frac{b^2}{a^2}(a^2 - x^2) dx \\
&= 2\pi \frac{b^2}{a^2} \int_0^a (a^2 - x^2) dx \\
&= \frac{2\pi b^2}{a^2} \left[a^2 x - \frac{x^3}{3} \right]_0^a = \frac{4}{3}\pi a b^2.
\end{aligned}$$

___ 例題 3.69 _____ 回転体の体積 ___

サイクロイド $x = a(t - \sin t), y = a(1 - \cos t)$ $(a > 0, 0 \leqq t \leqq 2\pi)$ を x 軸のまわりに 1 回転してできる回転体の体積 V を求めよ．

解答 $dx = a(1 - \cos t) dt$ だから

$$\begin{aligned}
V &= \pi \int_0^{2\pi a} y^2 dx = \pi \int_0^{2\pi} a^2(1-\cos t)^2 \cdot a(1-\cos t) dt \\
&= \pi a^3 \int_0^{2\pi} (1 - \cos t)^3 dt \\
&= 2\pi a^3 \int_0^{\pi} (1 - \cos t)^3 dt \quad \text{(定理 3.16(2))} \\
&= 16\pi a^3 \int_0^{\pi} \sin^6 \frac{t}{2} dt \quad \text{(半角の公式)} \\
&= 32\pi a^3 \int_0^{\pi/2} \sin^6 \theta\, d\theta \quad (\tfrac{t}{2} = \theta\text{ とおいた}) \\
&= 32\pi a^3 \frac{5}{6}\frac{3}{4}\frac{1}{2}\frac{\pi}{2} = 5\pi^2 a^3 \quad \text{(例題 3.52)}.
\end{aligned}$$

問 題

3.49 次の曲線を x 軸のまわりに 1 回転してできる回転体の体積 V を求めよ．

(1) $y = \sin x$ $(0 \leqq x \leqq \pi)$ (2) $y = \dfrac{a}{2}\left(e^{x/a} + e^{-x/a}\right)$ $(-a \leqq x \leqq a)$

演習問題 3-A

1 次の関数を積分せよ．

(1) $\dfrac{1}{\sqrt{x+1}+\sqrt{x}}$ 　(2) $\log\left|x+\sqrt{x^2+1}\right|$ 　(3) $\dfrac{\log x}{x^3}$

(4) $\dfrac{1}{(x^2-1)^2}$ 　(5) $\dfrac{1}{x(x^4-1)^2}$ 　(6) $\dfrac{x+1}{x^3+1}$

(7) $\dfrac{1}{x\sqrt{x^2+1}}$ 　(8) $\dfrac{1}{x+\sqrt{x+1}}$ 　(9) $\tan^{-1}\sqrt{\dfrac{x+1}{x-1}}$

(10) $\dfrac{\sqrt{x^2+A}}{x^2}$ 　$(A \neq 0)$ 　(11) $\dfrac{\sqrt{a^2-x^2}}{x^2}$ 　$(a > 0)$

(12) $\dfrac{1}{x\sqrt{x^2-x+1}}$ 　(13) $\dfrac{1}{x\sqrt{(x+1)(2-x)}}$

(14) $\left(\dfrac{2-x}{x+1}\right)^{3/2}$ 　(15) $\dfrac{\sin^2 x}{1+3\cos^2 x}$

(16) $\dfrac{1}{(\sin x - \cos x)(\sin x + 3\cos x)}$

2 次の関数を積分せよ．

(1) $\sqrt{\dfrac{b+x}{a+x}}$ 　$(a \neq b)$ 　(2) $\sqrt{\dfrac{b+x}{a-x}}$ 　$(a+b \neq 0)$

3 次の関数を積分せよ．$b \neq 0$ とする．

(1) $\dfrac{1}{a\sin x + b\cos x}$ 　(2) $\dfrac{1}{a\cos^2 x + b\sin^2 x}$

4 (1) $I_n = \displaystyle\int x^n \sin x\, dx$ とする．次の漸化式を示せ．

$$I_n = -x^n \cos x + nx^{n-1}\sin x - n(n-1)I_{n-2}$$

(2) 積分 $I_4 = \displaystyle\int x^4 \sin x\, dx$ を求めよ．

5 次の定積分を求めよ．ただし，m, n は自然数とする．

(1) $\displaystyle\int_0^{2\pi} \sin mx \sin nx\, dx$

(2) $\displaystyle\int_0^{2\pi} \cos mx \cos nx\, dx$

(3) $\displaystyle\int_0^{2\pi} \sin mx \cos nx\, dx$

6 次の定積分を求めよ．

(1) $\displaystyle\int_{-1}^{0} x^2\sqrt{x+1}\,dx$ (2) $\displaystyle\int_{-1}^{0} \frac{x^2}{\sqrt{1-x}}dx$

(3) $\displaystyle\int_{0}^{\pi} \frac{x\sin x}{1+\sin x}dx$ (4) $\displaystyle\int_{0}^{\pi} \tan^{-1}(\cos x)dx$

(5) $\displaystyle\int_{0}^{\pi/2} \cos^n x \cos nx\,dx$ (6) $\displaystyle\int_{0}^{1} \sqrt{\frac{1-\sqrt{x}}{1+\sqrt{x}}}dx$

(7) $\displaystyle\int_{0}^{2\pi} \frac{dx}{5+3\cos x}$

7 次の広義積分を求めよ．

(1) $\displaystyle\int_{0}^{1} \frac{1+x^2}{\sqrt{1-x^2}}dx$ (2) $\displaystyle\int_{0}^{\infty} \frac{dx}{\sqrt[3]{e^x-1}}dx$ (3) $\displaystyle\int_{0}^{\infty} x^3 e^{-x^2}dx$

8 広義積分 $\displaystyle\int_{0}^{1} \frac{dx}{x^p}$ は $p<1$ のときのみ存在することを示せ．

9 次の2つの曲線で囲まれた部分の面積を求めよ．

(1) $y^2=9+x,\ y^2=9-3x$

(2) $y^2=4x,\ x^2=4y$

10 曲線 $r=a(1+\cos^2\theta)$ で囲まれた部分の面積を求めよ．

11 $\sqrt{\dfrac{x}{a}}+\sqrt{\dfrac{y}{b}}=1$ と両座標軸で囲まれた部分の面積を求めよ．ただし $a>b>0$．

12 次の曲線の長さを求めよ．

(1) アステロイド（星芒形） $x^{2/3}+y^{2/3}=a^{2/3}\ (a>0)$

(2) カテーナリー（懸垂線） $y=\dfrac{a}{2}\left(e^{x/a}+e^{-x/a}\right)\ (a>0,\ -a\leqq x\leqq a)$

13 次の曲線の各部分の長さを求めよ．

(1) $y=\dfrac{e^x+e^{-x}}{2}$ の $x=0$ から $x=a$ までの長さ，ただし $a>0$．

(2) $e^y=\dfrac{e^x+1}{e^x-1}$ の $x=a$ から $x=b$ までの長さ，ただし $0<a<b$．

14 $f(x)$ を連続関数，a,b を定数とする．次を示せ．

(1) $\dfrac{d}{dx}\displaystyle\int f(ax+bt)dx = f(ax+bt)$

(2) $\dfrac{d}{dt}\displaystyle\int f(ax+bt)dx = \dfrac{b}{a}f(ax+bt)$

演習問題 3-B

15 次の積分の値を求めよ．

(1) $\displaystyle\int_0^\infty e^{-x}|\sin x|\,dx$ (2) $\displaystyle\int_0^\infty e^{-x}|\cos x|\,dx$

16 広義積分
$$\int_0^\pi \frac{\sin(2n-1)x}{\sin x}dx$$
は存在することを示し，その値を求めよ．ただし，n は自然数とする．

17 $p>0, q>0$ とする．ベータ関数
$$B(p,q) = \int_0^1 x^{p-1}(1-x)^{q-1}dx$$
は存在することを示せ．

18 楕円 $\dfrac{x^2}{a^2}+\dfrac{y^2}{b^2}=1$ の弧と弦 $x+y=a$ とで作られる弓形の面積を求めよ．ただし $a,b>0$ とする．

19 カージオイド
$$r = a(1+\cos\theta) \quad (a>0, 0\leqq \theta \leqq 2\pi)$$
の内側で円 $r=a$ の外側にある部分の面積を求めよ．

20 次の曲線の囲む部分の面積を求めよ．

(1) （レムニスケート（連珠形）の一部）$r = a\sqrt{\cos 2\theta}$ 　$(a>0, -\pi/4 \leqq \theta \leqq \pi/4)$

(2) 正葉曲線（ばら曲線）$r = a\sin 2\theta$ 　$(a>0, 0\leqq \theta \leqq 2\pi)$

21 原点 O を通る曲線 $C: y=f(x)$ について，O から C 上の点 $(a, f(a))$ $(a>0)$ までの長さが a^2+a であるとする．このとき関数 $f(x)$ を求めよ．

22 （ヤングの不等式）　$f(x)$ は区間 $[0,c]$ で連続な狭義増加関数で $f(0)=0$ とする．また，$g(x)$ を $f(x)$ の逆関数とする．$0 \leqq a \leqq c$, $0 \leqq b \leqq f(c)$ のとき次の不等式を示せ．
$$\int_0^a f(x)dx + \int_0^b g(x)dx \geqq ab$$

23 関数 $f(x)$ は $[0,1]$ で微分可能な増加関数とする．このとき $\displaystyle\int_0^1 f(x)dx = 0$ ならば $\displaystyle\int_0^1 xf(x)dx \geqq 0$ であることを示せ．

4 偏微分法

4.1 2変数関数と極限

2変数関数 ある規則に従って x, y の値に z の値が対応するとき，その規則あるいは対応そのものを **2変数 x, y の関数**といい，$z = f(x, y)$ で表す．関数 $f(x, y)$ が定義される平面上の点 (x, y) の集合 D を $f(x, y)$ の**定義域**という．また，関数 $f(x, y)$ のとり得る値の集合，すなわち，

$$f(D) = \{f(x, y); (x, y) \in D\}$$

を $f(x, y)$ の**値域**という．

曲面 平面上の集合 D で定義された2変数関数 $z = f(x, y)$ に対して xyz 空間の集合 $G = \{(x, y, z); (x, y) \in D,\ z = f(x, y)\}$ を **2変数関数 $f(x, y)$ のグラフ**という．集合 G を空間内に図示すると一般には曲面になる．これを**曲面 $z = f(x, y)$** という．

平面の点集合 平面 $\mathbb{R}^2$ 上の2点 $P(a, b), Q(c, d)$ の距離を

$$d(P, Q) = \sqrt{(a-c)^2 + (b-d)^2}$$

で定義する．集合

$$U(P, \delta) = \{Q; d(P, Q) < \delta\}$$

を点 P の **δ-近傍**という．δ を明示する必要がない場合は単に**近傍**といい，$U(P)$，あるいは U で表す．D を平面の部分集合とする．点 P の近傍で D に含まれるものがあるとき，すなわち，ある $\delta > 0$ が存在して $U(P, \delta) \subset D$ となるとき，点 P を D の**内点**という．点 P が D の補集合 D^c の内点であるとき，点 P を D の**外点**という．P が D の内点でも外点でもないとき D の**境界点**という．境界点の全体の集合を D の**境界**といい ∂D で表す．

D のすべての点が D の内点であるとき D は**開集合**であるという．D^c が開集合であるとき D は**閉集合**であるという．開集合 D の任意の2点が D に含まれる折れ線（連続曲線）で結ばれるとき D を**領域**といい，領域にその境界を付け加えたものを**閉領域**という．閉領域 D が十分大きな半径の円に含まれるとき D を**有界閉領域**という．

極限 集合 D で定義された関数 $z = f(x, y)$ に対して，点 $P(x, y)$ が D 内で点 $A(a, b)$ に限りなく近づくとき，すなわち，$0 < d(P, A) \to 0$ のとき（$(x, y) \to (a, b)$ または

P → A と書く），$f(x,y)$ が定数 l に限りなく近づくならば，$f(x,y)$ の点 (a,b) における**極限値**は l であるという．このとき

$$\lim_{(x,y)\to(a,b)} f(x,y) = l \quad \text{または} \quad f(x,y) \to l \quad ((x,y) \to (a,b))$$

と書く．1 変数関数の場合と同様に，次の定理が成り立つ．

定理 4.1 $\displaystyle\lim_{(x,y)\to(a,b)} f(x,y) = l, \ \lim_{(x,y)\to(a,b)} g(x,y) = m$ とすると

(1) $\displaystyle\lim_{(x,y)\to(a,b)} \{f(x,y) \pm g(x,y)\} = l \pm m$

(2) $\displaystyle\lim_{(x,y)\to(a,b)} f(x,y)g(x,y) = lm$

(3) $\displaystyle\lim_{(x,y)\to(a,b)} \frac{f(x,y)}{g(x,y)} = \frac{l}{m} \quad (m \neq 0)$

定理 4.2（はさみうちの定理）

$f(x,y) \leqq h(x,y) \leqq g(x,y), \ \displaystyle\lim_{(x,y)\to(a,b)} f(x,y) = \lim_{(x,y)\to(a,b)} g(x,y) = l$ ならば

$$\lim_{(x,y)\to(a,b)} h(x,y) = l.$$

関数の連続性 集合 D で定義された関数 $f(x,y)$ に対して D 内の点 (a,b) で

$$\lim_{(x,y)\to(a,b)} f(x,y) = f(a,b)$$

であるとき $f(x,y)$ は点 **(a,b)** で**連続**であるという．$f(x,y)$ が定義域 D の各点で連続であるとき $f(x,y)$ は **D** で連続であるという．

定理 4.3（連続関数の基本性質）

(1) 関数 $f(x,y), g(x,y)$ が点 (a,b) で連続ならば，$f \pm g, fg, \dfrac{f}{g}$ は点 (a,b) で連続である（ただし，$g(a,b) \neq 0$）．

(2) 関数 $f(x,y)$ が連続，また関数 $x = \varphi(u,v), y = \psi(u,v)$ がともに連続ならば合成関数 $f(\varphi(u,v), \psi(u,v))$ も連続である．

定理 4.4（最大値・最小値の存在） 有界閉集合 D で定義された連続関数 $f(x,y)$ は D で最大値および最小値をとる．

定理 4.5（中間値の定理） 領域または閉領域 D で定義された連続関数 $f(x,y)$ が D 内の 2 点 A, B で異なる値をとるとき，$f(\mathrm{A})$ と $f(\mathrm{B})$ の間の任意の実数 γ に対して

$$f(\mathrm{C}) = \gamma$$

をみたす点 C が D 内に存在する．

例題 4.1　　　　　　　　　　　　　　　　　　　　2 変数関数の極限値

次の極限値を求めよ．

(1) $\displaystyle\lim_{(x,y)\to(0,0)} \frac{x^2}{\sqrt{x^2+y^2}}$　　　(2) $\displaystyle\lim_{(x,y)\to(0,0)} \frac{2x^2-y^2}{x^2+y^2}$

解答　(1) $f(x,y) = \dfrac{x^2}{\sqrt{x^2+y^2}}$ $((x,y) \neq (0,0))$ とする．$x = r\cos\theta,\ y = r\sin\theta$ とおくと

$$0 \leqq |f(x,y)| = \left|\frac{x^2}{\sqrt{x^2+y^2}}\right| = r\cos^2\theta \leqq r$$

であり，$(x,y) \to (0,0)$ のとき $r \to 0$ だから，$\displaystyle\lim_{(x,y)\to(0,0)} f(x,y) = 0$.

別解　$\dfrac{|x|}{\sqrt{x^2+y^2}} \leqq 1$ より

$$0 \leqq |f(x,y)| = \left|\frac{x^2}{\sqrt{x^2+y^2}}\right| \leqq |x| \to 0 \quad ((x,y)\to(0,0))$$

だから，$\displaystyle\lim_{(x,y)\to(0,0)} f(x,y) = 0$.

(2) $f(x,y) = \dfrac{2x^2-y^2}{x^2+y^2}$ $((x,y) \neq (0,0))$ とする．x 軸に沿って $(x,y) \to (0,0)$ のとき

$$f(x,0) = \frac{2x^2-0^2}{x^2+0^2} = 2 \to 2.$$

y 軸に沿って $(x,y) \to (0,0)$ のとき

$$f(0,y) = \frac{2\cdot 0^2-y^2}{0^2+y^2} = -1 \to -1.$$

よって $\displaystyle\lim_{(x,y)\to(0,0)} f(x,y)$ は存在しない．

問　題

4.1 次の極限値を求めよ．

(1) $\displaystyle\lim_{(x,y)\to(0,0)} \frac{y^3}{x^2+y^2}$　　(2) $\displaystyle\lim_{(x,y)\to(0,0)} \frac{x^2 y}{x^4+y^2}$　　(3) $\displaystyle\lim_{(x,y)\to(0,0)} \frac{\sin xy}{\sqrt{x^2+y^2}}$

例題 4.2 ━━━━━━━━━━━━━━━━━━━━━━━━ 2変数関数の連続性

次の関数の連続性を調べよ．

$$f(x,y) = \begin{cases} \dfrac{x^3 - y^3}{x^2 + y^2} & ((x,y) \neq (0,0)) \\ 0 & ((x,y) = (0,0)) \end{cases}$$

[解答] 原点 $(0,0)$ 以外で連続なことは明らかだから $(0,0)$ での連続性を調べる．$x = r\cos\theta,\, y = r\sin\theta$ とおくと $(x,y) \neq (0,0)$ のとき

$$0 \leqq |f(x,y)| = \left|\frac{x^3 - y^3}{x^2 + y^2}\right| = r|\cos^3\theta - \sin^3\theta| \leqq 2r$$

であり，$(x,y) \to (0,0)$ のとき $r \to 0$ だから

$$\lim_{(x,y)\to(0,0)} f(x,y) = 0 = f(0,0)$$

となる．ゆえに $f(x,y)$ は $(0,0)$ で連続である．

例題 4.3 ━━━━━━━━━━━━━━━━━━━━━━━━ 2変数関数の連続性

次の関数の原点 $(0,0)$ での連続性を調べよ．

$$f(x,y) = \begin{cases} \dfrac{\sqrt{|x|}\, y}{|x| + y^2} & ((x,y) \neq (0,0)) \\ 0 & ((x,y) = (0,0)) \end{cases}$$

[解答] x 軸に沿って $(x,y) \to (0,0)$ とすると，$f(x,0) = 0 \to 0$．また $y = \sqrt{x}$ に沿って $(x,y) \to (0,0)$ とすると

$$f(x, \sqrt{x}) = \frac{x}{x + x} = \frac{1}{2} \to \frac{1}{2}$$

だから $\displaystyle\lim_{(x,y)\to(0,0)} f(x,y)$ は存在しない．よって $f(x,y)$ は $(0,0)$ で不連続である．

問 題

4.2 次の関数の原点 $(0,0)$ での連続性を調べよ．

(1) $f(x,y) = \begin{cases} x\sin\dfrac{1}{x^2+y^2} & ((x,y) \neq (0,0)) \\ 0 & ((x,y) = (0,0)) \end{cases}$

(2) $f(x,y) = \begin{cases} |x|^y & (x \neq 0) \\ 0 & (x = 0) \end{cases}$

4.2 偏導関数

偏微分可能性　関数 $z=f(x,y)$ において y を一定の値 b に固定すると，$z=f(x,b)$ は x の関数となる．関数 $f(x,b)$ が $x=a$ で微分可能なとき $f(x,y)$ は点 (a,b) において **x について偏微分可能**であるという．そのときの微分係数を $f_x(a,b)$ で表し，点 (a,b) における **x についての偏微分係数**という．すなわち

$$f_x(a,b) = \lim_{h \to 0} \frac{f(a+h,b) - f(a,b)}{h}.$$

これは曲面 $z=f(x,y)$ を平面 $y=b$ で切ったときの切り口の曲線 $z=f(x,b)$ 上の点 $(a,b,f(a,b))$ における接線の傾きを表す．

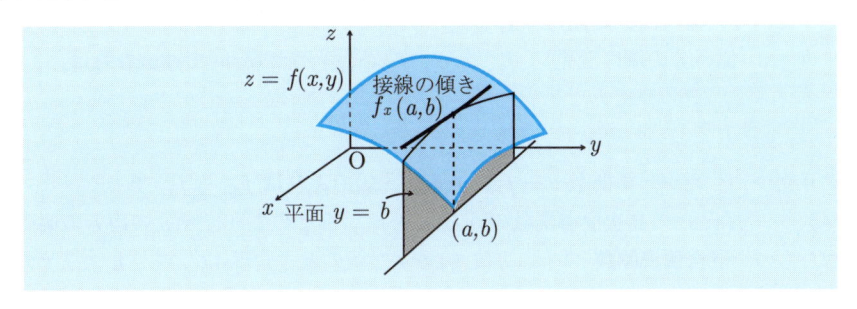

同様に，x を一定の値 a に固定すると $z=f(a,y)$ は y の関数となる．関数 $f(a,y)$ が $y=b$ で微分可能なとき，$f(x,y)$ は点 (a,b) において **y について偏微分可能**であるという．そのときの微分係数を $f_y(a,b)$ で表し，(a,b) における **y についての偏微分係数**という．

偏導関数　関数 $z=f(x,y)$ が定義域 D の各点 (x,y) で x （または y）について偏微分可能なとき，$f(x,y)$ は D で **x （または y）について偏微分可能**であるという．D で x および y について偏微分可能なとき，$f(x,y)$ は D で**偏微分可能**という．このとき，D の各点 (x,y) に $f_x(x,y)$ を対応させる関数を $z=f(x,y)$ の **x についての偏導関数**といい

$$f_x(x,y),\ \frac{\partial}{\partial x}f(x,y),\ \frac{\partial f}{\partial x},\ \frac{\partial z}{\partial x},\ f_x,\ z_x$$

などで表す．同様に **y についての偏導関数**を

$$f_y(x,y),\ \frac{\partial}{\partial y}f(x,y),\ \frac{\partial f}{\partial y},\ \frac{\partial z}{\partial y},\ f_y,\ z_y$$

などで表す．偏導関数 f_x, f_y を求めることを**偏微分する**という．

高次偏導関数 関数 $z=f(x,y)$ の偏導関数 $f_x(x,y), f_y(x,y)$ がさらに偏微分可能なとき $f(x,y)$ は **2 回偏微分可能**であるという．このとき f_x を x で偏微分した $(f_x)_x$ を

$$f_{xx}(x,y),\ \frac{\partial^2}{\partial x^2}f(x,y),\ \frac{\partial^2 f}{\partial x^2},\ \frac{\partial^2 z}{\partial x^2},\ f_{xx},\ z_{xx}$$

などで表し，f_x を y で偏微分した $(f_x)_y$ を

$$f_{xy}(x,y),\ \frac{\partial^2}{\partial y \partial x}f(x,y),\ \frac{\partial^2 f}{\partial y \partial x},\ \frac{\partial^2 z}{\partial y \partial x},\ f_{xy},\ z_{xy}$$

などで表す．同様に $(f_y)_x = f_{yx}, (f_y)_y = f_{yy}$ が定義される．これらを総称して $f(x,y)$ の **2 次偏導関数**という．一般に $(n-1)$ **次偏導関数**がすべて偏微分可能なとき，$f(x,y)$ は n 回偏微分可能であるという．n 次以下の偏導関数がすべて連続であるとき $f(x,y)$ は C^n **級**（n 回連続微分可能）であるという．

定理 4.6（**偏微分の順序変更**） $f_{xy}(x,y),\ f_{yx}(x,y)$ が点 (a,b) で連続ならば，

$$f_{xy}(a,b) = f_{yx}(a,b)$$

が成り立つ．したがって関数 $z=f(x,y)$ が C^2 級であれば $f_{xy}=f_{yx}$ である．

関数 $z=f(x,y)$ の高次偏導関数のうち f_{xy}, f_{xyx} などのように x,y の両方の偏微分を含むものを**混合偏導関数**という．$f(x,y)$ が C^n 級のとき定理4.6から，n 次以下の混合偏導関数についてその偏微分の順序は自由に変更してもよいことが示される．$f(x,y)$ を x について k 回，y について m 回，合計 n 回偏微分した n 次偏導関数は偏微分の順序に関係なく

$$\frac{\partial^n}{\partial x^k \partial y^m}f(x,y)$$

と表される．

定数 h,k に対して $\left(h\frac{\partial}{\partial x} + k\frac{\partial}{\partial y}\right)^n f(x,y)$ を次のように定義する．

$$\left(h\frac{\partial}{\partial x} + k\frac{\partial}{\partial y}\right)f(x,y) = h\frac{\partial}{\partial x}f(x,y) + k\frac{\partial}{\partial y}f(x,y)$$

また各 n に対して順次

$$\left(h\frac{\partial}{\partial x} + k\frac{\partial}{\partial y}\right)^n f(x,y) = \left(h\frac{\partial}{\partial x} + k\frac{\partial}{\partial y}\right)\left\{\left(h\frac{\partial}{\partial x} + k\frac{\partial}{\partial y}\right)^{n-1} f(x,y)\right\}$$

とする．$n=0$ のとき

$$\left(h\frac{\partial}{\partial x} + k\frac{\partial}{\partial y}\right)^0 f(x,y) = f(x,y)$$

とする．

例題 4.4 ── 偏微分の計算

次の関数を偏微分せよ．

(1) $f(x,y) = x^3 + y^3 + xy$ (2) $f(x,y) = \dfrac{2x-3y}{x+2y}$

(3) $f(x,y) = \tan^{-1} xy$

[解答] (1) y を定数として x について微分すると，$f_x = 3x^2 + y$.
x を定数として y について微分すると，$f_y = 3y^2 + x$.

(2)
$$f_x = \frac{2(x+2y)-(2x-3y)}{(x+2y)^2} = \frac{7y}{(x+2y)^2},$$
$$f_y = \frac{-3(x+2y)-2(2x-3y)}{(x+2y)^2} = \frac{-7x}{(x+2y)^2}.$$

(3) 例題 2.6(2) を用いて
$$f_x = \frac{y}{1+x^2y^2}, \quad f_y = \frac{x}{1+x^2y^2}.$$

例題 4.5 ── 偏微分係数

$$f(x,y) = \begin{cases} \dfrac{xy}{x^2+y^2} & ((x,y) \neq (0,0)) \\ 0 & ((x,y) = (0,0)) \end{cases}$$

で定義される関数について，原点 $(0,0)$ における偏微分係数を求めよ．

[解答]
$$f_x(0,0) = \lim_{h \to 0} \frac{f(h,0)-f(0,0)}{h} = \lim_{h \to 0} \frac{0}{h} = 0,$$
$$f_y(0,0) = \lim_{k \to 0} \frac{f(0,k)-f(0,0)}{k} = \lim_{k \to 0} \frac{0}{k} = 0.$$

問題

4.3 次の関数を偏微分せよ．

(1) $z = x^2y^4 - xy + 2y^2$ (2) $z = e^{x^2+y^2}$

(3) $z = \sin(x^2+y^2)$ (4) $z = e^{xy}\tan^{-1} y$

4.4
$$f(x,y) = \begin{cases} \dfrac{y^3}{x^2+y^2} & ((x,y) \neq (0,0)) \\ 0 & ((x,y) = (0,0)) \end{cases}$$

で定義される関数について，原点 $(0,0)$ における偏微分係数を求めよ．

例題 4.6 — 2 次偏導関数

次の関数の 2 次偏導関数を求め，$z_{xy} = z_{yx}$ が成り立つことを確かめよ．
(1) $z = (x+2y)\sin y$ (2) $z = e^{-x^2-y^2}$

解答 (1) $z_x = \sin y,\ z_y = 2\sin y + (x+2y)\cos y$ より
$$z_{xx} = 0,\quad z_{xy} = \cos y,\quad z_{yx} = \cos y,$$
$$z_{yy} = 2\cos y + 2\cos y - (x+2y)\sin y = 4\cos y - (x+2y)\sin y.$$
よって $z_{xy} = z_{yx}$．

(2) $z_x = -2xe^{-x^2-y^2},\ z_y = -2ye^{-x^2-y^2}$ より，
$$z_{xx} = -2e^{-x^2-y^2} + (-2x)^2 e^{-x^2-y^2} = 2(2x^2-1)e^{-x^2-y^2},$$
$$z_{xy} = (-2x)(-2y)e^{-x^2-y^2} = 4xy e^{-x^2-y^2},$$
$$z_{yx} = (-2y)(-2x)e^{-x^2-y^2} = 4xy e^{-x^2-y^2},$$
$$z_{yy} = -2e^{-x^2-y^2} + (-2y)^2 e^{-x^2-y^2} = 2(2y^2-1)e^{-x^2-y^2}.$$
よって $z_{xy} = z_{yx}$．

例題 4.7 — ラプラシアン

関数 $f(x,y)$ について $\Delta f = \dfrac{\partial^2 f}{\partial x^2} + \dfrac{\partial^2 f}{\partial y^2}$ と書き，演算記号 Δ をラプラシアン (Laplacian) という．また $\Delta f(x,y) = 0$ をみたす C^2 級の関数 $f(x,y)$ を調和関数という．

関数 $f(x,y) = \tan^{-1}\dfrac{y}{x}\ (x \neq 0)$ が調和関数であることを示せ．

解答 $\dfrac{\partial f}{\partial x} = \dfrac{-y}{x^2+y^2},\ \dfrac{\partial f}{\partial y} = \dfrac{x}{x^2+y^2}$ より，
$$\frac{\partial^2 f}{\partial x^2} = \frac{2xy}{(x^2+y^2)^2},\quad \frac{\partial^2 f}{\partial y^2} = -\frac{2xy}{(x^2+y^2)^2}.$$
よって $\Delta f(x,y) = 0$．f は C^2 級であるから，f は調和関数である．

問題

4.5 次の関数について 2 次偏導関数を求め，$z_{xy} = z_{yx}$ が成り立つことを確かめよ．
(1) $z = xy(2x+3y)$ (2) $z = \log(e^x + e^y)$ (3) $z = \sqrt{1-x^2-y^2}$

4.6 次の関数が調和関数かどうか確かめよ．
(1) $z = \log\sqrt{x^2+y^2}$ (2) $z = \dfrac{y}{x^2+y^2}$ (3) $z = e^{x+y}\sin(x-y)$

4.3 全微分

全微分可能性　関数 $z = f(x, y)$ は点 (a, b) の近傍で定義されているものとする．独立変数 x, y が微小量 h, k だけ変化したときの z の増分を

$$\Delta z = f(a+h, b+k) - f(a, b)$$

とすると，Δz は h, k の関数と考えられる．このとき

$$\frac{\Delta z - Ah - Bk}{\sqrt{h^2 + k^2}} \to 0 \quad ((h, k) \to (0, 0)) \tag{4.1}$$

となるような h, k に無関係な定数 A, B が存在するならば，関数 $f(x, y)$ は点 (a, b) において**全微分可能**（または単に**微分可能**）であるという．

2 変数関数 $\varepsilon(h, k)$ について，$(h, k) \to (0, 0)$ のとき $\dfrac{\varepsilon(h, k)}{\sqrt{h^2 + k^2}} \to 0$ ならば

$$\varepsilon(h, k) = o(\sqrt{h^2 + k^2})$$

（ランダウ（Landau）の記号）と書く．これは $(h, k) \to (0, 0)$ のとき $\varepsilon(h, k)$ の 0 に近づく速さが $\sqrt{h^2 + k^2}$ のそれより速いことを意味する．この記号を用いると全微分可能性は次のように述べることができる．

関数 $f(x, y)$ が点 (a, b) において全微分可能であるとは

$$f(a+h, b+k) - f(a, b) = Ah + Bk + o(\sqrt{h^2 + k^2})$$

となるような定数 A, B が存在することである．

定理 4.7　関数 $z = f(x, y)$ が点 (a, b) で全微分可能ならば $f(x, y)$ はこの点で連続かつ偏微分可能で，(4.1) 式における定数 A, B は

$$A = f_x(a, b), \quad B = f_y(a, b)$$

である．

系 4.8　関数 $z = f(x, y)$ が点 (a, b) で偏微分可能なとき，その点で全微分可能であるための必要十分条件は次式が成り立つことである．

$$\varepsilon(h, k) = f(a+h, b+k) - f(a, b) - f_x(a, b)h - f_y(a, b)k$$
$$= o(\sqrt{h^2 + k^2}).$$

定理 4.9 関数 $z=f(x,y)$ が点 (a,b) の近傍で偏微分可能で $f_x(x,y), f_y(x,y)$ が点 (a,b) で連続ならば $f(x,y)$ は (a,b) で全微分可能である．

定義域 D の各点で全微分可能なとき関数 $f(x,y)$ は D で**全微分可能**(または単に**微分可能**)であるという．

系 4.10
(1) 関数 $f(x,y)$ が領域 D で C^1 級ならば $f(x,y)$ は D で全微分可能である．
(2) 関数 $f(x,y)$ が領域 D で n 回偏微分可能で n 次偏導関数がすべて D で連続ならば，$f(x,y)$ は D で C^n 級である．

以上から特に

$$C^1 級 \implies 全微分可能 \implies 連続かつ偏微分可能$$

全微分 関数 $z=f(x,y)$ が全微分可能なとき，

$$f_x(x,y)\Delta x + f_y(x,y)\Delta y$$

を $z=f(x,y)$ の**全微分**といい，dz または df で表す．特に，関数 $z=x$ の全微分は $dz=\Delta x=dx$，関数 $z=y$ の全微分は $dz=\Delta y=dy$ であるから z の全微分 dz は

$$dz = f_x(x,y)dx + f_y(x,y)dy$$

と表される．

定理 4.11（**接平面の存在**） 関数 $z=f(x,y)$ が点 (a,b) で全微分可能なとき，曲面 $z=f(x,y)$ 上の点 $(a,b,f(a,b))$ において接平面と法線が存在してその方程式は次式で与えられる．

接平面： $z - f(a,b) = f_x(a,b)(x-a) + f_y(a,b)(y-b)$

法　線： $\dfrac{x-a}{f_x(a,b)} = \dfrac{y-b}{f_y(a,b)} = \dfrac{z-f(a,b)}{-1}$

例題 4.8 　　　　　　　　　　　　　　　　　　　　　　　全微分可能性

$f(x,y) = \sin\sqrt{|xy|}$ は原点 $(0,0)$ で連続かつ偏微分可能であるが，全微分可能でないことを示せ．

解答　$f(x,y)$ が原点 $(0,0)$ で連続なことは明らか．
また，すべての x,y について $f(x,0) = f(0,y) = 0$ であるから，

$$f_x(0,0) = f_y(0,0) = 0$$

であることが分かる．他方，$f(x,y)$ が $(0,0)$ で全微分可能であるということは

$$\varepsilon(h,k) = f(0+h, 0+k) - f(0,0) - f_x(0,0)h - f_y(0,0)k$$
$$= \sin\sqrt{|hk|}$$

とおくとき，

$$\frac{\varepsilon(h,k)}{\sqrt{h^2+k^2}} \to 0 \quad ((h,k) \to (0,0))$$

ということだが，これは成り立たない．実際，$k = h\ (h > 0)$ に沿って $(h,k) \to (0,0)$ とすると，

$$\frac{\varepsilon(h,h)}{\sqrt{h^2+h^2}} = \frac{\sin h}{\sqrt{2}\,h} \to \frac{1}{\sqrt{2}}.$$

よって $f(x,y)$ は原点 $(0,0)$ で全微分可能ではない．

例題 4.9 　　　　　　　　　　　　　　　　　　　　　　　　　　全微分

関数 $z = x^3 + x^2 y + y^3$ の全微分を求めよ．

解答　$z_x = 3x^2 + 2xy,\ z_y = x^2 + 3y^2$ より，

$$dz = (3x^2 + 2xy)dx + (x^2 + 3y^2)dy.$$

問題

4.7 次の関数の全微分を求めよ．
  (1) $z = (x - 2y)^3$　　(2) $z = \log(x^2 + y^2)$　　(3) $z = \sin(x^2 + 2y^2)$

4.8 $f(x,y), g(x,y)$ が全微分可能ならば，次を示せ．
  (1) $d(\alpha f + \beta g) = \alpha\, df + \beta\, dg \quad (\alpha, \beta \in \mathbb{R})$　　(2) $d(fg) = g\, df + f\, dg$
  (3) $d\left(\dfrac{f}{g}\right) = \dfrac{g\, df - f\, dg}{g^2} \quad (g \neq 0)$

例題 4.10 ― 接平面と法線の方程式

次の曲面の与えられた点における接平面と法線の方程式を求めよ．

(1) $z = x^2 - y^2$, $(1, 2, -3)$

(2) $z = \sqrt{1 - x^2 - y^2}$, (a, b, c)

解答 (1) $f(x, y) = x^2 - y^2$ とおく．$f_x(x, y) = 2x$, $f_y(x, y) = -2y$ より，$f_x(1, 2) = 2$, $f_y(1, 2) = -4$ となる．よって，接平面の方程式は

$$z + 3 = 2(x - 1) - 4(y - 2) \quad \text{すなわち} \quad 2x - 4y - z = -3.$$

法線の方程式は

$$\frac{x - 1}{2} = \frac{y - 2}{-4} = \frac{z + 3}{-1}.$$

(2) $f(x, y) = \sqrt{1 - x^2 - y^2}$ とおくと，

$$f_x = \frac{-x}{\sqrt{1 - x^2 - y^2}}, \quad f_y = \frac{-y}{\sqrt{1 - x^2 - y^2}}$$

だから $f_x(a, b) = -\dfrac{a}{c}$, $f_y(a, b) = -\dfrac{b}{c}$ となる．よって接平面の方程式は

$$z - c = -\frac{a(x - a)}{c} - \frac{b(y - b)}{c}.$$

これを変形すると，

$$ax + by + cz = a^2 + b^2 + c^2.$$

(a, b, c) は曲面上の点であるから，$c = \sqrt{1 - a^2 - b^2}$，すなわち $a^2 + b^2 + c^2 = 1$ より

$$ax + by + cz = 1$$

を得る．

法線の方程式は

$$\frac{x - a}{a} = \frac{y - b}{b} = \frac{z - c}{c} \quad \text{すなわち} \quad \frac{x}{a} = \frac{y}{b} = \frac{z}{c}.$$

問題

4.9 次の曲面の与えられた点における接平面と法線の方程式を求めよ．

(1) $z = xy$, $(1, 2, 2)$

(2) $z = \cos(x + y)$, $\left(0, \dfrac{\pi}{2}, 0\right)$

4.4 合成関数の微分法とテイラーの定理

合成関数の微分

定理 4.12（合成関数の微分公式） 関数 $z = f(x, y)$ が全微分可能で，$x = \varphi(t), y = \psi(t)$ が t について微分可能ならば，合成関数 $z = f(\varphi(t), \psi(t))$ は t について微分可能で次式が成り立つ．

$$\frac{dz}{dt} = \frac{\partial z}{\partial x}\frac{dx}{dt} + \frac{\partial z}{\partial y}\frac{dy}{dt}$$

定理 4.13 関数 $z = f(x, y)$ が全微分可能で，$x = \varphi(u, v), y = \psi(u, v)$ が偏微分可能ならば，合成関数 $z = f(\varphi(u, v), \psi(u, v))$ は偏微分可能で次式が成り立つ．

$$\frac{\partial z}{\partial u} = \frac{\partial z}{\partial x}\frac{\partial x}{\partial u} + \frac{\partial z}{\partial y}\frac{\partial y}{\partial u},$$

$$\frac{\partial z}{\partial v} = \frac{\partial z}{\partial x}\frac{\partial x}{\partial v} + \frac{\partial z}{\partial y}\frac{\partial y}{\partial v}.$$

定理 4.14（テイラーの定理） 関数 $z = f(x, y)$ が領域 D で C^n 級で，D の 2 点 $(a, b), (a + h, b + k)$ を結ぶ線分が D に含まれるならば

$$f(a+h, b+k) = \sum_{j=0}^{n-1} \frac{1}{j!}\left(h\frac{\partial}{\partial x} + k\frac{\partial}{\partial y}\right)^j f(a, b)$$
$$+ \frac{1}{n!}\left(h\frac{\partial}{\partial x} + k\frac{\partial}{\partial y}\right)^n f(a+\theta h, b+\theta k) \quad (0 < \theta < 1)$$

をみたす θ が存在する．

定理 4.15（マクローリンの定理） 関数 $z = f(x, y)$ が原点 $(0, 0)$ と点 (x, y) を結ぶ線分を含む領域 D で C^n 級であれば，

$$f(x, y) = \sum_{j=0}^{n-1} \frac{1}{j!}\left(x\frac{\partial}{\partial x} + y\frac{\partial}{\partial y}\right)^j f(0, 0)$$
$$+ \frac{1}{n!}\left(x\frac{\partial}{\partial x} + y\frac{\partial}{\partial y}\right)^n f(\theta x, \theta y) \quad (0 < \theta < 1)$$

をみたす θ が存在する．

陰関数 2 変数 x, y の間に関係式 $F(x, y) = 0$ が成り立っているとき，ある区間 I で定義された x の関数 $y = f(x)$ で

$$F(x, f(x)) = 0$$

をみたすものが存在するとき，$y = f(x)$ を $F(x, y) = 0$ の定める**陰関数**という．

定理 4.16（**陰関数の存在定理**） 関数 $F(x, y)$ は点 (a, b) を含む領域で C^1 級とし，$F(a, b) = 0$，$F_y(a, b) \neq 0$ とする．このとき，$x = a$ を含むある開区間 I で定義された C^1 級関数 $y = f(x)$ で

$$b = f(a), \quad F(x, f(x)) = 0 \quad (x \in I)$$

をみたすものがただ 1 つ存在して，次式が成り立つ．

$$f'(x) = -\frac{F_x(x, y)}{F_y(x, y)}$$

接線と法線 関数 $F(x, y)$ は C^1 級とする．曲線 $F(x, y) = 0$ 上の点 (a, b) において，$F_x(a, b) \neq 0$ または $F_y(a, b) \neq 0$ のとき，点 (a, b) における接線と法線が存在する．

定理 4.17 関数 $F(x, y)$ は C^1 級とし，曲線 $F(x, y) = 0$ 上の点 (a, b) で $F_x(a, b) \neq 0$ または $F_y(a, b) \neq 0$ とする．このとき，点 (a, b) における**接線の方程式**は

$$F_x(a, b)(x - a) + F_y(a, b)(y - b) = 0$$

で与えられる．また**法線の方程式**は次式で与えられる．

$$F_y(a, b)(x - a) - F_x(a, b)(y - b) = 0$$

特異点 $F(x, y)$ を C^1 級関数とし，点 $\mathrm{A}(a, b)$ を曲線 $F(x, y) = 0$ 上の点とする．$\mathrm{A}(a, b)$ において $F_y(a, b) \neq 0$ または $F_x(a, b) \neq 0$ であるとき点 A を**正則点**という．曲線 $F(x, y) = 0$ は正則点 A の近くで C^1 級の関数 $y = f(x)$ または $x = g(y)$ で表される．また正則点においてはただ 1 つの接線が引ける．これに対して

$$F_x(a, b) = F_y(a, b) = 0$$

である曲線上の点 (a, b) を**特異点**という．

例題 4.11 ────────────── 合成関数の微分 ──

$z = \log(x^2+y^2)$, $x = u-v$, $y = u+v$ のとき z_u, z_v を求めよ.

解答 合成関数の微分公式を用いて,

$$z_u = \frac{\partial z}{\partial u} = \frac{\partial z}{\partial x}\frac{\partial x}{\partial u} + \frac{\partial z}{\partial y}\frac{\partial y}{\partial u}$$

$$= \frac{2x}{x^2+y^2} \cdot 1 + \frac{2y}{x^2+y^2} \cdot 1 = \frac{2(x+y)}{x^2+y^2} = \frac{2u}{u^2+v^2}.$$

$$z_v = \frac{\partial z}{\partial v} = \frac{\partial z}{\partial x}\frac{\partial x}{\partial v} + \frac{\partial z}{\partial y}\frac{\partial y}{\partial v}$$

$$= \frac{2x}{x^2+y^2} \cdot (-1) + \frac{2y}{x^2+y^2} \cdot 1 = \frac{2(-x+y)}{x^2+y^2} = \frac{2v}{u^2+v^2}.$$

例題 4.12 ────────────── 合成関数の微分 ──

$z = f(x,y)$ が全微分可能であるとし, $x = r\cos\theta$, $y = r\sin\theta$ とするとき, $y\dfrac{\partial z}{\partial x} - x\dfrac{\partial z}{\partial y} = 0$ ならば $f(x,y)$ は r だけの関数であることを示せ.

解答 z が r だけの関数であることを示すためには $\dfrac{\partial z}{\partial \theta} = 0$ を示せばよい.

$$\frac{\partial z}{\partial \theta} = \frac{\partial z}{\partial x}\frac{\partial x}{\partial \theta} + \frac{\partial z}{\partial y}\frac{\partial y}{\partial \theta}$$

$$= -r\sin\theta \frac{\partial z}{\partial x} + r\cos\theta \frac{\partial z}{\partial y}$$

$$= -y\frac{\partial z}{\partial x} + x\frac{\partial z}{\partial y} = 0$$

よって $f(x,y)$ は r だけの関数である.

問題

4.10 $z = \dfrac{y}{x}$, $x = 2+t$, $y = 1-t$ のとき $\dfrac{dz}{dt}$ を求めよ.

4.11 (1) $z = \log(x^2+y^2)$, $x = 2u-v$, $y = u+3v$ のとき z_u, z_v を求めよ.

(2) $z = \tan^{-1}(x+y)$, $x = uv$, $y = u^2+v^2$ のとき z_u, z_v を求めよ.

4.12 $z = f(x,y)$ が全微分可能であるとし, $x = r\cos\theta$, $y = r\sin\theta$ とするとき, $x\dfrac{\partial z}{\partial x} + y\dfrac{\partial z}{\partial y} = 0$ ならば $f(x,y)$ は θ だけの関数であることを示せ.

例題 4.13 ─────────────────────── 合成関数の微分

C^1 級関数 $z = f(x, y)$ に対し,

$$x = r\cos\theta, \quad y = r\sin\theta$$

とするとき,次を示せ.

$$\left(\frac{\partial z}{\partial x}\right)^2 + \left(\frac{\partial z}{\partial y}\right)^2 = \left(\frac{\partial z}{\partial r}\right)^2 + \frac{1}{r^2}\left(\frac{\partial z}{\partial \theta}\right)^2$$

解答 合成関数の微分公式から,

$$\frac{\partial z}{\partial r} = \frac{\partial z}{\partial x}\frac{\partial x}{\partial r} + \frac{\partial z}{\partial y}\frac{\partial y}{\partial r} = \cos\theta\frac{\partial z}{\partial x} + \sin\theta\frac{\partial z}{\partial y},$$

$$\frac{\partial z}{\partial \theta} = \frac{\partial z}{\partial x}\frac{\partial x}{\partial \theta} + \frac{\partial z}{\partial y}\frac{\partial y}{\partial \theta} = -r\sin\theta\frac{\partial z}{\partial x} + r\cos\theta\frac{\partial z}{\partial y}.$$

よって,

$$\left(\frac{\partial z}{\partial r}\right)^2 + \frac{1}{r^2}\left(\frac{\partial z}{\partial \theta}\right)^2 = \left(\cos\theta\frac{\partial z}{\partial x} + \sin\theta\frac{\partial z}{\partial y}\right)^2 + \left(-\sin\theta\frac{\partial z}{\partial x} + \cos\theta\frac{\partial z}{\partial y}\right)^2$$

$$= \cos^2\theta\left(\frac{\partial z}{\partial x}\right)^2 + 2\cos\theta\sin\theta\frac{\partial z}{\partial x}\frac{\partial z}{\partial y} + \sin^2\theta\left(\frac{\partial z}{\partial y}\right)^2$$

$$+ \sin^2\theta\left(\frac{\partial z}{\partial x}\right)^2 - 2\sin\theta\cos\theta\frac{\partial z}{\partial x}\frac{\partial z}{\partial y} + \cos^2\theta\left(\frac{\partial z}{\partial y}\right)^2$$

$$= \left(\frac{\partial z}{\partial x}\right)^2 + \left(\frac{\partial z}{\partial y}\right)^2.$$

問 題

4.13 C^1 級関数 $z = f(x, y)$ に対し,

$$x = u\cos\theta + v\sin\theta, \quad y = -u\sin\theta + v\cos\theta$$

とするとき,次を示せ.

$$\left(\frac{\partial z}{\partial u}\right)^2 + \left(\frac{\partial z}{\partial v}\right)^2 = \left(\frac{\partial z}{\partial x}\right)^2 + \left(\frac{\partial z}{\partial y}\right)^2$$

例題 4.14 ━━━━━━━━━━━━━ マクローリン展開 ━━

関数 $f(x,y) = e^x \log(1+y)$ のマクローリン展開を 3 次の項まで求めよ。

[解答] 一般に,

$$f(x,y) = \frac{1}{0!}\left(x\frac{\partial}{\partial x} + y\frac{\partial}{\partial y}\right)^0 f(0,0) + \frac{1}{1!}\left(x\frac{\partial}{\partial x} + y\frac{\partial}{\partial y}\right)^1 f(0,0)$$
$$+ \frac{1}{2!}\left(x\frac{\partial}{\partial x} + y\frac{\partial}{\partial y}\right)^2 f(0,0) + \frac{1}{3!}\left(x\frac{\partial}{\partial x} + y\frac{\partial}{\partial y}\right)^3 f(0,0) + \cdots$$
$$= f(0,0) + xf_x(0,0) + yf_y(0,0)$$
$$+ \frac{1}{2}\left(x^2 f_{xx}(0,0) + 2xy f_{xy}(0,0) + y^2 f_{yy}(0,0)\right)$$
$$+ \frac{1}{6}\left(x^3 f_{xxx}(0,0) + 3x^2 y f_{xxy}(0,0) + 3xy^2 f_{xyy}(0,0) + y^3 f_{yyy}(0,0)\right) + \cdots$$

に注意する.

$$f(0,0) = 0, \quad f_x(0,0) = 0, \quad f_y(0,0) = 1,$$
$$f_{xx}(0,0) = 0, \quad f_{xy}(0,0) = 1, \quad f_{yy}(0,0) = -1,$$
$$f_{xxx}(0,0) = 0, \quad f_{xxy}(0,0) = 1, \quad f_{xyy}(0,0) = -1, \quad f_{yyy}(0,0) = 2$$

より, 代入すると

$$f(x,y) = 0 + x \cdot 0 + y \cdot 1$$
$$+ \frac{1}{2}\left(x^2 \cdot 0 + 2xy \cdot 1 + y^2 \cdot (-1)\right)$$
$$+ \frac{1}{6}\left(x^3 \cdot 0 + 3x^2 y \cdot 1 + 3xy^2 \cdot (-1) + y^3 \cdot 2\right) + \cdots$$
$$= y + xy - \frac{y^2}{2} + \frac{x^2 y}{2} - \frac{xy^2}{2} + \frac{y^3}{3} + \cdots$$

である.

問 題

4.14 次の関数のマクローリン展開を 3 次の項まで求めよ.

(1) e^{x+y} (2) $\sin(x+y)$ (3) $\dfrac{1}{\sqrt{1-x^2-y^2}}$

例題 4.15 ──────────────────── 陰関数の微分 ──

関係式 $x^2+xy+y^2=1$ で定まる陰関数 $y=f(x)$ に対し,$\dfrac{dy}{dx}, \dfrac{d^2y}{dx^2}$ を求めよ.

解答 $F(x,y)=x^2+xy+y^2-1$ とおく.$F_x=2x+y,\ F_y=x+2y$ より

$$\frac{dy}{dx}=-\frac{F_x}{F_y}=-\frac{2x+y}{x+2y}.$$

また,y'' を求めるには,直接の計算により,

$$\frac{d^2y}{dx^2}=-\frac{(2+y')(x+2y)-(2x+y)(1+2y')}{(x+2y)^2}$$
$$=-\frac{3(y-xy')}{(x+2y)^2}.$$

$\dfrac{dy}{dx}$ の結果を代入すると,

$$\frac{d^2y}{dx^2}=-\frac{6(x^2+xy+y^2)}{(x+2y)^3}=-\frac{6}{(x+2y)^3}.$$

注 一般に,$F(x,y)$ が C^2 級で $F_y(x,y)\ne 0$ のとき,$F(x,y)=0$ で定まる陰関数 $y=f(x)$ の 2 次導関数は

$$\frac{d^2y}{dx^2}=-\frac{F_y{}^2 F_{xx}-2F_x F_y F_{xy}+F_x{}^2 F_{yy}}{F_y{}^3}$$

と表せる.

この結果を用いると,$F_{xx}=2, F_{xy}=1, F_{yy}=2$ より

$$\frac{d^2y}{dx^2}=-\frac{2(x+2y)^2-2(2x+y)(x+2y)+2(2x+y)^2}{(x+2y)^3}$$
$$=-\frac{6(x^2+xy+y^2)}{(x+2y)^3}$$
$$=-\frac{6}{(x+2y)^3}.$$

問題

4.15 次の関係式で定まる陰関数 $y=f(x)$ に対し,$\dfrac{dy}{dx}, \dfrac{d^2y}{dx^2}$ を求めよ.

(1) $x^3+2xy+y^3=0$ (2) $y=e^{2x+y}$

例題 4.16　　　　　　　　　　　　　　　　　陰関数の接線と法線

次の曲線の与えられた点における接線と法線の方程式を求めよ．

(1) $x^2 + y^2 = 1$, $\left(\dfrac{1}{\sqrt{2}}, \dfrac{1}{\sqrt{2}}\right)$

(2) $x^3 + x^2 y - xy + y = 0$, $(1, -1)$

解答 (1) $F(x, y) = x^2 + y^2 - 1$ とおく．$F_x = 2x$, $F_y = 2y$ より

$$F_x\left(\frac{1}{\sqrt{2}}, \frac{1}{\sqrt{2}}\right) = \sqrt{2}, \quad F_y\left(\frac{1}{\sqrt{2}}, \frac{1}{\sqrt{2}}\right) = \sqrt{2}$$

したがって点 $\left(\dfrac{1}{\sqrt{2}}, \dfrac{1}{\sqrt{2}}\right)$ における接線の方程式は

$$\sqrt{2}\left(x - \frac{1}{\sqrt{2}}\right) + \sqrt{2}\left(y - \frac{1}{\sqrt{2}}\right) = 0 \quad つまり \quad x + y - \sqrt{2} = 0.$$

法線の方程式は

$$\sqrt{2}\left(x - \frac{1}{\sqrt{2}}\right) - \sqrt{2}\left(y - \frac{1}{\sqrt{2}}\right) = 0 \quad つまり \quad x - y = 0.$$

(2) $F(x, y) = x^3 + x^2 y - xy + y$ とおく．$F_x = 3x^2 + 2xy - y$, $F_y = x^2 - x + 1$ より

$$F_x(1, -1) = 2, \quad F_y(1, -1) = 1.$$

したがって，点 $(1, -1)$ における接線の方程式は

$$2(x - 1) + (y + 1) = 0 \quad つまり \quad 2x + y - 1 = 0.$$

法線の方程式は

$$(x - 1) - 2(y + 1) = 0 \quad つまり \quad x - 2y - 3 = 0.$$

問題

4.16 次の曲線の与えられた点における接線と法線の方程式を求めよ．

(1) $\dfrac{x^2}{a^2} + \dfrac{y^2}{b^2} = 1$, (α, β)

(2) $2x^2 y + y^3 = 3$, $(-1, 1)$

例題 4.17 　　特異点

曲線
$$F(x,y) = x^2(x+a) - y^2 = 0$$
の特異点を求めよ．さらに特異点の近くでの曲線の形状を調べよ．

[解答]
$$F(x,y) = 0, \quad F_x(x,y) = x(3x+2a) = 0, \quad F_y(x,y) = -2y = 0$$
の解を求めると $(x,y) = (0,0)$ となり，原点 $(0,0)$ が特異点である．

(i) $a > 0$ のとき，$y = \pm x\sqrt{x+a}$ となり原点では曲線が自分自身に交わっていて，原点では $y = x\sqrt{x+a}$ の接線 $y = \sqrt{a}\,x$ と $y = -x\sqrt{x+a}$ の接線 $y = -\sqrt{a}\,x$ の 2 本の接線が引ける．このような点を**結節点**という．

(ii) $a = 0$ のとき，$y = \pm x\sqrt{x}$ $(x \geqq 0)$ となり，原点で曲線が尖った形になっている．このような点を**尖点**という．

(iii) $a < 0$ のとき，$x^2(x+a) = y^2 \geqq 0$ より，原点の近くでこれをみたす点は原点以外には存在しない．このような点を**孤立点**という．

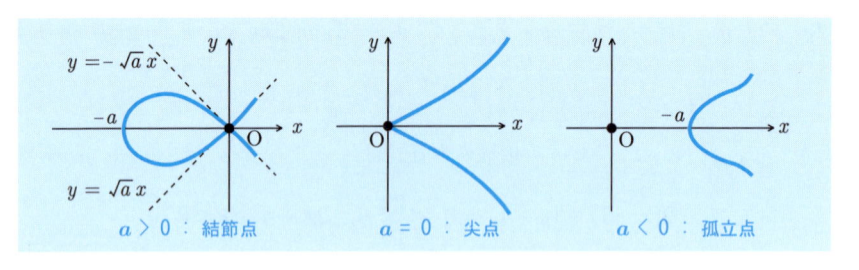

$a > 0$：結節点　　$a = 0$：尖点　　$a < 0$：孤立点

問　題

4.17 次の曲線の特異点を求めよ．
(1) $x^3 - 3axy + y^3 = 0$
(2) $x^2 + y^2 - x^2 y = 0$
(3) $(x^2 + y^2)^2 = a^2(x^2 - y^2) \quad (a \neq 0)$

4.5 偏微分の応用

極値　関数 $f(x,y)$ について点 $A(a,b)$ のある近傍 U があって，U 内のすべての点 $(x,y) \neq (a,b)$ に対して

$$f(x,y) < f(a,b)$$

が成り立つとき，$f(x,y)$ は点 (a,b) で**極大**になるといい，$f(a,b)$ を**極大値**という．不等式の向きを逆にして**極小**であることと，**極小値**が定義される．極大値と極小値を合わせて**極値**といい，そのときの (a,b) を**極値点**という（不等号に等号も許した場合，**広義の極値**という）．

定理 4.18（**極値の必要条件**）　$f(x,y)$ が偏微分可能で点 (a,b) で広義の極値をとれば，$f_x(a,b) = f_y(a,b) = 0$ が成り立つ．

定理 4.19（**極値の十分条件**）　$f(x,y)$ は点 (a,b) の近傍で C^2 級で $f_x(a,b) = f_y(a,b) = 0$ とする．

$$A = f_{xx}(a,b), \quad B = f_{xy}(a,b), \quad C = f_{yy}(a,b), \quad D = B^2 - AC$$

とおくとき
(1) $D < 0$ で $A > 0$ ならば，$f(x,y)$ は (a,b) で極小値 $f(a,b)$ をとる．
(2) $D < 0$ で $A < 0$ ならば，$f(x,y)$ は (a,b) で極大値 $f(a,b)$ をとる．
(3) $D > 0$ ならば，$f(x,y)$ は (a,b) で極値をとらない．

陰関数の極値

定理 4.20（**陰関数の極値**）　$F(x,y)$ は C^2 級とする．$F_y(x,y) \neq 0$ のとき，$F(x,y) = 0$ で定まる陰関数 $y = f(x)$ が $x = a$ で極値 $b = f(a)$ をもつならば，

$$F(a,b) = 0, \quad F_x(a,b) = 0$$

が成り立つ（極値の必要条件）．さらに，

$f''(a) = -F_{xx}(a,b)/F_y(a,b) > 0$ ならば，$y = f(x)$ は $x = a$ で極小値 b をもち，
$f''(a) = -F_{xx}(a,b)/F_y(a,b) < 0$ ならば，$y = f(x)$ は $x = a$ で極大値 b をもつ．

条件付極値問題

定理 4.21（**ラグランジュの乗数法**）　$f(x,y), g(x,y)$ を C^1 級の関数とする．条件 $g(x,y) = 0$ のもとで関数 $z = f(x,y)$ が $(x,y) = (a,b)$ で極値をとり，$g_x(a,b) \neq 0$ または $g_y(a,b) \neq 0$ ならば，ある定数 λ が存在して次式が成り立つ．

$$\begin{cases} f_x(a,b) - \lambda g_x(a,b) = 0 \\ f_y(a,b) - \lambda g_y(a,b) = 0 \\ g(a,b) = 0 \end{cases}$$

例題 4.18 ─────────────────────── 2 変数関数の極値 ─

次の関数の極値を求めよ．
(1) $f(x,y) = x^2 + xy + y^2 - 4x + y + 3$
(2) $f(x,y) = x^4 + y^4 - 2x^2 + 4xy - 2y^2$

解答 定理 4.19 を用いる．(1) $f_x = 2x + y - 4 = 0, f_y = x + 2y + 1 = 0$ を解くと，$(x,y) = (3, -2)$ となる．$f_{xx} = 2, f_{xy} = 1, f_{yy} = 2$ より，
$$D = 1^2 - 2 \cdot 2 = -3 < 0, \quad A = 2 > 0.$$
よって $f(3, -2) = -4$ は極小値．

(2) $f_x = 4x^3 - 4x + 4y = 0$, $f_y = 4y^3 + 4x - 4y = 0$ を解く．これらの式から $y^3 = -x^3$，よって $y = -x$．これを $x^3 - x + y = 0$ に代入すると $x^3 - 2x = 0$．よって $x = 0, \pm\sqrt{2}$．したがって，極値をとる候補点は，$(x,y) = (0,0), (\sqrt{2}, -\sqrt{2}), (-\sqrt{2}, \sqrt{2})$．また，$f_{xx} = 12x^2 - 4, f_{xy} = 4, f_{yy} = 12y^2 - 4$ だから，
$(x,y) = (0,0)$ のとき，
$$A = f_{xx}(0,0) = -4, \quad B = f_{xy}(0,0) = 4, \quad C = f_{yy}(0,0) = -4$$
より，$D = 4^2 - (-4)(-4) = 0$ となり，定理 4.19 は使えない．しかし $x = 0, y \neq 0$ で y が十分 0 に近いとき，
$$f(0, y) = y^4 - 2y^2 = y^2(y^2 - 2) < 0 = f(0, 0).$$
また $y = x \neq 0$ のとき，$f(x, x) = 2x^4 > 0 = f(0, 0)$．よって $f(x, y)$ は $(0, 0)$ で極値をとらない．
$(x, y) = (\sqrt{2}, -\sqrt{2})$ のとき，
$$A = f_{xx}(\sqrt{2}, -\sqrt{2}) = 20, \quad B = f_{xy}(\sqrt{2}, -\sqrt{2}) = 4, \quad C = f_{yy}(\sqrt{2}, -\sqrt{2}) = 20$$
より，$D = 4^2 - 20 \cdot 20 = -384 < 0, A > 0$．よって $f(\sqrt{2}, -\sqrt{2}) = -8$ は極小値である．
$(x, y) = (-\sqrt{2}, \sqrt{2})$ のとき，
$$A = f_{xx}(-\sqrt{2}, \sqrt{2}) = 20, \quad B = f_{xy}(-\sqrt{2}, \sqrt{2}) = 4, \quad C = f_{yy}(-\sqrt{2}, \sqrt{2}) = 20$$
より，$D = 4^2 - 20 \cdot 20 = -384 < 0, A > 0$．よって $f(-\sqrt{2}, \sqrt{2}) = -8$ は極小値である．

問題

4.18 次の関数の極値を求めよ．
(1) $x^3 - xy + y^3$ (2) $\dfrac{xy}{2} + \dfrac{2}{x} + \dfrac{1}{y}$
(3) $x^4 + y^4 + 4xy$ (4) $xy(x^2 + y^2 + 1)$

例題 4.19 陰関数の極値

次の関係式で定まる陰関数 $y = f(x)$ の極値を求めよ．
(1) $F(x, y) = x^2 - xy + 2x + y^2 - y - 2 = 0$
(2) $F(x, y) = x^3 + 3xy + y^3 = 0$

[解答] 定理 4.20 を用いる．(1) $F_y = -x + 2y - 1 \neq 0$ のとき，$F(x, y) = 0$ から陰関数 $y = f(x)$ が定まる．連立方程式

$$\begin{cases} F(x, y) = x^2 - xy + 2x + y^2 - y - 2 = 0 & \text{(a)} \\ F_x(x, y) = 2x - y + 2 = 0 & \text{(b)} \end{cases}$$

を解く．(b) より $y = 2x + 2$ であるから，これを (a) に代入して x について解くと $x = 0, -2$. よって陰関数 $y = f(x)$ が極値をとる候補点は $(x, y) = (0, 2), (-2, -2)$ となる．これらの点は $F_y(x, y) = -x + 2y - 1 \neq 0$ をみたす．$F_{xx} = 2, F_y = -x + 2y - 1$ より

$$(x, y) = (0, 2) \text{ のとき} \quad f''(0) = -\frac{F_{xx}(0, 2)}{F_y(0, 2)} = -\frac{2}{3} < 0$$

となり，$y = f(x)$ は $x = 0$ で極大値 $y = 2$ をもつ．同様に

$$(x, y) = (-2, -2) \text{ のとき} \quad f''(-2) = -\frac{F_{xx}(-2, -2)}{F_y(-2, -2)} = \frac{2}{3} > 0$$

となるから，$y = f(x)$ は $x = -2$ で極小値 $y = -2$ をもつ．

(2) $F_y = 3x + 3y^2 \neq 0$ のとき，$F(x, y) = 0$ から陰関数 $y = f(x)$ が定まる．連立方程式

$$\begin{cases} F(x, y) = x^3 + 3xy + y^3 = 0 & \text{(c)} \\ F_x(x, y) = 3x^2 + 3y = 0 & \text{(d)} \end{cases}$$

を解く．(d) より $y = -x^2$ であるから，これを (c) に代入して x について解くと $x = 0, -\sqrt[3]{2}$. よって，$(x, y) = (0, 0), (-\sqrt[3]{2}, -\sqrt[3]{4})$ となる．$F_{xx} = 6x, F_y = 3x + 3y^2$ より，$(x, y) = (0, 0)$ のとき，$F_y(0, 0) = 0$ となり陰関数 $y = f(x)$ は定まらない．また $(x, y) = (-\sqrt[3]{2}, -\sqrt[3]{4})$ は $F_y(x, y) = 3x + 3y^2 \neq 0$ をみたし，

$$f''(-\sqrt[3]{2}) = -\frac{F_{xx}(-\sqrt[3]{2}, -\sqrt[3]{4})}{F_y(-\sqrt[3]{2}, -\sqrt[3]{4})} = 2 > 0$$

となるから，$y = f(x)$ は $x = -\sqrt[3]{2}$ のとき極小値 $y = -\sqrt[3]{4}$ をもつ．

問題

4.19 次の関係式で定まる陰関数 $y = f(x)$ の極値を求めよ．
(1) $x^2 - 2xy + 2y^2 - 1 = 0$ (2) $xy(y - x) = 2a^3 \quad (a > 0)$
(3) $x^4 - 4xy + 3y^2 = 0$

例題 4.20 　　　　　　　　　　　　　　　　　　　　　　　条件付極値

次の関数の条件付極値を求めよ．
(1) 条件 $g(x,y) = x^2 + y^2 - 1 = 0$ のもとで関数 $f(x,y) = x + 2y$ の極値．
(2) 条件 $g(x,y) = xy - 1 = 0$ のもとで関数 $f(x,y) = 3x^2 + xy + y^2$ の極値．

[解答] (1) 曲線 $g(x,y) = 0$ は特異点をもたないことに注意する．ラグランジュの乗数法により極値をとる候補点を求めよう．

$$\begin{cases} f_x - \lambda g_x = 1 - 2\lambda x = 0 & \text{(a)} \\ f_y - \lambda g_y = 2 - 2\lambda y = 0 & \text{(b)} \\ g(x,y) = x^2 + y^2 - 1 = 0 & \text{(c)} \end{cases}$$

を解く．(a) より，$\lambda \neq 0$ で $x = \frac{1}{2\lambda}$．また (b) から，$y = \frac{1}{\lambda}$．これらを (c) に代入して λ について解くと $\lambda = \pm \frac{\sqrt{5}}{2}$．よって $(x,y) = \left(\frac{1}{\sqrt{5}}, \frac{2}{\sqrt{5}}\right)$, $\left(-\frac{1}{\sqrt{5}}, -\frac{2}{\sqrt{5}}\right)$．このとき $f(x,y)$ の値は $f\left(\frac{1}{\sqrt{5}}, \frac{2}{\sqrt{5}}\right) = \sqrt{5}$, $f\left(-\frac{1}{\sqrt{5}}, -\frac{2}{\sqrt{5}}\right) = -\sqrt{5}$．他方，集合

$$G = \{(x,y); x^2 + y^2 - 1 = 0\}$$

は有界閉集合で，$f(x,y)$ は連続だから定理 4.4 より G 上で最大値および最小値をとる．最大値は極大値であり，最小値は極小値だから，これらは上記の候補に含まれており，最大値は $\sqrt{5}$，最小値は $-\sqrt{5}$ であることが分かる．よって $f(x,y)$ は点 $\left(\frac{1}{\sqrt{5}}, \frac{2}{\sqrt{5}}\right)$ で極大値 $\sqrt{5}$，点 $\left(-\frac{1}{\sqrt{5}}, -\frac{2}{\sqrt{5}}\right)$ で極小値 $-\sqrt{5}$ をとる．

(2) 条件 $g(x,y) = xy - 1 = 0$ より $y = \frac{1}{x}$．したがって関数

$$h(x) = f\left(x, \frac{1}{x}\right) = 3x^2 + 1 + \frac{1}{x^2} \quad (x \neq 0)$$

の極値を求めればよい．$h'(x) = 6x - \frac{2}{x^3} = 0$ より，$x = \pm \frac{1}{\sqrt[4]{3}}$．$h''(x) = 6 + \frac{6}{x^4}$ だから，$h''\left(\pm \frac{1}{\sqrt[4]{3}}\right) = 24 > 0$．よって $h(x)$ は $x = \pm \frac{1}{\sqrt[4]{3}}$ で極小値 $h\left(\pm \frac{1}{\sqrt[4]{3}}\right) = 2\sqrt{3} + 1$ をとる．したがって，条件 $g(x,y) = xy - 1 = 0$ のもとで関数 $f(x,y)$ は点 $\pm \left(\frac{1}{\sqrt[4]{3}}, \sqrt[4]{3}\right)$ において極小値 $2\sqrt{3} + 1$ をとる．

問題

4.20 次の条件付極値問題を解け．
(1) $g(x,y) = x^2 + y^2 - 4 = 0$ のとき，$f(x,y) = xy$ の極値．
(2) $g(x,y) = x^2 - xy + y^2 = 1$ のとき，$f(x,y) = xy$ の極値．
(3) $g(x,y) = xy - 1 = 0$ のとき，$f(x,y) = x + y$ の極値．

演習問題 4-A

1 次の極限値を求めよ．

(1) $\displaystyle\lim_{(x,y)\to(0,0)} x\frac{x^2-y^2}{x^2+y^2}$

(2) $\displaystyle\lim_{(x,y)\to(0,0)} \frac{(x+2y)^2}{x^2+y^2}$

(3) $\displaystyle\lim_{(x,y)\to(0,0)} \frac{xy}{|x|+y^2}$

2 次の関数の原点 $(0,0)$ での連続性を調べよ．

(1) $f(x,y) = \begin{cases} \dfrac{x^2}{x^2+y^2} & ((x,y)\neq(0,0)) \\ 0 & ((x,y)=(0,0)) \end{cases}$

(2) $f(x,y) = \begin{cases} \dfrac{2x^3+y^3}{x^2+y^2} & ((x,y)\neq(0,0)) \\ 0 & ((x,y)=(0,0)) \end{cases}$

(3) $f(x,y) = \begin{cases} \dfrac{x^2 y}{\sqrt{x^2+y^2}} & ((x,y)\neq(0,0)) \\ 0 & ((x,y)=(0,0)) \end{cases}$

(4) $f(x,y) = \begin{cases} \dfrac{xy}{\tan(x^2+y^2)} & ((x,y)\neq(0,0)) \\ 0 & ((x,y)=(0,0)) \end{cases}$

3 次の関数を偏微分せよ．

(1) $z = \sin^2(2x-y)$ (2) $z = \log_x y$

(3) $z = \cos^{-1} xy$ (4) $z = e^{x^2+y^2}\sin(x+y)$

4 次の関数の $(0,0)$ における偏微分係数を求めよ．

$$f(x,y) = \begin{cases} \dfrac{\sin xy}{x^2+y^2} & ((x,y)\neq(0,0)) \\ 0 & ((x,y)=(0,0)) \end{cases}$$

5 次の関数は調和関数であることを示せ．

(1) $z = e^x \sin y$

(2) $z = \sin x \sinh y$

6 関数 $f(x,y) = e^{|x|+|y|}$ は $(0,0)$ で偏微分可能でないことを示せ．

7 次の曲面の与えられた点における接平面と法線の方程式を求めよ．
   (1) $z = x^2 + y^2 - 2$, $(2,1,3)$
   (2) $z = e^{2x-3y}$, $(0,0,1)$
   (3) $z = y \log x - 1$, $(e,1,0)$

8 次の曲線の与えられた点における接線と法線の方程式を求めよ．
   (1) $x^3 + 3xy - y^3 = 1$, $(1,0)$
   (2) $x^2 - 3y^2 = 6$, $(3,1)$

9 次の関数のマクローリン展開を 3 次の項まで求めよ．
   (1) $e^{2x} \cos 3y$ (2) $\dfrac{1}{1+x+y}$

10 次の関係式で定まる陰関数 $y = f(x)$ に対して，$\dfrac{dy}{dx}, \dfrac{d^2y}{dx^2}$ を求めよ．
   (1) $x^2 + 2xy + 4y^2 = 1$
   (2) $\log \sqrt{x^2 + y^2} = \tan^{-1} \dfrac{x}{y}$

11 次の曲線の特異点を求めよ．
   (1) $x^2 + (y-1)^2 - x^3 = 0$
   (2) $x^2 y^2 = y^2 - x^2$

12 次の関数の極値を求めよ．
   (1) $(x-1)^2 + y^2$
   (2) $x^2 + 3y^2 - 2xy - 4x + 2$
   (3) $4x^2 + 3y^2 + y^3$
   (4) $(x^2 + y^2)e^{-(x+y)}$
   (5) $\sin x + \sin y + \sin(x+y)$ $(0 < x < 2\pi,\ 0 < y < 2\pi)$

13 次の関係式で定まる陰関数 $y = f(x)$ の極値を求めよ．
   (1) $x^2 + 2y^2 = 1$
   (2) $x^2 + xy + y^2 - 3 = 0$
   (3) $2x^2 y^2 + y - x = 0$
   (4) $x^3 + xy - y^2 = 0$
   (5) $3x^2 - 4xy + y^4 = 0$

14 次の条件付極値問題を解け．
   (1) $x^2 + xy + y^2 = 4$ のとき，$x + y$ の極値を求めよ．
   (2) $xy = 1$ のとき，$x^2 + 4y^2$ の極値を求めよ．

演習問題 4-B

15
$$f(x,y) = \begin{cases} xy \sin \dfrac{1}{\sqrt{x^2+y^2}} & ((x,y) \neq (0,0)) \\ 0 & ((x,y) = (0,0)) \end{cases}$$

で定義される関数について，次の問いに答えよ．
(1) $f_x(0,0), f_y(0,0)$ を求めよ．
(2) $f(x,y)$ は $(0,0)$ で全微分可能であることを示せ．
(3) $f_x(x,y)$ は $(0,0)$ で不連続であることを示せ（このことから $f(x,y)$ は C^1 級でないことが分かる）．

16 $z = f(t)$ が C^1 級のとき，次を示せ．
(1) $t = x^2 + y^2$ とするとき，$yz_x = xz_y$ が成り立つ．
(2) $t = ax + by$ とするとき，$bz_x = az_y$ が成り立つ．
(3) $t = x/y$ とするとき，$xz_x + yz_y = 0$ が成り立つ．

17 $z = f(x,y)$ が C^2 級で，すべての実数 t に対して
$$f(tx, ty) = t^\alpha f(x,y) \quad (\alpha \text{ は定数})$$
をみたすとき，次が成り立つことを示せ．
$$\left(x\frac{\partial}{\partial x} + y\frac{\partial}{\partial y} \right) z = \alpha z, \quad \left(x\frac{\partial}{\partial x} + y\frac{\partial}{\partial y} \right)^2 z = \alpha(\alpha-1)z$$

18 (1) 条件 $g(x,y) = x^2 + y^2 - 1 = 0$ のもとで，$f(x,y) = 3x^2 + 4xy$ の最大値・最小値を求めよ．
(2) $x + y + z = 2, x > 0, y > 0, z > 0$ のとき，$(1-x)(1-y)(1-z)$ の最大値を求めよ．

19 $f(x,y) = x^3 + y, \ g(x,y) = x^2 - \dfrac{y^2}{4} - 1$ とするとき，次の問いに答えよ．
(1) $g(x,y) = 0$ で定まる陰関数を $y = \psi(x)$ とし，$h(x) = f(x, \psi(x))$ とするとき，$h''(x) = 6x - \dfrac{16}{y^3}$ を示せ．
(2) 条件 $g(x,y) = 0$ のもとで，$f(x,y)$ の極値を求めよ．

5 重積分法

5.1 2重積分

2重積分の定義 $f(x,y)$ を xy 平面の有界閉領域 D で定義された連続関数とする．D を n 個の小閉領域 $D_1, D_2, \ldots, D_n$ に分割し，各小閉領域 D_j の面積を $|D_j|$，直径（D_j 内の 2 点間の距離の最大値）を d_j で表す．この分割を Δ で表すとき，$|\Delta| = \max\{d_j;\ 1 \leqq j \leqq n\}$ を分割 Δ の**幅**という．各 D_j から任意に点 $\mathrm{P}_j(x_j, y_j)$ をとり

$$S(\Delta) = \sum_{j=1}^{n} f(x_j, y_j)|D_j|$$

とする．$S(\Delta)$ を関数 $f(x,y)$ の分割 Δ に関する**リーマン和**という．このとき分割を細かくして $|\Delta| \to 0$ とすると，$S(\Delta)$ は点 $\mathrm{P}_j(x_j, y_j)$ のとり方に関係なく一定の値 I に近づくことが知られている．この極限値 I を関数 $f(x,y)$ の領域 D における **2重積分**（または**重積分**）といい

$$\iint_D f(x,y)dxdy$$

で表す．すなわち

$$\iint_D f(x,y)dxdy = \lim_{|\Delta| \to 0} \sum_{j=1}^{n} f(x_j, y_j)|D_j|$$

である．このとき $f(x,y)$ は D で **2重積分可能**（または**重積分可能**）であるという．

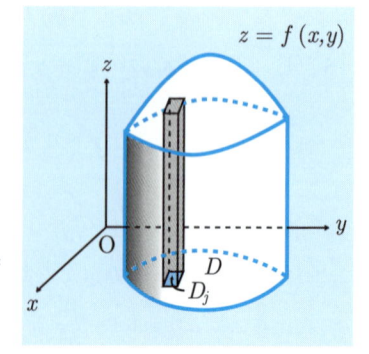

$\iint_D \dfrac{1}{f(x,y)} dxdy$ を $\iint_D \dfrac{dxdy}{f(x,y)}$，また $f(x,y) = 1$ のとき，$\iint_D 1\, dxdy$ を $\iint_D dxdy$ とも書く．

注 D で $f(x,y) \geqq 0$ のとき，2重積分 $\iint_D f(x,y)dxdy$ は xy 平面の領域 D を底とし，上面が曲面 $z = f(x,y)$ である柱状の立体の体積を表す．

5.1　2 重 積 分

2 重積分の基本的な性質　以下，関数 $f(x,y), g(x,y)$ は有界閉領域 D で連続とする．

定理 5.1　D 上で $f(x,y) = k$（定数）ならば

$$\iint_D k\,dxdy = k|D|.$$

このとき D の面積は

$$|D| = \iint_D dxdy.$$

定理 5.2（**2 重積分の線形性**）

(1) $\displaystyle\iint_D \{f(x,y) \pm g(x,y)\}dxdy = \iint_D f(x,y)dxdy \pm \iint_D g(x,y)dxdy$

(2) $\displaystyle\iint_D kf(x,y)dxdy = k\iint_D f(x,y)dxdy$　（k は定数）

定理 5.3（**積分領域の加法性**）　D が 2 つの閉領域 D_1, D_2 に分かれているとき

$$\iint_D f(x,y)dxdy = \iint_{D_1} f(x,y)dxdy + \iint_{D_2} f(x,y)dxdy.$$

定理 5.4（**2 重積分の単調性**）　D で $f(x,y) \geqq g(x,y)$ ならば

$$\iint_D f(x,y)dxdy \geqq \iint_D g(x,y)dxdy.$$

特に，D で $f(x,y) \geqq 0$ ならば

$$\iint_D f(x,y)dxdy \geqq 0 \quad (\textbf{積分の正値性})$$

（等号が成立するのは D 上で $f(x,y) \equiv 0$ のときに限る）．

系 5.5　$\displaystyle\left|\iint_D f(x,y)dxdy\right| \leqq \iint_D |f(x,y)|dxdy.$

定理 5.6（**2 重積分の平均値の定理**）　$f(x,y)$ が D で連続であれば

$$\iint_D f(x,y)dxdy = f(\xi,\eta)|D|$$

をみたす点 (ξ,η) が D 内に存在する．

第 5 章 重積分法

| 累次積分　2 重積分は 1 変数関数の積分の繰り返し（累次積分）によって求められる．

定理 5.7（長方形領域での累次積分）　$f(x,y)$ が長方形領域 $D = \{(x,y);\ a \leqq x \leqq b, c \leqq y \leqq d\}$ で連続であれば

$$\iint_D f(x,y)dxdy = \int_c^d \left(\int_a^b f(x,y)dx \right) dy,$$

$$\iint_D f(x,y)dxdy = \int_a^b \left(\int_c^d f(x,y)dy \right) dx.$$

系 5.8　$f(x)$ が区間 $[a,b]$ で連続，$g(y)$ が区間 $[c,d]$ で連続ならば，関数 $f(x)g(y)$ は閉領域 $D = \{(x,y);\ a \leqq x \leqq b, c \leqq y \leqq d\}$ で連続で

$$\iint_D f(x)g(y)dxdy = \int_a^b dx \int_c^d f(x)g(y)dy = \left(\int_a^b f(x)dx \right) \left(\int_c^d g(y)dy \right).$$

定理 5.9（縦線型領域での累次積分）

(1)　$\varphi_1(x), \varphi_2(x)$ を区間 $[a,b]$ で連続な関数とし，$\varphi_1(x) \leqq \varphi_2(x)$ とする．関数 $f(x,y)$ が領域 $D = \{(x,y);\ a \leqq x \leqq b,\ \varphi_1(x) \leqq y \leqq \varphi_2(x)\}$ で連続ならば

$$\iint_D f(x,y)dxdy = \int_a^b \left(\int_{\varphi_1(x)}^{\varphi_2(x)} f(x,y)dy \right) dx.$$

(2)　$\psi_1(y), \psi_2(y)$ を区間 $[c,d]$ で連続な関数とし，$\psi_1(y) \leqq \psi_2(y)$ とする．関数 $f(x,y)$ が領域 $D = \{(x,y); c \leqq y \leqq d,\ \psi_1(y) \leqq x \leqq \psi_2(y)\}$ で連続ならば

$$\iint_D f(x,y)dxdy = \int_c^d \left(\int_{\psi_1(y)}^{\psi_2(y)} f(x,y)dx \right) dy.$$

(1), (2) の右辺の累次積分をそれぞれ次のようにも書く．

$$\int_a^b dx \int_{\varphi_1(x)}^{\varphi_2(x)} f(x,y)dy, \quad \int_c^d dy \int_{\psi_1(y)}^{\psi_2(y)} f(x,y)dx$$

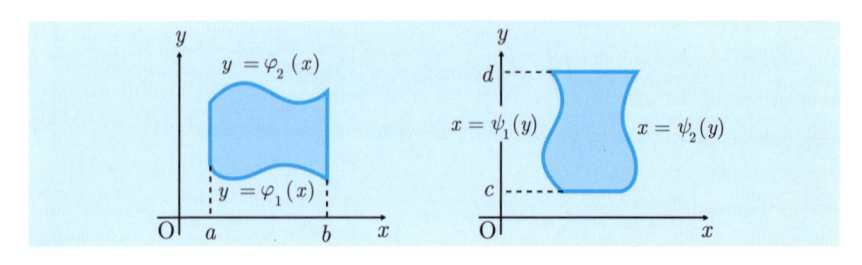

定理 5.10（**累次積分の順序交換**） 領域 D が $D = \{(x,y);\ a \leqq x \leqq b,\ \varphi_1(x) \leqq y \leqq \varphi_2(x)\}$ かつ $D = \{(x,y);\ c \leqq y \leqq d,\ \psi_1(y) \leqq x \leqq \psi_2(y)\}$ と表されるとき

$$\int_a^b \left(\int_{\varphi_1(x)}^{\varphi_2(x)} f(x,y) dy \right) dx = \int_c^d \left(\int_{\psi_1(y)}^{\psi_2(y)} f(x,y) dx \right) dy.$$

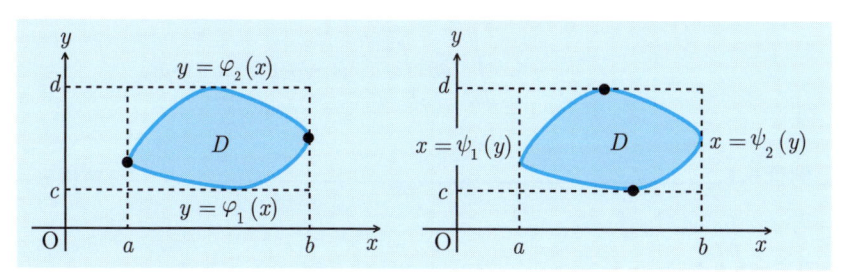

▍2 重積分の変数変換

uv 平面の領域 E から xy 平面の領域 D への写像 T を考える．点 (u,v) の T による像は xy 平面の点であるから $(x,y) = T(u,v) = (\varphi(u,v), \psi(u,v))$ と表される．関数 φ, ψ が C^1 級のとき写像 T は C^1 級であるという．これより $T(u,v)$ は次式で表される．

$$x = \varphi(u,v), \quad y = \psi(u,v).$$

C^1 級の写像 T に対して次の行列式を**ヤコビアン**（Jacobian）という．

$$J(u,v) = \begin{vmatrix} \varphi_u & \varphi_v \\ \psi_u & \psi_v \end{vmatrix} = \varphi_u \psi_v - \varphi_v \psi_u = x_u y_v - x_v y_u.$$

$J = J(u,v)$ は 2 変数 u,v の連続関数である．

定理 5.11（**2 重積分の変数変換公式**） uv 平面の有界閉領域 E を xy 平面の有界閉領域 D に写す C^1 級写像 T が 1 対 1 で，E 上のすべての点 (u,v) で $J = J(u,v) \neq 0$ とする．このとき D で連続な関数 $f(x,y)$ に対して

$$\iint_D f(x,y) dx dy = \iint_E f(\varphi(u,v), \psi(u,v)) |J|\, du dv$$

が成り立つ．ただし，$T(u,v) = (\varphi(u,v), \psi(u,v))$ である．

系 5.12（**1 次変換**） 1 次変換 $x = au + bv, y = cu + dv\ (ad - bc \neq 0)$ によって，uv 平面の有界閉領域 E が xy 平面の有界閉領域 D に写されるとき，D で連続な関数 $f(x,y)$ に対して次式が成り立つ．

$$\iint_D f(x,y) dx dy = \iint_E f(au + bv, cu + dv) |ad - bc|\, du dv$$

系 5.13（極座標変換） 極座標変換 $x = r\cos\theta$, $y = r\sin\theta$ によって $r\theta$ 平面の有界閉領域 $E = \{(r,\theta);\ \alpha \leqq \theta \leqq \beta,\ \varphi(\theta) \leqq r \leqq \psi(\theta)\}$ が xy 平面の有界閉領域 D に写されるとき，D で連続な関数 $f(x,y)$ に対して次式が成り立つ（φ, ψ は $[\alpha, \beta]$ で連続.）

$$\iint_D f(x,y)dxdy = \iint_E f(r\cos\theta, r\sin\theta) r\, drd\theta$$
$$= \int_\alpha^\beta d\theta \int_{\varphi(\theta)}^{\psi(\theta)} f(r\cos\theta, r\sin\theta) r\, dr.$$

例題 5.1 　　　　　　　　　　　　　　　　　　　　　　　　　　　　　　　**2重積分**

次の2重積分を求めよ．

(1) $\displaystyle\iint_D (x+y)\, dxdy,\quad D = \{(x,y);\ 0 \leqq x \leqq 2,\ 0 \leqq y \leqq 1\}$

(2) $\displaystyle\iint_D y\, dxdy,\quad\quad\ \ D = \{(x,y);\ 0 \leqq y \leqq \sqrt{1-x^2}\}$

解答 (1)

$$\iint_D (x+y)\, dxdy = \int_0^2 dx \int_0^1 (x+y)\, dy$$
$$= \int_0^2 \left[xy + \frac{1}{2}y^2\right]_0^1 dx = \int_0^2 \left(x + \frac{1}{2}\right) dx = \left[\frac{x^2}{2} + \frac{x}{2}\right]_0^2 = 3.$$

(2) $D = \{(x,y);\ -1 \leqq x \leqq 1,\ 0 \leqq y \leqq \sqrt{1-x^2}\}$ と表せるので

$$\iint_D y\, dxdy = \int_{-1}^1 dx \int_0^{\sqrt{1-x^2}} y\, dy$$
$$= \frac{1}{2}\int_{-1}^1 \left[y^2\right]_0^{\sqrt{1-x^2}} dx = \frac{1}{2}\int_{-1}^1 (1-x^2)dx = \left[x - \frac{x^3}{3}\right]_0^1 = \frac{2}{3}.$$

―― 問　題 ――

5.1 次の2重積分を求めよ．

(1) $\displaystyle\iint_D xe^y\, dxdy,\quad D = \{(x,y);\ 1 \leqq x \leqq 2,\ 0 \leqq y \leqq 1\}$

(2) $\displaystyle\iint_D y\, dxdy,\quad\ \ D = \{(x,y);\ 1 \leqq x \leqq 3,\ 1 \leqq y \leqq x\}$

(3) $\displaystyle\iint_D x\, dxdy,\quad\ \ D = \left\{(x,y);\ 0 \leqq y \leqq 1 - \frac{x^2}{4}\right\}$

例題 5.2 ─────────────────────────────── 累次積分 ─

次の累次積分を求めよ．

(1) $\displaystyle\int_0^a dx \int_0^{x^2} xe^y\, dy \quad (a>0)$ (2) $\displaystyle\int_0^{\pi/2} d\theta \int_0^{\cos\theta} r^3 \sin\theta\, dr$

解答 (1)

$$I = \int_0^a dx \int_0^{x^2} xe^y\, dy = \int_0^a \left[xe^y\right]_0^{x^2} dx = \int_0^a x(e^{x^2}-1)\,dx$$

ここで，

$$\int xe^{x^2} dx = \int \left(\frac{1}{2}e^{x^2}\right)' dx = \frac{1}{2}e^{x^2}$$

であるから

$$I = \left[\frac{1}{2}(e^{x^2}-x^2)\right]_0^a = \frac{1}{2}(e^{a^2}-a^2-1).$$

(2)

$$\int_0^{\pi/2} d\theta \int_0^{\cos\theta} r^3 \sin\theta\, dr = \frac{1}{4}\int_0^{\pi/2} \left[r^4 \sin\theta\right]_0^{\cos\theta} d\theta$$

$$= \frac{1}{4}\int_0^{\pi/2} \cos^4\theta \sin\theta\, d\theta$$

$$= -\frac{1}{20}\left[\cos^5\theta\right]_0^{\pi/2}$$

$$= \frac{1}{20}.$$

─── 問 題 ───

5.2 次の累次積分を求めよ．

(1) $\displaystyle\int_0^\pi dy \int_y^\pi y\cos(x-y)\,dx$ (2) $\displaystyle\int_0^1 dx \int_x^{2x} e^{y/x}\,dy$

(3) $\displaystyle\int_0^{\pi/4} d\theta \int_0^{\sqrt{\cos 2\theta}} \frac{r}{(1+r^2)^2}\,dr$

例題 5.3 ──────────────────── 順序の交換

次の累次積分の順序を交換せよ．

(1) $\displaystyle\int_0^2 dx \int_0^{x^2} f(x,y)dy$ (2) $\displaystyle\int_0^2 dy \int_{y^2}^{y+2} f(x,y)dx$

解答 (1) 領域 D は $D = \{(x,y);\ 0 \leqq x \leqq 2, 0 \leqq y \leqq x^2\}$ である．この領域を y についての縦線型領域とみれば，

$$D = \{(x,y);\ 0 \leqq y \leqq 4, \sqrt{y} \leqq x \leqq 2\}.$$

よって，$\displaystyle\int_0^2 dx \int_0^{x^2} f(x,y)dy = \int_0^4 dy \int_{\sqrt{y}}^2 f(x,y)dx.$

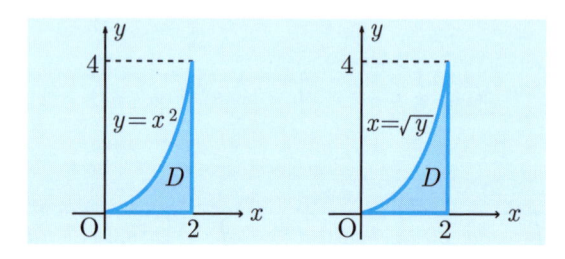

(2) 領域 D は $D = \{(x,y); 0 \leqq y \leqq 2,\ y^2 \leqq x \leqq y+2\}$ である．

$$D_1 = \{(x,y); 0 \leqq x \leqq 2,\ 0 \leqq y \leqq \sqrt{x}\},$$
$$D_2 = \{(x,y); 2 \leqq x \leqq 4,\ x-2 \leqq y \leqq \sqrt{x}\}$$

とおくと，D は 2 つの小閉領域 D_1, D_2 に分かれる．よって

$$\int_0^2 dy \int_{y^2}^{y+2} f(x,y)dx = \int_0^2 dx \int_0^{\sqrt{x}} f(x,y)dy + \int_2^4 dx \int_{x-2}^{\sqrt{x}} f(x,y)dy.$$

問題

5.3 次の累次積分の順序を交換せよ．

(1) $\displaystyle\int_0^9 dx \int_0^{\sqrt{x}} f(x,y)dy$ (2) $\displaystyle\int_0^2 dx \int_{-x}^x f(x,y)dy$

5.4 次の累次積分の順序を交換し，その値を求めよ．

(1) $\displaystyle\int_0^1 dx \int_x^1 \sqrt{1-y^2}\,dy$ (2) $\displaystyle\int_0^1 dy \int_y^1 e^{x^2/2}dx$

---例題 5.4---変数変換---

変数変換を用いて，次の2重積分を求めよ．

(1) $\iint_D (x+2y)^3 dxdy$, $D=\{(x,y);\ 0\leqq x+2y\leqq 1,\ 0\leqq x-y\leqq 1\}$

(2) $\iint_D (x^2+y^2)dxdy$, $D=\{(x,y);\ x^2+y^2\leqq 4\}$

解答 (1) $u=x+2y, v=x-y$ とおくと，D に対応する E は

$$E=\{(u,v);\ 0\leqq u\leqq 1,\ 0\leqq v\leqq 1\}.$$

$x=\dfrac{u+2v}{3}, y=\dfrac{u-v}{3}$ だから

$$J=\begin{vmatrix} \frac{1}{3} & \frac{2}{3} \\ \frac{1}{3} & -\frac{1}{3} \end{vmatrix}=-\frac{1}{3}.$$

$|J|=\dfrac{1}{3}$ なので2重積分の変数変換公式より，

$$\iint_D (x+2y)^3 dxdy = \frac{1}{3}\iint_E u^3\,dudv$$
$$= \frac{1}{3}\int_0^1 u^3\,du \int_0^1 dv = \frac{1}{12}.$$

(2) $x=r\cos\theta, y=r\sin\theta$ と極座標変換すると，
$E=\{(r,\theta);\ 0\leqq\theta\leqq 2\pi,\ 0\leqq r\leqq 2\}, J=r$ より

$$\iint_D (x^2+y^2)dxdy = \int_0^{2\pi}d\theta\int_0^2 r^2 r\,dr = 2\pi\left[\frac{r^4}{4}\right]_0^2 = 8\pi.$$

問 題

5.5 変数変換を用いて，次の2重積分を求めよ．

(1) $\iint_D y\,dxdy$, $D=\{(x,y);\ 0\leqq x-y\leqq 1, 0\leqq x+y\leqq 1\}$

(2) $\iint_D \left(\dfrac{x^2}{2}+\dfrac{y^2}{3}\right)dxdy$, $D=\{(x,y);\ x^2+y^2\leqq 1\}$

(3) $\iint_D \sqrt{1-x^2-y^2}\,dxdy$, $D=\{(x,y);\ x^2+y^2\leqq 1, x\geqq 0, y\geqq 0\}$

例題 5.5 　　　　　　　　　　　　　　　　　　　　　　　　　変数変換

変数変換を用いて，次の 2 重積分を求めよ．
$$\iint_D xy\,dxdy, \quad D = \left\{(x,y);\ \frac{x^2}{4} + \frac{y^2}{9} \leqq 1, x \geqq 0, y \geqq 0\right\}$$

解答 　$x = 2r\cos\theta,\ y = 3r\sin\theta$ と変換すると，$0 \leqq r \leqq 1,\ 0 \leqq \theta \leqq \dfrac{\pi}{2},\ J = 6r$ より，

$$\iint_D xy\,dxdy = \int_0^{\pi/2} d\theta \int_0^1 (6r^2 \cos\theta \sin\theta) 6r\,dr$$
$$= 36 \int_0^{\pi/2} \cos\theta \sin\theta\,d\theta \int_0^1 r^3 dr$$
$$= 36 \left[\frac{1}{2}\sin^2\theta\right]_0^{\pi/2} \left[\frac{r^4}{4}\right]_0^1 = \frac{9}{2}.$$

例題 5.6 　　　　　　　　　　　　　　　　　　　　　　　　　変数変換

変数変換を用いて，次の 2 重積分を求めよ．
$$\iint_D x^2\,dxdy, \quad D = \{(x,y);\ x^2 + y^2 \leqq 2x\}$$

解答 　$x = r\cos\theta,\ y = r\sin\theta$ と変換すると，$-\dfrac{\pi}{2} \leqq \theta \leqq \dfrac{\pi}{2},\ 0 \leqq r \leqq 2\cos\theta,\ J = r$ より，

$$\iint_D x^2\,dxdy = \int_{-\pi/2}^{\pi/2} d\theta \int_0^{2\cos\theta} r^3 \cos^2\theta\,dr$$
$$= \int_{-\pi/2}^{\pi/2} \left[\frac{r^4}{4}\cos^2\theta\right]_0^{2\cos\theta} d\theta = 4\int_{-\pi/2}^{\pi/2} \cos^6\theta\,d\theta$$
$$= 8\int_0^{\pi/2} \cos^6\theta\,d\theta$$
$$= 8 \cdot \frac{5}{6} \cdot \frac{3}{4} \cdot \frac{1}{2} \cdot \frac{\pi}{2} = \frac{5}{4}\pi \quad (例題 3.52 より).$$

問題

5.6 変数変換を用いて，次の 2 重積分を求めよ．

(1) $\displaystyle\iint_D y\,dxdy, \quad D = \left\{(x,y);\ \frac{x^2}{a^2} + \frac{y^2}{b^2} \leqq 1, x \geqq 0, y \geqq 0\right\}$

(2) $\displaystyle\iint_D \sqrt{1 - x^2 - y^2}\,dxdy, \quad D = \{(x,y);\ x^2 + y^2 \leqq x\}$

5.2 広義の2重積分

積分領域が必ずしも有界閉領域でない場合，2重積分は広義の2重積分に拡張される．

広義2重積分の定義 平面集合 D に対して D に含まれる有界閉領域の列 $\{D_n\}$ が次の2条件をみたすとき，$\{D_n\}$ を D の**近似列**という．

(1) $D_1 \subset D_2 \subset \cdots \subset D_n \subset D_{n+1} \subset \cdots \subset D$.

(2) D に含まれるどんな有界閉領域もある D_n に含まれる．

集合 D で連続な関数 $f(x,y)$ について，D の近似列 $\{D_n\}$ をどのようにとっても有限な極限値

$$I = \lim_{n \to \infty} \iint_{D_n} f(x,y) dx dy$$

が存在して，I が $\{D_n\}$ のとり方によらずに一定であるとき，極限値 I を $f(x,y)$ の D における**広義2重積分**といい $\iint_D f(x,y) dx dy$ で表す．このとき $f(x,y)$ は D で**広義2重積分可能**（または単に**重積分可能**）であるという．

定理 5.14（広義積分可能性の判定） $f(x,y)$ は D で連続で $f(x,y) \geqq 0$ とする．このとき，ある1つの近似列 $\{D_n\}$ について

$$I = \lim_{n \to \infty} \iint_{D_n} f(x,y) dx dy$$

が存在すれば，$f(x,y)$ は D で重積分可能であり広義重積分は I となる．すなわち

$$\iint_D f(x,y) dx dy = \lim_{n \to \infty} \iint_{D_n} f(x,y) dx dy.$$

―― **例題 5.7** ―――――――――――――――――――――――― 近似列 ――

次の領域 D の近似列を求めよ．
(1) $D = \{(x,y);\ x \geqq 0\}$
(2) $D = \{(x,y);\ 0 < x^2 + y^2 \leqq 1, x \geqq 0, y \geqq 0\}$

[解答] (1) $D_n = \{(x,y);\ 0 \leqq x \leqq n, -n \leqq y \leqq n\}$，$E_n = \{(x,y);\ x^2 + y^2 \leqq n^2, x \geqq 0\}$ とすると，$\{D_n\}, \{E_n\}$ はいずれも D の近似列である．

(2) $D_n = \left\{(x,y);\ \dfrac{1}{n^2} \leqq x^2 + y^2 \leqq 1, x \geqq 0,\ y \geqq 0\right\}$

とすると，$\{D_n\}$ は D の近似列である．

例題 5.8 ―――――――――――――――――――――――― 広義積分 ――

(1) 次の広義積分を求めよ．
$$I = \iint_D e^{-x^2-y^2} dxdy, \quad D = \{(x,y);\ x \geqq 0, y \geqq 0\}$$

(2) $\displaystyle\int_0^\infty e^{-x^2} dx = \frac{\sqrt{\pi}}{2}$ を示せ．

[解答] (1) $D_n = \{(x,y);\ x^2+y^2 \leqq n^2,\ x \geqq 0, y \geqq 0\}$
とすると，$\{D_n\}$ は D の近似列である．D_n 上の重積分を計算する．
$x = r\cos\theta, y = r\sin\theta$ と変換すると，$0 \leqq \theta \leqq \pi/2,\ 0 \leqq r \leqq n,\ J = r$ より

$$I(D_n) = \iint_{D_n} e^{-x^2-y^2} dxdy = \int_0^{\pi/2} d\theta \int_0^n re^{-r^2} dr = \frac{\pi}{2}\left[-\frac{1}{2}e^{-r^2}\right]_0^n$$
$$= \frac{\pi}{4}(1-e^{-n^2}) \to \frac{\pi}{4} \quad (n \to \infty).$$

よって $I = \dfrac{\pi}{4}$．

(2) (1) において，$E_n = \{(x,y);\ 0 \leqq x \leqq n,\ 0 \leqq y \leqq n\}$ とおくと $\{E_n\}$ もまた D の近似列である．

$$I(E_n) = \iint_{E_n} e^{-x^2-y^2} dxdy = \int_0^n e^{-x^2} dx \int_0^n e^{-y^2} dy = \left(\int_0^n e^{-x^2} dx\right)^2$$

だから (1) より

$$I(E_n) \to \left(\int_0^\infty e^{-x^2} dx\right)^2 = \frac{\pi}{4} \quad (n \to \infty).$$

ゆえに $\displaystyle\int_0^n e^{-x^2/2} dx \to \frac{\sqrt{\pi}}{2}\ (n \to \infty)$ となり，結論が得られる．

―――― 問 題 ――――

5.7 次の広義積分を求めよ．

(1) $\displaystyle\iint_D \frac{1}{\sqrt{1-x^2-y^2}} dxdy, \quad D = \{(x,y);\ x^2+y^2 < 1, y \geqq 0\}$

(2) $\displaystyle\iint_D \frac{1}{x^2 y^2} dxdy, \qquad D = \{(x,y);\ x \geqq 1,\ y \geqq 1\}$

(3) $\displaystyle\iint_D \frac{1}{(x^2+y^2)^\alpha} dxdy, \quad D = \{(x,y);\ 0 < x^2+y^2 \leqq 1\} \quad (0 < \alpha < 1)$

例題 5.9 　　　　　　　　　　　　　　　　　　　広義積分

次の広義積分を求めよ.
$$I = \iint_D \frac{1}{(x-y)^\alpha}dxdy, \quad D = \{(x,y);\ 0 \leqq y < x \leqq 1\} \quad (0 < \alpha < 1)$$

解答
$$D_n = \left\{(x,y); \frac{1}{n} \leqq x \leqq 1,\ 0 \leqq y \leqq x - \frac{1}{n}\right\}$$

とおくと $\{D_n\}$ は D の近似列である.
D_n 上の重積分を計算する.

$$
\begin{aligned}
I(D_n) &= \iint_{D_n} \frac{1}{(x-y)^\alpha}dxdy \\
&= \int_{1/n}^1 dx \int_0^{x-1/n} \frac{1}{(x-y)^\alpha}dy \\
&= \int_{1/n}^1 \left[-\frac{1}{1-\alpha}(x-y)^{1-\alpha}\right]_0^{x-1/n}dx \\
&= \frac{1}{1-\alpha}\int_{1/n}^1 \left\{x^{1-\alpha} - \left(\frac{1}{n}\right)^{1-\alpha}\right\}dx \\
&= \frac{1}{1-\alpha}\left[\frac{1}{2-\alpha}\left\{1 - \left(\frac{1}{n}\right)^{2-\alpha}\right\} - \left(\frac{1}{n}\right)^{1-\alpha}\left(1 - \frac{1}{n}\right)\right] \\
&\to \frac{1}{(1-\alpha)(2-\alpha)} \quad (n \to \infty).
\end{aligned}
$$

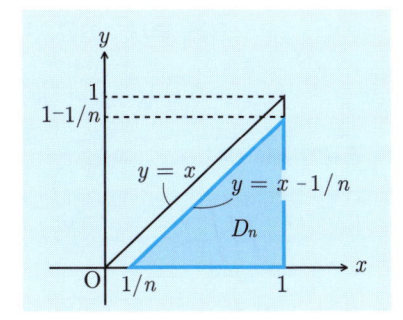

よって $I = \dfrac{1}{(1-\alpha)(2-\alpha)}$.

問題

5.8 次の広義積分を求めよ.

(1) $\displaystyle\iint_D \frac{x}{\sqrt[3]{y}}dxdy, \quad D = \{(x,y);\ 0 \leqq x \leqq 1,\ 0 < y \leqq 1\}$

(2) $\displaystyle\iint_D \frac{1}{\sqrt{x-y^2}}dxdy, \quad D = \{(x,y);\ 0 \leqq y < \sqrt{x} \leqq 1\}$

5.3 3重積分

3重積分の定義　3変数関数 $f(x,y,z)$ が xyz 空間の有界閉領域 D で連続であるとする．2重積分の場合と同様にリーマン和の極限値を

$$\iiint_D f(x,y,z)dxdydz$$

と書き，関数 $f(x,y,z)$ の領域 D における **3重積分**という．

定理 5.15（縦線型領域での累次積分）　関数 $f(x,y,z)$ が領域

$$D = \{(x,y,z);\ (x,y) \in E,\ \varphi(x,y) \leqq z \leqq \psi(x,y)\}$$

で連続ならば

$$\iiint_D f(x,y,z)dxdydz = \iint_E \left(\int_{\varphi(x,y)}^{\psi(x,y)} f(x,y,z)dz\right)dxdy.$$

ただし，E は xy 平面の有界閉領域で $\varphi(x,y)$, $\psi(x,y)$ は E で連続で $\varphi(x,y) \leqq \psi(x,y)$ とする．右辺の累次積分を

$$\iint_E dxdy \int_{\varphi(x,y)}^{\psi(x,y)} f(x,y,z)dz$$

とも書く．

系 5.16（縦線型領域での累次積分）　関数 $f(x,y,z)$ が領域

$$D = \{(x,y,z);\ (x,y) \in E,\ \psi_1(x,y) \leqq z \leqq \psi_2(x,y)\}$$

で連続，

$$E = \{(x,y);\ a \leqq x \leqq b,\ \varphi_1(x) \leqq y \leqq \varphi_2(x)\}$$

ならば

$$\iiint_D f(x,y,z)dxdydz = \int_a^b dx \int_{\varphi_1(x)}^{\varphi_2(x)} dy \int_{\psi_1(x,y)}^{\psi_2(x,y)} f(x,y,z)dz.$$

3重積分の変数変換

$$x = x(u,v,w), \quad y = y(u,v,w), \quad z = z(u,v,w)$$

によって定義される uvw 空間から xyz 空間への C^1 級の写像を T とする．すなわち，$T(u,v,w) = (x,y,z)$ である．写像 T に対して行列式

$$J = J(u,v,w) = \begin{vmatrix} x_u & x_v & x_w \\ y_u & y_v & y_w \\ z_u & z_v & z_w \end{vmatrix}$$

をヤコビアン（Jacobian）という．

定理 5.17（**3重積分の変数変換公式**） uvw 空間の有界閉領域 E を xyz 空間の有界閉領域 D に写す C^1 級写像 T が 1 対 1 で，E 上のすべての点で $J = J(u,v,w) \neq 0$ とする．このとき D 上の連続関数 $f(x,y,z)$ に対し

$$\iiint_D f(x,y,z)dxdydz = \iiint_E f(x(u,v,w),y(u,v,w),z(u,v,w))|J|\,dudvdw.$$

系 5.18（**極座標変換**） 座標変換 $x = r\sin\theta\cos\varphi,\ y = r\sin\theta\sin\varphi,\ z = r\cos\theta$ によって xyz 空間の領域 D と $r\theta\varphi$ 空間の領域 E が対応しているとき

$$\iiint_D f(x,y,z)dxdydz = \iiint_E f(r\sin\theta\cos\varphi, r\sin\theta\sin\varphi, r\cos\theta)r^2\sin\theta\,drd\theta d\varphi.$$

系 5.19（**円柱座標変換**） 座標変換 $x = r\cos\theta,\ y = r\sin\theta,\ z = z$ によって xyz 空間の領域 D と $r\theta z$ 空間の領域 E が対応しているとき

$$\iiint_D f(x,y,z)dxdydz = \iiint_E f(r\cos\theta, r\sin\theta, z)r\,drd\theta dz.$$

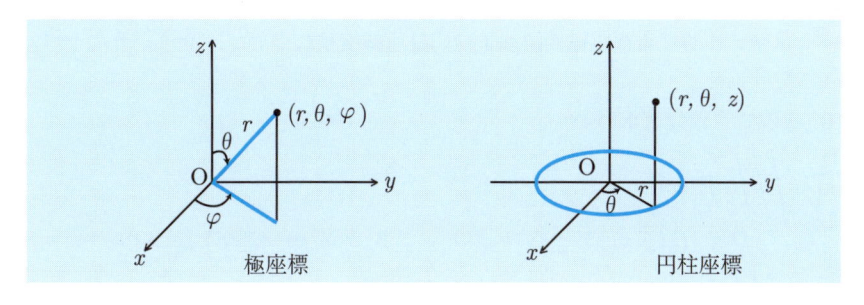

極座標　　　　　　円柱座標

例題 5.10 ― 3 重積分 ―

次の 3 重積分を求めよ．
$$\iiint_D x^2\, dxdydz, \quad D = \{(x,y,z);\ x \geqq 0,\ y \geqq 0,\ z \geqq 0,\ x+y+z \leqq 1\}$$

解答 $E = \{(x,y);\ x \geqq 0, y \geqq 0, x+y \leqq 1\}$ とおくと，
$$D = \{(x,y,z);\ (x,y) \in E,\ 0 \leqq z \leqq 1-x-y\}$$
と表せる．よって
$$\iiint_D x^2\, dxdydz = \iint_E dxdy \int_0^{1-x-y} x^2 dz.$$
ここで，$E = \{(x,y);\ 0 \leqq x \leqq 1,\ 0 \leqq y \leqq 1-x\}$ であるから
$$\begin{aligned}
\iiint_D x^2\, dxdydz &= \int_0^1 dx \int_0^{1-x} dy \int_0^{1-x-y} x^2\, dz \\
&= \int_0^1 dx \int_0^{1-x} x^2(1-x-y) dy \\
&= \int_0^1 \left\{ x^2(1-x)[y]_0^{1-x} - x^2 \left[\frac{y^2}{2}\right]_0^{1-x} \right\} dx \\
&= \frac{1}{2} \int_0^1 x^2(1-x)^2 dx \\
&= \frac{1}{60}.
\end{aligned}$$

問 題

5.9 3 重積分における極座標変換および円柱座標変換について，それぞれのヤコビアン J を計算せよ．

5.10 次の 3 重積分を求めよ．

(1) $\iiint_D dxdydz,$
$\quad D = \{(x,y,z);\ x \geqq 0,\ y \geqq 0,\ z \geqq 0,\ x+y+z \leqq a\}\ (a>0)$

(2) $\iiint_D \sin(x+2y+3z) dxdydz,$
$\quad D = \{(x,y,z);\ x \geqq 0,\ y \geqq 0,\ z \geqq 0,\ x+2y+3z \leqq \pi\}$

例題 5.11 ── 3 重積分

次の 3 重積分を求めよ．
$$\iiint_D x^2 dxdydz, \quad D = \{(x,y,z);\ x^2+y^2+z^2 \leqq 1\}$$

[解答] $x = r\sin\theta\cos\varphi,\ y = r\sin\theta\sin\varphi,\ z = r\cos\theta$ と極座標に変換すると，xyz 空間の領域 D は $r\theta\varphi$ 空間の領域 $E = \{(r,\theta,\varphi);\ 0 \leqq r \leqq 1, 0 \leqq \theta \leqq \pi, 0 \leqq \varphi \leqq 2\pi\}$ に対応する．また $J = r^2\sin\theta$ だから

$$\iiint_D x^2\,dxdydz = \iiint_E r^2\sin^2\theta\cos^2\varphi \cdot r^2\sin\theta\,drd\theta d\varphi$$
$$= \iiint_E r^4\sin^3\theta\cos^2\varphi\,drd\theta d\varphi$$
$$= \int_0^1 r^4\,dr \int_0^\pi \sin^3\theta\,d\theta \int_0^{2\pi}\cos^2\varphi\,d\varphi = \frac{1}{5}\cdot 2\int_0^{\pi/2}\sin^3\theta\,d\theta\cdot 4\int_0^{\pi/2}\cos^2\varphi\,d\varphi$$
$$= \frac{1}{5}\cdot 2\cdot\frac{2}{3}\cdot 4\cdot\frac{1}{2}\cdot\frac{\pi}{2} = \frac{4}{15}\pi. \quad \text{(例題 3.52 参照)}$$

例題 5.12 ── 3 重積分

次の 3 重積分を求めよ．
$$\iiint_D \sqrt{x^2+y^2}\,dxdydz, \quad D = \{(x,y,z);\ x^2+y^2 \leqq 1,\ 0 \leqq z \leqq \sqrt{x^2+y^2}\}$$

[解答] $x = r\cos\theta,\ y = r\sin\theta,\ z = z$ と円柱座標に変換すると，xyz 空間の領域 D は $r\theta\varphi$ 空間の領域 $E = \{(r,\theta,z);\ 0 \leqq r \leqq 1, 0 \leqq \theta \leqq 2\pi,\ 0 \leqq z \leqq r\}$ に対応する．また $J = r$ だから

$$\iiint_D \sqrt{x^2+y^2}\,dxdydz = \iiint_E r^2\,drd\theta dz$$
$$= \int_0^{2\pi} d\theta \int_0^1 r^2\,dr \int_0^r dz = \int_0^{2\pi} d\theta \int_0^1 r^3\,dr = 2\pi\cdot\frac{1}{4} = \frac{\pi}{2}.$$

問題

5.11 次の 3 重積分を求めよ．

(1) $\displaystyle\iiint_D ze^{-(x^2+y^2+z^2)}dxdydz, \quad D = \{(x,y,z);\ x^2+y^2+z^2 \leqq 1, z \geqq 0\}$

(2) $\displaystyle\iiint_D z\,dxdydz, \quad D = \{(x,y,z);\ x^2+y^2+z^2 \leqq 4, x^2+y^2 \leqq 2x, z \geqq 0\}$

5.4 重積分の応用

平面図形の面積　平面図形（領域）D の面積 $|D|$ は定数関数 $f(x,y) = 1$ の 2 重積分

$$|D| = \iint_D dxdy$$

で与えられる．

立体の体積　空間における立体の体積は 2 重積分や 3 重積分によって求められる．

定理 5.20　関数 $f(x,y)$ が有界閉領域 D で連続で $f(x,y) \geqq 0$ のとき，領域 D を底とし，上面が曲面 $z = f(x,y)$ である柱状の立体の体積 V は

$$V = \iint_D f(x,y)dxdy.$$

系 5.21　関数 $f(x,y), g(x,y)$ が有界閉領域 D で連続で $f(x,y) \geqq g(x,y)$ のとき，2 つの曲面 $z = f(x,y), z = g(x,y)$ で囲まれた D 上に立つ柱体の体積 V は

$$V = \iint_D \{f(x,y) - g(x,y)\}dxdy.$$

球や楕円体の体積を求めるときは 3 重積分が有効である．

定理 5.22　D を空間の有界閉領域とする．領域 D の体積 V は定数関数 $f(x,y,z) = 1$ の 3 重積分で与えられる．

$$V = \iiint_D dxdydz$$

定理 5.23（**回転体の体積**）　関数 $y = f(x)$ は閉区間 $[a,b]$ で連続で $f(x) \geqq 0$ とする．曲線 $y = f(x)$ を x 軸のまわりに 1 回転してできる立体の体積 V は

$$V = \pi \int_a^b f(x)^2 dx.$$

曲面積

定理 5.24　関数 $f(x,y)$ が有界閉領域 D で C^1 級ならば，曲面 $z = f(x,y)$ は曲面積 S をもち

$$S = \iint_D \sqrt{f_x(x,y)^2 + f_y(x,y)^2 + 1}\,dxdy.$$

定理 5.25（**回転体の表面積**）　xy 平面上の C^1 級曲線 $y = f(x)$ $(a \leqq x \leqq b)$ を x 軸のまわりに 1 回転してできる回転面の曲面積 S は

$$S = 2\pi \int_a^b |f(x)|\sqrt{1 + f'(x)^2}\,dx.$$

5.4 重積分の応用

例題 5.13 ─────────────────────────── 体積

(1) 3 重積分を用いて，半径 1 の球の体積を求めよ．

(2) 楕円体 $D : x^2 + \dfrac{y^2}{4} + \dfrac{z^2}{9} \leqq 1$ の体積を求めよ．

解答 (1) $D = \{(x, y, z);\ x^2 + y^2 + z^2 \leqq 1\}$ とおく．D の体積 $|D|$ は

$$|D| = \iiint_D dxdydz$$

である．$x = r\sin\theta\cos\varphi,\ y = r\sin\theta\sin\varphi,\ z = r\cos\theta$ と極座標に変換すると，xyz 空間の領域 D は $r\theta\varphi$ 空間の領域 $E = \{(r, \theta, \varphi);\ 0 \leqq r \leqq 1, 0 \leqq \theta \leqq \pi, 0 \leqq \varphi \leqq 2\pi\}$ に対応する．$J = r^2 \sin\theta$ より，

$$\begin{aligned}|D| &= \iiint_E r^2 \sin\theta\, drd\theta d\varphi \\ &= \int_0^1 r^2\, dr \int_0^\pi \sin\theta\, d\theta \int_0^{2\pi} d\varphi \\ &= \frac{1}{3} \cdot 2 \cdot 2\pi = \frac{4}{3}\pi.\end{aligned}$$

(2) $x = u,\ y = 2v,\ z = 3w$ と変数変換すると対応する領域 E は $E = \{(u, v, w);\ u^2 + v^2 + w^2 \leqq 1\}$．また

$$J = \begin{vmatrix} x_u & x_v & x_w \\ y_u & y_v & y_w \\ z_u & z_v & z_w \end{vmatrix} = \begin{vmatrix} 1 & 0 & 0 \\ 0 & 2 & 0 \\ 0 & 0 & 3 \end{vmatrix} = 6.$$

よって (1) から

$$\begin{aligned}|D| &= \iiint_D dxdydz = 6 \iiint_E dudvdw \\ &= 6|E| = 6 \cdot \frac{4}{3}\pi = 8\pi.\end{aligned}$$

───── 問 題 ─────

5.12 (1) 楕円 $\dfrac{x^2}{a^2} + \dfrac{y^2}{b^2} \leqq 1$ の面積を求めよ．

(2) 楕円体 $\dfrac{x^2}{a^2} + \dfrac{y^2}{b^2} + \dfrac{z^2}{c^2} \leqq 1$ の体積を求めよ．

例題 5.14 ── 体積

(1) 曲面 $z = 1 - x^2 - y^2$ と xy 平面で囲まれた立体の体積を求めよ．

(2) 円柱 $x^2 + y^2 \leqq 1$ と 2 つの平面 $z = 0$, $z = x+1$ で囲まれた体積を求めよ．

解答 (1) $z = 0$ とすると $x^2 + y^2 = 1$. そこで $D = \{(x,y);\ x^2 + y^2 \leqq 1\}$ とおく．領域 D の点 (x,y) において $1 - x^2 - y^2 \geqq 0$ であるから，求める体積 V は

$$V = \iint_D (1 - x^2 - y^2) dx dy.$$

$x = r\cos\theta$, $y = r\sin\theta$ とおくと，$0 \leqq \theta \leqq 2\pi$, $0 \leqq r \leqq 1$, $J = r$ より

$$\begin{aligned}
V &= \int_0^{2\pi} d\theta \int_0^1 (1 - r^2) r\, dr \\
&= 2\pi \left[\frac{r^2}{2} - \frac{r^4}{4} \right]_0^1 \\
&= 2\pi \cdot \frac{1}{4} \\
&= \frac{\pi}{2}.
\end{aligned}$$

(2) $D = \{(x,y);\ x^2 + y^2 \leqq 1\}$ とする．D のすべての点 (x,y) で $x + 1 \geqq 0$ であるから，求める体積 V は

$$V = \iint_D (x+1) dx dy.$$

$x = r\cos\theta$, $y = r\sin\theta$ とおくと，$0 \leqq r \leqq 1$, $0 \leqq \theta \leqq 2\pi$, $J = r$ より

$$\begin{aligned}
V &= \int_0^1 dr \int_0^{2\pi} (r\cos\theta + 1) r\, d\theta \\
&= \int_0^1 \left[r^2 \sin\theta + r\theta \right]_0^{2\pi} dr \\
&= 2\pi \int_0^1 r\, dr \\
&= \pi.
\end{aligned}$$

──── 問 題 ────

5.13 (1) 球 $x^2 + y^2 + z^2 \leqq 4$ と円柱 $x^2 + y^2 \leqq 1$ の共通部分の体積を求めよ．

(2) 2 つの円柱 $x^2 + y^2 \leqq 1$, $x^2 + z^2 \leqq 1$ の共通部分の体積を求めよ．

例題 5.15 ─ 曲面積

平面 $x+2y+3z=1$ の $x \geqq 0$, $y \geqq 0$, $z \geqq 0$ の部分の曲面積を求めよ．

解答

$$D = \{(x,y);\ x+2y \leqq 1, x \geqq 0, y \geqq 0\}$$

とする．$x+2y+3z=1$ を変形すると，$z = \dfrac{1-x-2y}{3}$ である．$z_x = -\dfrac{1}{3}$, $z_y = -\dfrac{2}{3}$ より，求める曲面積 S は

$$S = \iint_D \sqrt{\left(-\frac{1}{3}\right)^2 + \left(-\frac{2}{3}\right)^2 + 1}\, dxdy.$$

D は $D = \left\{(x,y);\ 0 \leqq x \leqq 1, 0 \leqq y \leqq \dfrac{1-x}{2}\right\}$ と表せるから，

$$S = \frac{\sqrt{14}}{3} \int_0^1 dx \int_0^{(1-x)/2} dy$$
$$= \frac{\sqrt{14}}{6} \int_0^1 (1-x)dx$$
$$= \frac{\sqrt{14}}{6} \left[x - \frac{x^2}{2}\right]_0^1 = \frac{\sqrt{14}}{12}.$$

例題 5.16 ─ 回転体の表面積

$y = \sin x$ $(0 \leqq x \leqq \pi)$ を x 軸のまわりに 1 回転してできる回転体の表面積を求めよ．

解答 求める表面積 S は

$$S = 2\pi \int_0^\pi \sin x \sqrt{1 + \cos^2 x}\, dx.$$

$\cos x = t$ とおくと，$\sin x\, dx = -dt$ だから

$$S = -2\pi \int_1^{-1} \sqrt{1+t^2}\, dt = 2\pi \int_{-1}^1 \sqrt{1+t^2}\, dt$$
$$= 4\pi \int_0^1 \sqrt{1+t^2}\, dt$$
$$= 2\pi \left[t\sqrt{1+t^2} + \log\left|t + \sqrt{1+t^2}\right|\right]_0^1 \quad (\text{例題 3.20(2)})$$
$$= 2\pi\{\sqrt{2} + \log(1+\sqrt{2})\}.$$

例題 5.17　　　　　　　　　　　　　　　　　　　　　回転体の表面積

サイクロイド $x = a(\theta - \sin\theta)$, $y = a(1 - \cos\theta)$ $(a > 0,\ 0 \leqq \theta \leqq 2\pi)$ を x 軸のまわりに 1 回転してできる 1 回転体の表面積を求めよ．

解答

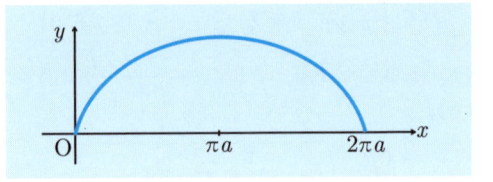

図形の対称性から $0 \leqq x \leqq \pi a$ $(0 \leqq \theta \leqq \pi)$ の部分を求め，それを 2 倍すればよい．求める表面積 S は

$$S = 4\pi \int_0^{\pi a} y\sqrt{1 + \left(\frac{dy}{dx}\right)^2}\, dx$$

$$= 4\pi \int_0^\pi y\sqrt{1 + \left(\frac{dy/d\theta}{dx/d\theta}\right)^2}\, \frac{dx}{d\theta}\, d\theta$$

$$= 4\pi \int_0^\pi a(1-\cos\theta)\sqrt{1 + \left\{\frac{a\sin\theta}{a(1-\cos\theta)}\right\}^2} \cdot a(1-\cos\theta)\, d\theta$$

$$= 4\pi a^2 \int_0^\pi (1-\cos\theta)\sqrt{(1-\cos\theta)^2 + \sin^2\theta}\, d\theta$$

$$= 8\pi a^2 \int_0^\pi (1-\cos\theta)\sin\frac{\theta}{2}\, d\theta = 16\pi a^2 \int_0^\pi \sin^3\frac{\theta}{2}\, d\theta$$

$$= 32\pi a^2 \int_0^{\pi/2} \sin^3 t\, dt = 32\pi a^2 \cdot \frac{2}{3} \quad (\text{例題 3.52 参照})$$

$$= \frac{64}{3}\pi a^2.$$

注　曲線 $y = f(x)$ $(a \leqq x \leqq b)$ の媒介変数表示が $x = \varphi(\theta)$, $y = \psi(\theta)$ $(\varphi'(\theta) \geqq 0,\ \alpha \leqq \theta \leqq \beta)$ であれば，回転体の表面積 S は次式で与えられる．

$$S = 2\pi \int_\alpha^\beta \psi(\theta)\sqrt{\varphi'(\theta)^2 + \psi'(\theta)^2}\, d\theta$$

問題

5.14 (1) 放物面 $z = x^2 + y^2$ の $z \leqq \frac{3}{4}$ の部分の表面積を求めよ．

(2) 球面 $x^2 + y^2 + z^2 = 9$ が円柱 $x^2 + y^2 = 1$ によって切り取られる部分の曲面積を求めよ．

(3) 回転体の表面積の公式から，半径 1 の球の表面積を求めよ．

演習問題 5-A

1 次の2重積分の値を求めよ．

(1) $\iint_D x^3 y^2 \, dxdy,$ $\quad D = \{(x,y); \ 0 \leqq x \leqq 1, 0 \leqq y \leqq 1\}$

(2) $\iint_D e^{x+2y} \, dxdy,$ $\quad D = \{(x,y); \ 0 \leqq x \leqq 2, 0 \leqq y \leqq 1\}$

(3) $\iint_D x^2 \, dxdy,$ $\quad D = \{(x,y); \ x \geqq 0, y \geqq 0, x + 2y \leqq 3\}$

(4) $\iint_D x \, dxdy,$ $\quad D = \{(x,y); \ x \geqq 0, y \geqq 0, \sqrt{x} + \sqrt{y} \leqq 1\}$

(5) $\iint_D \log \dfrac{x^2}{y} \, dxdy,$ $\quad D = \{(x,y); \ 1 \leqq y \leqq x \leqq 2\}$

2 次の累次積分の順序を変更せよ．

(1) $\displaystyle\int_0^a dx \int_x^a f(x,y) dy \quad (a > 0)$

(2) $\displaystyle\int_0^1 dx \int_x^{\sqrt{2-x^2}} f(x,y) dy$

3 次の累次積分の順序を交換し，その値を求めよ．

(1) $\displaystyle\int_0^1 dy \int_0^{\sqrt{1-y}} y \, dx$

(2) $\displaystyle\int_0^{\pi/2} dy \int_y^{\pi/2} \dfrac{\sin x}{x} dx$

4 変数変換を用いて，次の重積分を求めよ．

(1) $\iint_D \sqrt{x-y+1} \, dxdy,$ $\quad D = \{(x,y); \ -1 \leqq x+y \leqq 1, -1 \leqq x-y \leqq 1\}$

(2) $\iint_D \left(\dfrac{x^2}{a^2} + \dfrac{y^2}{b^2}\right) dxdy,$ $\quad D = \{(x,y); \ x^2 + y^2 \leqq 1\} \quad (a > 0, b > 0)$

(3) $\iint_D (x^2 + y^2) \, dxdy,$ $\quad D = \left\{(x,y); \ \dfrac{x^2}{4} + \dfrac{y^2}{9} \leqq 1\right\}$

(4) $\iint_D \dfrac{1}{1 + x^2 + y^2} \, dxdy,$ $\quad D = \{(x,y); \ x^2 + y^2 \leqq 1, x \geqq 0, y \geqq 0\}$

(5) $\iint_D \sqrt{a^2 - x^2 - y^2} \, dxdy,$ $\quad D = \{(x,y); \ x^2 + y^2 \leqq ax\} \quad (a > 0)$

5 次の広義2重積分を求めよ．

(1) $\displaystyle\iint_D \frac{1}{(x+y)^3}dxdy, \quad D = \{(x,y);\ x \geqq 0,\ y \geqq 1\}$

(2) $\displaystyle\iint_D \frac{xy^4}{1-x^2}dxdy, \quad D = \{(x,y);\ x^2+y^2 \leqq 1,\ 0 \leqq x < 1\}$

(3) $\displaystyle\iint_D \frac{y}{\sqrt[3]{x^2+y^2}}dxdy, \quad D = \{(x,y);\ 0 \leqq x \leqq y,\ 0 < x^2+y^2 \leqq 1\}$

6 次の3重積分を求めよ．

(1) $\displaystyle\iiint_D xyz\,dxdydz, \quad D = \{(x,y,z);\ 0 \leqq x \leqq 1,\ 0 \leqq y \leqq 1,\ 0 \leqq z \leqq 1\}$

(2) $\displaystyle\iiint_D (xy+yz+zx)dxdydz, \quad D = \{(x,y,z);\ 0 \leqq z \leqq y \leqq x \leqq 1\}$

(3) $\displaystyle\iiint_D y\,dxdydz, \quad D = \{(x,y,z);\ x^2+y^2+z^2 \leqq 1,\ y \geqq 0\}$

7 次の立体の体積を求めよ．

(1) $z = xy$，円柱面 $(x-1)^2+(y-1)^2 = 1$ と xy 平面で囲まれた部分

(2) $\sqrt{|x|}+\sqrt{|y|}+\sqrt{|z|} = 1$ と座標平面で囲まれた部分

(3) 球 $x^2+y^2+z^2 \leqq a^2\ (a>0)$ の内部にある円柱 $x^2+y^2 \leqq ax$ の部分

8 次の図形の曲面積を求めよ．

(1) 曲面 $z = xy$ が円柱面 $x^2+y^2 = 1$ により切り取られる部分

(2) 球面 $x^2+y^2+z^2 = a^2\ (a>0)$ が円柱 $x^2+y^2 \leqq ax$ により切り取られる部分

(3) 曲線 $y = \cosh x\ (0 \leqq x \leqq 2)$ を x 軸のまわりに1回転してできる曲面の表面積

演習問題 5-B

9 (1) 累次積分の順序を交換することにより，次の等式を示せ．

$$\int_0^a dx \int_0^x f(y)dy = \int_0^a (a-t)f(t)dt \quad (a > 0)$$

(2) $D = \{(x,y);\ a \leqq x \leqq b,\ c \leqq y \leqq d\}$ において $f(x,y), f_y(x,y)$ が連続であるとき，次の等式を示せ．

$$\frac{d}{dy}\int_a^b f(x,y)dx = \int_a^b \frac{\partial}{\partial y}f(x,y)dx$$

10 $a>0, b>0$ とする. $u=\dfrac{x^2}{y}$, $v=\dfrac{y^2}{x}$ とおくことにより次の積分を求めよ.

$$\iint_D dxdy, \quad D=\{(x,y);\ ay\leqq x^2\leqq 2ay,\ bx\leqq y^2\leqq 2bx\}$$

11 ガンマ関数 $\varGamma(s)=\displaystyle\int_0^\infty e^{-x}x^{s-1}\,dx \quad (s>0)$ について次を示せ.

(1) $\varGamma(s+1)=s\varGamma(s) \quad (s>0)$, $\varGamma(1)=1$, $\varGamma(n+1)=n!$ (n は自然数)

(2) $\varGamma\left(\dfrac{1}{2}\right)=\sqrt{\pi}$

(3) $\varGamma\left(n+\dfrac{1}{2}\right)=\dfrac{(2n-1)!!}{2^n}\sqrt{\pi}$

(ただし, n は自然数で, $(2n-1)!!=(2n-1)(2n-3)\cdots 3\cdot 1$ とする.)

12 ベータ関数

$$B(p,q)=\int_0^1 x^{p-1}(1-x)^{q-1}dx \quad (p>0,\ q>0)$$

について次を示せ.

$$B(p,q)=\dfrac{\varGamma(p)\varGamma(q)}{\varGamma(p+q)}$$

13 次の立体の体積を求めよ.

$$x^{2/3}+y^{2/3}+z^{2/3}=a^{2/3}\ (a>0)\ \text{で囲まれた部分}$$

6　級　数

6.1　級数の収束・発散

級数の和　数列 $\{a_n\}$ に対して各項 a_n を形式的に + の記号でつないだもの

$$a_1 + a_2 + \cdots + a_n + \cdots$$

を**無限級数**または単に**級数**といい，$\sum_{n=1}^{\infty} a_n$ で表す．初項 a_1 から第 n 項 a_n までの和 $S_n = \sum_{i=1}^{n} a_i$ を級数 $\sum_{n=1}^{\infty} a_n$ の**第 n 部分和**という．数列 $\{S_n\}$ が収束するとき級数 $\sum_{n=1}^{\infty} a_n$ は**収束する**という．このとき $S = \lim_{n \to \infty} S_n$ を $\sum_{n=1}^{\infty} a_n$ の**和**といい，$\sum_{n=1}^{\infty} a_n$ で表す．数列 $\{S_n\}$ が発散するとき級数 $\sum_{n=1}^{\infty} a_n$ は**発散する**という．

定理 6.1（級数の基本性質）
(1) $\sum_{n=1}^{\infty} a_n$ が収束すれば，$a_n \to 0 \ (n \to \infty)$．したがって，$a_n \not\to 0 \ (n \to \infty)$ ならば，$\sum_{n=1}^{\infty} a_n$ は発散する．
(2) $\sum_{n=1}^{\infty} a_n, \sum_{n=1}^{\infty} b_n$ が収束すれば，$\sum_{n=1}^{\infty} (a_n + b_n), \sum_{n=1}^{\infty} c a_n$（$c$ は定数）も収束して，和について $\sum_{n=1}^{\infty} (a_n + b_n) = \sum_{n=1}^{\infty} a_n + \sum_{n=1}^{\infty} b_n, \sum_{n=1}^{\infty} c a_n = c \sum_{n=1}^{\infty} a_n$ が成り立つ．
(3) 級数 $\sum_{n=1}^{\infty} a_n$ に有限個の項を付け加えても，また級数 $\sum_{n=1}^{\infty} a_n$ から有限個の項を取り除いても，収束・発散は変わらない．
(4) 級数 $\sum_{n=1}^{\infty} a_n$ が収束するとき，いくつかずつの項を括弧でくくってできる級数

$$(a_1 + \cdots + a_{n_1}) + (a_{n_1+1} + \cdots + a_{n_2}) + \cdots + (a_{n_{k-1}+1} + \cdots + a_{n_k}) + \cdots$$

も収束してその和は変わらない．

等比級数　初項 $a \ (\neq 0)$，公比 r の**等比級数** $\sum_{n=1}^{\infty} a r^{n-1} = a + ar + ar^2 + \cdots$ は $|r| < 1$ のときのみ収束して，和は $S = \dfrac{a}{1-r}$．

例題 6.1 　　　　　　　　　　　　　　　　　　　　　　　　　　　　　　　　級数の和

次の級数の和を求めよ．

(1) $\displaystyle\sum_{n=1}^{\infty} \frac{1}{n(n+1)}$ 　　(2) $\displaystyle\sum_{n=1}^{\infty} \frac{2^{n+1}+3^{n-1}}{5^n}$ 　　(3) $\displaystyle\sum_{n=1}^{\infty} \log\left(1+\frac{1}{n}\right)$

[解答] (1) $\dfrac{1}{n(n+1)} = \dfrac{1}{n} - \dfrac{1}{n+1}$ だから

$$S_n = \sum_{k=1}^{n} \frac{1}{k(k+1)} = \left(1-\frac{1}{2}\right) + \left(\frac{1}{2}-\frac{1}{3}\right) + \cdots + \left(\frac{1}{n}-\frac{1}{n+1}\right)$$

$$= 1 - \frac{1}{n+1} \to 1 \quad (n\to\infty).$$

したがって $\displaystyle\sum_{n=1}^{\infty} \frac{1}{n(n+1)} = 1.$

(2) $\displaystyle\sum_{n=1}^{\infty} \frac{2^{n+1}}{5^n} = 2\sum_{n=1}^{\infty} \left(\frac{2}{5}\right)^n = 2\cdot\frac{\frac{2}{5}}{1-\frac{2}{5}} = \frac{4}{3}.$

また，$\displaystyle\sum_{n=1}^{\infty} \frac{3^{n-1}}{5^n} = \frac{1}{5}\sum_{n=1}^{\infty}\left(\frac{3}{5}\right)^{n-1} = \frac{1}{5}\cdot\frac{1}{1-\frac{3}{5}} = \frac{1}{2}.$

したがって $\displaystyle\sum_{n=1}^{\infty} \frac{2^{n+1}+3^{n-1}}{5^n} = \frac{4}{3} + \frac{1}{2} = \frac{11}{6}.$

(3) $\log\left(1+\dfrac{1}{n}\right) = \log\dfrac{n+1}{n} = \log(n+1) - \log n$ だから

$$S_n = \sum_{k=1}^{n} \log\left(1+\frac{1}{k}\right) = \sum_{k=1}^{n}\{\log(k+1) - \log k\}$$

$$= \log 2 + (\log 3 - \log 2) + \cdots + \{\log(n+1) - \log n\}$$

$$= \log(n+1) \to \infty \quad (n\to\infty).$$

したがって，この級数は発散する（和をもたない）．

注 (3)によれば $a_n \to 0 \;(n\to\infty)$ であっても $\displaystyle\sum_{n=1}^{\infty} a_n$ が収束するとは限らない．

問題

6.1 次の級数の和を求めよ．

(1) $\displaystyle\sum_{n=1}^{\infty} \frac{2^{n-1}-1}{3^n}$ 　　(2) $\displaystyle\sum_{n=1}^{\infty} \frac{1}{n(n+1)(n+2)}$ 　　(3) $\displaystyle\sum_{n=1}^{\infty} \frac{1}{n(n+2)}$

6.2 正項級数

正項級数 $a_n \geqq 0$ $(n=1,2,\ldots)$ のとき，$\sum_{n=1}^{\infty} a_n$ を**正項級数**という．

定理 6.2 正項級数 $\sum_{n=1}^{\infty} a_n$ が収束するための必要十分条件は，第 n 部分和の列 $\{S_n\}$ が上に有界であることである．

定理 6.3（**積分判定法**） $f(x)$ を区間 $[1,\infty)$ で連続な減少関数とし，$a_n = f(n)$ とする．このとき，正項級数 $\sum_{n=1}^{\infty} a_n$ が収束するための必要十分条件は無限積分 $\int_1^{\infty} f(x)\,dx$ が存在することである．

系 6.4 級数 $\sum_{n=1}^{\infty} \dfrac{1}{n^p}$ は $p>1$ のとき収束し，$p \leqq 1$ のとき発散する．

（級数 $\sum_{n=1}^{\infty} \dfrac{1}{n^p}$ を**汎調和級数**という．)

定理 6.5（**比較判定法 1**） 正項級数 $\sum_{n=1}^{\infty} a_n,\ \sum_{n=1}^{\infty} b_n$ において，ある定数 K に対して

$$a_n \leqq K b_n \quad (n=1,2,\ldots)$$

であるとき，$\sum_{n=1}^{\infty} b_n$ が収束すれば $\sum_{n=1}^{\infty} a_n$ も収束する．

注 級数の収束・発散は有限個の項を加えても取り除いても変わらないから（定理 6.1(3)），不等式 $a_n \leqq K b_n$ はある番号 N から先で成り立てば十分である．すなわち定理 6.5 の仮定は

$$a_n \leqq K b_n \quad (n=N, N+1, \ldots)$$

としてよい．

定理 6.6（**比較判定法 2**） 正項級数 $\sum_{n=1}^{\infty} a_n,\ \sum_{n=1}^{\infty} b_n$ において

$$\lim_{n \to \infty} \frac{a_n}{b_n} = l \quad (0 \leqq l \leqq \infty)$$

とする．

(i) $0 < l < \infty$ のとき，$\sum_{n=1}^{\infty} a_n$ と $\sum_{n=1}^{\infty} b_n$ の収束・発散は同時におこる．

(ii) $l=0$ のとき，$\sum_{n=1}^{\infty} b_n$ が収束すれば $\sum_{n=1}^{\infty} a_n$ は収束する．

(iii) $l=\infty$ のとき，$\sum_{n=1}^{\infty} a_n$ が収束すれば $\sum_{n=1}^{\infty} b_n$ は収束する．

比較判定法において比較の対象となる級数 $\sum_{n=1}^{\infty} b_n$ はほとんどの場合，等比級数か級数 $\sum_{n=1}^{\infty} \dfrac{1}{n^p}$ が用いられる．

定理 6.7（ダランベールの判定法） 正項級数 $\sum_{n=1}^{\infty} a_n$ において

$$\lim_{n \to \infty} \frac{a_{n+1}}{a_n} = l \quad (0 \leqq l \leqq \infty)$$

とする．

(i) $0 \leqq l < 1$ ならば，$\sum_{n=1}^{\infty} a_n$ は収束する．

(ii) $l > 1$ ならば，$\sum_{n=1}^{\infty} a_n$ は発散する．

注 $l = 1$ のとき，$\sum_{n=1}^{\infty} a_n$ は収束することも発散することもある．

定理 6.8（コーシーの判定法） 正項級数 $\sum_{n=1}^{\infty} a_n$ において

$$\lim_{n \to \infty} \sqrt[n]{a_n} = l \quad (0 \leqq l \leqq \infty)$$

とする．

(i) $0 \leqq l < 1$ ならば，$\sum_{n=1}^{\infty} a_n$ は収束する．

(ii) $l > 1$ ならば，$\sum_{n=1}^{\infty} a_n$ は発散する．

注 $l = 1$ のとき，$\sum_{n=1}^{\infty} a_n$ は収束することも発散することもある．

例題 6.2　　　　　　　　　　　　　　　　　　　　　積分判定法

積分判定法を用いて次を示せ．

級数 $\displaystyle\sum_{n=1}^{\infty}\frac{1}{n^p}$ は $p>1$ のとき収束し，$p\leqq 1$ のとき発散する．

解答　$p>0$ のとき，$f(x)=\dfrac{1}{x^p}$ $(x\geqq 1)$ とすると $f(x)$ は区間 $[1,\infty)$ で連続な減少関数で，$f(n)=\dfrac{1}{n^p}$. 例題 3.60 より無限積分

$$\int_1^{\infty}\frac{dx}{x^p}$$

は $p>1$ のとき収束し，$0<p\leqq 1$ のとき発散する．したがって積分判定法より，級数 $\displaystyle\sum_{n=1}^{\infty}\frac{1}{n^p}$ は $p>1$ のとき収束し，$0<p\leqq 1$ のとき発散する．

$p\leqq 0$ のとき，

$$a_n=\frac{1}{n^p}=n^{-p}\geqq 1 \quad (n=1,2,\dots)$$

だから，$a_n\not\to 0$. したがって級数 $\displaystyle\sum_{n=1}^{\infty}\frac{1}{n^p}$ は発散する．

注　$p=1,2$ のとき $\displaystyle\sum_{n=1}^{\infty}\frac{1}{n^p}$ の収束・発散は比較判定法から容易に分かる（例題 6.3）．

問　題

6.2　次の級数の収束・発散を調べよ．

(1) $\displaystyle\sum_{n=1}^{\infty}\frac{1}{\sqrt{n}}$　　(2) $\displaystyle\sum_{n=1}^{\infty}\frac{1}{n\sqrt{n}}$　　(3) $\displaystyle\sum_{n=1}^{\infty}\frac{1}{(n+1)\sqrt[3]{n+1}}$

6.3　積分判定法を用いて次を示せ．

級数 $\displaystyle\sum_{n=2}^{\infty}\frac{1}{n(\log n)^p}$ は $p>1$ のとき収束し，$p\leqq 1$ のとき発散する．

6.4　次の級数の収束・発散を調べよ．

(1) $\displaystyle\sum_{n=2}^{\infty}\frac{1}{n\log n}$　　(2) $\displaystyle\sum_{n=2}^{\infty}\frac{1}{n(\log n)^2}$　　(3) $\displaystyle\sum_{n=2}^{\infty}\frac{1}{n\sqrt{\log n}}$

例題 6.3 ─────────────── 比較判定法1

比較判定法を用いて，次の級数の収束・発散を調べよ．

(1) $\displaystyle\sum_{n=1}^{\infty}\frac{1}{n}$ (2) $\displaystyle\sum_{n=1}^{\infty}\frac{1}{n^2}$

解答 (1) $\log(1+x) \leqq x$ $(x \geqq 0;$ 問題 2.22(2)$)$ だから $\log\left(1+\frac{1}{n}\right) \leqq \frac{1}{n}$. 例題 6.1(3) より $\displaystyle\sum_{n=1}^{\infty}\log\left(1+\frac{1}{n}\right)$ は発散するから，比較判定法1より $\displaystyle\sum_{n=1}^{\infty}\frac{1}{n}$ は発散する．

(2) $\dfrac{1}{n^2} \leqq \dfrac{1}{n(n-1)}$ $(n \geqq 2)$. また $\displaystyle\sum_{n=2}^{\infty}\frac{1}{(n-1)n} = \sum_{n=1}^{\infty}\frac{1}{n(n+1)}$ は収束する（例題 6.1(1)）．ゆえに比較判定法1より $\displaystyle\sum_{n=1}^{\infty}\frac{1}{n^2}$ は収束する．

例題 6.4 ─────────────── 比較判定法1

次の級数の収束・発散を調べよ．

(1) $\displaystyle\sum_{n=1}^{\infty}\frac{n}{n^2-n+1}$ (2) $\displaystyle\sum_{n=1}^{\infty}\sin\frac{\pi}{n^2}$ (3) $\displaystyle\sum_{n=1}^{\infty}\frac{\log n}{n^2}$

解答 (1) すべての n に対して $\dfrac{n}{n^2-n+1} \geqq \dfrac{n}{n^2} = \dfrac{1}{n}$ が成り立つ．$\displaystyle\sum_{n=1}^{\infty}\frac{1}{n}$ は発散するから，比較判定法1より $\displaystyle\sum_{n=1}^{\infty}\frac{n}{n^2-n+1}$ は発散する．

(2) すべての n に対して $\sin\dfrac{\pi}{n^2} \leqq \dfrac{\pi}{n^2} = \pi\dfrac{1}{n^2}$ が成り立つ．$\displaystyle\sum_{n=1}^{\infty}\frac{1}{n^2}$ は収束するから，比較判定法1より $\displaystyle\sum_{n=1}^{\infty}\sin\frac{\pi}{n^2}$ は収束する．

(3) 例題 2.26 より $\log x < \sqrt{x}$ $(x \geqq 1)$ だから $\dfrac{\log n}{n^2} \leqq \dfrac{\sqrt{n}}{n^2} = \dfrac{1}{n^{3/2}}$ となる．$\displaystyle\sum_{n=1}^{\infty}\frac{1}{n^{3/2}}$ は収束するから，$\displaystyle\sum_{n=1}^{\infty}\frac{\log n}{n^2}$ は収束する．

問題

6.5 次の級数の収束・発散を調べよ．

(1) $\displaystyle\sum_{n=1}^{\infty}\frac{1}{(2n-1)^2}$ (2) $\displaystyle\sum_{n=1}^{\infty}\sin^3\frac{\pi}{\sqrt{n}}$ (3) $\displaystyle\sum_{n=1}^{\infty}\frac{1}{\sqrt{n}\log(n+1)}$

例題 6.5 ─────────────────────────── 比較判定法 2 ──

次の級数の収束・発散を調べよ．

(1) $\displaystyle\sum_{n=1}^{\infty} \frac{6n^2-3n+2}{5n^4-n-3}$ (2) $\displaystyle\sum_{n=1}^{\infty} \sin\frac{\pi}{2n}$ (3) $\displaystyle\sum_{n=1}^{\infty} \frac{2^n}{6^n-5^n}$

───────────────────────────────────────

解答 (1) $a_n = \dfrac{6n^2-3n+2}{5n^4-n-3}$, $b_n = \dfrac{1}{n^2}$ とおくと

$$\frac{a_n}{b_n} = \frac{6n^4-3n^3+2n^2}{5n^4-n-3} \to \frac{6}{5} \quad (n\to\infty).$$

したがって $\displaystyle\sum_{n=1}^{\infty} a_n$ と $\displaystyle\sum_{n=1}^{\infty} b_n$ の収束・発散は同時におこる．

$\displaystyle\sum_{n=1}^{\infty} b_n = \sum_{n=1}^{\infty} \frac{1}{n^2}$ は収束するから，$\displaystyle\sum_{n=1}^{\infty} a_n$ は収束する．

(2) $a_n = \sin\dfrac{\pi}{2n}$, $b_n = \dfrac{\pi}{2n}$ とおくと，$\displaystyle\lim_{x\to 0} \frac{\sin x}{x} = 1$ (例題 1.15(3); 定理 1.11 参照) だから

$$\frac{a_n}{b_n} = \frac{\sin\frac{\pi}{2n}}{\frac{\pi}{2n}} \to 1 \quad (n\to\infty).$$

したがって $\displaystyle\sum_{n=1}^{\infty} a_n$ と $\displaystyle\sum_{n=1}^{\infty} b_n$ の収束・発散は同時におこる．

$\displaystyle\sum_{n=1}^{\infty} b_n = \frac{\pi}{2}\sum_{n=1}^{\infty} \frac{1}{n}$ は発散するから，$\displaystyle\sum_{n=1}^{\infty} a_n = \sum_{n=1}^{\infty} \sin\frac{\pi}{2n}$ は発散する．

(3) $a_n = \dfrac{2^n}{6^n-5^n}$, $b_n = \dfrac{2^n}{6^n}$ とおくと

$$\frac{a_n}{b_n} = \frac{2^n}{6^n-5^n}\frac{6^n}{2^n} \to 1 \quad (n\to\infty).$$

したがって級数 $\displaystyle\sum_{n=1}^{\infty} a_n$ と $\displaystyle\sum_{n=1}^{\infty} b_n$ の収束・発散は同時におこる．

$\displaystyle\sum_{n=1}^{\infty} b_n = \sum_{n=1}^{\infty} \left(\frac{1}{3}\right)^n$ は収束するから，$\displaystyle\sum_{n=1}^{\infty} a_n$ は収束する．

── 問　題 ──

6.6 次の級数の収束・発散を調べよ．

(1) $\displaystyle\sum_{n=1}^{\infty} \frac{2n+1}{3n^2-n-1}$ (2) $\displaystyle\sum_{n=1}^{\infty} \frac{1}{5^n-3^n}$ (3) $\displaystyle\sum_{n=1}^{\infty} \log\left(1+\frac{1}{\sqrt{n}}\right)$

例題 6.6 ─────────────────── 比較判定法 2

次を示せ.

級数 $\sum_{n=1}^{\infty} \log\left(1 + \frac{1}{n^p}\right)$ は $p > 1$ のとき収束し,$p \leqq 1$ のとき発散する.

[解答] $a_n = \log\left(1 + \frac{1}{n^p}\right)$, $b_n = \frac{1}{n^p}$ とすると,$\lim_{h \to 0} \frac{\log(1+h)}{h} = 1$(例題 1.15(1))だから

$$\frac{a_n}{b_n} = \frac{\log\left(1 + \frac{1}{n^p}\right)}{\frac{1}{n^p}} \to 1 \quad (n \to \infty).$$

ゆえに比較判定法 2 より級数 $\sum_{n=1}^{\infty} a_n$ と $\sum_{n=1}^{\infty} b_n$ の収束・発散は同時に起こる.級数 $\sum_{n=1}^{\infty} b_n = \sum_{n=1}^{\infty} \frac{1}{n^p}$ は $p > 1$ のとき収束,$p \leqq 1$ のとき発散するから結論を得る.

例題 6.7 ─────────────────── ダランベールの判定法

次の級数の収束・発散を調べよ.

(1) $\sum_{n=1}^{\infty} \frac{a^n}{n!}$ $(a > 0)$ (2) $\sum_{n=1}^{\infty} \frac{n!}{n^n}$ (3) $\sum_{n=1}^{\infty} \frac{1 \cdot 2 \cdots n}{1 \cdot 3 \cdots (2n-1)}$

[解答] (1) $a_n = \frac{a^n}{n!}$ とおくと

$$\frac{a_{n+1}}{a_n} = \frac{a^{n+1}}{(n+1)!} \frac{n!}{a^n} = \frac{a}{n+1} \to 0 < 1 \quad (n \to \infty).$$

したがってダランベールの判定法より $\sum_{n=1}^{\infty} \frac{a^n}{n!}$ は収束する.

(2) $a_n = \frac{n!}{n^n}$ とおくと

$$\frac{a_{n+1}}{a_n} = \frac{(n+1)!}{(n+1)^{n+1}} \frac{n^n}{n!} = \left(\frac{n}{n+1}\right)^n = \frac{1}{(1 + 1/n)^n} \to \frac{1}{e} < 1 \quad (n \to \infty).$$

したがってダランベールの判定法より $\sum_{n=1}^{\infty} a_n$ は収束する.

(3) $a_n = \frac{1 \cdot 2 \cdots n}{1 \cdot 3 \cdots (2n-1)}$ とおくと

$$\frac{a_{n+1}}{a_n} = \frac{1 \cdot 2 \cdots n(n+1)}{1 \cdot 3 \cdots (2n-1)(2n+1)} \frac{1 \cdot 3 \cdots (2n-1)}{1 \cdot 2 \cdots n}$$
$$= \frac{n+1}{2n+1} \to \frac{1}{2} < 1 \quad (n \to \infty).$$

したがって $\sum_{n=1}^{\infty} a_n$ は収束する.

例題 6.8 ────────────────── コーシーの判定法

次の級数の収束・発散を調べよ．
(1) $\displaystyle\sum_{n=1}^{\infty}\left(\frac{4n-3}{3n+2}\right)^n$ (2) $\displaystyle\sum_{n=1}^{\infty}\left(\frac{n}{n+3}\right)^{n^2}$ (3) $\displaystyle\sum_{n=1}^{\infty}(\sqrt[n]{n}-1)^n$

解答 (1) $a_n=\left(\dfrac{4n-3}{3n+2}\right)^n$ とすると

$$\sqrt[n]{a_n}=\frac{4n-3}{3n+2}\to\frac{4}{3}>1\quad(n\to\infty).$$

したがって，コーシーの判定法より $\displaystyle\sum_{n=1}^{\infty}a_n$ は発散する．

(2) $a_n=\left(\dfrac{n}{n+3}\right)^{n^2}$ とおく．$\displaystyle\lim_{x\to 0}(1+x)^{1/x}=e$（例題 1.14(2)）に注意して

$$\sqrt[n]{a_n}=\left(\frac{n}{n+3}\right)^n=\left(\frac{1}{1+\frac{3}{n}}\right)^n$$

$$=\frac{1}{\{(1+\frac{3}{n})^{n/3}\}^3}\to\frac{1}{e^3}<1\quad(n\to\infty).$$

したがって，コーシーの判定法より $\displaystyle\sum_{n=1}^{\infty}a_n$ は収束する．

(3) $a_n=(\sqrt[n]{n}-1)^n$ とすると例題 1.5 より

$$\sqrt[n]{a_n}=\sqrt[n]{n}-1\to 1-1=0<1\quad(n\to\infty).$$

したがって，コーシーの判定法により $\displaystyle\sum_{n=1}^{\infty}(\sqrt[n]{n}-1)^n$ は収束する．

─── 問 題 ───

6.7 次の級数の収束・発散を調べよ．
(1) $\displaystyle\sum_{n=1}^{\infty}\frac{2^n}{n^2}$ (2) $\displaystyle\sum_{n=1}^{\infty}\frac{n!}{3^{n-1}}$ (3) $\displaystyle\sum_{n=1}^{\infty}\frac{(n!)^2}{(2n)!}$

6.8 次の級数の収束・発散を調べよ．
(1) $\displaystyle\sum_{n=2}^{\infty}\left(\frac{\log n}{n}\right)^n$ (2) $\displaystyle\sum_{n=1}^{\infty}\left(\frac{2n-1}{3n-2}\right)^n$ (3) $\displaystyle\sum_{n=2}^{\infty}\left(\frac{n-2}{n-1}\right)^{n^2}$

6.3 絶対収束級数・条件収束級数

定理 6.9（コーシーの定理）　級数 $\sum_{n=1}^{\infty} a_n$ が収束するための必要十分条件は第 n 部分和の列 $\{S_n\}$ がコーシー列となること，すなわち

$$S_m - S_n = \sum_{k=n+1}^{m} a_k \to 0 \quad (m > n \to \infty)$$

が成り立つことである．

定理 6.10　$\sum_{n=1}^{\infty} |a_n|$ が収束すれば，$\sum_{n=1}^{\infty} a_n$ は収束する．

$\sum_{n=1}^{\infty} |a_n|$ が収束するとき，級数 $\sum_{n=1}^{\infty} a_n$ は**絶対収束**するという．このとき，$\sum_{n=1}^{\infty} a_n$ は収束する．

$\sum_{n=1}^{\infty} a_n$ は収束するが $\sum_{n=1}^{\infty} |a_n|$ は発散するとき，級数 $\sum_{n=1}^{\infty} a_n$ は**条件収束**するという．次の定理は条件収束を判定する際によく用いられる．

$a_n a_{n+1} < 0 \ (n = 1, 2, \ldots)$ である級数 $\sum_{n=1}^{\infty} a_n$ を**交代級数**という．

定理 6.11（ライプニッツの定理）　$a_n \geqq a_{n+1} > 0 \ (n = 1, 2, \ldots)$ で $a_n \to 0 \ (n \to \infty)$ ならば，交代級数 $\sum_{n=1}^{\infty} (-1)^{n-1} a_n$ は収束する．

定理 6.12　(1)　絶対収束級数は項の順序を変えても絶対収束してその和は変わらない．

(2)　$\sum_{n=1}^{\infty} a_n, \sum_{n=1}^{\infty} b_n$ が絶対収束するとき，それらの項のすべての積 $a_n b_m$ を任意の順序に並べてできる級数 $\sum a_n b_m$ も絶対収束して

$$\sum a_n b_m = \Big(\sum_{n=1}^{\infty} a_n\Big)\Big(\sum_{m=1}^{\infty} b_m\Big)$$

が成り立つ．

例題 6.9　　　　　　　　　　　　　　　　　　　　　　　　絶対収束・条件収束

次の級数について絶対収束か条件収束か調べよ.

(1) $\displaystyle\sum_{n=1}^{\infty}\frac{(-1)^{n-1}}{n}$　　(2) $\displaystyle\sum_{n=1}^{\infty}\frac{(-1)^{n-1}}{n\sqrt{n}}$　　(3) $\displaystyle\sum_{n=1}^{\infty}\frac{(-1)^{n-1}}{n^p}$　$(p>0)$

解答　(1) $a_n=\dfrac{1}{n}$ とする.$\{a_n\}$ は単調減少で $a_n\to 0\;(n\to\infty)$ だから ライプニッツの定理より $\displaystyle\sum_{n=1}^{\infty}(-1)^{n-1}a_n$ は収束する.また,

$$\sum_{n=1}^{\infty}|(-1)^{n-1}a_n|=\sum_{n=1}^{\infty}\frac{1}{n}$$

は発散する（例題 6.2, 6.3）.したがって $\displaystyle\sum_{n=1}^{\infty}(-1)^{n-1}a_n$ は条件収束する.

(2) $a_n=\dfrac{(-1)^{n-1}}{n\sqrt{n}}$ とすると系 6.4（例題 6.2）より,

$$\sum_{n=1}^{\infty}|a_n|=\sum_{n=1}^{\infty}\frac{1}{n\sqrt{n}}=\sum_{n=1}^{\infty}\frac{1}{n^{3/2}}$$

は収束する.したがって $\displaystyle\sum_{n=1}^{\infty}a_n$ は絶対収束する.

(3) $\dfrac{1}{n^p}>\dfrac{1}{(n+1)^p}$ $(n=1,2,\ldots)$ で $\dfrac{1}{n^p}\to 0\;(n\to\infty)$.ゆえにライプニッツの定理より $\displaystyle\sum_{n=1}^{\infty}\frac{(-1)^{n-1}}{n^p}$ は収束する.一方,

$$\sum_{n=1}^{\infty}\left|\frac{(-1)^{n-1}}{n^p}\right|=\sum_{n=1}^{\infty}\frac{1}{n^p}$$

は $p>1$ のとき収束し,$0<p\leqq 1$ のとき発散する（系 6.4; 例題 6.2）.したがって $\displaystyle\sum_{n=1}^{\infty}\frac{(-1)^{n-1}}{n^p}$ は $p>1$ のとき絶対収束し,$0<p\leqq 1$ のとき条件収束する.

問　題

6.9 次の級数について絶対収束か条件収束か調べよ.

(1) $\displaystyle\sum_{n=2}^{\infty}\frac{(-1)^n}{n\log n}$　　(2) $\displaystyle\sum_{n=1}^{\infty}(-1)^{n-1}\sin\frac{1}{n^2}$　　(3) $\displaystyle\sum_{n=1}^{\infty}\frac{e^n\sin n}{n!}$

6.3 絶対収束級数・条件収束級数

例題 6.10 ─────────────────── 絶対収束・条件収束 ──

級数 $\sum_{n=1}^{\infty} a_n$ において，$p_n = \max\{a_n, 0\}$，$q_n = \max\{-a_n, 0\}$ とする．次を示せ．

(1) $p_n \geqq 0$, $q_n \geqq 0$ で，$p_n = \dfrac{|a_n| + a_n}{2}$, $q_n = \dfrac{|a_n| - a_n}{2}$.

(2) $|a_n| = p_n + q_n$, $a_n = p_n - q_n$.

(3) $\sum_{n=1}^{\infty} a_n$ が条件収束すれば $\sum_{n=1}^{\infty} p_n$ および $\sum_{n=1}^{\infty} q_n$ は発散する．

(4) $\sum_{n=1}^{\infty} a_n$ が絶対収束すれば $\sum_{n=1}^{\infty} p_n$ および $\sum_{n=1}^{\infty} q_n$ は収束して次が成り立つ．

$$\sum_{n=1}^{\infty} a_n = \sum_{n=1}^{\infty} p_n - \sum_{n=1}^{\infty} q_n$$

（すなわち級数 $\sum_{n=1}^{\infty} a_n$ は収束する．）

解答 (1) $p_n \geqq 0$, $q_n \geqq 0$ は明らか．$a_n \geqq 0$ のとき $\dfrac{|a_n|+a_n}{2} = a_n$, また $a_n \leqq 0$ のとき $\dfrac{|a_n|+a_n}{2} = 0$ だから

$$\frac{|a_n| + a_n}{2} = \max\{a_n, 0\} = p_n.$$

q_n についても同様．(2) は (1) より明らか．

(3) もし $\sum_{n=1}^{\infty} p_n$ が収束したとすると (2) と定理 6.1(2) より，$\sum_{n=1}^{\infty} q_n = \sum_{n=1}^{\infty}(p_n - a_n) = \sum_{n=1}^{\infty} p_n - \sum_{n=1}^{\infty} a_n$ は収束する．これより

$$\sum_{n=1}^{\infty} |a_n| = \sum_{n=1}^{\infty} (p_n + q_n) = \sum_{n=1}^{\infty} p_n + \sum_{n=1}^{\infty} q_n$$

が収束することになり，$\sum_{n=1}^{\infty} a_n$ が条件収束することに反する．ゆえに $\sum_{n=1}^{\infty} p_n$ は発散する．$\sum_{n=1}^{\infty} q_n$ についても同様．

(4) $0 \leqq p_n \leqq |a_n|$, $0 \leqq q_n \leqq |a_n|$ $(n = 1, 2, \ldots)$ で $\sum_{n=1}^{\infty} |a_n|$ は収束するから比較判定法 1 より，$\sum_{n=1}^{\infty} p_n$, $\sum_{n=1}^{\infty} q_n$ は収束する．このとき次を得る．

$$\sum_{n=1}^{\infty} a_n = \sum_{n=1}^{\infty} (p_n - q_n) = \sum_{n=1}^{\infty} p_n - \sum_{n=1}^{\infty} q_n$$

問題

6.10 コーシーの定理（定理 6.9）を用いて，絶対収束級数 $\sum_{n=1}^{\infty} a_n$ は収束することを示せ．

___例題 6.11___ _____絶対収束級数___

次を示せ.
(1) 収束する正項級数は項の順序を変えても収束して，和は変わらない．
(2) 絶対収束級数は項の順序を変えても収束して，和は変わらない．

[解答] (1) $\sum_{n=1}^{\infty} a_n$ を収束する正項級数とし，その和を S とする．また第 n 部分和を S_n とする．$\sum_{n=1}^{\infty} a_n$ の項の順序を変えた級数を $\sum_{n=1}^{\infty} a_n'$ とし，$\sum_{n=1}^{\infty} a_n'$ の第 k 部分和を S_k' とする．S_k' に現れる項 a_n の番号 n で最大のものを n_k とすると

$$S_k' \leqq S_{n_k} \leqq S \quad (k=1,2,\dots).$$

これより $\{S_k'\}$ は上に有界だから $\sum_{n=1}^{\infty} a_n'$ は収束し，その和を S' とすると，$S' \leqq S$.
$\sum_{n=1}^{\infty} a_n$ は $\sum_{n=1}^{\infty} a_n'$ の項の順序を変えた級数であるから，上の議論から $S \leqq S'$ となり，$S' = S$ を得る．

(2) $p_n = \max\{a_n, 0\}$, $q_n = \max\{-a_n, 0\}$ とすると，$0 \leqq p_n \leqq |a_n|$, $0 \leqq q_n \leqq |a_n|$. $\sum_{n=1}^{\infty} |a_n|$ は収束するから，$\sum_{n=1}^{\infty} p_n$, $\sum_{n=1}^{\infty} q_n$ は収束して

$$\sum_{n=1}^{\infty} a_n = \sum_{n=1}^{\infty} (p_n - q_n) = \sum_{n=1}^{\infty} p_n - \sum_{n=1}^{\infty} q_n.$$

$\sum_{n=1}^{\infty} a_n$ の項の順序を変えた級数を $\sum_{n=1}^{\infty} a_n'$ とし，$p_n' = \max\{a_n', 0\}$, $q_n' = \max\{-a_n', 0\}$ とすると，$\sum_{n=1}^{\infty} p_n$, $\sum_{n=1}^{\infty} q_n$ は正項級数だから (1) より $\sum_{n=1}^{\infty} p_n'$, $\sum_{n=1}^{\infty} q_n'$ は収束して

$$\sum_{n=1}^{\infty} p_n' = \sum_{n=1}^{\infty} p_n, \quad \sum_{n=1}^{\infty} q_n' = \sum_{n=1}^{\infty} q_n.$$

したがって

$$\sum_{n=1}^{\infty} a_n' = \sum_{n=1}^{\infty} p_n' - \sum_{n=1}^{\infty} q_n' = \sum_{n=1}^{\infty} p_n - \sum_{n=1}^{\infty} q_n = \sum_{n=1}^{\infty} a_n$$

を得る．

問題

6.11 次の級数の和を求めよ．

$$\sum_{n=0}^{\infty} a_n = 1 + \frac{1}{3^2} - \frac{1}{3} + \frac{1}{3^4} + \frac{1}{3^6} - \frac{1}{3^3} + \cdots + \frac{1}{3^{4n}} + \frac{1}{3^{4n+2}} - \frac{1}{3^{2n+1}} + \cdots$$

例題 6.12 — 条件収束級数

$a_n = \dfrac{(-1)^{n-1}}{\sqrt{n}}$ とする．次を示せ．

(1) 級数
$$\sum_{n=1}^{\infty} a_n = 1 - \frac{1}{\sqrt{2}} + \frac{1}{\sqrt{3}} - \frac{1}{\sqrt{4}} + \cdots + \frac{(-1)^{n-1}}{\sqrt{n}} + \cdots$$
は条件収束する．

(2) 級数 $\displaystyle\sum_{n=1}^{\infty} a_n$ の項の順序を変えた級数

$$1 + \frac{1}{\sqrt{3}} - \frac{1}{\sqrt{2}} + \frac{1}{\sqrt{5}} + \frac{1}{\sqrt{7}} - \frac{1}{\sqrt{4}} + \cdots + \frac{1}{\sqrt{4n-3}} + \frac{1}{\sqrt{4n-1}} - \frac{1}{\sqrt{2n}} + \cdots$$

は発散する．

[解答] (1) $\{1/\sqrt{n}\}$ は 0 に収束する減少数列だから，ライプニッツの定理より交代級数 $\displaystyle\sum_{n=1}^{\infty} a_n$ は収束する．一方，系 6.4（例題 6.2）より，級数 $\displaystyle\sum_{n=1}^{\infty} |a_n| = \sum_{n=1}^{\infty} \frac{1}{n^{1/2}}$ は発散するから，級数 $\displaystyle\sum_{n=1}^{\infty} a_n$ は条件収束する．

(2) $b_n = \dfrac{1}{\sqrt{4n-3}} + \dfrac{1}{\sqrt{4n-1}} - \dfrac{1}{\sqrt{2n}}$ として級数 $\displaystyle\sum_{n=1}^{\infty} b_n$ を考える（これは (2) の級数で 3 項ずつを括弧でくくってできる級数である）．

$$\begin{aligned}
b_n &= \frac{1}{\sqrt{4n-3}} + \frac{1}{\sqrt{4n-1}} - \frac{1}{\sqrt{2n}} \\
&> \frac{1}{\sqrt{4n}} + \frac{1}{\sqrt{4n}} - \frac{\sqrt{2}}{\sqrt{4n}} \\
&= \frac{2 - \sqrt{2}}{2\sqrt{n}} = \left(1 - \frac{1}{\sqrt{2}}\right)\frac{1}{\sqrt{n}} > 0
\end{aligned}$$

だから級数 $\displaystyle\sum_{n=1}^{\infty} b_n$ は正項級数．また級数 $\displaystyle\sum_{n=1}^{\infty} \frac{1}{\sqrt{n}}$ は発散するから，$\displaystyle\sum_{n=1}^{\infty} b_n$ は発散する．したがって定理 6.1(4) により (2) の級数は発散する（(2) の級数が収束すれば $\displaystyle\sum_{n=1}^{\infty} b_n$ も収束する．）

例題 6.13 ───────────── 絶対収束級数

級数 $\sum_{n=1}^{\infty} a_n, \sum_{n=1}^{\infty} b_n$ が絶対収束するとき，それらの項のすべての積 $a_n b_m$ を任意の順序に並べてできる級数 $\sum a_n b_m$ も絶対収束して，その和について

$$\sum a_n b_m = \Bigl(\sum_{n=1}^{\infty} a_n\Bigr)\Bigl(\sum_{m=1}^{\infty} b_m\Bigr)$$

が成り立つ．

[解答] $\sum |a_n b_m|$ の第 k 部分和を S_k とする．S_k に現れる a_n と b_m の番号 n, m のうち最大のものを N とすると

$$S_k \leqq \Bigl(\sum_{n=1}^{N} |a_n|\Bigr)\Bigl(\sum_{m=1}^{N} |b_m|\Bigr) \leqq \Bigl(\sum_{n=1}^{\infty} |a_n|\Bigr)\Bigl(\sum_{m=1}^{\infty} |b_m|\Bigr) < \infty.$$

すなわち，$\{S_k\}$ は上に有界．したがって $\sum a_n b_m$ は絶対収束する．ここで $\sum a_n b_m$ の収束・発散は項の順序に関わりなくその和は一定であるから

$$\sum a_n b_m = \lim_{N \to \infty} \Bigl(\sum_{n=1}^{N} a_n\Bigr)\Bigl(\sum_{m=1}^{N} b_m\Bigr) = \Bigl(\sum_{n=1}^{\infty} a_n\Bigr)\Bigl(\sum_{m=1}^{\infty} b_m\Bigr)$$

を得る（定理 6.1(4) を用いた）．

問題

6.12 次を示せ．
級数 $\sum_{n=1}^{\infty} a_n, \sum_{n=1}^{\infty} b_n$ が絶対収束するとき

$$c_n = a_1 b_n + a_2 b_{n-1} + \cdots + a_{n-1} b_2 + a_n b_1$$

とすると，級数 $\sum_{n=1}^{\infty} c_n$ は絶対収束してその和について

$$\sum_{n=1}^{\infty} c_n = \Bigl(\sum_{n=1}^{\infty} a_n\Bigr)\Bigl(\sum_{n=1}^{\infty} b_n\Bigr)$$

が成り立つ（$\sum_{n=1}^{\infty} c_n$ を $\sum_{n=1}^{\infty} a_n$ と $\sum_{n=1}^{\infty} b_n$ の積という）．

6.3 絶対収束級数・条件収束級数

例題 6.14 ────────────────────────────── 条件収束級数 ──

$a_n = \dfrac{(-1)^{n-1}}{\sqrt{n}}$ $(n=1,2,\ldots)$ とする．次を示せ．

条件収束級数

$$\sum_{n=1}^{\infty} a_n = 1 - \frac{1}{\sqrt{2}} + \frac{1}{\sqrt{3}} - \frac{1}{\sqrt{4}} + \cdots + \frac{(-1)^n}{\sqrt{n+1}} + \cdots$$

において

$$c_n = a_1 a_n + a_2 a_{n-1} + \cdots + a_n a_1 \quad (n = 1, 2, \ldots)$$

とすると，級数

$$\sum_{n=1}^{\infty} c_n = 1 - \left(\frac{1}{\sqrt{2}} + \frac{1}{\sqrt{2}}\right) + \left(\frac{1}{\sqrt{3}} + \frac{1}{\sqrt{2}\sqrt{2}} + \frac{1}{\sqrt{3}}\right)$$
$$- \left(\frac{1}{\sqrt{4}} + \frac{1}{\sqrt{2}\sqrt{3}} + \frac{1}{\sqrt{3}\sqrt{2}} + \frac{1}{\sqrt{4}}\right) + \cdots$$

は発散する．すなわち

$$\sum_{n=1}^{\infty} c_n = \left(\sum_{n=1}^{\infty} a_n\right)\left(\sum_{m=1}^{\infty} a_m\right)$$

は成り立たない．

[解答]

$$c_n = 1 \cdot \frac{(-1)^{n-1}}{\sqrt{n}} + \left(-\frac{1}{\sqrt{2}}\right)\frac{(-1)^{n-2}}{\sqrt{n-1}} + \cdots + \frac{(-1)^{n-2}}{\sqrt{n-1}}\left(-\frac{1}{\sqrt{2}}\right) + \frac{(-1)^{n-1}}{\sqrt{n}} \cdot 1$$
$$= (-1)^{n-1}\left(\frac{1}{\sqrt{1 \cdot n}} + \frac{1}{\sqrt{2 \cdot (n-1)}} + \cdots + \frac{1}{\sqrt{(n-1) \cdot 2}} + \frac{1}{\sqrt{n \cdot 1}}\right).$$

ここで

$$\sqrt{k(n-k+1)} \leqq \frac{n+1}{2} \quad (k = 1, 2, \ldots, n)$$

(相乗平均 $\leqq$ 相加平均) だから

$$|c_n| \geqq \frac{2n}{n+1} \geqq 1 \quad (n = 1, 2, \ldots).$$

これより $c_n \not\to 0$ となり，$\displaystyle\sum_{n=1}^{\infty} c_n$ は発散する．

6.4 整級数

一般項が関数 $f_n(x)$ である級数 $\sum_{n=0}^{\infty} f_n(x)$ を**関数項級数**という．特に，$f_n(x) = a_n x^n$ $(n = 0, 1, 2, \ldots)$ であるとき

$$\sum_{n=0}^{\infty} a_n x^n = a_0 + a_1 x + a_2 x^2 + \cdots + a_n x^n + \cdots$$

を**整級数**という．すべての整級数 $\sum_{n=0}^{\infty} a_n x^n$ は $x = 0$ で収束し，このとき $\sum_{n=0}^{\infty} a_n x^n = a_0$ である．

定理 6.13 (1) $\sum_{n=0}^{\infty} a_n x^n$ は $x = x_0 \, (\neq 0)$ で収束すれば，$|x| < |x_0|$ であるすべての x で絶対収束する．

(2) $\sum_{n=0}^{\infty} a_n x^n$ は $x = x_0$ で発散すれば，$|x| > |x_0|$ であるすべての x で発散する．

整級数 $\sum_{n=0}^{\infty} a_n x^n$ に対して

$$r = \sup \left\{ |x|; \sum_{n=0}^{\infty} a_n x^n \text{が収束} \right\} \quad (0 \leqq r \leqq \infty)$$

をこの級数の**収束半径**という．

定理 6.14（**収束半径の性質**）整級数 $\sum_{n=0}^{\infty} a_n x^n$ の収束半径を r とする．

(i) $0 < r < \infty$ のとき，$\sum_{n=0}^{\infty} a_n x^n$ は $|x| < r$ で収束（絶対収束），$|x| > r$ で発散する．

(ii) $r = 0$ のとき，$\sum_{n=0}^{\infty} a_n x^n$ はすべての $x \neq 0$ に対して発散する．

(iii) $r = \infty$ のとき，$\sum_{n=0}^{\infty} a_n x^n$ はすべての x に対して収束する．

逆に，(i), (ii), (iii) のいずれかをみたす r は $\sum_{n=0}^{\infty} a_n x^n$ の収束半径である．

注 $0 < r < \infty$ のとき，$\sum_{n=0}^{\infty} a_n x^n$ は $|x| < r$ で収束し，$|x| > r$ で発散するが，$|x| = r$ では収束，発散のどちらも起こり得る．$\sum_{n=0}^{\infty} a_n x^n$ が収束する x の集合をこの級数の**収束域**という．

定理 6.15 整級数 $\sum_{n=0}^{\infty} a_n x^n$ において

(1) $\lim_{n\to\infty} \left|\dfrac{a_{n+1}}{a_n}\right| = l$ または (2) $\lim_{n\to\infty} \sqrt[n]{|a_n|} = l$ $(0 \leqq l \leqq \infty)$

ならば, $\sum_{n=0}^{\infty} a_n x^n$ の収束半径は $r = \dfrac{1}{l}$ である ($1/0 = \infty, 1/\infty = 0$ とする).

定理 6.16 $\sum_{n=0}^{\infty} a_n x^n$ の収束半径を r とすると, $\sum_{n=0}^{\infty} a_n x^{2n}$ および $\sum_{n=1}^{\infty} a_n x^{2n-1}$ の収束半径は $\sqrt{r}$ である.

定理 6.17 整級数 $\sum_{n=0}^{\infty} a_n x^n$ の収束半径が $r > 0$ ならば, $\sum_{n=1}^{\infty} n a_n x^{n-1}$ および $\sum_{n=0}^{\infty} \dfrac{a_n}{n+1} x^{n+1}$ の収束半径も r である.

定理 6.18 整級数 $\sum_{n=0}^{\infty} a_n x^n$ の収束半径を $r > 0$ とし, $f(x) = \sum_{n=0}^{\infty} a_n x^n$ $(|x| < r)$ とする.

(i) 関数 $f(x)$ は区間 $(-r, r)$ で連続.

(ii) (**項別積分の定理**) $-r < x < r$ に対して

$$\int_0^x f(t)\,dt = \sum_{n=0}^{\infty} \int_0^x a_n t^n\,dt = \sum_{n=0}^{\infty} \dfrac{a_n}{n+1} x^{n+1}.$$

(iii) (**項別微分の定理**) $f(x)$ は区間 $(-r, r)$ で微分可能で

$$f'(x) = \sum_{n=1}^{\infty} n a_n x^{n-1}.$$

定理 6.19 関数 $f(x)$ が整級数により

$$f(x) = \sum_{n=0}^{\infty} a_n x^n \quad (|x| < r)$$

と表されたとする (これを $f(x)$ の**整級数展開**という). このとき $f(x)$ は無限回微分可能で

$$a_n = \dfrac{f^{(n)}(0)}{n!} \quad (n = 0, 1, 2, \ldots)$$

となる. すなわち $f(x)$ の整級数展開は一意的で $f(x)$ のマクローリン展開に一致する.

定理 6.20 整級数 $\sum_{n=0}^{\infty} a_n x^n$, $\sum_{n=0}^{\infty} b_n x^n$ の収束半径をそれぞれ $r_1 > 0, r_2 > 0$ とし，$r = \min\{r_1, r_2\}$ とする．

$$c_n = a_0 b_n + a_1 b_{n-1} + \cdots + a_{n-1} b_1 + a_n b_0 \quad (n = 0, 1, 2, \ldots)$$

とすると，整級数 $\sum_{n=0}^{\infty} c_n x^n$ は $|x| < r$ で絶対収束して，その和について

$$\sum_{n=0}^{\infty} c_n x^n = \Big(\sum_{n=0}^{\infty} a_n x^n\Big)\Big(\sum_{n=0}^{\infty} b_n x^n\Big)$$

が成り立つ（級数 $\sum_{n=0}^{\infty} c_n x^n$ を $\sum_{n=0}^{\infty} a_n x^n$ と $\sum_{n=0}^{\infty} b_n x^n$ の**コーシー乗積**という）．

定理 6.21（**アーベルの定理**） 整級数 $\sum_{n=0}^{\infty} a_n x^n$ の収束半径を $r > 0$ とし，$f(x) = \sum_{n=0}^{\infty} a_n x^n$ $(-r < x < r)$ とする．$\sum_{n=0}^{\infty} a_n r^n$ が収束すれば

$$\lim_{x \to r-0} f(x) = \lim_{x \to r-0} \sum_{n=0}^{\infty} a_n x^n = \sum_{n=0}^{\infty} a_n r^n.$$

定理 6.22（基本的な関数の整級数展開）

(1) $e^x = 1 + \dfrac{x}{1!} + \dfrac{x^2}{2!} + \cdots + \dfrac{x^n}{n!} + \cdots \quad (-\infty < x < \infty)$

(2) $\sin x = \dfrac{x}{1!} - \dfrac{x^3}{3!} + \cdots + (-1)^{n-1} \dfrac{x^{2n-1}}{(2n-1)!} + \cdots \quad (-\infty < x < \infty)$

(3) $\cos x = 1 - \dfrac{x^2}{2!} + \dfrac{x^4}{4!} - \cdots + (-1)^n \dfrac{x^{2n}}{(2n)!} + \cdots \quad (-\infty < x < \infty)$

(4) $\log(1+x) = x - \dfrac{x^2}{2} + \dfrac{x^3}{3} - \cdots + (-1)^{n-1} \dfrac{x^n}{n} + \cdots \quad (-1 < x \leqq 1)$

(5) （一般の **2 項展開**）

$$(1+x)^\alpha = \binom{\alpha}{0} + \binom{\alpha}{1} x + \binom{\alpha}{2} x^2 + \cdots + \binom{\alpha}{n} x^n + \cdots \quad (|x| < 1)$$

ただし，$\binom{\alpha}{n} = \dfrac{\alpha(\alpha-1)\cdots(\alpha-n+1)}{n!} \quad (n \geqq 1)$, $\binom{\alpha}{0} = 1.$

(6) $\dfrac{1}{1+x} = 1 - x + x^2 - \cdots + (-1)^n x^n + \cdots \quad (|x| < 1)$

(7) $\sin^{-1} x = x + \dfrac{1}{2}\dfrac{x^3}{3} + \dfrac{1 \cdot 3}{2 \cdot 4}\dfrac{x^5}{5} + \cdots + \dfrac{1 \cdot 3 \cdots (2n-1)}{2 \cdot 4 \cdots (2n)} \dfrac{x^{2n+1}}{2n+1} + \cdots$
$\quad (|x| < 1)$

(8) $\tan^{-1} x = x - \dfrac{x^3}{3} + \dfrac{x^5}{5} - \cdots + (-1)^{n-1} \dfrac{x^{2n-1}}{2n-1} + \cdots \quad (|x| < 1).$

6.4 整級数

例題 6.15 ────────────────── 整級数の収束半径 ──

$0 < r < \infty$ のとき，次の (a), (b) は同値であることを示せ．

(a) r は整級数 $\sum_{n=0}^{\infty} a_n x^n$ の収束半径である．すなわち

$$r = \sup\left\{|x|;\ \sum_{n=0}^{\infty} a_n x^n \text{が収束}\right\}.$$

(b) 整級数 $\sum_{n=0}^{\infty} a_n x^n$ は $|x| < r$ で収束し，$|x| > r$ で発散する．

解答 [(a) $\Rightarrow$ (b)] r を整級数 $\sum_{n=0}^{\infty} a_n x^n$ の収束半径とすると，$|x| < r$ のとき，$|x| < |x_0| < r$ で $\sum_{n=0}^{\infty} a_n x_0^n$ が収束するような x_0 が存在する．このとき定理 6.13 より $\sum_{n=0}^{\infty} a_n x^n$ は絶対収束，したがって収束する．

また $|x| > r$ なら，収束半径の定義より $\sum_{n=0}^{\infty} a_n x^n$ は発散する．

[(b) $\Rightarrow$ (a)] $S = \left\{|x|;\ \sum_{n=0}^{\infty} a_n x^n \text{が収束}\right\}$ とする．仮定より $|x| > r$ ならば $|x| \notin S$ だから，$\sup S \leqq r$. ここで $\sup S < r$ とする．このとき $\sup S < |x| < r$ となる x をとると，$|x| \notin S$. 他方，$|x| < r$ より $\sum_{n=0}^{\infty} a_n x^n$ は収束するから，$|x| \in S$ となり矛盾．したがって $\sup S = r$ となり結論を得る．

問 題

6.13 次の (a), (b) は同値であることを示せ．
 (a) 整級数 $\sum_{n=0}^{\infty} a_n x^n$ の収束半径は $r = 0$.
 (b) $\sum_{n=0}^{\infty} a_n x^n$ はすべての $x \neq 0$ に対して発散する．

6.14 次の (a), (b) は同値であることを示せ．
 (a) 整級数 $\sum_{n=0}^{\infty} a_n x^n$ の収束半径は $r = \infty$.
 (b) $\sum_{n=0}^{\infty} a_n x^n$ はすべての x に対して収束する．

6.15 整級数 $\sum_{n=0}^{\infty} x^{n^2} = 1 + x + x^4 + x^9 + \cdots$ の収束半径を求めよ．

例題 6.16 ─────────────────────── 収束半径と収束域 ──

次の整級数の収束半径と収束域を求めよ.

(1) $\displaystyle\sum_{n=1}^{\infty}\frac{(-1)^{n-1}}{\sqrt{n}}x^n$ (2) $\displaystyle\sum_{n=0}^{\infty}\left(\frac{n+2}{2n+1}\right)^n x^n$ (3) $\displaystyle\sum_{n=0}^{\infty}\frac{x^n}{n!}$

解答 (1) $a_n = \dfrac{(-1)^{n-1}}{\sqrt{n}}$ とすると

$$\left|\frac{a_{n+1}}{a_n}\right| = \frac{\sqrt{n}}{\sqrt{n+1}} = \sqrt{\frac{n}{n+1}} = \sqrt{1-\frac{1}{n+1}} \to 1 \ (=l) \quad (n\to\infty).$$

したがって, 収束半径は $r = \dfrac{1}{l} = 1$. $x=1$ のとき, $\displaystyle\sum_{n=1}^{\infty}\frac{(-1)^{n-1}}{\sqrt{n}}x^n = \sum_{n=1}^{\infty}\frac{(-1)^{n-1}}{\sqrt{n}}$ は交代級数で, $\{1/\sqrt{n}\}$ は単調減少で 0 に収束するから, ライプニッツの定理により収束する. $x=-1$ のとき, $\displaystyle\sum_{n=1}^{\infty}\frac{(-1)^{n-1}}{\sqrt{n}}x^n = \sum_{n=1}^{\infty}\frac{-1}{n^{1/2}} = -\sum_{n=1}^{\infty}\frac{1}{n^{1/2}}$ は発散する. したがって収束域は $(-1,1]$.

(2) $a_n = \displaystyle\sum_{n=0}^{\infty}\left(\frac{n+2}{2n+1}\right)^n$ とおくと

$$\sqrt[n]{a_n} = \frac{n+2}{2n+1} = \frac{1+2/n}{2+1/n} \to \frac{1}{2} \quad (n\to\infty).$$

したがって収束半径は $r = \dfrac{1}{l} = 2$. $|x|=2$ のとき, $\left|\left(\dfrac{n+2}{2n+1}\right)^n x^n\right| = \left(\dfrac{2n+4}{2n+1}\right)^n > 1$ だから, $\displaystyle\sum_{n=0}^{\infty}\left(\frac{n+2}{2n+1}\right)^n x^n$ は発散する. したがって, 収束域は $(-2,2)$.

(3) $a_n = \dfrac{1}{n!}$ とおくと, $\dfrac{a_{n+1}}{a_n} = \dfrac{n!}{(n+1)!} = \dfrac{1}{n+1} \to 0 \ (n\to\infty)$. ゆえに収束半径は $r = \dfrac{1}{l} = \infty$, 収束域は $(-\infty,\infty)$.

問題

6.16 次の整級数の収束半径と収束域を求めよ.

(1) $\displaystyle\sum_{n=0}^{\infty}\frac{x^n}{(2n)!}$ (2) $\displaystyle\sum_{n=1}^{\infty}\left(\frac{n}{n+1}\right)^n x^n$ (3) $\displaystyle\sum_{n=0}^{\infty}\frac{(-1)^n}{\log(n+2)}x^n$

6.4 整級数

例題 6.17 ────────────────────────────── 収束半径 ──

$\sum_{n=0}^{\infty} a_n x^n$ の収束半径を r とする．このとき $\sum_{n=0}^{\infty} a_n x^{2n}$ および $\sum_{n=1}^{\infty} a_n x^{2n-1}$ の収束半径は $\sqrt{r}$ であることを示せ．

[解答] $x \neq 0$ のとき $\sum_{n=1}^{\infty} a_n x^{2n-1} = x^{-1} \sum_{n=0}^{\infty} a_n x^{2n}$ だから，$\sum_{n=0}^{\infty} a_n x^{2n}$ と $\sum_{n=1}^{\infty} a_n x^{2n-1}$ の収束・発散は同時に起こる．したがって $\sum_{n=0}^{\infty} a_n x^{2n}$ について示せばよい．

$0 < r < \infty$ とする．定理 6.14 より $\sum_{n=0}^{\infty} a_n x^n$ は $|x| < r$ のとき収束し，$|x| > r$ のとき発散する．ゆえに $\sum_{n=0}^{\infty} a_n x^{2n} = \sum_{n=0}^{\infty} a_n (x^2)^n$ は，$|x^2| < r$ すなわち $|x| < \sqrt{r}$ のとき収束し，$|x^2| > r$ すなわち $|x| > \sqrt{r}$ のとき発散するから，収束半径は $\sqrt{r}$ である．$r = 0, r = \infty$ の場合は明らか．

例題 6.18 ────────────────────────────── 収束半径 ──

次の整級数の収束半径を求めよ．

(1) $\displaystyle\sum_{n=0}^{\infty} \frac{(-1)^n}{2^n(n+1)} x^{2n}$ 　　(2) $\displaystyle\sum_{n=1}^{\infty} \frac{(n!)^2}{(2n)!} x^{2n-1}$

[解答] (1) $a_n = \dfrac{(-1)^n}{2^n(n+1)}$ とおくと

$$\left|\frac{a_{n+1}}{a_n}\right| = \frac{2^n(n+1)}{2^{n+1}(n+2)} = \frac{1}{2}\left(1 - \frac{1}{n+2}\right) \to \frac{1}{2} \quad (n \to \infty)$$

であるから，$\sum_{n=0}^{\infty} \frac{(-1)^n}{2^n(n+1)} x^n$ の収束半径は $r = 2$．
したがって，$\sum_{n=0}^{\infty} \frac{(-1)^n}{2^n(n+1)} x^{2n}$ の収束半径は $\rho = \sqrt{2}$．

(2) $a_n = \dfrac{(n!)^2}{(2n)!}$ とおくと

$$\left|\frac{a_{n+1}}{a_n}\right| = \frac{\{(n+1)!\}^2}{(2n+2)!} \frac{(2n)!}{(n!)^2} = \frac{(n+1)^2}{(2n+2)(2n+1)} \to \frac{1}{4} \quad (n \to \infty)$$

であるから，$\sum_{n=1}^{\infty} \frac{(n!)^2}{(2n)!} x^n$ の収束半径は $r = 4$．
したがって，$\sum_{n=1}^{\infty} \frac{(-1)^n}{2^n(n+1)} x^{2n-1}$ の収束半径は $\rho = 2$．

問　題

6.17 次の整級数の収束半径を求めよ．

(1) $\displaystyle\sum_{n=1}^{\infty} \frac{2^n}{n^2} x^{2n-1}$ 　　(2) $\displaystyle\sum_{n=0}^{\infty} \frac{(-1)^n}{(2n+1)!} x^{2n}$

例題 6.19 — 関数の整級数展開

関数 $f(x)$ が整級数により

$$f(x) = \sum_{n=0}^{\infty} a_n x^n \quad (|x| < r)$$

と表されたとする．このとき $f(x)$ は $|x| < r$ で無限回微分可能で

$$a_n = \frac{f^{(n)}(0)}{n!} \quad (n = 0, 1, 2, \ldots)$$

となることを示せ（すなわち，$f(x)$ の整級数展開は一意的で $f(x)$ のマクローリン展開に一致する）．

解答

$$f(x) = a_0 + a_1 x + a_2 x^2 + a_3 x^3 + \cdots + a_n x^n + a_{n+1} x^{n+1} + \cdots \quad (-r < x < r)$$

とすると，項別微分の定理より $f(x)$ は $|x| < r$ で微分可能で

$$f'(x) = a_1 + 2a_2 x + 3a_3 x^2 + \cdots + n a_n x^{n-1} + (n+1) a_{n+1} x^n + \cdots$$

となり，$f'(x)$ の整級数展開を得る．定理 6.17 よりこの整級数の収束半径は r に等しい．再び項別微分の定理より $f'(x)$ は $|x| < r$ で微分可能で

$$f''(x) = 2a_2 + 3 \cdot 2 a_3 x + \cdots + n(n-1) a_n x^{n-2} + (n+1) n a_{n+1} x^{n-1} + \cdots$$

となり，この整級数の収束半径は r に等しい．以下同様に任意の $n \geqq 3$ に対して

$$f^{(n)}(x) = n! a_n + \{(n+1)n \cdots 2\} x + \{(n+2)(n+1) \cdots 3\} x^2 + \cdots \quad (|x| < r)$$

を得るから，$f(x)$ は $|x| < r$ で無限回微分可能．ここで $x = 0$ とおくと

$$f^{(n)}(0) = n! a_n$$

となり，$a_n = \dfrac{f^{(n)}(0)}{n!}$ を得る．

問題

6.18 関数 $f(x) = \dfrac{1}{1-x^2}$ を整級数で表せ．また，定理 6.19（例題 6.19）を用いて $f^{(n)}(0)$ を求めよ．

6.19 関数 $f(x) = \sinh x$ を整級数展開せよ．また，定理 6.19（例題 6.19）を用いて $f^{(n)}(0)$ を求めよ．

例題 6.20 — 関数の整級数展開

次の整級数展開が成り立つことを示せ.
$$\log(1+x) = x - \frac{x^2}{2} + \frac{x^3}{3} - \cdots + (-1)^{n-1}\frac{x^n}{n} + \cdots \quad (-1 < x < 1)$$

[解答] $\{\log(1+x)\}' = \dfrac{1}{1+x} = 1 - x + x^2 - x^3 + \cdots + (-1)^n x^n + \cdots$

$$= \sum_{n=0}^{\infty} (-1)^n x^n \quad (|x| < 1).$$

したがって $|x| < 1$ のとき項別積分の定理から次を得る.

$$\log(1+x) = \int_0^x \frac{dt}{1+t} = \int_0^x \sum_{n=0}^{\infty} (-1)^n t^n \, dt$$

$$= \sum_{n=0}^{\infty} (-1)^n \int_0^x t^n \, dt = \sum_{n=0}^{\infty} (-1)^n \frac{x^{n+1}}{n+1} = \sum_{n=1}^{\infty} \frac{(-1)^{n-1}}{n} x^n$$

例題 6.21 — 関数の整級数展開

次を示せ.
$$\sum_{n=1}^{\infty} \frac{1}{n 2^n} = \frac{1}{2} + \frac{1}{2}\left(\frac{1}{2}\right)^2 + \frac{1}{3}\left(\frac{1}{2}\right)^3 + \cdots + \frac{1}{n}\left(\frac{1}{2}\right)^n + \cdots = \log 2$$

[解答] $\log(1+x)$ の整級数展開で $x = -\frac{1}{2}$ とおくと

$$\log \frac{1}{2} = -\frac{1}{2} - \frac{1}{2}\left(-\frac{1}{2}\right)^2 + \frac{1}{3}\left(-\frac{1}{2}\right)^3 - \cdots + (-1)^{n-1}\frac{1}{n}\left(-\frac{1}{2}\right)^n + \cdots$$

$$= -\frac{1}{2} - \frac{1}{2}\left(\frac{1}{2}\right)^2 - \frac{1}{3}\left(\frac{1}{2}\right)^3 - \cdots - \frac{1}{n}\left(\frac{1}{2}\right)^n - \cdots$$

となり, 次式を得る.

$$\frac{1}{2} + \frac{1}{2}\left(\frac{1}{2}\right)^2 + \frac{1}{3}\left(\frac{1}{2}\right)^3 + \cdots + \frac{1}{n}\left(\frac{1}{2}\right)^n + \cdots = \log 2$$

問題

6.20 次の級数の和を求めよ.
$$\sum_{n=1}^{\infty} \frac{(-1)^{n-1}}{n 2^n} = \frac{1}{2} - \frac{1}{8} + \frac{1}{24} - \cdots + \frac{(-1)^{n-1}}{n}\left(\frac{1}{2}\right)^n + \cdots$$

例題 6.22 ─────────────────── 条件収束級数の和 ──

次を示せ.

(1) $1 - \dfrac{1}{2} + \dfrac{1}{3} - \dfrac{1}{4} + \dfrac{1}{5} - \dfrac{1}{6} + \cdots + (-1)^{n-1}\dfrac{1}{n} + \cdots = \log 2$

(2) $1 + \dfrac{1}{3} - \dfrac{1}{2} + \dfrac{1}{5} + \dfrac{1}{7} - \dfrac{1}{4} + \dfrac{1}{9} + \dfrac{1}{11} - \dfrac{1}{6} + \cdots = \dfrac{3}{2}\log 2$

[解答] (1) 例題 6.20 より, $-1 < x < 1$ で

$$\sum_{n=1}^{\infty} \frac{(-1)^{n-1}}{n} x^n = \log(1+x).$$

また, 左辺で $x=1$ とした級数 $\displaystyle\sum_{n=1}^{\infty} \frac{(-1)^{n-1}}{n}$ はライプニッツの定理より収束する. したがってアーベルの定理より

$$\sum_{n=1}^{\infty} \frac{(-1)^{n-1}}{n} = \lim_{x \to 1-0} \sum_{n=1}^{\infty} \frac{(-1)^{n-1}}{n} x^n = \lim_{x \to 1-0} \log(1+x) = \log 2$$

となる.

(2) (1) より

$$\log 2 = 1 - \frac{1}{2} + \frac{1}{3} - \frac{1}{4} + \frac{1}{5} - \frac{1}{6} + \frac{1}{7} - \frac{1}{8} + \frac{1}{9} - \frac{1}{10} + \cdots + \frac{1}{2n-1} - \frac{1}{2n} + \cdots,$$

$$\frac{1}{2}\log 2 = \quad\ \frac{1}{2} \quad\ - \frac{1}{4} \quad\ + \frac{1}{6} \quad\ - \frac{1}{8} \quad\ + \frac{1}{10} + \cdots\cdots + \frac{(-1)^{n-1}}{2n} + \cdots.$$

辺々加えて

$$\frac{3}{2}\log 2 = 1 + \frac{1}{3} - \frac{1}{2} + \frac{1}{5} + \frac{1}{7} - \frac{1}{4} + \frac{1}{9} + \frac{1}{11} - \frac{1}{6} + \cdots$$

を得る.

注 (2) の級数は条件収束級数 (1) の項の順序を変えたものである. 一般に, 条件収束級数は項の順序を変えて任意の値に収束させることも, また発散させることもできる.

─────── 問 題 ───────

6.21 (1) 関数 $f(x) = \log(1+x^2)$ を $-1 < x < 1$ で整級数展開せよ.

(2) $f^{(n)}(0)$ を求めよ.

6.4 整級数

例題 6.23 — 関数の整級数展開

$-1 < x < 1$ のとき次の整級数展開が成り立つことを示せ.

(1) $\dfrac{1}{\sqrt{1+x}} = 1 - \dfrac{1}{2}x + \dfrac{1\cdot 3}{2\cdot 4}x^2 - \cdots + (-1)^n \dfrac{1\cdot 3\cdots(2n-1)}{2\cdot 4\cdots(2n)}x^n + \cdots$

(2) $\sqrt{1+x} = 1 + \dfrac{1}{2}x - \dfrac{1}{2}\dfrac{x^2}{4} + \cdots + (-1)^{n-1}\dfrac{1\cdot 3\cdots(2n-3)}{2\cdot 4\cdots(2n-2)}\dfrac{x^n}{2n} + \cdots$

解答 (1) $(1+x)^\alpha$ ($|x|<1$) の展開式 (一般の 2 項展開) で $\alpha = -\dfrac{1}{2}$ とおくと $|x|<1$ のとき

$$(1+x)^{-1/2} = \binom{-1/2}{0} + \binom{-1/2}{1}x + \binom{-1/2}{2}x^2 + \cdots + \binom{-1/2}{n}x^n + \cdots.$$

ここで, $\binom{-1/2}{0} = 1$, $n \geqq 1$ のとき

$$\binom{-1/2}{n} = \frac{-1/2(-1/2-1)\cdots(-1/2-n+1)}{n!}$$

$$= \frac{-1/2(-3/2)\cdots(-(2n-1)/2)}{n!} = (-1)^n \frac{1\cdot 3\cdots(2n-1)}{2\cdot 4\cdots(2n)}.$$

したがって, $\dfrac{1}{\sqrt{1+x}} = 1 - \dfrac{1}{2}x + \dfrac{1\cdot 3}{2\cdot 4}x^2 - \cdots + (-1)^n \dfrac{1\cdot 3\cdots(2n-1)}{2\cdot 4\cdots(2n)}x^n + \cdots.$

(2) $(1+x)^\alpha$ ($|x|<1$) の展開式で $\alpha = 1/2$ とおくと, $|x|<1$ のとき

$$(1+x)^{1/2} = \binom{1/2}{0} + \binom{1/2}{1}x + \binom{1/2}{2}x^2 + \cdots + \binom{1/2}{n}x^n + \cdots.$$

ここで, $\binom{1/2}{0} = 1$, $n \geqq 1$ のとき

$$\binom{1/2}{n} = \frac{1/2(1/2-1)\cdots(1/2-n+1)}{n!}$$

$$= (-1)^{n-1}\frac{1\cdot 3\cdots(2n-3)}{2^n(n!)} = (-1)^{n-1}\frac{1\cdot 3\cdots(2n-3)}{2\cdot 4\cdots(2n-2)}\frac{1}{2n}.$$

したがって

$$\sqrt{1+x} = 1 + \frac{1}{2}x - \frac{1}{2}\frac{x^2}{4} + \frac{1\cdot 3}{2\cdot 4}\frac{x^3}{6} - \cdots + (-1)^{n-1}\frac{1\cdot 3\cdots(2n-3)}{2\cdot 4\cdots(2n-2)}\frac{x^n}{2n} + \cdots.$$

問題

6.22 関数 $\sqrt{1-x^2}$ ($|x|<1$) の整級数展開を求めよ.

例題 6.24 ——————————————— 関数の整級数展開 ———

次の整級数展開が成り立つことを示せ.

(1) $\dfrac{1}{\sqrt{1-x^2}} = 1 + \dfrac{1}{2}x^2 + \dfrac{1\cdot 3}{2\cdot 4}x^4 + \cdots + \dfrac{1\cdot 3\cdots(2n-1)}{2\cdot 4\cdots(2n)}x^{2n} + \cdots$

$(-1 < x < 1)$

(2) $\sin^{-1} x = x + \dfrac{1}{2}\dfrac{x^3}{3} + \dfrac{1\cdot 3}{2\cdot 4}\dfrac{x^5}{5} + \cdots + \dfrac{1\cdot 3\cdots(2n-1)}{2\cdot 4\cdots(2n)}\dfrac{x^{2n+1}}{2n+1} + \cdots$

$(-1 < x < 1)$

解答 (1) 例題 6.23(1) より, $-1 < x < 1$ のとき

$$\dfrac{1}{\sqrt{1+x}} = 1 - \dfrac{1}{2}x + \dfrac{1\cdot 3}{2\cdot 4}x^2 - \cdots + (-1)^n \dfrac{1\cdot 3\cdots(2n-1)}{2\cdot 4\cdots(2n)}x^n + \cdots.$$

ここで x を $-x^2$ でおきかえて

$$\dfrac{1}{\sqrt{1-x^2}} = 1 + \dfrac{1}{2}x^2 + \dfrac{1\cdot 3}{2\cdot 4}x^4 + \cdots + \dfrac{1\cdot 3\cdots(2n-1)}{2\cdot 4\cdots(2n)}x^{2n} + \cdots$$

を得る.

(2) $-1 < x < 1$ のとき,

$$(\sin^{-1} x)' = \dfrac{1}{\sqrt{1-x^2}}$$

だから, 項別積分の定理より

$$\sin^{-1} x = \int_0^x \dfrac{dt}{\sqrt{1-t^2}}$$

$$= \int_0^x \left\{ 1 + \dfrac{1}{2}t^2 + \dfrac{1\cdot 3}{2\cdot 4}t^4 + \cdots + \dfrac{1\cdot 3\cdots(2n-1)}{2\cdot 4\cdots(2n)}t^{2n} + \cdots \right\} dt$$

$$= \int_0^x dt + \dfrac{1}{2}\int_0^x t^2\, dt + \dfrac{1\cdot 3}{2\cdot 4}\int_0^x t^4\, dt + \cdots + \dfrac{1\cdot 3\cdots(2n-1)}{2\cdot 4\cdots(2n)}\int_0^x t^{2n}\, dt + \cdots$$

$$= x + \dfrac{1}{2}\dfrac{x^3}{3} + \dfrac{1\cdot 3}{2\cdot 4}\dfrac{x^5}{5} + \cdots + \dfrac{1\cdot 3\cdots(2n-1)}{2\cdot 4\cdots(2n)}\dfrac{x^{2n+1}}{2n+1} + \cdots$$

を得る.

――― 問 題 ―――

6.23 $f(x) = \sin^{-1} x$ とする. 例題 6.24(2) を利用して $f^{(n)}(0)$ を求めよ.

例題 6.25 ──────────────── コーシー乗積

次を示せ．

整級数 $\sum_{n=0}^{\infty} a_n x^n$, $\sum_{n=0}^{\infty} b_n x^n$ の収束半径をそれぞれ $r_1 > 0$, $r_2 > 0$ とし，$r = \min\{r_1, r_2\}$ とする．

$$c_n = \sum_{i=0}^{n} a_i b_{n-i} = a_0 b_n + a_1 b_{n-1} + \cdots + a_{n-1} b_1 + a_n b_0 \quad (n = 0, 1, 2, \ldots)$$

とすると，整級数 $\sum_{n=0}^{\infty} c_n x^n$ は $|x| < r$ で絶対収束してその和について

$$\sum_{n=0}^{\infty} c_n x^n = \left(\sum_{n=0}^{\infty} a_n x^n\right)\left(\sum_{n=0}^{\infty} b_n x^n\right)$$

が成り立つ（$\sum_{n=0}^{\infty} c_n x^n$ を $\sum_{n=0}^{\infty} a_n x^n$ と $\sum_{n=0}^{\infty} b_n x^n$ のコーシー乗積という）．

解答 $A_n = a_n x^n$, $B_n = b_n x^n$ とし

$$C_n = \sum_{i=0}^{n} A_i B_{n-i} = \left(\sum_{i=0}^{n} a_i b_{n-i}\right) x^n = c_n x^n$$

とする．$|x| < r$ のとき，$\sum_{n=0}^{\infty} A_n$, $\sum_{n=0}^{\infty} B_n$ は絶対収束するから問題 6.12（例題 6.13）より $\sum_{n=0}^{\infty} C_n = \sum_{n=0}^{\infty} c_n x^n$ は絶対収束して

$$\sum_{n=0}^{\infty} C_n = \left(\sum_{n=0}^{\infty} A_n\right)\left(\sum_{n=0}^{\infty} B_n\right)$$

が成り立つ．したがって

$$\sum_{n=0}^{\infty} c_n x^n = \left(\sum_{n=0}^{\infty} a_n x^n\right)\left(\sum_{n=0}^{\infty} b_n x^n\right)$$

を得る．

問題

6.24 整級数 $\sum_{n=1}^{\infty} (-1)^{n-1} \dfrac{x^n}{n}$ と $\sum_{n=0}^{\infty} (-1)^n x^n$ のコーシー乗積を求めよ．ただし $|x| < 1$ とする．

例題 6.26 ──────────────────────── 関数の整級数展開 ──

次の関数を整級数に展開せよ．

(1) $\cos^2 x$ (2) $\dfrac{\log(1+x)}{1-x}$

解答 (1) $\cos^2 x = \dfrac{1+\cos 2x}{2}$ で

$$\cos x = 1 - \frac{x^2}{2!} + \frac{x^4}{4!} - \cdots + (-1)^n \frac{x^{2n}}{(2n)!} + \cdots \qquad (|x| < \infty),$$

$$\therefore \quad \cos 2x = 1 - \frac{2^2 x^2}{2!} + \frac{2^4 x^4}{4!} - \cdots + (-1)^n \frac{2^{2n} x^{2n}}{(2n)!} + \cdots \qquad (|x| < \infty).$$

したがって $-\infty < x < \infty$ に対して

$$\cos^2 x = \frac{1}{2} + \frac{1}{2}\left(1 - \frac{2^2 x^2}{2!} + \frac{2^4 x^4}{4!} - \cdots + (-1)^n \frac{2^{2n} x^{2n}}{(2n)!} + \cdots \right)$$

$$= 1 - \frac{2x^2}{2!} + \frac{2^3 x^4}{4!} - \cdots + (-1)^n \frac{2^{2n-1} x^{2n}}{(2n)!} + \cdots = 1 + \sum_{n=1}^{\infty} (-1)^n \frac{2^{2n-1} x^{2n}}{(2n)!}.$$

(2) $\log(1+x) = x - \dfrac{x^2}{2} + \dfrac{x^3}{3} - \cdots + (-1)^{n-1} \dfrac{x^n}{n} + \cdots \quad (|x| < 1),$

$\dfrac{1}{1-x} = 1 + x + x^2 + \cdots + x^n + \cdots \quad (|x| < 1).$

これらの整級数は $|x| < 1$ で絶対収束するから，その積はコーシー乗積に一致する．したがって $|x| < 1$ のとき

$$\frac{\log(1+x)}{1-x}$$

$$= \left(x - \frac{x^2}{2} + \frac{x^3}{3} - \cdots + (-1)^{n-1} \frac{x^n}{n} + \cdots \right)(1 + x + x^2 + \cdots + x^n + \cdots)$$

$$= x + \left(1 - \frac{1}{2}\right) x^2 + \left(1 - \frac{1}{2} + \frac{1}{3}\right) x^3 - \cdots + \left(1 - \frac{1}{2} + \frac{1}{3} - \cdots + \frac{(-1)^{n-1}}{n}\right) x^n + \cdots$$

$$= \sum_{n=1}^{\infty} \left\{ \sum_{k=1}^{n} \frac{(-1)^{k-1}}{k} \right\} x^n.$$

問 題

6.25 次の関数を整級数に展開せよ．

(1) $\dfrac{1}{1 - 3x + 2x^2}$ (2) $\dfrac{1}{(x+1)^2}$ (3) $\dfrac{\tan^{-1} x}{1 + x^2}$

演習問題 6-A

1 次の級数の和を求めよ.

(1) $\displaystyle\sum_{n=1}^{\infty}(-1)^{n-1}\frac{2^{n-1}}{5^n}$
(2) $\displaystyle\sum_{n=1}^{\infty}\frac{2}{n^2+4n+3}$
(3) $\displaystyle\sum_{n=1}^{\infty}\frac{1}{2^{2n-1}}$

2 次の級数の収束・発散を調べよ.

(1) $\displaystyle\sum_{n=1}^{\infty}\frac{n^2}{n^3+n-1}$
(2) $\displaystyle\sum_{n=1}^{\infty}(\sqrt{n+1}-\sqrt{n})$
(3) $\displaystyle\sum_{n=1}^{\infty}(\sqrt[n]{2n}-1)^n$

(4) $\displaystyle\sum_{n=1}^{\infty}\frac{1}{n\sqrt{\log(1+n)}}$
(5) $\displaystyle\sum_{n=1}^{\infty}\frac{\sqrt{n+1}-\sqrt{n}}{n}$
(6) $\displaystyle\sum_{n=1}^{\infty}\frac{3^{2n}}{n!}$

(7) $\displaystyle\sum_{n=1}^{\infty}\left(\frac{n}{n+1}\right)^{n^2}$
(8) $\displaystyle\sum_{n=1}^{\infty}\left(\frac{n}{n+1}\right)^n$
(9) $\displaystyle\sum_{n=1}^{\infty}\frac{a^n}{n^a}\quad(a>0)$

(10) $\displaystyle\sum_{n=1}^{\infty}p^n n^p\quad(p>0)$
(11) $\displaystyle\sum_{n=1}^{\infty}\sin\frac{\pi}{n^p}\quad(p>0)$

(12) $\displaystyle\sum_{n=1}^{\infty}\frac{1}{p^n-q^n}\quad(p>q>0)$

3 次の級数の収束・発散を調べよ. 収束ならば絶対収束か条件収束か述べよ.

(1) $\displaystyle\sum_{n=1}^{\infty}\frac{(-1)^{n-1}}{2n-1}$
(2) $\displaystyle\sum_{n=1}^{\infty}(-1)^{n-1}\sin\frac{\pi}{2n}$
(3) $\displaystyle\sum_{n=1}^{\infty}\frac{e^n\cos nx}{n!}$

(4) $\displaystyle\sum_{n=1}^{\infty}\frac{(-1)^{n-1}}{n^p}$
(5) $\displaystyle\sum_{n=1}^{\infty}(-1)^{n-1}\log\left(1+\frac{1}{n^p}\right)$

4 次の整級数の収束半径と収束域を求めよ.

(1) $\displaystyle\sum_{n=0}^{\infty}x^{2n}$
(2) $\displaystyle\sum_{n=2}^{\infty}(-1)^n\frac{\log n}{n}x^n$
(3) $\displaystyle\sum_{n=1}^{\infty}\left(\frac{n}{n+1}\right)^{n^2}x^n$

(4) $\displaystyle\sum_{n=1}^{\infty}\frac{x^n}{n^p}\quad(p>0)$
(5) $\displaystyle\sum_{n=1}^{\infty}\frac{(-1)^{n-1}n^2}{3^n}x^{2n-1}$

5 次を示せ.

(1) $\tan^{-1}x = x - \dfrac{x^3}{3}+\dfrac{x^5}{5}-\cdots+(-1)^{n-1}\dfrac{x^{2n-1}}{2n-1}+\cdots\quad(-1<x<1)$

(2) $1-\dfrac{1}{3}+\dfrac{1}{5}-\cdots+(-1)^{n-1}\dfrac{1}{2n-1}+\cdots=\dfrac{\pi}{4}$

6 次の関数を整級数展開せよ.

(1) $\cosh x$
(2) $(1+x)e^x$
(3) $\log(1+3x+2x^2)$

(4) $\dfrac{\sin x}{1-x^2}$
(5) $\dfrac{\tan^{-1}x}{1-x^2}$

演習問題 6-B

7 級数 $\sum_{n=1}^{\infty} a_n$ が絶対収束するとき，級数 $\sum_{n=1}^{\infty} a_n^2$ は収束することを示せ．また，逆は成り立たないことを示せ．

8 (1) 正項級数 $\sum_{n=1}^{\infty} a_n$ が収束すれば，級数 $\sum_{n=1}^{\infty} \sqrt{a_n a_{n+1}}$ も収束することを示せ．

(2) $a_{2n-1} = \dfrac{1}{n}, a_{2n} = \dfrac{1}{n^2}$ $(n=1,2,\ldots)$ とする．次を示せ．

  (a) 級数 $\sum_{n=1}^{\infty} a_n = \dfrac{1}{1} + \dfrac{1}{1^2} + \dfrac{1}{2} + \dfrac{1}{2^2} + \dfrac{1}{3} + \dfrac{1}{3^2} + \cdots$ は発散する．

  (b) 級数 $\sum_{n=1}^{\infty} \dfrac{1}{\sqrt{a_{2n-1} a_{2n}}}$ は収束する．

9 収束する正項級数 $\sum_{n=1}^{\infty} a_n$ に対して，級数 $\sum_{n=1}^{\infty} \dfrac{a_n}{n^p}$ は $p > 1/2$ のとき収束することを示せ．また，$p = 1/2$ のとき反例を示せ．

10 交代級数 $\sum_{n=1}^{\infty} a_n = 1 - \dfrac{1}{2} + \dfrac{1}{2} - \dfrac{1}{4} + \dfrac{1}{3} - \dfrac{1}{6} + \cdots + \dfrac{1}{n} - \dfrac{1}{2n} + \cdots$ の収束・発散を調べよ（$\sum_{n=1}^{\infty} a_n$ は交代級数で $a_n \to 0$ だが，$\{|a_n|\}$ は減少数列でないことに注意）．

11 (1) 整級数 $\sum_{n=0}^{\infty} a_n x^n$ において $l = \lim_{N \to \infty} \sup_{n \geqq N} \sqrt[n]{|a_n|}$ とすると，$r = 1/l$ は $\sum_{n=0}^{\infty} a_n x^n$ の収束半径であることを示せ．ただし，$1/\infty = 0$, $1/0 = \infty$ とする．（一般に数列 $\{a_n\}$ に対して $\lim_{N \to \infty} \sup_{n \geqq N} a_n$ を $\limsup_{n \to \infty} a_n$ と書き，$\{a_n\}$ の**上極限**という．数列の上極限は $l = \pm\infty$ の場合も含めてつねに存在する．）

(2) 整級数 $\sum_{n=0}^{\infty} x^{n^2}$ の収束半径を求めよ（$\lim_{n \to \infty} |a_{n+1}/a_n|$ および $\lim_{n \to \infty} \sqrt[n]{|a_n|}$ は存在しないことに注意）．

12 (1) 次の整級数展開が成り立つことを示せ．

$$\log(x + \sqrt{x^2+1}) = x - \dfrac{1}{2}\dfrac{x^3}{3} + \dfrac{1\cdot 3}{2\cdot 4}\dfrac{x^5}{5} - \cdots + (-1)^n \dfrac{1\cdot 3\cdots(2n-1)}{2\cdot 4\cdots(2n)}\dfrac{x^{2n+1}}{2n+1}$$
$$+ \cdots \qquad (|x| < 1)$$

(2) $f(x) = \log(x + \sqrt{x^2+1})$ とするとき，(1) を利用して $f^{(n)}(0)$ を求めよ．

問 題 解 答

■ 1 章問題解答

1.1 [⇒] S に最大数が存在するとして $m = \max S$ とすると，すべての $x \in S$ に対して $x \leqq m$ で $m \in S$. したがって m は S の上界．また任意の $\varepsilon > 0$ に対して $m - \varepsilon < m$ で $m \in S$ だから m は S の最小上界．ゆえに $\sup S = m \in S$.
[⇐] $\alpha = \sup S$ とすると，すべての $x \in S$ に対して $x \leqq \alpha$. 仮定より $\alpha \in S$ だから $\alpha = \max S$.

1.2 (1) 1 は S の最小上界だから $\sup S = 1$. $1 \notin S$ だから $\max S$ は存在しない．
-1 は S の最大下界，すなわち $\inf S = -1$. $-1 \notin S$ だから $\min S$ は存在しない．

(2) $\min \mathbb{N} = 1$ だから $\inf \mathbb{N} = \min \mathbb{N} = 1$. $\mathbb{N}$ は上に有界でないから，$\sup \mathbb{N} = \infty$. ゆえに $\max \mathbb{N}$ は存在しない．

(3) $\min S = \inf S = 1.4$. 任意の n に対して $a_n \leqq \sqrt{2}$ だから $\sqrt{2}$ は S の上界．また $a_n \to \sqrt{2}$ $(n \to \infty)$ だから，任意の $\varepsilon > 0$ に対して $\sqrt{2} - \varepsilon < a_n$ をみたす a_n が存在する．ゆえに $\sup S = \sqrt{2}$. $\sqrt{2} \notin S$ だから，$\max S$ は存在しない．

1.3 上限の定義より任意の自然数 n に対して $l - 1/n < a_n \leqq l$ をみたす $a_n \in S$ が存在する．このとき $a_n \to l$ $(n \to \infty)$ となる．

1.4 $0 \leqq ||a_n| - |a|| \leqq |a_n - a| \to 0$ $(n \to \infty)$ より，$|a_n| \to |a|$ $(n \to \infty)$.

1.5 (1) $\sqrt{n^2 + n} - n = \dfrac{n}{\sqrt{n^2 + n} + n} = \dfrac{1}{\sqrt{1 + \frac{1}{n}} + 1} \to \dfrac{1}{2}$ $(n \to \infty)$

(2) $\sqrt{n + \sqrt{n}} - \sqrt{n} = \dfrac{\sqrt{n}}{\sqrt{n + \sqrt{n}} + \sqrt{n}} = \dfrac{1}{\sqrt{1 + \frac{1}{\sqrt{n}}} + 1} \to \dfrac{1}{2}$ $(n \to \infty)$

(3) $\dfrac{5n^3 - 4n^2 + 2}{n^3 - 2n + 1} = \dfrac{5 - \frac{4}{n} + \frac{2}{n^3}}{1 - \frac{2}{n^2} + \frac{1}{n^3}} \to 5$ $(n \to \infty)$

(4) $\dfrac{1 + 2 + \cdots + n}{n^2} = \dfrac{n(n+1)}{2n^2} = \dfrac{1}{2}\left(1 + \dfrac{1}{n}\right) \to \dfrac{1}{2}$ $(n \to \infty)$

(5) $\dfrac{1^2 + 2^2 + 3^2 + \cdots + n^2}{n^3} = \dfrac{n(n+1)(2n+1)}{6n^3} = \dfrac{1}{6}\left(1 + \dfrac{1}{n}\right)\left(2 + \dfrac{1}{n}\right) \to \dfrac{1}{3}$ $(n \to \infty)$

(6) $(1 + \frac{1}{n+1})^n = (1 + \frac{1}{n+1})^{n+1}(1 + \frac{1}{n+1})^{-1} \to e \cdot 1 = e$ $(n \to \infty)$

(7) $(1 - \frac{1}{n})^{-n} = (\frac{n-1}{n})^{-n} = (\frac{n}{n-1})^n = (1 + \frac{1}{n-1})^{n-1}(1 + \frac{1}{n-1}) \to e$ $(n \to \infty)$

1.6 例題 1.4(3) より $n^k (1/a)^n \to 0$ $(n \to \infty)$. ゆえに $a^n/n^k \to \infty$ $(n \to \infty)$.

1.7 $a = 1$ のとき明らか．$a > 1$ のとき $a = 1 + h$, $h > 0$ とおくと
$$1 < \sqrt[n]{a} = \sqrt[n]{1 + h} \leqq 1 + \dfrac{h}{n} \quad \left(\because \ \left(1 + \dfrac{h}{n}\right)^n \geqq 1 + n\dfrac{h}{n} = 1 + h\right).$$
ゆえに，はさみうちの定理より $\sqrt[n]{a} \to 1$ $(n \to \infty)$.
$0 < a < 1$ のとき，$b = \dfrac{1}{a}$ とおくと $b > 1$ だから $\sqrt[n]{a} = \dfrac{1}{\sqrt[n]{b}} \to 1$ $(n \to \infty)$.

1.8 $\sqrt[n]{2n} = \sqrt[n]{2}\sqrt[n]{n} \to 1 \cdot 1 = 1$ $(n \to \infty)$

1.9 $a_n > 0$ に注意する．$a_{n+1}^2 - a_n^2 = 1 + a_n - (1 + a_{n-1}) = a_n - a_{n-1}$ だから，$a_n \geqq a_{n-1}$

ならば $a_{n+1} \geqq a_n$. ここで $a_2 = \sqrt{1+a_1} = \sqrt{2} > 1 = a_1$ だから, $\{a_n\}$ は増加数列. また $a_{n+1}^2 = 1 + a_n$ より
$$a_{n+1} = \frac{1+a_n}{a_{n+1}} < \frac{1+a_{n+1}}{a_{n+1}} = 1 + \frac{1}{a_{n+1}}.$$
$a_{n+1} > a_1 = 1$ だから $a_{n+1} < 2$. 以上から $\{a_n\}$ は単調増加で上に有界だから収束する. その極限値を α とする. $a_{n+1}^2 = 1 + a_n$ で $n \to \infty$ とすると $\alpha^2 = \alpha + 1$ となる. $\alpha > 0$ だから $\alpha = \frac{1+\sqrt{5}}{2}$.

1.10 (1) $a_{n+1} - a_n = \frac{1}{2+n} + \frac{1}{3+n} + \cdots + \frac{1}{2n} + \frac{1}{2n+1} + \frac{1}{2(n+1)} - (\frac{1}{1+n} + \frac{1}{2+n} + \cdots + \frac{1}{2n})$
$= \frac{1}{2n+1} + \frac{1}{2(n+1)} - \frac{1}{1+n} = \frac{1}{2n+1} - \frac{1}{2(n+1)} > 0.$

よって $\{a_n\}$ は増加数列. また $a_n < \frac{n}{n+1} < 1$ より $\{a_n\}$ は上に有界. したがって $\{a_n\}$ は収束する.

(2) $a_1 = 1/2$ だから, すべての n に対して $1/2 \leqq a_n < 1$. よって $1/2 \leqq \lim_{n \to \infty} a_n \leqq 1$.

1.11 $\varepsilon = 1$ に対して自然数 N が存在して, $n, m \geqq N$ ならば $|a_n - a_m| < 1$. 特に $m = N$ とすると, $n \geqq N$ ならば $|a_n - a_N| < 1$. このとき, $a_N - 1 < a_n < a_N + 1$. ゆえに区間 $(a_N - 1, a_N + 1)$ に含まれない a_n は高々 $N - 1$ 個だから $\{a_n\}$ は有界.

1.12 (1) $\cos^{-1}(1/2) = \pi/3$

(2) $\tan^{-1}\left(\tan\frac{5\pi}{4}\right) = \tan^{-1}\left(\tan\frac{\pi}{4}\right) = \tan^{-1} 1 = \frac{\pi}{4}$

(3) $\theta = \sin^{-1}(2/3)$ とおくと $\sin\theta = 2/3, 0 < \theta < \pi/2$ だから $\cos\theta = \sqrt{1 - \sin^2\theta} = \sqrt{5}/3$. よって $\tan(\sin^{-1}(2/3)) = \tan\theta = \frac{2/3}{\sqrt{5}/3} = 2/\sqrt{5}$.

1.13 (1) $\sin^{-1} x = \cos^{-1}(1/3) = \theta$ とおくと, $\cos\theta = 1/3, 0 < \theta < \pi/2$.
$\therefore x = \sin\theta = \sqrt{1 - \cos^2\theta} = 2\sqrt{2}/3$.

(2) $\tan^{-1} x = \sin^{-1}(3/4) = \theta$ とおくと, $\sin\theta = 3/4, 0 < \theta < \pi/2$.
$\therefore \cos\theta = \sqrt{1 - \sin^2\theta} = \frac{\sqrt{7}}{4}$. $\therefore x = \tan\theta = \frac{3}{4}\frac{4}{\sqrt{7}} = \frac{3}{\sqrt{7}}$.

(3) $\cos^{-1} x = \tan^{-1}(3/5) = \theta$ とおくと, $\tan\theta = 3/5, 0 < \theta < \pi/2$.
$\therefore x = \cos\theta = (\sqrt{1 + \tan^2\theta})^{-1} = 5/\sqrt{34}$.

1.14 (1) $\sin^{-1} x = \theta$ とすると $\sin\theta = x, -\pi/2 \leqq \theta \leqq \pi/2$. このとき $0 \leqq \pi/2 - \theta \leqq \pi$ で $\cos(\pi/2 - \theta) = \sin\theta = x$ だから $\cos^{-1} x = \pi/2 - \theta = \pi/2 - \sin^{-1} x$.

(2) $\tan^{-1} x = \theta$ とおくと, $x > 0$ だから $0 < \theta < \pi/2$ で $\tan\theta = x$. このとき
$$\tan\left(\frac{\pi}{2} - \theta\right) = \frac{\sin\left(\frac{\pi}{2} - \theta\right)}{\cos\left(\frac{\pi}{2} - \theta\right)} = \frac{\cos\theta}{\sin\theta} = \frac{1}{\tan\theta} = \frac{1}{x}.$$
$0 < \pi/2 - \theta < \pi/2$ だから $\tan^{-1}\frac{1}{x} = \pi/2 - \theta = \pi/2 - \tan^{-1} x$. よって $\tan^{-1} x + \tan^{-1}\frac{1}{x} = \pi/2$.

1.15 任意の $\varepsilon > 0$ に対して $\delta_1 > 0$ が存在して, $0 < |x - a| < \delta_1$ ならば $l - \varepsilon < f(x) < l + \varepsilon$. また $\delta_2 > 0$ が存在して, $0 < |x - a| < \delta_2$ ならば $m - \varepsilon < g(x) < m + \varepsilon$.
$\delta = \min\{\delta_1, \delta_2\}$ とすると, $0 < |x - a| < \delta$ のとき $l - \varepsilon < f(x) \leqq g(x) < m + \varepsilon$. ゆえに $l - m < 2\varepsilon$. $\varepsilon > 0$ は任意だから $l - m \leqq 0$. すなわち $l \leqq m$.
また, $f(x) = -x^2, g(x) = x^2$ $(x \neq 0)$ とすると $f(x) < g(x)$ $(x \neq 0)$ だが $\lim_{x \to 0} f(x) = \lim_{x \to 0} g(x) = 0$.

1.16 (1) $(1+\frac{1}{2x})^x = \{(1+\frac{1}{2x})^{2x}\}^{1/2} \to \sqrt{e}\ (x \to \pm\infty)$

(2) $(1+\frac{3}{x})^x = \{(1+\frac{1}{x/3})^{x/3}\}^3 \to e^3\ (x \to \infty)$

(3) $(1+2x)^{1/x} = \{(1+2x)^{1/(2x)}\}^2 = e^2\ (x \to 0)$

1.17 (1) $\dfrac{\log(1+x+x^2)}{x} = \dfrac{\log(1+x+x^2)}{x+x^2}(1+x) \to 1\ (x \to 0)$

(2) $\dfrac{e^{3x}-e^x}{x} = 2e^x \dfrac{e^{2x}-1}{2x} \to 2\ (x \to 0)$

(3) $\dfrac{\sin(x+x^2)}{x} = \dfrac{\sin(x+x^2)}{x+x^2}(1+x) \to 1\ (x \to 0)$

1.18 (1) $n\log\left(1-\dfrac{1}{n}+\dfrac{1}{n^2}\right) = \dfrac{\log(1-\frac{1}{n}+\frac{1}{n^2})}{-\frac{1}{n}+\frac{1}{n^2}}n\left(-\dfrac{1}{n}+\dfrac{1}{n^2}\right)$

$= \dfrac{\log(1-\frac{1}{n}+\frac{1}{n^2})}{-\frac{1}{n}+\frac{1}{n^2}}\left(-1+\dfrac{1}{n}\right) \to -1\ (n \to \infty)$

(2) $n\tan\dfrac{2}{n} = 2\dfrac{\sin\frac{2}{n}}{\frac{2}{n}}\dfrac{1}{\cos\frac{2}{n}} \to 2\ (n \to \infty)$

(3) $y = \tan^{-1}x$ とおくと $\lim_{x \to \infty}\tan^{-1}x = \lim_{y \to \pi/2}y = \pi/2$. したがって $\lim_{n \to \infty}\tan^{-1}n = \pi/2$.

1.19 (1) $\dfrac{x^2+x}{x^2+x+1} = 1 - \dfrac{1}{x^2+x+1} \to 1\ (x \to \infty)$

(2) $\lim_{x \to -1}\dfrac{x^2-x-2}{x^2+5x+4} = \lim_{x \to -1}\dfrac{(x+1)(x-2)}{(x+1)(x+4)} = \lim_{x \to -1}\dfrac{x-2}{x+4} = -1$

(3) $\dfrac{1}{x\sqrt{1+x}} - \dfrac{1}{x\sqrt{1-x}} = \dfrac{\sqrt{1-x}-\sqrt{1+x}}{x\sqrt{1-x^2}} = \dfrac{-2}{\sqrt{1-x^2}(\sqrt{1-x}+\sqrt{1+x})}$

$\to -1\ (x \to 0)$

(4) $\dfrac{1-\cos x}{x} = \dfrac{1-\cos^2 x}{x(1+\cos x)} = \dfrac{\sin^2 x}{x^2}\dfrac{x}{1+\cos x} \to 0\ (x \to 0)$

(5) $\dfrac{x\tan x}{1-\cos x} = \dfrac{x\sin x}{\cos x(1-\cos x)} = \dfrac{x\sin x(1+\cos x)}{\cos x\sin^2 x} = \dfrac{x}{\sin x}\dfrac{1+\cos x}{\cos x} \to 2\ (x \to 0)$

(6) $\dfrac{\log_a(1+x)}{x} = \dfrac{\log(1+x)}{x\log a} = \dfrac{1}{\log a}\log(1+x)^{1/x} \to \dfrac{\log e}{\log a} = \dfrac{1}{\log a}\ (x \to 0)$

1.20 $\lim_{x \to +0}f(x) = \lim_{x \to +0}\dfrac{\sin x}{x} = 1$, $\lim_{x \to -0}f(x) = \lim_{x \to -0}\dfrac{\sin x}{-x} = -1$. $\lim_{x \to 0}f(x)$ が存在しないから $f(x)$ は $x=0$ で不連続 ($f(x)$ は $x=0$ で右連続だが左連続でない).

1.21 $0 \le |\sin x - \sin a| = |2\cos\frac{x+a}{2}\sin\frac{x-a}{2}| \le 2|\sin\frac{x-a}{2}| \le |x-a| \to 0\ (x \to 0)$.

ゆえに $\sin x$ は $x=a$ で連続. a は任意だから $\sin x$ は $(-\infty, \infty)$ で連続 (あるいは例題 1.19 を用いると, $\sin x = \cos(\frac{\pi}{2}-x)$ で連続関数の合成関数は連続だから $\sin x$ は $(-\infty, \infty)$ で連続). 定理 1.13(1) より $\tan x = \dfrac{\sin x}{\cos x}$ は $x \ne \dfrac{\pi}{2} \pm n\pi$ で連続.

1.22 $\min\{f(x), g(x)\} = \frac{1}{2}\{f(x)+g(x)-|f(x)-g(x)|\}$.

$f(x)+g(x), |f(x)-g(x)|$ は連続だから定理 1.13(1) より $\min\{f(x), g(x)\}$ は連続.

1.23 $f(x) = \sin x - x\cos x$ とおく. $f(\pi) = \pi > 0,\ f(\frac{3}{2}\pi) = -1 < 0$ だから中間値の定理より $f(x) = 0$ は $[\pi, \frac{3}{2}\pi]$ 内に少なくとも 1 つ解をもつ.

1.24 $f(x) = 0\ (0 < x < 1),\ f(0) = f(1) = 1$ とすると, $f(x)$ は $[0,1]$ で凸だが $[0,1]$ で連続でない.

1章演習問題解答

1 以下の解答で $n \to \infty$ を省略する.

(1) $\dfrac{4^{n+1}+2^{n+1}}{4^n+2^n} = \dfrac{1+(1/2)^{n+1}}{1/4+(1/2)^n(1/4)} \to 4$

(2) $\sqrt{n}(\sqrt{n+1}-\sqrt{n}) = \dfrac{\sqrt{n}}{\sqrt{n+1}+\sqrt{n}} = \dfrac{1}{\sqrt{1+1/n}+1} \to \dfrac{1}{2}$

(3) $\left(1-\dfrac{1}{n}\right)^n = \dfrac{1}{\left(\frac{n}{n-1}\right)^n} = \dfrac{1}{\left(1+\frac{1}{n-1}\right)^n} = \dfrac{1}{\left(1+\frac{1}{n-1}\right)^{n-1}\left(1+\frac{1}{n-1}\right)} \to \dfrac{1}{e}$

(4) $\left(\dfrac{n}{n+3}\right)^n = \dfrac{1}{\left(1+\frac{3}{n}\right)^n} = \dfrac{1}{\{(1+\frac{1}{n/3})^{n/3}\}^3} \to \dfrac{1}{e^3}$ (例題 1.14(1) 定理 1.1 より)

(5) $3^n \sin \dfrac{\pi}{3^n} = \pi \dfrac{\sin(\pi/3^n)}{\pi/3^n} \to \pi$

(6) $3^n \sin \dfrac{\pi}{4^n} = \pi \dfrac{\sin(\pi/4^n)}{\pi/4^n} \left(\dfrac{3}{4}\right)^n \to 0$

2 (1) $\theta = \sin^{-1}(2/7)$ とおくと $\sin\theta = 2/7, 0 \leqq \theta \leqq \pi/2$ だから $\cos\theta = \sqrt{1-\sin^2\theta} = 3\sqrt{5}/7$. ゆえに $\sin\left(2\sin^{-1}\dfrac{2}{7}\right) = \sin 2\theta = 2\sin\theta\cos\theta = 2\dfrac{2}{7}\dfrac{3\sqrt{5}}{7} = \dfrac{12\sqrt{5}}{49}$.

(2) $\cos^{-1}\left(-\dfrac{1}{\sqrt{2}}\right) + \tan^{-1}\sqrt{3} = \dfrac{3\pi}{4} + \dfrac{\pi}{3} = \dfrac{13\pi}{12}$

(3) $\theta = \cos^{-1}(3/5)$ とおくと $\cos\theta = 3/5, 0 \leqq \theta \leqq \pi/2$. よって $\cos\left(3\cos^{-1}\dfrac{3}{5}\right) = \cos 3\theta = 4\cos^3\theta - 3\cos\theta = 4\left(\dfrac{3}{5}\right)^3 - 3\dfrac{3}{5} = -\dfrac{117}{125}$.

(4) $\sin^{-1}1 = \pi/2, \cos^{-1}(-1/\sqrt{2}) = 3\pi/4, \tan^{-1}(-1) = -\pi/4, \tan^{-1}0 = 0$ より, 与式 $= 2(\pi/2) - 3\pi/4 - \pi/4 + 0 = 0$.

3 $\tan^{-1}\dfrac{1}{a} = x, \tan^{-1}\dfrac{1}{a+b} = y$ とおくと $\tan x = 1/a, 0 < x < \pi/2$. また $\tan y = \dfrac{1}{a+b}, 0 < y < x$. このとき $0 < x - y < \pi/2$ で

$$\tan(x-y) = \dfrac{\tan x - \tan y}{1+\tan x\tan y} = \dfrac{\frac{1}{a}-\frac{1}{a+b}}{1+\frac{1}{a(a+b)}} = \dfrac{b}{a^2+ab+1}.$$

よって $x - y = \tan^{-1}\dfrac{b}{a^2+ab+1}$. $\therefore \tan^{-1}\dfrac{1}{a} = \tan^{-1}\dfrac{1}{a+b} + \tan^{-1}\dfrac{b}{a^2+ab+1}$.

4 (1) $\dfrac{1+\cos x}{\sin^2 x} = \dfrac{1+\cos x}{1-\cos^2 x} = \dfrac{1}{1-\cos x} \to \dfrac{1}{2}$ $(x \to \pi)$

(2) $\lim_{x \to 0} \dfrac{e^{2x}-1}{\sin 2x} = \lim_{x \to 0} \dfrac{(e^{2x}-1)/(2x)}{(\sin 2x)/(2x)} = 1$

(3) $\left(1+\dfrac{a}{x}\right)^x = \left\{\left(1+\dfrac{1}{x/a}\right)^{x/a}\right\}^a \to e^a$ $(x \to \infty)$

(4) $\dfrac{1-\cos x}{x^2} = \dfrac{1-\cos^2 x}{x^2(1+\cos x)} = \dfrac{\sin^2 x}{x^2}\dfrac{1}{1+\cos x} \to 1^2 \cdot \dfrac{1}{1+1} = \dfrac{1}{2}$ $(x \to 0)$

(5) $\dfrac{\log(1+x^2)}{\log x} = \dfrac{\log(1+x^2)-\log x^2+\log x^2}{\log x} = \dfrac{\log(1+1/x^2)}{\log x} + 2 \to 2$ $(x \to \infty)$

(6) $(1-x)^{1/x} = \{(1-x)^{-1/x}\}^{-1} \to e^{-1}$ $(x \to 0)$

(7) $\dfrac{\sin x}{1-\cos\sqrt{x}} = \dfrac{\sin x(1+\cos\sqrt{x})}{1-\cos^2\sqrt{x}} = \dfrac{\sin x(1+\cos\sqrt{x})}{\sin^2\sqrt{x}}$
$= \dfrac{\sin x}{x}\left(\dfrac{\sqrt{x}}{\sin\sqrt{x}}\right)^2(1+\cos\sqrt{x}) \to 1\cdot 1^2\cdot 2 = 2 \ (x\to+0)$

(8) $\log(1-x+x^2)^{1/x} = \dfrac{\log(1-x+x^2)}{x} = \dfrac{\log(1-x+x^2)}{-x+x^2}(-1+x) \to -1 \ (x\to 0).$
ゆえに $\displaystyle\lim_{x\to 0}(1-x+x^2)^{1/x} = e^{-1}.$

5 (1) $\cosh^2 x - \sinh^2 x = \left(\dfrac{e^x+e^{-x}}{2}\right)^2 - \left(\dfrac{e^x-e^{-x}}{2}\right)^2 = \dfrac{1}{4}\{(e^x+e^{-x})^2 - (e^x-e^{-x})^2\} = 1$

(2) $\sinh x\cosh y + \cosh x\sinh y = \dfrac{1}{4}(e^x-e^{-x})(e^y+e^{-y}) + \dfrac{1}{4}(e^x+e^{-x})(e^y-e^{-y})$
$= \dfrac{1}{2}(e^x e^y - e^{-x}e^{-y}) = \dfrac{1}{2}(e^{x+y} - e^{-(x+y)}) = \sinh(x+y).$ 他の場合も同様.

(3) $\cosh x\cosh y + \sinh x\sinh y = \dfrac{1}{4}(e^x+e^{-x})(e^y+e^{-y}) + \dfrac{1}{4}(e^x-e^{-x})(e^y-e^{-y})$
$= \dfrac{1}{2}(e^x e^y + e^{-x}e^{-y}) = \dfrac{1}{2}(e^{x+y} + e^{-(x+y)}) = \cosh(x+y).$ 他の場合も同様.

(4) $\dfrac{\sinh x}{x} = \dfrac{e^x - e^{-x}}{2x} = \dfrac{e^{2x}-1}{2xe^x} = \dfrac{e^x-1}{x}\cdot\dfrac{e^x+1}{2e^x} \to 1 \ (x\to 0) \ (\because \displaystyle\lim_{x\to 0}\dfrac{e^x-1}{x}=1)$

6 (1) $\sinh^{-1}x = y$ とおくと $\sinh y = x$. よって $\dfrac{e^y - e^{-y}}{2} = x.$
したがって $e^{2y} - 2xe^y - 1 = 0.$ これを解くと $e^y = x \pm \sqrt{x^2+1}.$
$e^y > 0$ で $x - \sqrt{x^2+1} < 0$ だから $e^y = x + \sqrt{x^2+1}.$ したがって $y = \log(x+\sqrt{x^2+1}).$

(2) $\cosh^{-1}x = y$ とおくと $\cosh y = x.$ よって $\dfrac{e^y+e^{-y}}{2} = x.$ したがって $e^{2y}-2xe^y+1 = 0.$
これを解くと $e^y = x \pm \sqrt{x^2-1}.$ $y \geqq 0$ だから $e^y \geqq 1.$ ゆえに $e^y = x + \sqrt{x^2-1}$ ($x>1$ の
とき $x - \sqrt{x^2-1} < 1$). したがって $y = \log(x+\sqrt{x^2-1}).$

(3) $\tanh^{-1}x = y$ とおくと $x = \tanh y = \dfrac{e^y-e^{-y}}{e^y+e^{-y}}.$ これより $e^{2y}-1 = x(e^{2y}+1).$
$(1-x)e^{2y} = 1+x.$ $|x|<1$ だから $e^{2y} = \dfrac{1+x}{1-x}.$ よって $y = \dfrac{1}{2}\log\dfrac{1+x}{1-x}.$

7 $a_{n+1} - a_n = \dfrac{a_n^3-6}{7} - \dfrac{a_{n-1}^3-6}{7} = \dfrac{1}{7}(a_n^3 - a_{n-1}^3) = \dfrac{1}{7}(a_n - a_{n-1})(a_n^2 + a_n a_{n-1} + a_{n-1}^2).$
$a_n^2 + a_n a_{n-1} + a_{n-1}^2 = (a_n + \frac{1}{2}a_{n-1})^2 + \frac{3}{4}a_{n-1}^2 > 0$ だから, $a_n < a_{n-1}$ ならば $a_{n+1} < a_n.$
また $a_2 = \frac{8-6}{7} = \frac{2}{7} < 2 = a_1$ だから, すべての n に対して $a_{n+1} < a_n.$ したがって $\{a_n\}$ は
単調減少. 次に $a_{n+1} + 1 = \frac{1}{7}(a_n^3-6) + 1 = \frac{1}{7}(a_n^3+1) = \frac{1}{7}(a_n+1)(a_n^2-a_n+1).$ ここで
$a_n^2 - a_n + 1 > 0$ だから, $a_n + 1 > 0$ のとき $a_{n+1}+1 > 0.$ また $a_1 + 1 = 3 > 0$ だからすべての
n に対して $a_{n+1}+1 > 0$, すなわち $a_{n+1} > -1.$ よって $\{a_n\}$ は下に有界な減少数列だから収
束する. その極限値を α とおく. $7a_{n+1} = (a_n^3 - 6)$ で $n\to\infty$ とすると $7\alpha = \alpha^3 - 6.$ よって
$\alpha^3 - 7\alpha - 6 = (\alpha+1)(\alpha+2)(\alpha-3) = 0.$ $-1 \leqq \alpha \leqq 2$ だから $\alpha = -1.$ ゆえに $\displaystyle\lim_{n\to\infty}a_n = -1.$

8 $a_m^n \leqq a_1^n + a_2^n + \cdots + a_m^n \leqq m a_m^n$ だから $a_m \leqq \sqrt[n]{a_1^n + a_2^n + \cdots + a_m^n} \leqq m^{1/n}a_m.$ $n\to\infty$
とすると $m^{1/n} \to 1$ (問題 1.7) だから $\sqrt[n]{a_1^n + a_2^n + \cdots + a_m^n} \to a_m \ (n\to\infty).$

9 明らかに $\{a_n\}$ は単調増加. したがって $\{a_n\}$ が上に有界でないことを示せばよい. もし $\{a_n\}$
が上に有界であると仮定すると $\{a_n\}$ は有限値 a に収束する (定理 1.4). 一方, 各 $n = 1, 2, \ldots$
に対して $a_{2n} - a_n = \frac{1}{n+1} + \frac{1}{n+2} + \cdots + \frac{1}{2n} \geqq n\cdot\frac{1}{2n} = \frac{1}{2}.$ $a_{2n} - a_n \geqq \frac{1}{2}$ で $n\to\infty$ とすると
$0 = a - a \geqq \frac{1}{2}$ となり矛盾. ゆえに $\{a_n\}$ は有界でない.

10 相乗平均 $\leqq$ 相加平均 の関係から $b_n = \sqrt{a_{n-1}b_{n-1}} \leqq \frac{1}{2}(a_{n-1}+b_{n-1}) = a_n$ であるから, $a_n - a_{n-1} = \frac{1}{2}(a_{n-1}+b_{n-1}) - a_{n-1} = \frac{1}{2}(b_{n-1}-a_{n-1}) \leqq 0$.
また, $b_n - b_{n-1} = \sqrt{a_{n-1}b_{n-1}} - b_{n-1} = \sqrt{b_{n-1}}(\sqrt{a_{n-1}} - \sqrt{b_{n-1}}) \geqq 0$. よって $\{a_n\}$ は単調減少, $\{b_n\}$ は単調増加で, $0 < b_0 \leqq b_1 \leqq \cdots \leqq b_n \leqq \cdots \leqq a_n \leqq \cdots \leqq a_2 \leqq a_1 \leqq a_0$. よって定理 1.4 により極限値 $\lim_{n\to\infty} a_n = a$, $\lim_{n\to\infty} b_n = b$ が存在する. また $a_n = \frac{1}{2}(a_{n-1}+b_{n-1})$ において $n \to \infty$ として $a = \frac{1}{2}(a+b)$. これより $a = b$.

11 $a > 0$ のとき, $0 \leqq |x^a \sin\frac{1}{x}| \leqq |x^a| \to 0$ $(x \to 0)$. ゆえに $f(x)$ は $x = 0$ で連続. $a \leqq 0$ のとき, $a_n = \frac{1}{n\pi}, b_n = \frac{1}{(2n+\frac{1}{2})\pi}$ とおくと, $a_n \to 0, b_n \to 0$ $(n \to \infty)$.
$$f(a_n) = \left(\frac{1}{n\pi}\right)^a \sin(n\pi) = 0,$$
$$f(b_n) = \left\{\frac{1}{(2n+\frac{1}{2})\pi}\right\}^a \sin\left(2n+\frac{1}{2}\right)\pi = \left\{\left(2n+\frac{1}{2}\right)\pi\right\}^{-a}.$$
$a = 0$ のとき, $f(a_n) = 0$ で $f(b_n) = 1$ だから, $\lim_{x\to 0} f(x)$ は存在しない (定理 1.11 参照). ゆえに $f(x)$ は $x = 0$ で不連続. $a < 0$ のとき, $f(b_n) = \{(2n+\frac{1}{2})\pi\}^{-a} \to \infty$ $(n \to \infty)$ だから, $\lim_{x\to 0} f(x)$ は存在しない. ゆえに $f(x)$ は $x = 0$ で不連続.

12 (1) $f(x+y) = f(x) + f(y)$ だから $f(x) = f(x) + f(0)$. よって $f(0) = 0$. 任意の実数 x, h について $\lim_{h\to 0}\{f(x+h) - f(x)\} = \lim_{h\to 0}\{f(x) + f(h) - f(x)\} = \lim_{h\to 0} f(h) = f(0) = 0$. したがって $f(x)$ はすべての x で連続.

(2) 任意の自然数 k に対して $f(kx) = kf(x)$. これより $f(x) = f(k\frac{x}{k}) = kf(\frac{x}{k})$. したがって $f(\frac{x}{k}) = \frac{1}{k}f(x)$. よって任意の自然数 k, n に対して $f(\frac{k}{n}x) = kf(\frac{1}{n}x) = \frac{k}{n}f(x)$. さらに $0 = f(0) = f(x+(-x)) = f(x) + f(-x)$ より $f(-x) = -f(x)$. したがって任意の有理数 q に対して $f(qx) = qf(x)$ が成り立つ. 次に z を任意の無理数とし, $\lim_{i\to\infty} q_i = z$ となる有理数列 $\{q_i\}$ をとると, $f(x)$ の連続性より $f(zx) = \lim_{i\to\infty} f(q_i x) = \lim_{i\to\infty} q_i f(x) = zf(x)$. 以上から, 任意の実数 x, y に対して $f(xy) = xf(y)$. ここで $y = 1$ とおくと $f(x) = f(1)x$. したがって $f(1) = m$ とおいて $f(x) = mx$ を得る.

13 (1) $\{a_n\}$ はコーシー列だから, 任意の $\varepsilon > 0$ に対して自然数 N_0 が存在して, $n, m \geqq N_0$ ならば $|a_n - a_m| < \varepsilon/2$ となる. また $\lim_{k\to\infty} a_{n_k} = a$ とすると自然数 k_0 が存在して, $k \geqq k_0$ ならば $|a_{n_k} - a| < \varepsilon/2$ が成り立つ. ここで $n_{k_0} \geqq N_0$ としてよい. このとき $n \geqq N_0$ ならば, $|a_n - a| \leqq |a_n - a_{n_{k_0}}| + |a_{n_{k_0}} - a| < \varepsilon/2 + \varepsilon/2 = \varepsilon$. したがって $\lim_{n\to\infty} a_n = a$ となる.

(2) $\{a_n\}$ をコーシー列とする. 定理 1.6 と問題 1.11 より $\{a_n\}$ は収束部分列 $\{a_{n_k}\}$ をもつから, (1) より $\{a_n\}$ は収束する.

14 $\lim_{n\to\infty} a_n = a$ より, 任意の $\varepsilon > 0$ に対して自然数 N が存在して, $n \geqq N$ ならば $|a_n - a| < \varepsilon$ が成り立つ. $n_{k_0} \geqq N$ となる自然数 k_0 をとると, $k \geqq k_0$ のとき ($n_k \geqq N$ だから) $|a_{n_k} - a| < \varepsilon$ となる. したがって $\lim_{k\to\infty} a_{n_k} = a$ を得る.

15 任意の $\varepsilon > 0$ に対して自然数 N_1 が存在して, $n \geqq N_1$ ならば $|a_{2n-1} - a| < \varepsilon$. また自然数 N_2 が存在して, $n \geqq N_2$ ならば $|a_{2n} - a| < \varepsilon$ が成り立つ. $N = \max\{N_1, N_2\}$ とすると, $n \geqq N$ ならば $|a_{2n-1} - a| < \varepsilon$ かつ $|a_{2n} - a| < \varepsilon$. したがって $n \geqq 2N$ のとき $|a_n - a| < \varepsilon$ と

なるから $\lim_{n\to\infty} a_n = a$ を得る.

16 $a_n - a = b_n$ とおくと $\lim_{n\to\infty} b_n = 0$. このとき $\lim_{n\to\infty} \frac{b_1 + b_2 + \cdots + b_n}{n} = 0$ を示せばよい. ε を任意の正数とする. $b_n \to 0$ だから正数 $\varepsilon/2$ に対して自然数 p が存在して, $n \geqq p \Rightarrow |b_n| < \varepsilon/2$. この p に対してある自然数 k が存在して $\frac{1}{k}|b_1 + b_2 + \cdots + b_p| < \varepsilon/2$. ここで $N = \max\{p, k\}$ とすると, $n \geqq N$ のとき,

$$\left|\frac{1}{n}(b_1 + b_2 + \cdots + b_n)\right| \leqq \frac{1}{n}|b_1 + b_2 + \cdots + b_p| + \frac{1}{n}|b_{p+1} + b_{p+2} + \cdots + b_n|$$
$$\leqq \frac{1}{k}|b_1 + \cdots + b_p| + \frac{1}{n}(|b_{p+1}| + \cdots + |b_n|) < \frac{\varepsilon}{2} + \frac{1}{n}\frac{\varepsilon}{2}(n - p) < \frac{\varepsilon}{2} + \frac{\varepsilon}{2} = \varepsilon.$$

すなわち, 任意の $\varepsilon > 0$ に対して自然数 N が存在して $n \geqq N \Rightarrow |\frac{1}{n}(b_1 + b_2 + \cdots + b_n)| < \varepsilon$ であるから $\lim_{n\to\infty} \frac{1}{n}(b_1 + b_2 + \cdots + b_n) = 0$ を得る.

■ 2章問題解答

2.1 $y = \log x$ とおくと, $x = e^y$. したがって $\dfrac{dy}{dx} = \dfrac{1}{\frac{dx}{dy}} = \dfrac{1}{e^y} = \dfrac{1}{x}$.

2.2 $f(x) = x^n$ とおく.
$$f(x+h) - f(x) = (x+h)^n - x^n = h({}_n C_1 x^{n-1} + {}_n C_2 x^{n-2} h + \cdots + {}_n C_n h^{n-1}).$$
したがって $\lim_{h\to 0} \frac{f(x+h)-f(x)}{h} = nx^{n-1}$.

2.3 (1) $(x^{\sqrt{2}})' = \sqrt{2}\, x^{\sqrt{2}-1}$

(2) $(x^3 + 3^x)' = 3x^2 + 3^x \log 3$

(3) $(\log_3 |x|)' = 1/(x \log 3)$

(4) $(1/x^n)' = (x^{-n})' = -nx^{-n-1} = -n/x^{n+1}$

(5) $(\sqrt[3]{x})' = (x^{1/3})' = \frac{1}{3}x^{-2/3} = 1/3x^{2/3}$

2.4 (1) $\{(1 - 3x^5)^4\}' = 4(1 - 3x^5)^3(1 - 3x^5)' = -60x^4(1 - 3x^5)^3$

(2) $\left\{\dfrac{1}{(2x-1)^5}\right\}' = \{(2x-1)^{-5}\}' = -5(2x-1)^{-6}(2x-1)' = \dfrac{-10}{(2x-1)^6}$

(3) $(\sqrt{x^2 + a^2})' = \frac{1}{2}(x^2 + a^2)^{-1/2} \cdot 2x = x/\sqrt{x^2 + a^2}$

(4) $(e^{-x^2} + e^{\sqrt{x}})' = e^{-x^2}(-2x) + e^{\sqrt{x}}(\sqrt{x})' = -2xe^{-x^2} + e^{\sqrt{x}}/2\sqrt{x}$

(5) $(\log |\cos x|)' = -(\sin x)/(\cos x) = -\tan x$

(6) $\left(\tan \dfrac{1}{x}\right)' = \dfrac{1}{\cos^2(1/x)}\left(-\dfrac{1}{x^2}\right) = -\dfrac{1}{x^2 \cos^2(1/x)}$

2.5 (1) $(e^x \sin 2x)' = (e^x)' \sin 2x + e^x(\sin 2x)' = e^x \sin 2x + 2e^x \cos 2x$
$= e^x(\sin 2x + 2\cos 2x)$

(2) $\left(\dfrac{ax^2 + b}{cx^2 + d}\right)' = \dfrac{2ax(cx^2 + d) - 2cx(ax^2 + b)}{(cx^2 + d)^2} = \dfrac{2(ad - bc)x}{(cx^2 + d)^2}$

(3) $\{\sqrt{(a-x)(a+x)}\}' = \dfrac{\{(a-x)(a+x)\}'}{2\sqrt{(a-x)(a+x)}}$
$= \dfrac{-(a+x) + (a-x)}{2\sqrt{(a-x)(a+x)}} = -\dfrac{x}{\sqrt{(a-x)(a+x)}}$

(4) $\left(\dfrac{1}{\tan x}\right)' = \left(\dfrac{\cos x}{\sin x}\right)' = \dfrac{-\sin^2 x - \cos^2 x}{\sin^2 x} = -\dfrac{1}{\sin^2 x}$

(5) $(xe^{\cos 2x})' = e^{\cos 2x} + xe^{\cos 2x}(-2\sin 2x) = e^{\cos 2x}(1 - 2x\sin 2x)$

(6) $\left(\sqrt{\dfrac{a-x}{a+x}}\right)' = \dfrac{1}{2}\sqrt{\dfrac{a+x}{a-x}}\left(\dfrac{a-x}{a+x}\right)'$

$= \dfrac{1}{2}\sqrt{\dfrac{a+x}{a-x}} \dfrac{-(a+x)-(a-x)}{(a+x)^2} = -\dfrac{a}{(a+x)\sqrt{a^2-x^2}}$

2.6 $y = \cos^{-1} x$ $(-1 < x < 1)$ とおくと, $x = \cos y$ $(0 < y < \pi)$. $\dfrac{dx}{dy} = -\sin y$. $0 < y < \pi$ で $\sin y > 0$ だから,

$$\dfrac{dy}{dx} = \dfrac{1}{\frac{dx}{dy}} = -\dfrac{1}{\sin y} = -\dfrac{1}{\sqrt{1-\cos^2 y}} = -\dfrac{1}{\sqrt{1-x^2}}.$$

2.7 (1) $\left(\sin^{-1}\dfrac{x+1}{3}\right)' = \dfrac{1}{\sqrt{1-\{(x+1)/3\}^2}}\dfrac{1}{3} = \dfrac{1}{\sqrt{9-(x+1)^2}}$

(2) $\{\cos^{-1}(2x-1)\}' = -\dfrac{2}{\sqrt{1-(2x-1)^2}} = -\dfrac{2}{\sqrt{4x-4x^2}} = -\dfrac{1}{\sqrt{x-x^2}}$

(3) $(\tan^{-1}\sqrt{x})' = \dfrac{1}{1+(\sqrt{x})^2}(\sqrt{x})' = \dfrac{1}{2\sqrt{x}(1+x)}$

(4) $\{\sin^{-1}(\cos x)\}' = \dfrac{(\cos x)'}{\sqrt{1-(\cos x)^2}} = -\dfrac{\sin x}{\sqrt{1-\cos^2 x}} = -\dfrac{\sin x}{|\sin x|}$

(5) $\left(\sin^{-1}\dfrac{1}{x}\right)' = \dfrac{1}{\sqrt{1-(1/x)^2}}\left(\dfrac{1}{x}\right)' = \dfrac{1}{\sqrt{1-1/x^2}}\left(-\dfrac{1}{x^2}\right) = -\dfrac{1}{|x|\sqrt{x^2-1}}$

(6) $\left(\tan^{-1} x + \tan^{-1}\dfrac{1}{x}\right)' = \dfrac{1}{1+x^2} + \dfrac{1}{1+1/x^2}\left(-\dfrac{1}{x^2}\right) = \dfrac{1}{1+x^2} - \dfrac{1}{x^2+1} = 0$

2.8 (1) $y = \sqrt[5]{(x^2+1)^4}\sqrt[3]{(x^2+2)^2}$ とおくと, $\log y = \dfrac{4}{5}\log(x^2+1) + \dfrac{2}{3}\log(x^2+2)$. 両辺を x で微分して,

$$\dfrac{y'}{y} = \dfrac{4}{5}\dfrac{2x}{x^2+1} + \dfrac{2}{3}\dfrac{2x}{x^2+2} = \dfrac{4x}{15}\dfrac{6(x^2+2)+5(x^2+1)}{(x^2+1)(x^2+2)} = \dfrac{4x(11x^2+17)}{15(x^2+1)(x^2+2)}.$$

したがって, $y' = \dfrac{4x(11x^2+17)}{15\sqrt[5]{x^2+1}\sqrt[3]{x^2+2}}$.

(2) $y = (1+x)^x$ とおくと, $\log y = x\log(1+x)$. $\dfrac{y'}{y} = \log(1+x) + \dfrac{x}{1+x}$.

$y' = (1+x)^x\left\{\log(1+x) + \dfrac{x}{1+x}\right\}$

2.9 (1) $\dfrac{dx}{dt} = \dfrac{d}{dt}(a\cos^3 t) = -3a\cos^2 t\sin t$, $\dfrac{dy}{dt} = \dfrac{d}{dt}(a\sin^3 t) = 3a\sin^2 t\cos t$. したがって, $\dfrac{dy}{dx} = \dfrac{dy}{dt}\Big/\dfrac{dx}{dt} = \dfrac{3a\sin^2 t\cos t}{-3a\cos^2 t\sin t} = -\tan t$. また,

$$\dfrac{d^2 y}{dx^2} = \dfrac{d}{dx}\left(\dfrac{dy}{dx}\right) = \dfrac{\frac{d}{dt}(-\tan t)}{\frac{dx}{dt}} = -\dfrac{1}{\cos^2 t}\dfrac{1}{-3a\cos^2 t\sin t} = \dfrac{1}{3a\cos^4 t\sin t}.$$

(2) $\dfrac{dx}{dt} = \dfrac{d}{dt}(t-\frac{1}{t}) = 1 + \dfrac{1}{t^2}$, $\dfrac{dy}{dt} = \dfrac{d}{dt}(t+\frac{1}{t}) = 1 - \dfrac{1}{t^2}$. したがって,

$$\dfrac{dy}{dx} = \dfrac{\frac{dy}{dt}}{\frac{dx}{dt}} = \dfrac{1-\frac{1}{t^2}}{1+\frac{1}{t^2}} = \dfrac{t^2-1}{t^2+1} = 1 - \dfrac{2}{t^2+1}.$$

$\therefore$ $\dfrac{d^2 y}{dx^2} = \dfrac{d}{dx}\left(\dfrac{dy}{dx}\right) = \dfrac{\frac{d}{dt}\left(1-\frac{2}{t^2+1}\right)}{\frac{dx}{dt}} = \dfrac{4t}{(t^2+1)^2}\dfrac{t^2}{t^2+1} = 4\left(\dfrac{t}{t^2+1}\right)^3$.

2.10 $x=0$ のとき $\lim_{h\to 0}\dfrac{f(h)-f(0)}{h}=\lim_{h\to 0}\dfrac{h^2\sin\frac{1}{h}}{h}=\lim_{h\to 0}h\sin\dfrac{1}{h}=0.$
ここで最後の等号は $0\leq |h\sin\frac{1}{h}|\leq |h|\to 0$ $(h\to 0)$ より得られる．したがって，$f(x)$ は $x=0$ で微分可能で $f'(0)=0$ となる．$x\neq 0$ のとき，$f(x)$ は微分可能で
$$f'(x)=2x\sin\dfrac{1}{x}+x^2\left(-\dfrac{1}{x^2}\right)\cos\dfrac{1}{x}=2x\sin\dfrac{1}{x}-\cos\dfrac{1}{x}.$$
ここで，$x\sin\frac{1}{x}\to 0$ $(x\to 0)$ だが，$\lim_{x\to 0}\cos\frac{1}{x}$ は存在しない（例題 2.10 解答参照）．したがって，$\lim_{x\to 0}f'(x)$ が存在しないから $f'(x)$ は $x=0$ で連続でない．

2.11 $x\neq 0$ のとき，$f(x)$ は微分可能で
$$f'(x)=nx^{n-1}\sin\dfrac{1}{x}+x^n\left(-\dfrac{1}{x^2}\right)\cos\dfrac{1}{x}=nx^{n-1}\sin\dfrac{1}{x}-x^{n-2}\cos\dfrac{1}{x}\to 0 \quad (x\to 0).$$
ゆえに例題 2.11 より，$f(x)$ は $x=0$ で微分可能で $f'(0)=0=\lim_{x\to 0}f'(x)$ となるから，$f'(x)$ は $x=0$ で連続．

2.12 (1) $f(x)=\log(1+x)$ とおく．$f'(x)=(1+x)^{-1},\ f''(x)=(-1)(1+x)^{-2},$ $f'''(x)=(-1)(-2)(1+x)^{-3}.$ 以下同様にして，
$$f^{(n)}(x)=(-1)(-2)\cdots(-n+1)(1+x)^{-n}=(-1)^{n-1}(n-1)!\,(1+x)^{-n}.$$
(2) $f(x)=\dfrac{a-x}{a+x}$ とすると $f(x)=\dfrac{2a}{a+x}-1=2a(a+x)^{-1}-1.$
$f'(x)=2a(-1)(a+x)^{-2},\ f''(x)=2a(-1)(-2)(a+x)^{-3}.$ 以下同様にして
$$f^{(n)}(x)=2a(-1)(-2)\cdots(-n)(a+x)^{-(n+1)}=2(-1)^n n!\,a(a+x)^{-(n+1)}.$$
(3) $(\sin 2x+\cos 3x)^{(n)}=(\sin 2x)^{(n)}+(\cos 3x)^{(n)}=2^n\sin(2x+\frac{n\pi}{2})+3^n\cos(3x+\frac{n\pi}{2})$

2.13 (1) $y=\dfrac{x}{x^2-1}=\dfrac{1}{2}\left(\dfrac{1}{x-1}+\dfrac{1}{x+1}\right).$
$$\therefore\ y^{(n)}=\dfrac{(-1)^n n!}{2}\left\{\dfrac{1}{(x-1)^{n+1}}+\dfrac{1}{(x+1)^{n+1}}\right\}.$$
(2) $y=e^x\sin\sqrt{3}\,x$ とする．
$y'=e^x\sin\sqrt{3}\,x+\sqrt{3}\,e^x\cos\sqrt{3}\,x=2e^x(\frac{1}{2}\sin\sqrt{3}\,x+\frac{\sqrt{3}}{2}\cos\sqrt{3}\,x)=2e^x\sin(\sqrt{3}\,x+\frac{\pi}{3}),$
$y''=2^2e^x\sin(\sqrt{3}\,x+2\frac{\pi}{3}).$ 以下同様にして，$y^{(n)}=2^n e^x\sin(\sqrt{3}\,x+\frac{n\pi}{3}).$
(3) $y=\cos 3x\sin 2x=\frac{1}{2}(\sin 5x-\sin x).\ \therefore\ y^{(n)}=\frac{1}{2}\{5^n\sin(5x+\frac{n\pi}{2})-\sin(x+\frac{n\pi}{2})\}$

2.14 (1) $(x^2\cos x)^{(n)}=(\cos x)^{(n)}x^2+{}_nC_1(\cos x)^{(n-1)}(2x)+{}_nC_2(\cos x)^{(n-2)}\cdot 2$
$=x^2\cos(x+\frac{n\pi}{2})+2nx\cos(x+\frac{(n-1)\pi}{2})+n(n-1)\cos(x+\frac{(n-2)\pi}{2}).$
(2) $(3^x x^2)^{(n)}=3^x(\log 3)^n x^2+{}_nC_1 3^x(\log 3)^{n-1}(2x)+{}_nC_2 3^x(\log 3)^{n-2}\cdot 2$
$=3^x(\log 3)^{n-2}\{(\log 3)^2 x^2+2n(\log 3)x+n(n-1)\}.$
(3) $(x^3 e^{2x})^{(n)}=x^3(e^{2x})^{(n)}+{}_nC_1 3x^2(e^{2x})^{(n-1)}+{}_nC_2 6x(e^{2x})^{(n-2)}+{}_nC_3 6(e^{2x})^{(n-3)}$
$=e^{2x}\{2^n x^3+3n2^{n-1}x^2+3n(n-1)2^{n-2}x+n(n-1)(n-2)2^{n-3}\}$
$=2^{n-3}e^{2x}\{2^3 x^3+3n2^2 x^2+3n(n-1)2x+n(n-1)(n-2)\}$
$=2^{n-3}e^{2x}\{8x^3+12nx^2+6n(n-1)x+n(n-1)(n-2)\}.$

2.15 $f'(x)=\dfrac{1}{1+x^2}$ だから $(1+x^2)f'(x)=1.$ 両辺を k 回微分して
$$(1+x^2)f^{(k+1)}(x)+2kxf^{(k)}(x)+k(k-1)f^{(k-1)}(x)=0.$$

ここで $x=0$ とおいて，$f^{(k+1)}(0) + k(k-1)f^{(k-1)}(0) = 0$.
これより $f^{(k+1)}(0) = -k(k-1)f^{(k-1)}(0)$. これを繰り返し用いる．$f'(0) = 1$ だから，$n = 2m+1$ のとき $f^{(2m+1)}(0) = (-1)^m (2m)!$. $f''(0) = 0$ だから，$n = 2m$ のとき $f^{(2m)}(0) = 0$.

2.16 (1) $\theta = \sqrt{21}/3 - 1$
(2) $\theta = (\log 2)^{-1} - 1$
(3) $\theta = \log(e-1)$

2.17 $\log 2 = 1 - \dfrac{1}{2(1+\theta)^2}$ より，$\theta = (2 - 2\log 2)^{-1/2} - 1$.

2.18 $f(0) = 1, f'(0) = 2, f''(0) = 6, f'''(0) = -6, f^{(4)}(x) = 24$.
マクローリンの定理より $\theta\ (0 < \theta < 1)$ が存在して
$$f(x) = f(0) + \frac{f'(0)}{1!}x + \frac{f''(0)}{2!}x^2 + \frac{f'''(0)}{3!}x^3 + \frac{f^{(4)}(\theta x)}{4!}x^4 = 1 + 2x + 3x^2 - x^3 + x^4.$$
また，$f(-1) = 4, f'(-1) = -11, f''(-1) = 24, f'''(-1) = -30, f^{(4)}(x) = 24$ だから，テイラーの定理より $\theta_1\ (0 < \theta_1 < 1)$ が存在して
$$\begin{aligned}f(x) &= f(-1) + \frac{f'(-1)}{1!}(x+1) + \frac{f''(-1)}{2!}(x+1)^2 + \frac{f'''(-1)}{3!}(x+1)^3 \\ &\quad + \frac{f^{(4)}(-1+\theta(x+1))}{4!}(x+1)^4 \\ &= 4 - 11(x+1) + 12(x+1)^2 - 5(x+1)^3 + (x+1)^4.\end{aligned}$$

2.19 $n = 4$ のとき，$\cos x = 1 - \dfrac{x^2}{2!} + \dfrac{\cos \theta x}{4!}x^4 \quad (0 < \theta < 1)$.
$n = 5$ のとき，$\cos x = 1 - \dfrac{x^2}{2!} + \dfrac{x^4}{4!} + \dfrac{\cos(\theta x + \pi/2)}{5!}x^5 \quad (0 < \theta < 1)$.

2.20 $f(x) = \cos x$ とおく．$(\cos x)^{(n)} = \cos\left(x + \frac{n\pi}{2}\right)$ だから，$f^{(2k)}(0) = (-1)^k, f^{(2k-1)}(0) = 0$. マクローリンの定理より，任意の実数 x と自然数 n に対して $\theta\ (0 < \theta < 1)$ が存在して
$$\cos x = 1 - \frac{x^2}{2!} + \frac{x^4}{4!} - \cdots + (-1)^{n-1}\frac{x^{2n-2}}{(2n-2)!} + \frac{\cos(\theta x + n\pi)}{(2n)!}x^{2n}.$$
剰余項を $R_{2n}(x)$ とおくと
$$0 \leq |R_{2n}(x)| = \left|\frac{\cos(\theta x + n\pi)}{(2n)!}x^{2n}\right| \leq \frac{|x|^{2n}}{(2n)!} \to 0 \quad (n \to \infty).$$
これより $R_{2n}(x) \to 0\ (n \to \infty)$ となり結論を得る．

2.21 任意の $a \in I$ をとる．テイラーの定理より任意の $x \in I\ (x \neq a)$ に対して
$$f(x) = f(a) + \frac{f'(a)}{1!}(x-a) + \frac{f''(a + \theta(x-a))}{2!}(x-a)^2$$
となる θ が存在する．$a + \theta(x-a) \in I$ だから仮定より $f''(a + \theta(x-a)) = 0$. したがって，$f(x) = f(a) + \frac{f'(a)}{1!}(x-a)$ となる．すなわち $f(x)$ は高々1次関数．

2.22 (1) $f(x) = e^x - 1 - x\ (x \geq 0)$ とおく．$f(x)$ は $x \geq 0$ で連続，$f'(x) = e^x - 1 > 0$ $(x > 0)$ だから $f(x)$ は $x \geq 0$ で狭義増加．ゆえに，$f(x) > f(0) = 0\ (x > 0)$.

(2) $\log x$ は狭義増加だから，$e^x > 1 + x$ の両辺の対数をとって $x > \log(1+x)$.

(3) $f(x) = xe^x - (e^x - 1)\ (x \geq 0)$ とする．$f'(x) = xe^x > 0\ (x > 0)$. $f(x)$ は $[0, \infty)$ で連続だから，$f(x)$ は $[0, \infty)$ で狭義増加．したがって，$x > 0$ のとき，$f(x) > f(0) = 0$, す

なわち $xe^x > e^x - 1$ となる.

(4) $f(x) = \frac{1}{2}(x - 1/x) - \log x$ $(x \geqq 1)$ とする. $f'(x) = (x-1)^2/x^2 > 0$ $(x > 1)$. $f(x)$ は $[1, \infty)$ で連続だから, $f(x)$ は $[1, \infty)$ で狭義増加. したがって $x > 1$ のとき $f(x) > f(1) = 0$ となる.

2.23 (1) $f(x) = \sin^{-1} x - x - x^3/6$ $(0 \leqq x \leqq 1)$ とする.
$$f'(x) = \frac{1}{\sqrt{1-x^2}} - 1 - \frac{x^2}{2} \quad (0 \leqq x < 1),$$
$$f''(x) = x \left\{ \frac{1}{(1-x^2)\sqrt{1-x^2}} - 1 \right\} > 0 \quad (0 < x < 1).$$

$f'(x)$ は $0 \leqq x < 1$ で狭義増加だから, $f'(x) > f'(0) = 0$ $(0 < x < 1)$. したがって $f(x)$ は $0 \leqq x \leqq 1$ で狭義増加. $\therefore f(x) > f(0) = 0$.

(2) $e^x/\sin x \geqq \sqrt{2} e^{\pi/4}$ $(0 < x < \pi)$ を示せばよい. $f(x) = e^x/\sin x$ $(0 < x < \pi)$ とおく. $f'(x) = \frac{e^x}{\sin^2 x}(\sin x - \cos x) = 0$ より, $\sin x = \cos x$. したがって $x = \pi/4$. $0 < x < \pi/4$ で $f'(x) < 0$, $\pi/4 < x < \pi$ で $f'(x) > 0$ だから, $f(x)$ は $(0, \pi)$ において $x = \pi/4$ で最小値をとる. したがって, $0 < x < \pi$ のとき $f(x) \geqq f(\pi/4) = \sqrt{2} e^{\pi/4}$ となり, 結論を得る.

2.24 e^x にマクローリンの定理を $n+1$ で適用すると
$$e^x = 1 + \frac{x}{1!} + \frac{x^2}{2!} + \cdots + \frac{x^n}{n!} + \frac{x^{n+1}}{(n+1)!} e^{\theta x}$$

をみたす θ $(0 < \theta < 1)$ が存在する. $x > 0$ だから, $\frac{x^{n+1}}{(n+1)!} e^{\theta x} > 0$. ゆえに
$$e^x = 1 + \frac{x}{1!} + \frac{x^2}{2!} + \cdots + \frac{x^n}{n!} + \frac{x^{n+1}}{(n+1)!} e^{\theta x} > 1 + \frac{x}{1!} + \frac{x^2}{2!} + \cdots + \frac{x^n}{n!}.$$

2.25 $f'(x) = (\sqrt{1-x^2} - x)/\sqrt{1-x^2} = 0$ より $x = 1/\sqrt{2}$ となる. $-1 < x < 0$ のとき $f'(x) > 0$ だから

x	-1	$\cdots$	$1/\sqrt{2}$	$\cdots$	1
$f'(x)$		$+$	0	$-$	
$f(x)$	-1	↗	極大	↘	1

最大値 $f(1/\sqrt{2}) = \sqrt{2}$. 最小値 $f(-1) = -1$.

2.26 (1) $y = f(x) = (x-1)^2(x-3)^2$ とおく. $f'(x) = 4(x-1)(x-2)(x-3)$.
$$f''(x) = 4\{(x-2)(x-3) + (x-1)(x-3) + (x-1)(x-2)\}.$$

$f'(x) = 0$ より, $x = 1, 2, 3$. $f''(1) = 8 > 0$, $f''(2) = -4 < 0$, $f''(3) = 8 > 0$. したがって, $f(x)$ は $x = 1$ で極小値 $f(1) = 0$, $x = 2$ で極大値 $f(2) = 1$, $x = 3$ で極小値 $f(3) = 0$ をとる(増減表を用いてもよい).

(2) $f(x) = (x-5)\sqrt[3]{x^2}$ とする. $x \neq 0$ のとき, $f(x)$ は微分可能で, $f'(x) = 5(x-2)/3\sqrt[3]{x} = 0$ より, $x = 2$. $0 < x < 2$ のとき $f'(x) < 0$, $x > 2$ のとき $f'(x) > 0$ だから, $x = 2$ で極小値 $f(2) = -3\sqrt[3]{4}$ をとる. $x = 0$ において $f(x)$ は微分可能でないが, $x < 0$ のとき $f'(x) > 0$, $0 < x < 2$ のとき $f'(x) < 0$ で $f(x)$ は $x = 0$ で連続だから, $x = 0$ で極大値 $f(0) = 0$.

2.27 $f(x) = e^x - e^{-x} \sin x - x^3 - x^2$ より
$$f'(x) = e^x - (-e^{-x} \sin x + e^{-x} \cos x) - 3x^2 - 2x = e^x + e^{-x}(\sin x - \cos x) - 3x^2 - 2x$$

だから，$f'(0) = 0$. また
$$f''(x) = e^x - e^{-x}(\sin x - \cos x) + e^{-x}(\cos x + \sin x) - 6x - 2 = e^x + 2e^{-x}\cos x - 6x - 2$$
より，$f''(0) = 1 > 0$. したがって定理 2.20 より，$f(x)$ は $x = 0$ で極小値 $f(0) = 1$ をとる.

2.28 $f'(x) = -\dfrac{2x}{(x^2+1)^2} = 0$ より，$x = 0$. $f''(x) = \dfrac{2(3x^2-1)}{(x^2+1)^3} = 0$ より，$x = \pm\dfrac{1}{\sqrt{3}}$. 増減表は次の通り．

x	$\cdots$	$-1/\sqrt{3}$	$\cdots$	0		$1/\sqrt{3}$	$\cdots$
$f'(x)$	$+$		$+$	0	$-$		$-$
$f''(x)$	$+$	0	$-$		$-$	0	$+$
$f(x)$	↗	変曲点	↗	極大	↘	変曲点	↘

これより $f(x)$ は $x = 0$ で極大値 $f(0) = 1$ をとる. また $f(x)$ の変曲点は $(-1/\sqrt{3}, 3/4)$, $(1/\sqrt{3}, 3/4)$.

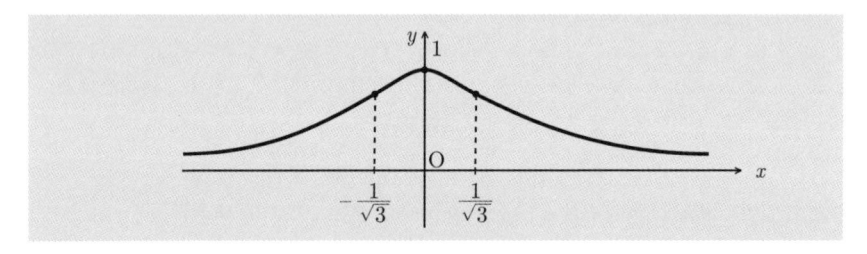

2.29 (1) $(0/0)$ $\lim\limits_{x \to 0} \dfrac{3^x - 2^x}{x} = \lim\limits_{x \to 0}(3^x \log 3 - 2^x \log 2) = \log 3 - \log 2 = \log(3/2)$

(2) $(0/0)$ $\lim\limits_{x \to \pi/2} \dfrac{x \sin x - \pi/2}{\cos x} = \lim\limits_{x \to \pi/2} \dfrac{\sin x + x \cos x}{-\sin x} = -1$

(3) (∞/∞) $\lim\limits_{x \to \infty} \dfrac{\log(ax+b)}{\log(cx+d)} = \lim\limits_{x \to \infty} \dfrac{a}{ax+b} \cdot \dfrac{cx+d}{c} = \dfrac{a}{c} \lim\limits_{x \to \infty} \dfrac{c + d/x}{a + b/x} = 1$.

2.30 (1) (∞^0) $x^{1/x} = e^{(\log x)/x}$. $\lim\limits_{x \to \infty} \dfrac{\log x}{x} = \lim\limits_{x \to \infty} \dfrac{1}{x} = 0$. ゆえに $x^{1/x} \to e^0 = 1 \; (x \to \infty)$.

(2) $(\infty - \infty)$ $\lim\limits_{x \to 1-0} \left(\dfrac{x}{x-1} - \dfrac{1}{\log x} \right) = \lim\limits_{x \to 1-0} \dfrac{x \log x - (x-1)}{(x-1)\log x}$
$= \lim\limits_{x \to 1-0} \dfrac{\log x + 1 - 1}{\log x + 1 - 1/x} = \lim\limits_{x \to 1-0} \dfrac{1/x}{1/x + 1/x^2} = \dfrac{1}{2}$

(3) $(0 \cdot (-\infty))$ $\lim\limits_{x \to +0} (\sin x)\log(\sin x) = \lim\limits_{x \to +0} \dfrac{\log(\sin x)}{1/\sin x} = \lim\limits_{x \to +0} \dfrac{(\cos x)/\sin x}{-(\cos x)/\sin^2 x}$
$= -\lim\limits_{x \to +0} \sin x = 0$.

2.31 (1) $\lim\limits_{x \to \infty} \dfrac{\log x}{\log(x+1)} = \lim\limits_{x \to \infty} \dfrac{x+1}{x} = 1$. したがって $\lim\limits_{n \to \infty} \dfrac{\log n}{\log(n+1)} = 1$.

(2) 例題 1.16(2) より $\lim\limits_{x \to 0} \dfrac{e^x - e^{-x}}{x} = 2$ だから定理 1.11 より
$$\lim\limits_{n \to \infty} n\left(\sqrt[n]{e} - \dfrac{1}{\sqrt[n]{e}}\right) = \lim\limits_{n \to \infty} \dfrac{e^{1/n} - e^{-1/n}}{1/n} = 2.$$

(3) $\lim\limits_{x \to 0} \dfrac{\tan^{-1} x}{\sin^{-1} x} = \lim\limits_{x \to 0} \dfrac{\sqrt{1-x^2}}{1+x^2} = 1$. ゆえに $\lim\limits_{n \to \infty} \dfrac{\tan^{-1}(1/n)}{\sin^{-1}(1/n)} = 1$.

2章演習問題解答

1 (1) $\{x^3 \log(1+x^2)\}' = 3x^2 \log(1+x^2) + x^3 \frac{2x}{1+x^2} = x^2 \{3\log(1+x^2) + \frac{2x^2}{1+x^2}\}$

(2) $(\frac{a-x}{a+x})' = \frac{-(a+x)-(a-x)}{(a+x)^2} = \frac{-2a}{(a+x)^2}$

(3) $\{(x+\frac{1}{x})^3\}' = 3(x+\frac{1}{x})^2(x+\frac{1}{x})' = 3(x+\frac{1}{x})^2(1-\frac{1}{x^2})$

(4) $\{\log_3(\log_3 x)\}' = \frac{(\log_3 x)'}{(\log_3 x)(\log 3)} = \frac{1}{(\log_3 x)(\log 3)} \frac{1}{x \log 3} = \frac{1}{x(\log_3 x)(\log 3)^2}$

(5) $\left(\frac{\sin x}{1-\tan x}\right)' = \frac{1}{(1-\tan x)^2}\left\{(\cos x)(1-\tan x) - (\sin x)\left(-\frac{1}{\cos^2 x}\right)\right\}$
$= \frac{1}{(1-\tan x)^2 \cos^2 x}\{(\cos^2 x)(\cos x - \sin x) + \sin x\} = \frac{\cos^3 x + \sin^3 x}{(\cos x - \sin x)^2}$

(6) $(\sin^{-1}\sqrt{1-x^2})' = \frac{(\sqrt{1-x^2})'}{\sqrt{1-(1-x^2)}} = \frac{-x}{|x|\sqrt{1-x^2}}$

(7) $(xe^{-1/x^2})' = e^{-1/x^2} + xe^{-1/x^2}(2/x^3) = e^{-1/x^2}(1+2/x^2)$

(8) $(x^{1/x})' = \{e^{(1/x)\log x}\}' = e^{(1/x)\log x}\left(\frac{\log x}{x}\right)' = x^{1/x}\frac{1-\log x}{x^2} = x^{1/x-2}(1-\log x)$

(9) $(x\tan^{-1} x - \log\sqrt{1+x^2})' = \tan^{-1} x + \frac{x}{1+x^2} - \frac{1}{2}\{\log(1+x^2)\}'$
$= \tan^{-1} x + \frac{x}{1+x^2} - \frac{x}{1+x^2} = \tan^{-1} x$

(10) $(\sqrt{1+\sqrt{x}})' = \frac{1}{2}(1+\sqrt{x})^{-1/2}(1+\sqrt{x})' = \frac{1}{2}(1+\sqrt{x})^{-1/2}\frac{1}{2\sqrt{x}} = \frac{1}{4\sqrt{x+x\sqrt{x}}}$

(11) $\left(\cos^{-1}\frac{1}{2x}\right)' = -\frac{1}{\sqrt{1-(1/2x)^2}}\left(-\frac{1}{2x^2}\right) = \frac{1}{|x|\sqrt{4x^2-1}}$

(12) $\left\{\log\left(\tan\frac{x}{2}\right)\right\}' = \frac{1}{\tan(x/2)}\frac{1}{2\cos^2(x/2)} = \frac{1}{\sin x}$

(13) $y = (x-a_1)(x-a_2)\cdots(x-a_n)$ とおくと
$$\log|y| = \log|x-a_1| + \log|x-a_2| + \cdots + \log|x-a_n|.$$
$$\therefore\ \frac{y'}{y} = \frac{1}{x-a_1} + \frac{1}{x-a_2} + \cdots + \frac{1}{x-a_n}.$$
$$\therefore\ y' = (x-a_1)(x-a_2)\cdots(x-a_n)\left(\frac{1}{x-a_1} + \frac{1}{x-a_2} + \cdots + \frac{1}{x-a_n}\right).$$

(14) $\left(x\sqrt{a^2-x^2} + a^2\sin^{-1}\frac{x}{a}\right)'$
$= \sqrt{a^2-x^2} + \frac{-x^2}{\sqrt{a^2-x^2}} + a^2 \frac{1}{a\sqrt{1-(x/a)^2}} = \frac{2(a^2-x^2)}{\sqrt{a^2-x^2}} = 2\sqrt{a^2-x^2}$

(15) $(x\sqrt{x^2+A} + A\log|x+\sqrt{x^2+A}|)'$
$= \sqrt{x^2+A} + \frac{x^2}{\sqrt{x^2+A}} + A\frac{1}{x+\sqrt{x^2+A}}\left(1+\frac{x}{\sqrt{x^2+A}}\right)$
$= \sqrt{x^2+A} + \frac{x^2+A}{\sqrt{x^2+A}} = 2\sqrt{x^2+A}$

2 (1) $(\sinh x)' = (\frac{e^x-e^{-x}}{2})' = \frac{e^x+e^{-x}}{2} = \cosh x$

(2) $(\cosh x)' = (\frac{e^x+e^{-x}}{2})' = \frac{e^x-e^{-x}}{2} = \sinh x$

(3) $(\tanh x)' = \left(\frac{\sinh x}{\cosh x}\right)' = \frac{\cosh^2 x - \sinh^2 x}{(\cosh x)^2} = \frac{1}{\cosh^2 x}$

3 (1) $y = \frac{1}{\sqrt{1-x}} = (1-x)^{-1/2}$ とする.
$y' = (-\frac{1}{2})(1-x)^{-3/2}(-1) = \frac{1}{2}(1-x)^{-3/2}, y'' = \frac{1}{2}(-\frac{3}{2})(1-x)^{-5/2}(-1) = \frac{1}{2}\frac{3}{2}(1-x)^{-5/2}$.
同様にして $y^{(n)} = \frac{1}{2}\frac{3}{2}\cdots\frac{2n-1}{2}(1-x)^{-(2n+1)/2} = \frac{1 \cdot 3 \cdots (2n-1)}{2^n}\left(\frac{1}{\sqrt{1-x}}\right)^{2n+1}$.

(2) $f(x) = \log(1-x^2) = \log(1-x) + \log(1+x)$ とする.
$f'(x) = -1/(1-x) + 1/(1+x) = (x-1)^{-1} + (x+1)^{-1}, f''(x) = (-1)(x-1)^{-2} + (-1)(x+1)^{-2}$.
以下同様にして
$$f^{(n)}(x) = (-1)\cdots(-(n-1))\{(x-1)^{-n} + (x+1)^{-n}\}$$
$$= (-1)^{n-1}(n-1)!\{(x-1)^{-n} + (x+1)^{-n}\}$$

(3) $(\cos^2 x)^{(n)} = \{(1+\cos 2x)/2\}^{(n)} = 2^{n-1}\cos(2x + n\pi/2)$

(4) $(\log x)^{(k)} = (-1)^{k-1}\frac{(k-1)!}{x^k}$. ゆえに
$$(x^2 \log x)^{(n)} = x^2(\log x)^{(n)} + {}_nC_1 2x(\log x)^{(n-1)} + {}_nC_2 2(\log x)^{(n-2)}$$
$$= (-1)^{n-1}\frac{(n-1)!}{x^{n-2}} + (-1)^{n-2}2n\frac{(n-2)!}{x^{n-2}} + (-1)^{n-3}n(n-1)\frac{(n-3)!}{x^{n-2}}$$
$$= (-1)^{n-1}(n-3)!\frac{2}{x^{n-2}}$$

(5) $(x^3 e^{ax})^{(n)}$
$= x^3(e^{ax})^{(n)} + {}_nC_1(x^3)'(e^{ax})^{(n-1)} + {}_nC_2(x^3)''(e^{ax})^{(n-2)} + {}_nC_3(x^3)'''(e^{ax})^{(n-3)}$
$= a^n x^3 e^{ax} + 3na^{n-1}x^2 e^{ax} + 3n(n-1)a^{n-2}xe^{ax} + n(n-1)(n-2)a^{n-3}e^{ax}$
$= a^{n-3}e^{ax}\{a^3 x^3 + 3na^2 x^2 + 3n(n-1)ax + n(n-1)(n-2)\}$.

4 $f'(x) = 2x/(1+x^2)$. $\therefore (1+x^2)f'(x) = 2x$. $\therefore 2xf'(x) + (1+x^2)f''(x) = 2$.
これらから $f'(0) = 0, f''(0) = 2$. $(1+x^2)f'(x) = 2x$ を k 回 $(k \geqq 2)$ 微分して
$$(1+x^2)f^{(k+1)}(x) + 2nxf^{(k)}(x) + k(k-1)f^{(k-1)}(x) = 0.$$
$x = 0$ とすると $f^{(k+1)}(0) + k(k-1)f^{(k-1)}(0) = 0$.
すなわち, $f^{(k+1)}(0) = -k(k-1)f^{(k-1)}(0)$ $(k \geqq 2)$. したがって $n = 2m+1$ のとき
$$f^{(2m+1)}(0) = -2m(2m-1)f^{(2m-1)}(0) = \cdots = (-1)^m(2m)!f'(0) = 0.$$
$n = 2m$ のとき
$$f^{(2m)}(0) = -(2m-1)(2m-2)f^{(2m-2)}(0) = \cdots$$
$$= (-1)^{m-1}(2m-1)!f''(0) = (-1)^{m-1}2(2m-1)!.$$

5 (1) $f(x) = x^{1/x} - e^{1/e}$ $(x > 0)$ とする.
$$f'(x) = \frac{x^{1/x}(1-\log x)}{x^2} = 0$$
より, $\log x = 1$. $\therefore x = e$. $0 < x < e$ のとき $f'(x) > 0$, $x > e$ のとき $f'(x) < 0$ だから, $f(x)$ は $x = e$ で最大. したがって $x > 0$ のとき, $f(x) \leqq f(e) = 0$.

(2) $f(x) = (\pi - x)/4 - \tan^{-1}\sqrt{1-x}$ $(0 \leqq x \leqq 1)$ とする. $0 < x < 1$ に対して
$$f'(x) = -\frac{1}{4} - \frac{1}{1+(1-x)}\frac{-1}{2\sqrt{1-x}} = -\frac{1}{4} + \frac{1}{2(2-x)\sqrt{1-x}} > 0.$$
したがって $f(x)$ は $[0,1]$ で狭義増加. $\tan^{-1}1 = \frac{\pi}{4}$ だから $0 < x \leqq 1$ で $f(x) > f(0) = 0$.

(3) $f(x) = \tan x + \sin x - 2x$ $(0 \leqq x < \pi/2)$ とする.

$f'(x) = 1/\cos^2 x + \cos x - 2$ $(0 \leqq x < \pi/2)$,
$f''(x) = \dfrac{2\sin x}{\cos^3 x} - \sin x = (\sin x)\left(\dfrac{2}{\cos^3 x} - 1\right) > 0$ $(0 < x < \pi/2)$.
ゆえに $f'(x)$ は $0 \leqq x < \pi/2$ で狭義増加. ∴ $f'(x) > f'(0) = 0$.
$f(x)$ は $0 \leqq x \leqq \pi/2$ で狭義増加. ∴ $f(x) > f(0) = 0$.

(4)　$f(x) = \log(1+x) - (x - x^2/2)$ $(x \geqq 0)$ とする.
$f'(x) = 1/(1+x) - (1-x) = x^2/(1+x) > 0$ $(x > 0)$.
ゆえに $f(x)$ は $x \geqq 0$ で狭義増加だから, $f(x) > f(0) = 0$.
　　$g(x) = x - x^2/2 + x^3/3 - \log(1+x)$ $(x \geqq 0)$ とする.
$g'(x) = 1 - x + x^2 - 1/(1+x) = x^3/(1+x) > 0$ $(x > 0)$.
ゆえに $g(x)$ は狭義増加だから $g(x) > g(0) = 0$.

(5)　$f(x) = \sin x - x + x^3/3!$ $(x \geqq 0)$ とする. $f'(x) = \cos x - 1 + x^2/2$.
$f''(x) = -\sin x + x > 0$ $(x > 0)$. ∴ $f'(x)$ は $x \geqq 0$ で狭義増加.
∴ $f'(x) > f'(0) = 0$. ゆえに $f(x)$ は $x \geqq 0$ で狭義増加だから $f(x) > f(0) = 0$.
　　$g(x) = x - x^3/3! + x^5/5! - \sin x$ $(x \geqq 0)$ とする. $g'(x) = 1 - x^2/2! + x^4/4! - \cos x$,
$g''(x) = -x + x^3/3! + \sin x > 0$ $(x > 0)$. $g'(x)$ は $x \geqq 0$ で狭義増加.
∴ $g'(x) > g'(0) = 0$. ゆえに $g(x)$ は $x \geqq 0$ で狭義増加だから $g(x) > g(0) = 0$.

6　$f(x) = e^{-x}\sin x$, $f'(x) = -e^{-x}\sin x + e^{-x}\cos x = e^{-x}(\cos x - \sin x)$,
$f'(x) = 0$ より, $x = \pi/4, 5\pi/4$. $f(x)$ の増減表は

x	0	$\cdots$	$\pi/4$	$\cdots$	$5\pi/4$	$\cdots$	2π
$f'(x)$		+	0	−	0	+	
$f(x)$	0	↗	極大	↘	極小	↗	0

これより極大値 $f(\pi/4) = e^{-\pi/4}/\sqrt{2} > 0 = f(2\pi)$. ゆえに最大値は $f(\pi/4) = e^{-\pi/4}/\sqrt{2}$.
極小値 $f(5\pi/4) = -e^{-5\pi/4}/\sqrt{2} < 0 = f(0)$. ゆえに最小値は $f(5\pi/4) = -e^{-5\pi/4}/\sqrt{2}$.

7　(1)　$f(x) = x^{1/x}$ $(x > 0)$ とする. $f'(x) = x^{x-2}(1 - \log x) = 0$ より, $\log x = 1$, ∴ $x = e$.
$0 < x < e$ で $f'(x) > 0$, $e < x$ で $f'(x) < 0$. また $f(x)$ は $x = e$ で連続だから, $f(x)$ は $x = e$
で極大値 $f(e) = e^{1/e}$ をとる.

(2)　$f(x) = \sqrt[3]{x^2}(2-x) = x^{2/3}(2-x)$ とする. $x \neq 0$ のとき
$$f'(x) = \dfrac{2}{3\sqrt[3]{x}}(2-x) - x^{2/3} = \dfrac{1}{3\sqrt[3]{x}}(4-5x) = 0$$
より, $x = 4/5$. $0 < x < 4/5$ のとき $f'(x) > 0$, $x > 4/5$ のとき $f'(x) < 0$ だから, $f(x)$ は
$x = 4/5$ で極大値 $f(4/5) = \dfrac{6}{5}(\dfrac{4}{5})^{2/3}$ をとる. $x = 0$ のとき, $x < 0$ なら $f'(x) < 0$, $0 < x < 4/5$
なら $f'(x) > 0$ だから, $f(x)$ は $x = 0$ で極小値 $f(0) = 0$ をとる.

8　$f'(x) = -2xe^{-x^2} = 0$ より $x = 0$. $f''(x) = -2e^{-x^2}(1 - 2x^2) = 0$ より $x = \pm 1/\sqrt{2}$.

x	$\cdots$	$-1/\sqrt{2}$	$\cdots$	0	$\cdots$	$1/\sqrt{2}$	$\cdots$
$f'(x)$	+		+	0	−		−
$f''(x)$	+	0	−		−	0	+
$f(x)$	↗	変曲点	↗	極大	↘	変曲点	↘

極大値（最大値）$f(0) = 1$. 変曲点 $(-1/\sqrt{2}, 1/\sqrt{e})$, $(1/\sqrt{2}, 1/\sqrt{e})$. グラフは y 軸に関して対称だから

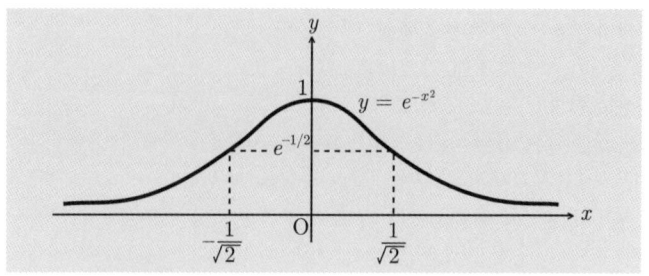

（グラフ：$y = e^{-x^2}$、$x = \pm 1/\sqrt{2}$ で $y = e^{-1/2}$）

9 (1) $(0/0)$ $\displaystyle\lim_{x\to 0}\frac{\tan x - x}{x - \sin x} = \lim_{x\to 0}\frac{(1/\cos^2 x) - 1}{1 - \cos x} = \lim_{x\to 0}\frac{1 - \cos^2 x}{\cos^2 x(1 - \cos x)}$
$= \displaystyle\lim_{x\to 0}\frac{1 + \cos x}{\cos^2 x} = 2$

(2) $(\infty - \infty)$ $\dfrac{1}{x^2} - \dfrac{1}{\sin^2 x} = \dfrac{\sin^2 x - x^2}{x^2 \sin^2 x} = \dfrac{(\sin x + x)(\sin x - x)}{x^2 \sin^2 x}$
$= \dfrac{\sin x + x}{x} \cdot \dfrac{\sin x - x}{x^3} \cdot \dfrac{x^2}{\sin^2 x}$. ここで, $\dfrac{\sin x}{x} + 1 \to 2$, $\dfrac{x^2}{\sin^2 x} \to 1$ $(x \to 0)$.
また $\displaystyle\lim_{x\to 0}\frac{\sin x - x}{x^3}$ は $\dfrac{0}{0}$ の不定形. $\therefore \displaystyle\lim_{x\to 0}\frac{\sin x - x}{x^3} = \lim_{x\to 0}\frac{\cos x - 1}{3x^2} = -\dfrac{1}{6}\lim_{x\to 0}\frac{\sin x}{x} = -\dfrac{1}{6}$.
したがって $\dfrac{1}{x^2} - \dfrac{1}{\sin^2 x} \to -\dfrac{1}{3}$ $(x \to 0)$.

(3) $(0/0)$ $\displaystyle\lim_{x\to 0}\frac{\log(1 - x^2)}{\log(\cos x)} = \lim_{x\to 0}\frac{(-2x)/(1 - x^2)}{(-\sin x)/\cos x} = 2\lim_{x\to 0}\frac{x}{\sin x}\cdot\frac{\cos x}{1 - x^2} = 2$

(4) $(\infty \cdot 0)$ $\displaystyle\lim_{x\to\infty} x\left(\frac{\pi}{2} - \tan^{-1} x\right) = \lim_{x\to\infty}\frac{\pi/2 - \tan^{-1} x}{1/x} = \lim_{x\to\infty}\frac{-1/(1 + x^2)}{-1/x^2}$
$= \displaystyle\lim_{x\to\infty}\frac{x^2}{1 + x^2} = \lim_{x\to\infty}\frac{1}{1/x^2 + 1} = 1$.

(5) (1^∞) $\displaystyle\lim_{x\to 0}\frac{\log\frac{3^x + 2^x}{2}}{x} = \lim_{x\to 0}\frac{3^x \log 3 + 2^x \log 2}{3^x + 2^x} = \frac{\log 3 + \log 2}{2} = \log\sqrt{6}$.
したがって $\displaystyle\lim_{x\to 0}\left(\frac{3^x + 2^x}{2}\right)^{1/x} = e^{\log\sqrt{6}} = \sqrt{6}$.

(6) $(\infty - \infty)$ $\displaystyle\lim_{x\to +0}\left\{\frac{1}{x(x+1)} - \frac{\log(1 + x)}{x^2}\right\} = \lim_{x\to +0}\frac{x - (x+1)\log(1 + x)}{x^2(1 + x)}$
$= \displaystyle\lim_{x\to +0}\frac{-\log(1 + x)}{3x^2 + 2x} = \lim_{x\to +0}\frac{(-1)/(1 + x)}{6x + 2} = -\frac{1}{2}$.

(7) (0^0) $\displaystyle\lim_{x\to +0}(\sin x)\log(\sin x) = \lim_{x\to +0}\frac{\log(\sin x)}{1/\sin x} = \lim_{x\to +0}\frac{(\cos x)/\sin x}{-\cos x/\sin^2 x}$
$= -\displaystyle\lim_{x\to +0}\sin x = 0$. したがって, $\displaystyle\lim_{x\to +0}(\sin x)^{\sin x} = \lim_{x\to +0}e^{(\sin x)\log(\sin x)} = e^0 = 1$.

(8) (∞^0) $(\tan x)^{\cos x} = e^{(\cos x)\log(\tan x)}$.
$\displaystyle\lim_{x\to \pi/2-0}\cos x \log(\tan x) = \lim_{x\to \pi/2-0}\frac{\log(\tan x)}{1/\cos x} = \lim_{x\to \pi/2-0}\frac{1}{\tan x}\frac{1}{\cos^2 x}\Big/\left(\frac{\sin x}{\cos^2 x}\right)$
$= \displaystyle\lim_{x\to \pi/2-0}\frac{\cos x}{\sin^2 x} = 0$. ゆえに, $(\tan x)^{\cos x} = e^{(\cos x)\log(\tan x)} \to e^0 = 1$ $(x \to \pi/2 - 0)$.

10 (1) $\displaystyle\lim_{x\to\infty} x^{1/x} = 1$ （問題 2.30(1)）だから $\displaystyle\lim_{n\to\infty}\sqrt[n]{n} = n^{1/n} = 1$.

(2) $\displaystyle\lim_{x\to\infty} a^{1/x} = \lim_{t\to +0} a^t = a^0 = 1$ (a^t は $t = 0$ で連続). したがって $\displaystyle\lim_{n\to\infty}\sqrt[n]{a} = \lim_{n\to\infty} a^{1/n} = 1$.

(3) $\lim_{x\to\infty} x(a^{1/x}-1) = \lim_{x\to\infty} \frac{a^{1/x}-1}{1/x} = \lim_{x\to\infty} \frac{a^{1/x}(\log a)(-1/x^2)}{-1/x^2} = \log a$. したがって
$\lim_{n\to\infty} n(\sqrt[n]{a}-1) = \lim_{n\to\infty} n(a^{1/n}-1) = \log a$.

11 (1) $f(x)$ が奇関数ならば, $f(-x) = -f(x)$. したがって $-f'(-x) = \{f(-x)\}' = \{-f(x)\}' = -f'(x)$. $\therefore f'(-x) = f'(x)$ となり $f'(x)$ は偶関数.

(2) 偶関数についても同様.

12 (1) $x \neq 0$ のとき $e^x \neq e^{-x}$. このとき, $e^x + e^{-x} > 2\sqrt{e^x e^{-x}} = 2 \geqq 2\cos x$.

(2) $f(x) = e^x + e^{-x} + 2\cos x$. $f'(x) = e^x - e^{-x} - 2\sin x = 0$. $x = 0$ はこの方程式の解. $x = 0$ 以外の解が存在しないことを示す. (1) より, $f''(x) = e^x + e^{-x} - 2\cos x > 0$ $(x \neq 0)$. $f'(x)$ は $x = 0$ で連続だから $(-\infty, \infty)$ で狭義増加. ゆえに $f'(0) = 0$ の解は $x = 0$ のみ. また, $x < 0$ で $f'(x) < f'(0) = 0$. $x > 0$ で $f'(x) > f'(0) = 0$. したがって $f(x)$ は $x = 0$ で極小値 $f(0) = 4$ をとる.

13 (1) $f'(x) = -1/x$, $f''(x) = 1/x^2 > 0$ $(x > 0)$ だから $f(x) = -\log x$ は凸.

(2) (1) より, $-\log(\alpha x + \beta y) \leqq -\alpha \log x - \beta \log y$.
$\therefore \log x^\alpha y^\beta = \alpha \log x + \beta \log y \leqq \log(\alpha x + \beta y)$. 関数 e^x は増加関数だから,
$$x^\alpha y^\beta = e^{\log(x^\alpha y^\beta)} \leqq e^{\log(\alpha x + \beta y)} = \alpha x + \beta y.$$

14 任意の $a \in I$ をとる. テイラーの定理より任意の $x \in I$ $(x \neq a)$ に対して
$$f(x) = f(a) + \frac{f'(a)}{1!}(x-a) + \frac{f''(a)}{2!}(x-a)^2 + \cdots + \frac{f^{n-1}(a)}{(n-1)!}(x-a)^{n-1} + R_n(x),$$
ただし, $R_n(x) = \frac{f^n(a+\theta(x-a))}{n!}(x-a)^n$ $(0 < \theta < 1)$ となる θ が存在する. $a + \theta(x-a) \in I$ だから仮定より $R_n(x) = \frac{f^n(a+\theta(x-a))}{n!}(x-a)^n = 0$. したがって
$$f(x) = f(a) + \frac{f'(a)}{1!}(x-a) + \frac{f''(a)}{2!}(x-a)^2 + \cdots + \frac{f^{n-1}(a)}{(n-1)!}(x-a)^{n-1}.$$
すなわち $f(x)$ は高々 $(n-1)$ 次の多項式関数.

15 (1) $f(x) = (\sin x)/x$ $(0 < x \leqq \pi/2)$ とすると, $f'(x) = (x\cos x - \sin x)/x^2$. $g(x) = x\cos x - \sin x$ $(0 \leqq x \leqq \pi/2)$ とおくと
$$g'(x) = \cos x - x\sin x - \cos x = -x\sin x < 0 \ (0 < x < \pi/2).$$
また $g(x)$ は $0 \leqq x \leqq \pi/2$ で連続だから, $0 \leqq x \leqq \pi/2$ で狭義減少.
ゆえに, $0 < x \leqq \pi/2$ のとき $g(x) < g(0) = 0$ となる.
したがって, $0 < x \leqq \pi/2$ のとき $f'(x) < 0$ となり, $f(x)$ は $0 < x \leqq \pi/2$ で狭義減少.

(2) $f(x) = (\tan x)/x$ $(0 < x < \pi/2)$ とする.
$$f'(x) = \frac{1}{x^2}\left(\frac{x}{\cos^2 x} - \tan x\right) = \frac{1}{x^2 \cos^2 x}(x - \sin x \cos x)$$
$$= \frac{1}{2x^2 \cos^2 x}(2x - \sin 2x) > 0 \ (0 < x < \pi/2).$$
したがって $f(x)$ は $0 < x < \pi/2$ で狭義増加.

16 $f(x) = (1 + \frac{1}{x})^x = e^{x\log(1+1/x)}$.
$f'(x) = e^{x\log(1+1/x)}\left\{x\log\left(1+\frac{1}{x}\right)\right\}' = \left(1+\frac{1}{x}\right)^x\left\{\log\left(1+\frac{1}{x}\right) - \frac{1}{x+1}\right\}$.
$g(x) = \log(1+\frac{1}{x}) - \frac{1}{x+1}$ とおくと, $g'(x) = -\log(1-\frac{1}{x+1}) - \frac{1}{x+1}$.

ここで $t = \frac{1}{x+1}$ とおくと,$0 < t < 1$.
次に $h(t) = -\log(1-t) - t \ (0 \leqq t < 1)$ とする ($h(t)$ を $0 \leqq t < 1$ で定義する).
$h'(t) = \frac{1}{1-t} - 1 = \frac{t}{1-t} > 0 \ (0 < t < 1)$ だから $h(t)$ は $0 \leqq t < 1$ で狭義増加.$h(0) = 0$ より $h(t) > 0 \ (0 < t < 1)$.したがって $g(x) = h(t) > 0 \ (x > 0)$ となるから,$f'(x) > 0 \ (x > 0)$.
ゆえに $f(x)$ は $x > 0$ で狭義増加.

17 (1) $f'(0) = \lim_{x \to 0} \frac{e^{-1/x^2}}{x} = \lim_{x \to 0} \frac{1/x}{e^{1/x^2}} = \lim_{x \to 0} \frac{-1/x^2}{e^{1/x^2}(-2/x^3)} = \lim_{x \to 0} \frac{x}{2e^{1/x^2}} = 0$

(2) $x \neq 0$ のとき,$\lim_{x \to 0} f'(x) = \lim_{x \to 0} \frac{2/x^3}{e^{1/x^2}} = \lim_{x \to 0} \frac{-6/x^4}{e^{1/x^2}(-2/x^3)} = 3 \lim_{x \to 0} \frac{1/x}{e^{1/x^2}} = 0 = f'(0)$.
したがって $f'(x)$ は $x = 0$ で連続.

18 $f'(0) = \lim_{x \to 0} \frac{x|x|}{x} = \lim_{x \to 0} |x| = 0$.$x > 0$ のとき,$f'(x) = (x^2)' = 2x$.$x < 0$ のとき,$f'(x) = (-x^2)' = -2x$.したがって $f'(x)$ は $x \neq 0$ で連続.$\lim_{x \to 0} f'(x) = 0 = f'(0)$ より $f'(x)$ は $x = 0$ で連続.したがって $f(x)$ は $(-\infty, \infty)$ で C^1 級.

$x > 0$ のとき,$f''(x) = 2$.$x < 0$ のとき,$f''(x) = -2$.
$\lim_{x \to +0} f''(x) = 2$,$\lim_{x \to -0} f''(x) = -2$.$\lim_{x \to 0} f''(x)$ が存在しないから,$f''(x)$ は $x = 0$ で不連続.したがって $f(x)$ は $(-\infty, \infty)$ で C^2 級でない.

19 (1) $a, b > 0$ としてよい ($a = 0$ または $b = 0$ なら明らか).
$f(x) = x^p/p + b^q/q - bx \ (x \geqq 0)$ とする.$f'(x) = x^{p-1} - b = 0$ より $x = b^{1/(p-1)}$ だから,増減表は

x	0	$\cdots$	$b^{1/(p-1)}$	$\cdots$
$f'(x)$		$-$	0	$+$
$f(x)$		$\searrow$	最小	$\nearrow$

となる.これより $f(x)$ は $x = b^{1/(p-1)}$ で最小.したがって $x \geqq 0$ のとき
$$f(x) \geqq f(b^{1/(p-1)}) = \frac{1}{p} b^{p/(p-1)} + \frac{1}{q} b^q - b^{p/(p-1)} = \left(\frac{1}{p} + \frac{1}{q} - 1\right) b^q = 0$$
を得る ($p/(p-1) = q$ に注意).ここで $x = a$ とおいて結論を得る.

(2) $a_k, b_k \geqq 0$ してよい.$A = (\sum_{k=1}^n a_k^p)^{1/p}$, $B = (\sum_{k=1}^n b_k^q)^{1/q}$ とおく.$A = 0$ または $B = 0$ なら明らかだから $A > 0$ かつ $B > 0$ とする.(1) より
$$\frac{a_k}{A} \frac{b_k}{B} \leqq \frac{1}{p} \left(\frac{a_k}{A}\right)^p + \frac{1}{q} \left(\frac{b_k}{B}\right)^q.$$
ゆえに
$$\sum_{k=1}^n \frac{a_k}{A} \frac{b_k}{B} \leqq \frac{1}{p} \sum_{k=1}^n \left(\frac{a_k}{A}\right)^p + \frac{1}{q} \sum_{k=1}^n \left(\frac{b_k}{B}\right)^q = \frac{1}{p} \frac{\sum_{k=1}^n a_k^p}{A^p} + \frac{1}{q} \frac{\sum_{k=1}^n b_k^q}{B^q} = \frac{1}{p} + \frac{1}{q} = 1.$$
したがって $\sum_{k=1}^n a_k b_k \leqq AB = (\sum_{k=1}^n a_k^p)^{1/p} (\sum_{k=1}^n b_k^q)^{1/q}$.

20 $0 < p < q$ とする.$r = q/p > 1$ とおく.$1/r + 1/s = 1$ とすると,$1/s = 1 - p/q$.ヘルダーの不等式で $b_k = 1 \ (k = 1, \ldots, n)$ とおくと
$$\sum_{k=1}^n |a_k|^p = \sum_{k=1}^n (|a_k|^q)^{1/r} \cdot 1 \leqq \left(\sum_{k=1}^n |a_k|^q\right)^{1/r} \left(\sum_{k=1}^n 1^s\right)^{1/s} = n^{1-p/q} \left(\sum_{k=1}^n |a_k|^q\right)^{p/q}.$$
これより $\left(\sum_{k=1}^n |a_k|^p\right)^{1/p} \leqq n^{1/p - 1/q} \left(\sum_{k=1}^n |a_k|^q\right)^{1/q}$ $\therefore \left(\frac{1}{n} \sum_{k=1}^n |a_k|^p\right)^{1/p} \leqq \left(\frac{1}{n} \sum_{k=1}^n |a_k|^q\right)^{1/q}$.

3章問題解答

3.1 (1) $\int \frac{dx}{\sqrt{4x-3}} = \int (4x-3)^{-1/2} dx = \frac{1}{4}\{2(4x-3)^{1/2}\} = \frac{1}{2}\sqrt{4x-3}$

(2) $(e^{1/x})' = e^{1/x}(-\frac{1}{x^2})$ より $\int \frac{1}{x^2} e^{1/x} dx = -e^{1/x}$

(3) $\{(\log x)^3\}' = 3(\log x)^2 \frac{1}{x}$ より $\int \frac{(\log x)^2}{x} dx = \frac{1}{3}(\log x)^3$

(4) $\int \frac{(x-2)^2}{x\sqrt{x}} dx = \int \frac{x^2 - 4x + 4}{x^{3/2}} dx = \int (x^{1/2} - 4x^{-1/2} + 4x^{-3/2}) dx$

$= \frac{2}{3} x^{3/2} - 4 \cdot 2x^{1/2} + 4(-2x^{-1/2}) = \frac{2}{3} x\sqrt{x} - 8\sqrt{x} - \frac{8}{\sqrt{x}}$

(5) $\int \cos^2 \frac{x}{2} dx = \int \frac{1+\cos x}{2} dx = \frac{1}{2}(x + \sin x)$

(6) $\int \sin 5x \sin 3x \, dx = -\frac{1}{2} \int (\cos 8x - \cos 2x) dx$

$= -\frac{1}{2}(\frac{1}{8} \sin 8x - \frac{1}{2} \sin 2x) = -\frac{1}{16}(\sin 8x - 4\sin 2x)$

3.2 (1) $x - 2 = t$ とおくと，$dx = dt$ だから

$$\int \frac{x+2}{(x-2)^5} dx = \int \frac{t+4}{t^5} dt = \int (t^{-4} + 4t^{-5}) dt = -\frac{1}{3} t^{-3} + 4(-\frac{1}{4} t^{-4})$$

$$= -\frac{1}{3t^3} - \frac{1}{t^4} = -\frac{1}{3(x-2)^3} - \frac{1}{(x-2)^4} = -\frac{x+1}{3(x-2)^4}.$$

(2) $x^2 = t$ とおくと，$2x \, dx = dt$ だから

$$\int \frac{x}{x^4 - 5} dx = \frac{1}{2} \int \frac{dt}{t^2 - 5} = \frac{1}{2} \frac{1}{2\sqrt{5}} \log \left|\frac{t-\sqrt{5}}{t+\sqrt{5}}\right| = \frac{1}{4\sqrt{5}} \log \left|\frac{x^2 - \sqrt{5}}{x^2 + \sqrt{5}}\right|.$$

(3) $x^2 + 1 = t$ とおくと，$2x \, dx = dt$ だから

$$\int \frac{x}{(x^2+1)^2 \sqrt{x^2+1}} dx = \frac{1}{2} \int \frac{dt}{t^{5/2}} = \frac{1}{2} \int t^{-5/2} dt = -\frac{1}{3} \frac{1}{t^{3/2}} = -\frac{1}{3(x^2+1)^{3/2}}.$$

(4) $4 - x^2 = t$ とおくと，$-2x \, dx = dt$ だから

$$\int \frac{x}{(4-x^2)^{3/2}} dx = -\frac{1}{2} \int \frac{dt}{t^{3/2}} = -\frac{1}{2} \int t^{-3/2} dt = -\frac{1}{2}(-2t^{-1/2}) = \frac{1}{\sqrt{t}} = \frac{1}{\sqrt{4-x^2}}.$$

3.3 (1) $\tan x = t$ とおくと，$\frac{dx}{\cos^2 x} = dt$ だから

$$\int \frac{\sin^2 x}{\cos^4 x} dx = \int \tan^2 x \frac{1}{\cos^2 x} dx = \int t^2 dt = \frac{t^3}{3} = \frac{\tan^3 x}{3}.$$

(2) $\sin x = t$ とおくと，$\cos x \, dx = dt$ だから

$\int (\cos^3 x + \cos^5 x) dx = \int (\cos^2 x + \cos^4 x) \cos x \, dx$

$= \int \{1 - \sin^2 x + (1 - \sin^2 x)^2\} \cos x \, dx = \int \{1 - t^2 + (1-t^2)^2\} dt$

$= \int (2 - 3t^2 + t^4) dt = 2t - t^3 + t^5/5 = 2\sin x - \sin^3 x + (\sin^5 x)/5.$

(3) $e^x = t$ とおくと，$dx = \frac{dt}{t}$ だから

$$\int \frac{1}{e^x - e^{-x}} dx = \int \frac{1/t}{t - 1/t} dt = \int \frac{dt}{t^2 - 1} = \frac{1}{2} \log \left|\frac{t-1}{t+1}\right| = \frac{1}{2} \log \left|\frac{e^x - 1}{e^x + 1}\right|.$$

(4) $\sqrt{2x+1} = t$ とおくと，$x = (t^2 - 1)/2, dx = t \, dt$ だから

$$\int \frac{x^2}{\sqrt{2x+1}} dx = \int \frac{\{(t^2-1)/2\}^2}{t} t \, dt = \frac{1}{4} \int (t^4 - 2t^2 + 1) dt = \frac{1}{4}\left(\frac{t^5}{5} - \frac{2}{3} t^3 + t\right)$$

$$= \frac{1}{4}\left\{\frac{(\sqrt{2x+1})^5}{5} - \frac{2}{3}(\sqrt{2x+1})^3 + \sqrt{2x+1}\right\} = \frac{(3x^2 - 2x + 2)\sqrt{2x+1}}{15}.$$

3.4 (1) $\displaystyle\int \frac{dx}{2x^2+3} = \frac{1}{2}\int \frac{dx}{x^2+3/2} = \frac{1}{2}\sqrt{\frac{2}{3}}\tan^{-1}\frac{x}{\sqrt{3/2}} = \frac{\sqrt{6}}{6}\tan^{-1}\frac{\sqrt{6}}{3}x$

(2) $\displaystyle\int \frac{dx}{2x^2-3} = \frac{1}{2}\int \frac{dx}{x^2-3/2} = \frac{1}{2}\frac{1}{2\sqrt{3/2}}\log\left|\frac{x-\sqrt{3/2}}{x+\sqrt{3/2}}\right| = \frac{\sqrt{6}}{12}\log\left|\frac{\sqrt{2}x-\sqrt{3}}{\sqrt{2}x+\sqrt{3}}\right|$

(3) $\displaystyle\int \frac{dx}{\sqrt{5-2x^2}} = \frac{1}{\sqrt{2}}\int \frac{dx}{\sqrt{5/2-x^2}} = \frac{1}{\sqrt{2}}\sin^{-1}\frac{x}{\sqrt{5/2}} = \frac{1}{\sqrt{2}}\sin^{-1}\frac{\sqrt{2}}{\sqrt{5}}x$

(4) $\displaystyle\int \frac{dx}{\sqrt{2x^2+5}} = \frac{1}{\sqrt{2}}\int \frac{dx}{\sqrt{x^2+5/2}} = \frac{1}{\sqrt{2}}\log\left|x+\sqrt{x^2+\frac{5}{2}}\right|$

(5) $x^2=t$ とおくと $2x\,dx=dt$ だから

$\displaystyle\int \frac{x}{x^4-3}dx = \frac{1}{2}\int \frac{dt}{t^2-3} = \frac{1}{2}\frac{1}{2\sqrt{3}}\log\left|\frac{t-\sqrt{3}}{t+\sqrt{3}}\right| = \frac{1}{4\sqrt{3}}\log\left|\frac{x^2-\sqrt{3}}{x^2+\sqrt{3}}\right|.$

(6) $x^2=t$ とおくと $2x\,dx=dt$ だから

$\displaystyle\int \frac{x}{\sqrt{3-x^4}}dx = \frac{1}{2}\int \frac{dt}{\sqrt{3-t^2}} = \frac{1}{2}\sin^{-1}\frac{t}{\sqrt{3}} = \frac{1}{2}\sin^{-1}\frac{x^2}{\sqrt{3}}.$

3.5 (1) $\displaystyle\int \frac{dx}{x^2+x+1} = \int \frac{dx}{(x+1/2)^2+3/4} = \frac{2}{\sqrt{3}}\tan^{-1}\frac{x+1/2}{\sqrt{3/2}} = \frac{2}{\sqrt{3}}\tan^{-1}\frac{2x+1}{\sqrt{3}}$

(2) $\displaystyle\int \frac{dx}{x^2-2x-2} = \int \frac{dx}{(x-1)^2-3} = \frac{1}{2\sqrt{3}}\log\left|\frac{(x-1)-\sqrt{3}}{(x-1)+\sqrt{3}}\right| = \frac{1}{2\sqrt{3}}\log\left|\frac{x-(1+\sqrt{3})}{x-(1-\sqrt{3})}\right|$

(3) $\displaystyle\int \frac{dx}{\sqrt{x^2-x+1}} = \int \frac{dx}{\sqrt{(x-1/2)^2+3/4}} = \log\left|x-\frac{1}{2}+\sqrt{\left(x-\frac{1}{2}\right)^2+\frac{3}{4}}\right|$

$= \log\left|x-\frac{1}{2}+\sqrt{x^2-x+1}\right|$

(4) $\displaystyle\int \frac{dx}{\sqrt{x-x^2}} = \int \frac{dx}{\sqrt{1/4-(x-1/2)^2}} = \sin^{-1}\frac{x-1/2}{1/2} = \sin^{-1}(2x-1)$

3.6 (1) $\displaystyle\int \frac{dx}{\tan x} = \int \frac{\cos x}{\sin x}dx = \log|\sin x|$

(2) $\displaystyle\int \frac{e^x+e^{-x}}{e^x-e^{-x}}dx = \int \frac{(e^x-e^{-x})'}{e^x-e^{-x}}dx = \log|e^x-e^{-x}|$

(3) $\displaystyle\int \frac{x^2+1}{x^3+3x+1}dx = \frac{1}{3}\int \frac{3x^2+3}{x^3+3x+1}dx = \frac{1}{3}\int \frac{(x^3+3x+1)'}{x^3+3x+1}dx = \frac{1}{3}\log|x^3+3x+1|$

(4) $\displaystyle\int \frac{x}{(x^2+A)^{3/2}}dx = \frac{1}{2}\int \frac{2x}{(x^2+A)^{3/2}}dx = \frac{1}{2}\int (x^2+A)^{-3/2}(x^2+A)'dx$

$= -(x^2+A)^{-1/2} = -\frac{1}{\sqrt{x^2+A}}$

(5) $\displaystyle\int \frac{x}{(x^2+1)^3}dx = \frac{1}{2}\int (x^2+1)^{-3}(x^2+1)'dx = -\frac{1}{4}(x^2+1)^{-2} = -\frac{1}{4(x^2+1)^2}$

(6) $\displaystyle\int \frac{x}{\sqrt{5-4x^2}}dx = -\frac{1}{8}\int (5-4x^2)^{-1/2}(5-4x^2)'dx$

$= -\frac{1}{8}2(5-4x^2)^{1/2} = -\frac{\sqrt{5-4x^2}}{4}$

(7) $\int \dfrac{x^2-2}{\sqrt[3]{x^3-6x+1}}dx = \dfrac{1}{3}\int (x^3-6x+1)^{-1/3}(x^3-6x+1)'dx$
$= \dfrac{1}{3}\dfrac{3}{2}(x^3-6x+1)^{2/3} = \dfrac{1}{2}(x^3-6x+1)^{2/3}$

3.7 (1) $\int \dfrac{x}{x^2-2x+2}dx = \dfrac{1}{2}\int \dfrac{2x-2+2}{x^2-2x+2}dx = \dfrac{1}{2}\int \dfrac{(x^2-2x+2)'}{x^2-2x+2}dx + \int \dfrac{1}{(x-1)^2+1}dx$
$= \dfrac{1}{2}\log|x^2-2x+2| + \tan^{-1}(x-1)$

(2) $\int \dfrac{2x-1}{x^2+x+1}dx = \int \dfrac{(2x+1)-2}{x^2+x+1}dx = \int \dfrac{(x^2+x+1)'}{x^2+x+1}dx - 2\int \dfrac{1}{(x+1/2)^2+3/4}dx$
$= \log|x^2+x+1| - 2\cdot\dfrac{2}{\sqrt{3}}\tan^{-1}\dfrac{x+1/2}{\sqrt{3}/2} = \log|x^2+x+1| - \dfrac{4}{\sqrt{3}}\tan^{-1}\dfrac{2x+1}{\sqrt{3}}$

(3) $\int \dfrac{x+2}{x^2+8x+8}dx = \dfrac{1}{2}\int \dfrac{2x+8-4}{x^2+8x+8}dx = \dfrac{1}{2}\int \dfrac{(x^2+8x+8)'}{x^2+8x+8}dx - 2\int \dfrac{1}{(x+4)^2-8}dx$
$= \dfrac{1}{2}\log|x^2+8x+8| - 2\cdot\dfrac{1}{2\sqrt{8}}\log\left|\dfrac{x+4-\sqrt{8}}{x+4+\sqrt{8}}\right| = \dfrac{1}{2}\log|x^2+8x+8| - \dfrac{1}{2\sqrt{2}}\log\left|\dfrac{x+4-2\sqrt{2}}{x+4+2\sqrt{2}}\right|$

(4) $\int \dfrac{x+4}{x^2+6x+6}dx = \dfrac{1}{2}\int \dfrac{2x+6+2}{x^2+6x+6}dx = \dfrac{1}{2}\int \dfrac{(x^2+6x+6)'}{x^2+6x+6}dx + \int \dfrac{1}{(x+3)^2-3}dx$
$= \dfrac{1}{2}\log|x^2+6x+6| + \dfrac{1}{2\sqrt{3}}\log\left|\dfrac{x+3-\sqrt{3}}{x+3+\sqrt{3}}\right|$

3.8 (1) $\int \dfrac{2x+1}{\sqrt{8+2x-x^2}}dx = -\int \dfrac{(2-2x)-3}{\sqrt{8+2x-x^2}}dx$
$= -\int (8+2x-x^2)^{-1/2}(8+2x-x^2)'dx + 3\int \dfrac{dx}{\sqrt{9-(x-1)^2}}$
$= -2\sqrt{8+2x-x^2} + 3\sin^{-1}\dfrac{x-1}{3}$

(2) $\int \dfrac{2x+1}{\sqrt{x^2-2x+5}}dx = \int \dfrac{2x-2+3}{\sqrt{x^2-2x+5}}dx$
$= \int (x^2-2x+5)^{-1/2}(x^2-2x+5)'dx + 3\int \dfrac{dx}{\sqrt{(x-1)^2+4}}$
$= 2\sqrt{x^2-2x+5} + 3\log\left|x-1+\sqrt{x^2-2x+5}\right|$

3.9 (1) $\int x^3\log x\,dx = \int (\tfrac{x^4}{4})'\log x\,dx = \tfrac{x^4}{4}\log x - \int \tfrac{x^4}{4}\tfrac{1}{x}dx = \tfrac{1}{4}x^4\log x - \tfrac{1}{4}\int x^3 dx$
$= \tfrac{1}{4}(x^4\log x - \tfrac{1}{4}x^4) = \tfrac{1}{16}x^4(4\log x - 1)$

(2) $\int x^2 e^{3x}dx = \int x^2(\tfrac{1}{3}e^{3x})'dx = \tfrac{1}{3}x^2 e^{3x} - \tfrac{1}{3}\int e^{3x}2x\,dx = \tfrac{1}{3}x^2 e^{3x} - \tfrac{2}{3}\int (\tfrac{1}{3}e^{3x})'x\,dx$
$= \tfrac{1}{3}x^2 e^{3x} - \tfrac{2}{3}(\tfrac{1}{3}xe^{3x} - \tfrac{1}{3}\int e^{3x}dx) = \tfrac{1}{27}e^{3x}(9x^2 - 6x + 2)$

(3) $\int x\log x\,dx = \int (\tfrac{x^2}{2})'\log x\,dx = \tfrac{x^2}{2}\log x - \int \tfrac{x^2}{2}\tfrac{1}{x}dx = \tfrac{1}{2}x^2\log x - \tfrac{1}{2}\int x\,dx$
$= \tfrac{1}{2}x^2\log x - \tfrac{1}{4}x^2 = \tfrac{1}{4}x^2(2\log x - 1)$

(4) $\int x^2\cos x\,dx = x^2\sin x - \int 2x\sin x\,dx = x^2\sin x + 2\int x(\cos x)'dx$
$= x^2\sin x + 2(x\cos x - \int \cos x\,dx) = x^2\sin x + 2x\cos x - 2\sin x$

(5) $\int x\tan^{-1}x\,dx = \tfrac{x^2}{2}\tan^{-1}x - \int \tfrac{x^2}{2}\tfrac{1}{1+x^2}dx = \tfrac{x^2}{2}\tan^{-1}x - \tfrac{1}{2}\int \tfrac{(1+x^2)-1}{1+x^2}dx$
$= \tfrac{x^2}{2}\tan^{-1}x - \tfrac{1}{2}\int (1 - \tfrac{1}{1+x^2})dx = \tfrac{x^2}{2}\tan^{-1}x - \tfrac{1}{2}(x - \tan^{-1}x) = \tfrac{1}{2}(x^2\tan^{-1}x - x + \tan^{-1}x)$

(6) $\int \dfrac{\log x}{x^2}\,dx = \int \left(-\dfrac{1}{x}\right)' \log x\,dx = -\dfrac{1}{x}\log x - \int \left(-\dfrac{1}{x}\right)\dfrac{1}{x}dx$

$= -\dfrac{1}{x}\log x + \int \dfrac{1}{x^2}dx = -\dfrac{1}{x}\log x - \dfrac{1}{x} = \dfrac{-(\log x + 1)}{x}$

3.10 (1) $I = \int e^{2x}\cos 3x\,dx$ とすると $I = \int (\tfrac{1}{2}e^{2x})'\cos 3x\,dx$

$= \tfrac{1}{2}e^{2x}\cos 3x - \tfrac{1}{2}\int e^{2x}(-3\sin 3x)dx = \tfrac{1}{2}e^{2x}\cos 3x + \tfrac{3}{2}\int (\tfrac{1}{2}e^{2x})'\sin 3x\,dx$

$= \tfrac{1}{2}e^{2x}\cos 3x + \tfrac{3}{2}\{\tfrac{1}{2}e^{2x}\sin 3x - \tfrac{1}{2}\int e^{2x}(3\cos 3x)dx\} = \tfrac{1}{2}e^{2x}\cos 3x + \tfrac{3}{4}e^{2x}\sin 3x - \tfrac{9}{4}I$.

$\tfrac{13}{4}I = \tfrac{1}{4}e^{2x}(2\cos 3x + 3\sin 3x)$ より $I = \tfrac{1}{13}e^{2x}(3\sin 3x + 2\cos 3x)$.

(2) $J = \int e^{-2x}\sin 2x\,dx$ とすると $J = \int (-\tfrac{1}{2}e^{-2x})'\sin 2x\,dx$

$= -\tfrac{1}{2}e^{-2x}\sin 2x + \tfrac{1}{2}\int e^{-2x}2\cos 2x\,dx = -\tfrac{1}{2}e^{-2x}\sin 2x + \int (-\tfrac{1}{2}e^{-2x})'\cos 2x\,dx$

$= -\tfrac{1}{2}e^{-2x}\sin 2x - \tfrac{1}{2}e^{-2x}\cos 2x + \tfrac{1}{2}\int e^{-2x}(-2\sin 2x)dx$

$= -\tfrac{1}{2}e^{-2x}\sin 2x - \tfrac{1}{2}e^{-2x}\cos 2x - J$.

$2J = -\tfrac{1}{2}e^{-2x}(\sin 2x + \cos 2x)$ より $J = -\tfrac{1}{4}e^{-2x}(\sin 2x + \cos 2x)$.

3.11 (1) 例題 3.17 より

$\int e^x \cos x\,dx = \tfrac{1}{2}e^x(\sin x + \cos x),\ \int e^x \sin x\,dx = \tfrac{1}{2}e^x(\sin x - \cos x)$. よって

$\int xe^x \cos x\,dx = \tfrac{1}{2}xe^x(\sin x + \cos x) - \tfrac{1}{2}\int e^x(\sin x + \cos x)dx$

$= \tfrac{1}{2}xe^x(\sin x + \cos x) - \tfrac{1}{2}\{\tfrac{1}{2}e^x(\sin x - \cos x) + \tfrac{1}{2}e^x(\sin x + \cos x)\}$

$= \tfrac{1}{2}xe^x(\sin x + \cos x) - \tfrac{1}{2}e^x \sin x$.

(2) $I = \int \sin(\log x)dx$ とすると

$I = \int (x)'\sin(\log x)dx = x\sin(\log x) - \int x\cos(\log x)\tfrac{1}{x}dx$

$= x\sin(\log x) - \int \cos(\log x)dx = x\sin(\log x) - \{x\cos(\log x) - \int x(-\sin(\log x))\tfrac{1}{x}dx\}$

$= x\sin(\log x) - x\cos(\log x) - I$.

$2I = x\sin(\log x) - x\cos(\log x)$ より $I = \tfrac{1}{2}x\{\sin(\log x) - \cos(\log x)\}$.

3.12 (1) $\int \sqrt{4x^2 - 1}\,dx = 2\int \sqrt{x^2 - \dfrac{1}{4}}\,dx$

$= 2\cdot\tfrac{1}{2}\left(x\sqrt{x^2 - \tfrac{1}{4}} - \tfrac{1}{4}\log\left|x + \sqrt{x^2 - \tfrac{1}{4}}\right|\right)$

$= x\sqrt{x^2 - \tfrac{1}{4}} - \tfrac{1}{4}\log\left|x + \sqrt{x^2 - \tfrac{1}{4}}\right|$

(2) $\int \sqrt{x^2 + 2x + 2}\,dx = \int \sqrt{(x+1)^2 + 1}\,dx$

$= \tfrac{1}{2}\left\{(x+1)\sqrt{(x+1)^2 + 1} + \log\left|x + 1 + \sqrt{(x+1)^2 + 1}\right|\right\}$

$= \tfrac{1}{2}\left\{(x+1)\sqrt{x^2 + 2x + 2} + \log\left|x + 1 + \sqrt{x^2 + 2x + 2}\right|\right\}$

(3) $\int \sqrt{1 - 9x^2}\,dx = 3\int \sqrt{\tfrac{1}{9} - x^2}\,dx = 3\cdot\tfrac{1}{2}\left(x\sqrt{\tfrac{1}{9} - x^2} + \tfrac{1}{9}\sin^{-1}3x\right)$

$= \tfrac{3}{2}\left(x\sqrt{\tfrac{1}{9} - x^2} + \tfrac{1}{9}\sin^{-1}3x\right) = \tfrac{1}{2}x\sqrt{1 - 9x^2} + \tfrac{1}{6}\sin^{-1}3x$

(4) $\int \sqrt{4x - x^2}\,dx = \int \sqrt{4 - (x-2)^2}\,dx = \tfrac{1}{2}\{(x-2)\sqrt{4 - (x-2)^2} + 4\sin^{-1}\tfrac{x-2}{2}\}$

$= \frac{1}{2}(x-2)\sqrt{4x-x^2} + 2\sin^{-1}\frac{x-2}{2}$.

3.13 (1) 例題 3.20(2), 定理 3.2(14) より
$$\int \frac{x^2}{\sqrt{x^2+3}}dx = \int \frac{(x^2+3)-3}{\sqrt{x^2+3}}dx = \int \sqrt{x^2+3}\,dx - 3\int \frac{dx}{\sqrt{x^2+3}}$$
$$= \frac{1}{2}\left(x\sqrt{x^2+3} + 3\log\left|x+\sqrt{x^2+3}\right|\right) - 3\log\left|x+\sqrt{x^2+3}\right|$$
$$= \frac{1}{2}\left(x\sqrt{x^2+3} - 3\log\left|x+\sqrt{x^2+3}\right|\right).$$

(2) $\dfrac{x^2}{\sqrt{2-2x-x^2}} = \dfrac{-(2-2x-x^2)-(2x+2)+4}{\sqrt{2-2x-x^2}}$
$= -\sqrt{2-2x-x^2} + \dfrac{-2x-2}{\sqrt{2-2x-x^2}} + \dfrac{4}{\sqrt{2-2x-x^2}}$

より
$$\int \frac{x^2}{\sqrt{2-2x-x^2}}dx = -\int \sqrt{2-2x-x^2}\,dx + \int \frac{-2x-2}{\sqrt{2-2x-x^2}}dx + \int \frac{4}{\sqrt{2-2x-x^2}}dx$$
$$= -\int \sqrt{3-(x+1)^2}\,dx + \int (2-2x-x^2)^{-1/2}(2-2x-x^2)'dx + 4\int \frac{1}{\sqrt{3-(x+1)^2}}dx$$
$$= -\frac{1}{2}\left\{(x+1)\sqrt{3-(x+1)^2} + 3\sin^{-1}\frac{x+1}{\sqrt{3}}\right\} + 2(2-2x-x^2)^{1/2} + 4\sin^{-1}\frac{x+1}{\sqrt{3}}$$
$$= -\frac{1}{2}(x-3)\sqrt{2-2x-x^2} + \frac{5}{2}\sin^{-1}\frac{x+1}{\sqrt{3}}.$$

(3) $\int x\sin^{-1}x\,dx = \dfrac{x^2}{2}\sin^{-1}x - \int \dfrac{x^2}{2}\dfrac{1}{\sqrt{1-x^2}}dx$
$= \dfrac{x^2}{2}\sin^{-1}x + \dfrac{1}{2}\int \dfrac{(1-x^2)-1}{\sqrt{1-x^2}}dx = \dfrac{x^2}{2}\sin^{-1}x + \dfrac{1}{2}\int \sqrt{1-x^2}\,dx - \dfrac{1}{2}\int \dfrac{dx}{\sqrt{1-x^2}}$
$= \dfrac{x^2}{2}\sin^{-1}x + \dfrac{1}{2}\dfrac{1}{2}(x\sqrt{1-x^2} + \sin^{-1}x) - \dfrac{1}{2}\sin^{-1}x$
$= \dfrac{1}{4}\{(2x^2-1)\sin^{-1}x + x\sqrt{1-x^2}\}$

3.14 (1) $I_n = \int \frac{dx}{(x^2+3)^n}$ とおくと, $I_1 = \int \frac{dx}{x^2+3} = \frac{1}{\sqrt{3}}\tan^{-1}\frac{x}{\sqrt{3}}$.
$I_2 = \frac{1}{2\cdot 3}\left(\frac{x}{x^2+3} + I_1\right) = \frac{1}{6}\left(\frac{x}{x^2+3} + \frac{1}{\sqrt{3}}\tan^{-1}\frac{x}{\sqrt{3}}\right)$.

(2) $I_n = \int \frac{dx}{(x^2-4)^n}$ とおくと, $I_1 = \int \frac{dx}{x^2-4} = \frac{1}{4}\log\left|\frac{x-2}{x+2}\right|$.
$I_2 = \frac{1}{2\cdot(-4)}\left(\frac{x}{x^2-4} + I_1\right) = -\frac{1}{8}\left(\frac{x}{x^2-4} + \frac{1}{4}\log\left|\frac{x-2}{x+2}\right|\right)$.
$I_3 = \frac{1}{4\cdot(-4)}\left\{\frac{x}{(x^2-4)^2} + 3I_2\right\} = -\frac{1}{16}\left\{\frac{x}{(x^2-4)^2} - \frac{3}{8}\left(\frac{x}{x^2-4} + \frac{1}{4}\log\left|\frac{x-2}{x+2}\right|\right)\right\}$.

(3) $x+1 = t$ とおくと, $dx = dt$ だから
$$\int \frac{dx}{(x^2+2x+5)^2} = \int \frac{dx}{\{(x+1)^2+4\}^2} = \int \frac{dt}{(t^2+4)^2}.$$
$I_n = \int \frac{dt}{(t^2+4)^n}$ とおくと $I_1 = \int \frac{dt}{t^2+4} = \frac{1}{2}\tan^{-1}\frac{t}{2}$. $I_2 = \frac{1}{2\cdot 4}\left(\frac{t}{t^2+4} + I_1\right) = \frac{1}{8}\left(\frac{t}{t^2+4} + \frac{1}{2}\tan^{-1}\frac{t}{2}\right)$.
よって
$$\int \frac{dx}{(x^2+2x+5)^2} = \frac{1}{8}\left\{\frac{x+1}{(x+1)^2+4} + \frac{1}{2}\tan^{-1}\frac{x+1}{2}\right\} = \frac{1}{8}\left(\frac{x+1}{x^2+2x+5} + \frac{1}{2}\tan^{-1}\frac{x+1}{2}\right).$$

(4) $\frac{1}{(x^2+1)\sqrt{x^2+1}} = \frac{1}{(x^2+1)^{3/2}}$ である. $I_n = \int \frac{dx}{(x^2+1)^n}$ とおくと,
$$I_{3/2} = \frac{1}{2\cdot(1/2)}\left\{\frac{x}{(x^2+1)^{1/2}} + \left(2\cdot\frac{3}{2}-3\right)I_{1/2}\right\} = \frac{x}{(x^2+1)^{1/2}}.$$

(5) $I_n = \int \frac{dx}{(x^2+A)^n}$ とおくと,
$$I_{3/2} = \frac{1}{2\cdot(1/2)A}\left\{\frac{x}{(x^2+A)^{1/2}} + \left(2\cdot\frac{3}{2}-3\right)I_{1/2}\right\} = \frac{x}{A(x^2+A)^{1/2}}.$$
$$I_{5/2} = \frac{1}{2\cdot(3/2)A}\left\{\frac{x}{(x^2+A)^{3/2}} + \left(2\cdot\frac{5}{2}-3\right)I_{3/2}\right\} = \frac{1}{3A}\left\{\frac{x}{(x^2+A)^{3/2}} + 2I_{3/2}\right\}$$
$$= \frac{1}{3A}\left\{\frac{x}{(x^2+A)^{3/2}} + \frac{2x}{A(x^2+A)^{1/2}}\right\} = \frac{x}{3A}\left\{\frac{1}{(x^2+A)^{3/2}} + \frac{2}{A(x^2+A)^{1/2}}\right\}.$$

3.15 (1) $\int \tan^3 x\, dx = \int \tan x(\frac{1}{\cos^2 x}-1)dx = \int \tan x(\tan x)' dx - \int \tan x\, dx$
$= \frac{1}{2}\tan^2 x + \log|\cos x|$.

[別解] 例題 3.24 より $\int \tan^3 x\, dx = \frac{1}{2}\tan^2 x - \int \tan x\, dx = \frac{1}{2}\tan^2 x + \log|\cos x|$.

(2) $I_n = \int \tan^n x\, dx$ とおくと $I_{-1} = -\frac{1}{2}\tan^{-2} x - I_{-3}$. よって
$$\int \frac{dx}{\tan^3 x} = I_{-3} = -\frac{1}{2\tan^2 x} - \int \frac{dx}{\tan x} = -\frac{1}{2\tan^2 x} - \log|\sin x|.$$

[別解] $\sin x = t$ とおくと, $\cos x\, dx = dt$ だから
$$\int \frac{dx}{\tan^3 x} = \int \frac{\cos^3 x}{\sin^3 x}dx = \int \frac{(1-\sin^2 x)\cos x}{\sin^3 x}dx$$
$$= \int \frac{1-t^2}{t^3}dt = -\frac{1}{2}\frac{1}{t^2} - \log|t| = -\frac{1}{2\sin^2 x} - \log|\sin x|.$$

3.16 $I_n = \int \cos^n x\, dx = \int \cos^{n-1} x \cos x\, dx = \sin x \cos^{n-1} x + (n-1)\int \cos^{n-2} x \sin^2 x\, dx$
$= \sin x \cos^{n-1} x + (n-1)\int \cos^{n-2} x(1-\cos^2 x)dx = \sin x \cos^{n-1} x + (n-1)(I_{n-2}-I_n)$.
これより, $nI_n = \sin x \cos^{n-1} x + (n-1)I_{n-2}$. よって $I_n = \frac{1}{n}\sin x \cos^{n-1} x + \frac{n-1}{n}I_{n-2}$.

3.17 (1) $I_n = \int \sin^n x\, dx$ とする.
例題 3.27 より $I_4 = \int \sin^4 x\, dx = -\frac{\sin^3 x \cos x}{4} - \frac{3}{8}\sin x \cos x + \frac{3}{8}x$.
例題 3.26 より
$$I_6 = -\frac{\sin^5 x \cos x}{6} + \frac{5}{6}I_4 = -\frac{\sin^5 x \cos x}{6} + \frac{5}{6}\left(-\frac{\sin^3 x \cos x}{4} - \frac{3}{8}\sin x \cos x + \frac{3}{8}x\right)$$
$$= -\frac{1}{6}\left(\sin^5 x \cos x + \frac{5}{4}\sin^3 x \cos x + \frac{15}{8}\sin x \cos x - \frac{15}{8}x\right).$$

(2) $\int \cos^4 x\, dx = \int \left(\frac{1+\cos 2x}{2}\right)^2 dx = \frac{1}{4}\int (1 + 2\cos 2x + \cos^2 2x)dx$
$= \frac{1}{4}\int \left(1 + 2\cos 2x + \frac{1+\cos 4x}{2}\right)dx = \frac{1}{4}\left(x + \sin 2x + \frac{x+(1/4)\sin 4x}{2}\right)$
$= \frac{1}{32}\sin 4x + \frac{1}{4}\sin 2x + \frac{3}{8}x$

[別解] $I_n = \int \cos^n x\, dx$ とおくと, 問題 3.16 より $I_n = \frac{1}{n}\sin x \cos^{n-1} x + \frac{n-1}{n}I_{n-2}$.
$\therefore I_4 = \int \cos^4 x\, dx = \frac{1}{4}\sin x \cos^3 x + \frac{3}{4}I_2 = \frac{1}{4}\sin x \cos^3 x + \frac{3}{4}(\frac{1}{2}\sin x \cos x + \frac{1}{2}I_0)$
$= \frac{1}{4}\sin x \cos^3 x + \frac{3}{8}\sin x \cos x + \frac{3}{8}x$.

(3) $I_n = \int \sin^n x\, dx$ とすると, 例題 3.26 より $I_{-3} = \frac{\sin^{-4} x \cos x}{3} + \frac{4}{3}I_{-5}$,

$I_{-1} = \sin^{-2} x \cos x + 2I_{-3}$. また, $\cos x = t$ とおくと $-\sin x\, dx = dt$ より
$I_{-1} = \int \frac{dx}{\sin x} = \int \frac{\sin x}{\sin^2 x} dx = \int \frac{\sin x}{1-\cos^2 x} dx = \int \frac{dt}{t^2-1} = \frac{1}{2} \log \left|\frac{t-1}{t+1}\right| = \frac{1}{2} \log \left|\frac{\cos x-1}{\cos x+1}\right|$.

$\therefore I_{-5} = \int \frac{dx}{\sin^5 x} = \frac{3}{4}\left(-\frac{\sin^{-4} x \cos x}{3} + I_{-3}\right) = \frac{3}{4}\left\{-\frac{\sin^{-4} x \cos x}{3} + \frac{1}{2}\left(I_{-1} - \sin^{-2} x \cos x\right)\right\}$

$\quad = \frac{3}{4}\left(\frac{1}{4} \log \left|\frac{1-\cos x}{1+\cos x}\right| - \frac{\cos x}{2\sin^2 x} - \frac{\cos x}{3\sin^4 x}\right)$.

3.18 $n \ne -1$ のとき, 部分積分を用いて
$I_{m,n} = \int \sin^m x \cos^n x\, dx = \int \sin^{m-1} x (\sin x \cos^n x) dx$
$\quad = -\frac{1}{n+1} \sin^{m-1} x \cos^{n+1} x + \frac{m-1}{n+1} \int \sin^{m-2} x \cos x \cos^{n+1} x\, dx$
$\quad = -\frac{1}{n+1} \sin^{m-1} x \cos^{n+1} x + \frac{m-1}{n+1} \int \sin^{m-2} x \cos^n x (1-\sin^2 x) dx$
$\quad = -\frac{1}{n+1} \sin^{m-1} x \cos^{n+1} x + \frac{m-1}{n+1} (I_{m-2,n} - I_{m,n})$. これより
$\frac{m+n}{n+1} I_{m,n} = -\frac{1}{n+1} \sin^{m-1} x \cos^{n+1} x + \frac{m-1}{n+1} I_{m-2,n}$. $\therefore I_{m,n} = -\frac{\sin^{m-1} x \cos^{n+1} x}{m+n} + \frac{m-1}{m+n} I_{m-2,n}$.

$n = -1$ のとき, $I_{m,-1} = \int \frac{\sin^m x}{\cos x} dx = \int \frac{\sin^{m-2} x(1-\cos^2 x)}{\cos x} dx$
$\qquad\qquad\qquad\quad = \int \frac{\sin^{m-2} x}{\cos x} dx - \int \sin^{m-2} x \cos x\, dx = I_{m-2,-1} - \frac{\sin^{m-1} x}{m-1}$.

よって漸化式は $n = -1$ でも成立する.

3.19 (1) $I_{m,n} = \int \sin^m x \cos^n x\, dx$ とおくと
$I_{2,2} = \int \sin^2 x \cos^2 x\, dx = \frac{1}{4}\int \sin^2 2x\, dx = \frac{1}{4}\int \frac{1-\cos 4x}{2} dx = \frac{1}{8}(x - \frac{1}{4}\sin 4x)$.
例題 3.28 より

$$I_{2,4} = \int \sin^2 x \cos^4 x\, dx = \frac{\sin^3 x \cos^3 x}{6} + \frac{3}{6} I_{2,2}$$
$$\quad = \frac{\sin^3 x \cos^3 x}{6} + \frac{1}{2}\frac{1}{8}\left(x - \frac{1}{4}\sin 4x\right) = \frac{\sin^3 x \cos^3 x}{6} - \frac{\sin 4x}{64} + \frac{x}{16}.$$

(2) $\sin x = t$ とおくと, $\cos x\, dx = dt$ だから
$$\int \sin^3 x \cos^3 x\, dx = \int \sin^3 x(1-\sin^2 x) \cos x\, dx = \int t^3(1-t^2) dt$$
$$\quad = \int (t^3 - t^5) dt = \frac{t^4}{4} - \frac{t^6}{6} = \frac{\sin^4 x}{4} - \frac{\sin^6 x}{6}.$$

[別解] $I_{m,n} = \int \sin^m x \cos^n x\, dx$ とおくと
$I_{3,3} = \int \sin^3 x \cos^3 x\, dx = \frac{\sin^4 x \cos^2 x}{6} + \frac{2}{6} I_{3,1} = \frac{\sin^4 x \cos^2 x}{6} + \frac{1}{3}\int \sin^3 x \cos x\, dx$
$\quad = \frac{\sin^4 x \cos^2 x}{6} + \frac{1}{3}\frac{\sin^4 x}{4} = \frac{\sin^4 x \cos^2 x}{6} + \frac{\sin^4 x}{12} = \frac{1}{4}\sin^4 x - \frac{1}{6}\sin^6 x$.

3.20 (1) $I_n = \int x^n e^{5x} dx$ とおくと, 例題 3.30(1) より
$I_3 = \int x^3 e^{5x} dx = \frac{1}{5}(x^3 e^{5x} - 3I_2) = \frac{1}{5} x^3 e^{5x} - \frac{3}{5}\left\{\frac{1}{5}(x^2 e^{5x} - 2I_1)\right\}$
$\quad = \frac{1}{5} x^3 e^{5x} - \frac{3}{25} x^2 e^{5x} + \frac{6}{25} I_1 = \frac{1}{5} x^3 e^{5x} - \frac{3}{25} x^2 e^{5x} + \frac{6}{25}\frac{1}{5}\left(xe^{5x} - \frac{1}{5} e^{5x}\right)$
$\quad = e^{5x}\left(\frac{x^3}{5} - \frac{3x^2}{25} + \frac{6x}{125} - \frac{6}{625}\right)$.

[別解] 例題 3.31(1) より $I_2 = e^{5x}\left(\frac{x^2}{5} - \frac{2}{25}x + \frac{2}{125}\right)$. よって,
$I_3 = \frac{1}{5}(x^3 e^{5x} - 3I_2) = e^{5x}\left(\frac{x^3}{5} - \frac{3x^2}{25} + \frac{6x}{125} - \frac{6}{625}\right)$.

(2) $I_n = \int x^2 (\log x)^n dx$ とおくと，例題 3.30(2) より

$$I_2 = \int x^2 (\log x)^2 dx = \frac{x^3}{3}(\log x)^2 - \frac{2}{3}I_1 = \frac{x^3}{3}(\log x)^2 - \frac{2}{3}\left(\frac{x^3}{3}\log x - \frac{1}{3}I_0\right)$$

$$= \frac{x^3}{3}(\log x)^2 - \frac{2}{9}x^3 \log x + \frac{2}{9}\frac{x^3}{3} = \frac{x^3}{3}\left\{(\log x)^2 - \frac{2}{3}\log x + \frac{2}{9}\right\}.$$

(3) $I_n = \int (\log x)^n dx$ とおくと，例題 3.30(2) より

$I_3 = \int (\log x)^3 dx = x(\log x)^3 - 3I_2 = x(\log x)^3 - 3\{x(\log x)^2 - 2I_1\}$
$= x(\log x)^3 - 3x(\log x)^2 + 6(x \log x - I_0) = x(\log x)^3 - 3x(\log x)^2 + 6x \log x - 6x.$

3.21 (1) $\frac{2x+3}{x^2+x-12} = \frac{2x+3}{(x-3)(x+4)} = \frac{A}{x-3} + \frac{B}{x+4}$ とおく．両辺の分母を払って $2x+3 = A(x+4) + B(x-3)$. $x=3$ として，$7A=9$. よって $A=9/7$. $x=-4$ として，$-7B=-5$. よって $B=5/7$. したがって $\frac{2x+3}{x^2+x-12} = \frac{9}{7(x-3)} + \frac{5}{7(x+4)}$.

(2) $\frac{x}{(x-1)(x+2)(x-3)} = \frac{A}{x-1} + \frac{B}{x+2} + \frac{C}{x-3}$ とおく．両辺の分母を払って $x = A(x+2)(x-3) + B(x-1)(x-3) + C(x-1)(x+2)$. $x=1$ として，$-6A=1$. よって $A=-1/6$. $x=-2$ として，$15B=-2$. よって $B=-2/15$. $x=3$ として，$10C=3$. よって $C=3/10$. したがって $\frac{x}{(x-1)(x+2)(x-3)} = -\frac{1}{6(x-1)} - \frac{2}{15(x+2)} + \frac{3}{10(x-3)}$.

(3) $\frac{x-1}{(x+2)^2(x+3)} = \frac{A}{x+2} + \frac{B}{(x+2)^2} + \frac{C}{x+3}$ とおく．両辺の分母を払って $x-1 = A(x+2)(x+3) + B(x+3) + C(x+2)^2$. $x=-2$ として，$B=-3$. $x=-3$ として，$C=-4$. 両辺の x^2 の係数を比較して，$A+C=0$. よって $A=4$. したがって $\frac{x-1}{(x+2)^2(x+3)} = \frac{4}{x+2} - \frac{3}{(x+2)^2} - \frac{4}{x+3}$.

3.22 (1) $\frac{1}{x^3+1} = \frac{1}{(x+1)(x^2-x+1)} = \frac{A}{x+1} + \frac{Bx+C}{x^2-x+1}$ とおく．両辺の分母を払って $1 = A(x^2-x+1) + (Bx+C)(x+1)$. $x=-1$ として，$3A=1$. よって $A=1/3$. x^2 の係数を比較して，$A+B=0$. よって $B=-1/3$. 定数項を比較して，$A+C=1$. よって $C=2/3$. したがって $\frac{1}{x^3+1} = \frac{1}{3(x+1)} - \frac{x-2}{3(x^2-x+1)}$.

(2) $(x^2+2x+2) - (x^2+1) = 2x+1$ に注意すると

$$\frac{2x+1}{(x^2+1)(x^2+2x+2)} = \frac{(x^2+2x+2)-(x^2+1)}{(x^2+1)(x^2+2x+2)} = \frac{1}{x^2+1} - \frac{1}{x^2+2x+2}.$$

3.23 (1) $\frac{2x+1}{x^2+5x+6} = \frac{2x+1}{(x+2)(x+3)} = \frac{A}{x+2} + \frac{B}{x+3}$ とおくと $2x+1 = A(x+3) + B(x+2)$. $x=-2$ として，$A=-3$. $x=-3$ として，$-B=-5$. よって $B=5$. したがって

$\int \frac{2x+1}{x^2+5x+6} dx = \int \left(-\frac{3}{x+2} + \frac{5}{x+3}\right) dx = -3\log|x+2| + 5\log|x+3|.$

(2) $\frac{x^2+x+1}{(x+1)(x+2)(x+3)} = \frac{A}{x+1} + \frac{B}{x+2} + \frac{C}{x+3}$ とおくと

$x^2+x+1 = A(x+2)(x+3) + B(x+1)(x+3) + C(x+1)(x+2)$.

$x=-1$ として，$2A=1$. よって $A=1/2$. $x=-2$ として，$-B=3$. よって $B=-3$. $x=-3$ として，$2C=7$. よって $C=7/2$. したがって

$$\int \frac{x^2+x+1}{(x+1)(x+2)(x+3)} dx = \int \left\{\frac{1}{2(x+1)} - \frac{3}{x+2} + \frac{7}{2(x+3)}\right\} dx$$

$$= \frac{1}{2}\log|x+1| - 3\log|x+2| + \frac{7}{2}\log|x+3|.$$

(3) $\frac{2x+1}{(x-2)^2(x+3)} = \frac{A}{x-2} + \frac{B}{x+3} + \frac{C}{(x-2)^2}$ とおくと，$2x+1 = A(x-2)(x+3) + B(x-2)^2 + C(x+3)$. $x=-3$ として，$25B=-5$. よって $B=-1/5$. $x=2$ として，$5C=5$. よって $C=1$. x^2 の係数を比較して $A+B=0$. よって $A=1/5$. したがって

$$\int \frac{2x+1}{(x-2)^2(x+3)}dx = \int \left(\frac{1}{5(x-2)} - \frac{1}{5(x+3)} + \frac{1}{(x-2)^2}\right)dx$$
$$= \frac{1}{5}\log|x-2| - \frac{1}{5}\log|x+3| - \frac{1}{x-2} = \frac{1}{5}\log\left|\frac{x-2}{x+3}\right| - \frac{1}{x-2}.$$

3.24 (1) $\dfrac{2x+3}{x^3+1} = \dfrac{2x+3}{(x+1)(x^2-x+1)} = \dfrac{A}{x+1} + \dfrac{Bx+C}{x^2-x+1}$ とおくと $2x+3 = A(x^2-x+1) + (Bx+C)(x+1)$. $x=-1$ として, $3A=1$. よって $A=1/3$. x^2 の係数を比較して, $A+B=0$. よって $B=-1/3$. 定数項を比較して, $A+C=3$. よって $C=8/3$. したがって

$$\int \frac{2x+3}{x^3+1}dx = \int \left(\frac{1}{3(x+1)} - \frac{x-8}{3(x^2-x+1)}\right)dx$$
$$= \frac{1}{3}\log|x+1| - \frac{1}{6}\int \left(\frac{2x-1}{x^2-x+1} + \frac{-15}{(x-1/2)^2 + 3/4}\right)dx$$
$$= \frac{1}{3}\log|x+1| - \frac{1}{6}\log|x^2-x+1| + \frac{5}{2}\frac{2}{\sqrt{3}}\tan^{-1}\frac{2x-1}{\sqrt{3}}$$
$$= \frac{1}{6}\log\left|\frac{(x+1)^2}{x^2-x+1}\right| + \frac{5}{\sqrt{3}}\tan^{-1}\frac{2x-1}{\sqrt{3}} = \frac{1}{6}\log\left|\frac{(x+1)^3}{x^3+1}\right| + \frac{5}{\sqrt{3}}\tan^{-1}\frac{2x-1}{\sqrt{3}}.$$

(2) $\dfrac{x^2-3}{(x-1)^2(x^2+1)} = \dfrac{A}{x-1} + \dfrac{B}{(x-1)^2} + \dfrac{Cx+D}{x^2+1}$ とおくと $x^2-3 = A(x-1)(x^2+1) + B(x^2+1) + (Cx+D)(x-1)^2$. $x=1$ として, $2B=-2$. よって $B=-1$. x^3 の係数を比較して, $A+C=0$. x^2 の係数を比較して, $-A+B-2C+D=1$. 定数項を比較して, $-A+B+D=-3$. よって $A=2, C=-2, D=0$. したがって

$$\int \frac{x^2-3}{(x-1)^2(x^2+1)}dx = \int \left(\frac{2}{x-1} - \frac{1}{(x-1)^2} - \frac{2x}{x^2+1}\right)dx = 2\log|x+1| + \frac{1}{x-1} - \log(x^2+1).$$

3.25 $\dfrac{x^4-x-1}{x^3+1} = x - \dfrac{2x+1}{x^3+1}$ だから $\dfrac{2x+1}{x^3+1} = \dfrac{A}{x+1} + \dfrac{Bx+C}{x^2-x+1}$ とおくと $2x+1 = A(x^2-x+1) + (Bx+C)(x+1)$. $x=-1$ として, $3A=-1$. よって $A=-1/3$. x^2 の係数を比較して, $A+B=0$ だから $B=1/3$. 定数項を比較して, $A+C=1$ だから $C=4/3$. したがって

$$\int \frac{x^4-x-1}{x^3+1}dx = \int \left\{x + \frac{1}{3}\left(\frac{1}{x+1} - \frac{x+4}{x^2-x+1}\right)\right\}dx$$
$$= \frac{x^2}{2} + \frac{1}{3}\log|x+1| - \frac{1}{6}\int \frac{2x+8}{x^2-x+1}dx$$
$$= \frac{x^2}{2} + \frac{1}{3}\log|x+1| - \frac{1}{6}\int \frac{2x-1}{x^2-x+1}dx - \frac{9}{6}\int \frac{dx}{(x-1/2)^2+3/4}$$
$$= \frac{x^2}{2} + \frac{1}{3}\log|x+1| - \frac{1}{6}\log|x^2-x+1| - \frac{3}{2}\frac{2}{\sqrt{3}}\tan^{-1}\frac{2x-1}{\sqrt{3}}$$
$$= \frac{x^2}{2} + \frac{1}{6}\log\left|\frac{(x+1)^2}{x^2-x+1}\right| - \sqrt{3}\tan^{-1}\frac{2x-1}{\sqrt{3}}.$$

3.26 (1) $x^2 = t$ とおくと $2x\,dx = dt$ より

$$\int \frac{x^3}{x^6+x^4+2x^2+2}dx = \frac{1}{2}\int \frac{t}{t^3+t^2+2t+2}dt = \frac{1}{2}\int \left(-\frac{1}{3(t+1)} + \frac{1}{3}\frac{t+2}{t^2+2}\right)dt$$
$$= -\frac{1}{6}\log|t+1| + \frac{1}{12}\int \frac{2t+4}{t^2+2}dt = -\frac{1}{6}\log|t+1| + \frac{1}{12}\int \left(\frac{2t}{t^2+2} + \frac{4}{t^2+2}\right)dt$$

$$= -\frac{1}{6}\log|t+1| + \frac{1}{12}\log|t^2+2| + \frac{1}{3}\frac{1}{\sqrt{2}}\tan^{-1}\frac{t}{\sqrt{2}}$$
$$= -\frac{1}{6}\log|x^2+1| + \frac{1}{12}\log|x^4+2| + \frac{1}{3\sqrt{2}}\tan^{-1}\frac{x^2}{\sqrt{2}}.$$

(2) $x^2 = t$ とおくと $2x\,dx = dt$ だから
$$\int\frac{dx}{x^7+3x^3} = \int\frac{x}{x^4(x^4+3)}dx = \frac{1}{2}\int\frac{dt}{t^2(t^2+3)}$$
$$= \frac{1}{2}\int\frac{1}{3}\left(\frac{1}{t^2} - \frac{1}{t^2+3}\right)dt = \frac{1}{6}\left(-\frac{1}{t} - \frac{1}{\sqrt{3}}\tan^{-1}\frac{t}{\sqrt{3}}\right) = -\frac{1}{6}\left(\frac{1}{x^2} + \frac{1}{\sqrt{3}}\tan^{-1}\frac{x^2}{\sqrt{3}}\right).$$

(3) $x^2 = t$ とおくと $2x\,dx = dt$ だから
$$\int\frac{x}{x^4+2}dx = \frac{1}{2}\int\frac{dt}{t^2+2} = \frac{1}{2}\frac{1}{\sqrt{2}}\tan^{-1}\frac{t}{\sqrt{2}} = \frac{1}{2\sqrt{2}}\tan^{-1}\frac{x^2}{\sqrt{2}}.$$

(4) $x^2 = X$ とおくと $\frac{x^2}{x^4-1} = \frac{X}{X^2-1} = \frac{1}{2}(\frac{1}{X-1} + \frac{1}{X+1}) = \frac{1}{2}(\frac{1}{x^2-1} + \frac{1}{x^2+1})$. したがって
$$\int\frac{x^2}{x^4-1}dx = \frac{1}{2}\int\left(\frac{1}{x^2-1} + \frac{1}{x^2+1}\right)dx = \frac{1}{4}\log\left|\frac{x-1}{x+1}\right| + \frac{1}{2}\tan^{-1}x.$$

(5) （部分分数分解しない方がよい.） $\int\frac{x^3}{x^4-1}dx = \frac{1}{4}\int\frac{(x^4-1)'}{x^4-1}dx = \frac{1}{4}\log|x^4-1|.$

(6) $x^5 = t$ とおくと $5x^4 dx = dt$ だから
$$\int\frac{dx}{x(x^5-3)} = \frac{1}{5}\int\frac{5x^4}{x^5(x^5-3)}dx = \frac{1}{5}\int\frac{dt}{t(t-3)} = \frac{1}{5}\int\frac{1}{3}\left(\frac{1}{t-3} - \frac{1}{t}\right)dt$$
$$= \frac{1}{15}\left(\log|t-3| - \log|t|\right) = \frac{1}{15}\log\left|\frac{t-3}{t}\right| = \frac{1}{15}\log\left|\frac{x^5-3}{x^5}\right|.$$

3.27 (1) $\tan\frac{x}{2} = t$ とおくと, $\cos x = \frac{1-t^2}{1+t^2}, dx = \frac{2}{1+t^2}dt$ だから
$$\int\frac{1}{2+\cos x}dx = \int\frac{1}{2+\frac{1-t^2}{1+t^2}}\frac{2}{1+t^2}dt = \int\frac{2}{t^2+3}dt = \frac{2}{\sqrt{3}}\tan^{-1}\frac{t}{\sqrt{3}} = \frac{2}{\sqrt{3}}\tan^{-1}\frac{\tan\frac{x}{2}}{\sqrt{3}}.$$

(2) $\tan\frac{x}{2} = t$ とおくと, $\sin x = \frac{2t}{1+t^2}, dx = \frac{2}{1+t^2}dt$ だから
$$\int\frac{1}{2+\sin x}dx = \int\frac{1}{2+\frac{2t}{1+t^2}}\frac{2}{1+t^2}dt = \int\frac{dt}{t^2+t+1} = \int\frac{dt}{(t+1/2)^2+3/4}$$
$$= \frac{2}{\sqrt{3}}\tan^{-1}\frac{2t+1}{\sqrt{3}} = \frac{2}{\sqrt{3}}\tan^{-1}\frac{2\tan\frac{x}{2}+1}{\sqrt{3}}.$$

(3) $\tan x = t$ とおくと, $\sin^2 x = \frac{t^2}{1+t^2}$, $\cos^2 x = \frac{1}{1+t^2}$, $dx = \frac{dt}{1+t^2}$ だから
$$\int\frac{\sin^2 x}{1+3\cos^2 x}dx = \int\frac{\frac{t^2}{1+t^2}}{1+\frac{3}{1+t^2}}\frac{1}{1+t^2}dt = \int\frac{t^2}{(t^2+1)(t^2+4)}dt.$$

ここで $t^2 = X$ とおいて部分分数分解すると
$$\frac{t^2}{(t^2+1)(t^2+4)} = \frac{X}{(X+1)(X+4)} = -\frac{1}{3(X+1)} + \frac{4}{3(X+4)} = -\frac{1}{3(t^2+1)} + \frac{4}{3(t^2+4)}.$$
$$\therefore \int\frac{t^2}{(t^2+1)(t^2+4)}dt = \int\left\{-\frac{1}{3(t^2+1)} + \frac{4}{3(t^2+4)}\right\}dt$$
$$= -\frac{1}{3}\tan^{-1}t + \frac{4}{3}\frac{1}{2}\tan^{-1}\frac{t}{2} = -\frac{1}{3}\tan^{-1}(\tan x) + \frac{2}{3}\tan^{-1}\frac{\tan x}{2}$$
$$= -\frac{x}{3} + \frac{2}{3}\tan^{-1}\frac{\tan x}{2}.$$

したがって, $\int\frac{\sin^2 x}{1+3\cos^2 x}dx = -\frac{x}{3} + \frac{2}{3}\tan^{-1}\frac{\tan x}{2}.$

(4) $\tan x = t$ とおくと, $\sin^2 x = \frac{t^2}{1+t^2}, \cos^2 x = \frac{1}{1+t^2}, dx = \frac{dt}{1+t^2}$ だから
$$\int \frac{dx}{\sin^2 x \cos^2 x} = \int \frac{t^2+1}{t^2} dt = \int \left(1 + \frac{1}{t^2}\right) dt = t - \frac{1}{t} = \tan x - \frac{1}{\tan x}.$$

(5) $\tan x = t$ とおくと, $dx = \frac{dt}{1+t^2}$ だから
$$\int \frac{dx}{2 - \tan^2 x} = \int \frac{1}{2-t^2} \frac{1}{1+t^2} dt = -\frac{1}{3} \int \left(\frac{1}{t^2-2} - \frac{1}{t^2+1}\right) dt$$
$$= -\frac{1}{3} \left(\frac{1}{2\sqrt{2}} \log \left|\frac{t-\sqrt{2}}{t+\sqrt{2}}\right| - \tan^{-1} t\right) = -\frac{1}{3} \left(\frac{1}{2\sqrt{2}} \log \left|\frac{\tan x - \sqrt{2}}{\tan x + \sqrt{2}}\right| - x\right).$$

(6) $\int \frac{x + \sin x}{1 + \cos 2x} dx = \int \frac{x + \sin x}{2 \cos^2 x} dx = \frac{1}{2} \left(\int \frac{x}{\cos^2 x} dx + \int \frac{\sin x}{\cos^2 x} dx\right).$ ここで,
$\int \frac{x}{\cos^2 x} dx = \int x (\tan x)' dx = x \tan x - \int \tan x \, dx = x \tan x + \log |\cos x|.$
また $\cos x = t$ とおくと $-\sin x \, dx = dt$ だから
$$\int \frac{\sin x}{\cos^2 x} dx = -\int \frac{1}{t^2} dt = \frac{1}{t} = \frac{1}{\cos x}.$$
したがって,
$$\int \frac{x + \sin x}{1 + \cos 2x} dx = \frac{1}{2} \left(x \tan x + \log |\cos x| + \frac{1}{\cos x}\right).$$

3.28 (1) $\tan \frac{x}{2} = t$ とおくと, $\cos x = \frac{1-t^2}{1+t^2}, dx = \frac{2}{1+t^2} dt$. したがって
$$\int \frac{\cos x}{1 + \cos x} dx = \int \frac{\frac{1-t^2}{1+t^2}}{1 + \frac{1-t^2}{1+t^2}} \frac{2}{1+t^2} dt = \int \frac{1-t^2}{1+t^2} dt$$
$$= \int \left(-1 + \frac{2}{1+t^2}\right) dt = -t + 2 \tan^{-1} t = -\tan \frac{x}{2} + x.$$

(2) $\tan x = t$ とおくと $\sin^2 x = \frac{t^2}{1+t^2}, \cos^2 x = \frac{1}{1+t^2}, dx = \frac{dt}{1+t^2}$. したがって
$$\int \frac{dx}{\sin^3 x \cos^3 x} = \int \frac{dx}{\sin^2 x \tan x \cos^4 x} = \int \frac{1}{\frac{t^2}{1+t^2} \cdot t(\frac{1}{1+t^2})^2} \frac{1}{1+t^2} dt = \int \frac{(1+t^2)^2}{t^3} dt$$
$$= \int \left(\frac{1}{t^3} + \frac{2}{t} + t\right) dt = -\frac{1}{2t^2} + 2 \log|t| + \frac{t^2}{2} = -\frac{1}{2\tan^2 x} + 2 \log|\tan x| + \frac{\tan^2 x}{2}.$$

(3) $\cos x = t$ とおくと, $-\sin x \, dx = dt$. したがって
$$\int \frac{dx}{\sin x(1 + \cos^2 x)} = \int \frac{\sin x}{\sin^2 x(1 + \cos^2 x)} dx = \int \frac{\sin x}{(1 - \cos^2 x)(1 + \cos^2 x)} dx$$
$$= \int \frac{dt}{(t^2 - 1)(t^2 + 1)} = \frac{1}{2} \int \left(\frac{1}{t^2-1} - \frac{1}{t^2+1}\right) dt$$
$$= \frac{1}{2} \left(\frac{1}{2} \log \left|\frac{t-1}{t+1}\right| - \tan^{-1} t\right) = \frac{1}{4} \log \left|\frac{1 - \cos x}{1 + \cos x}\right| - \tan^{-1}(\cos x).$$

(4) $\sin x = t$ とおくと, $\cos x \, dx = dt$. したがって
$$\int \frac{dx}{\cos x \sin^2 x} = \int \frac{\cos x}{(1 - \sin^2 x) \sin^2 x} dx = \int \frac{dt}{(1-t^2)t^2} = -\int \left(\frac{1}{t^2-1} - \frac{1}{t^2}\right) dt$$
$$= -\frac{1}{2} \log \left|\frac{t-1}{t+1}\right| - \frac{1}{t} = -\frac{1}{2} \log \left|\frac{1 - \sin x}{1 + \sin x}\right| - \frac{1}{\sin x}.$$

(5) $\tan \frac{x}{2} = t$ とおくと, $\sin x = \frac{2t}{1+t^2}, \cos x = \frac{1-t^2}{1+t^2}, dx = \frac{2 dt}{1+t^2}$. したがって
$$\int \frac{dx}{\sin x - \cos x} = \int \frac{\frac{2}{1+t^2}}{\frac{2t}{1+t^2} - \frac{1-t^2}{1+t^2}} dt = \int \frac{2}{t^2 + 2t - 1} dt$$

$$= \int \frac{2}{(t+1)^2 - 2} dt = 2\frac{1}{2\sqrt{2}} \log\left|\frac{t+1-\sqrt{2}}{t+1+\sqrt{2}}\right| = \frac{1}{\sqrt{2}} \log\left|\frac{\tan\frac{x}{2}+1-\sqrt{2}}{\tan\frac{x}{2}+1+\sqrt{2}}\right|$$

(6) $\int \frac{x+\sin x}{1-\cos x} dx = \int \frac{x}{1-\cos x} dx + \int \frac{(1-\cos x)'}{1-\cos x} dx = \int \frac{x}{1-\cos x} dx + \log|1-\cos x|$.

部分積分を用いて第 1 項を計算すると

$\int \frac{x}{1-\cos x} dx = \int x \left(\frac{-1}{\tan(x/2)}\right)' dx = -\frac{x}{\tan(x/2)} + \int \frac{dx}{\tan(x/2)} = -\frac{x}{\tan(x/2)} + 2\log|\sin\frac{x}{2}|$.

$\therefore \int \frac{x+\sin x}{1-\cos x} dx = -\frac{x}{\tan(x/2)} + 2\log|\sin\frac{x}{2}| + \log|1-\cos x| = -\frac{x}{\tan(x/2)} + \log\frac{(1-\cos x)^2}{2}$.

3.29 (1) $\sqrt{\frac{x+1}{x-2}} = t$ とおくと, $x = \frac{2t^2+1}{t^2-1}$ だから

$$\int \sqrt{\frac{x+1}{x-2}} dx = \int t \left(\frac{2t^2+1}{t^2-1}\right)' dt = \frac{t(2t^2+1)}{t^2-1} - \int \frac{2t^2+1}{t^2-1} dt$$

$$= \frac{t(2t^2+1)}{t^2-1} - \int \left(2 + \frac{3}{t^2-1}\right) dt = \frac{t(2t^2+1)}{t^2-1} - 2t - 3\cdot\frac{1}{2}\log\left|\frac{t-1}{t+1}\right|$$

$$= x\sqrt{\frac{x+1}{x-2}} - 2\sqrt{\frac{x+1}{x-2}} - \frac{3}{2}\log\left|\frac{\sqrt{\frac{x+1}{x-2}}-1}{\sqrt{\frac{x+1}{x-2}}+1}\right|$$

$$= \sqrt{(x+1)(x-2)} - \frac{3}{2}\log\left|\frac{\sqrt{x+1}-\sqrt{x-2}}{\sqrt{x+1}+\sqrt{x-2}}\right|.$$

(2) $\sqrt{(1-x)(x+2)} = (1-x)\sqrt{\frac{x+2}{1-x}}$ だから, $\sqrt{\frac{x+2}{1-x}} = t$ とおくと $x = \frac{t^2-2}{t^2+1}$, $\sqrt{(1-x)(x+2)} = \frac{3t}{t^2+1}$, $dx = \frac{6t}{(t^2+1)^2} dt$. したがって

$$\int \frac{dx}{x\sqrt{(1-x)(x+2)}} = \int \frac{t^2+1}{t^2-2} \frac{t^2+1}{3t} \frac{6t}{(t^2+1)^2} dt = \int \frac{2}{t^2-2} dt$$

$$= 2\frac{1}{2\sqrt{2}}\log\left|\frac{t-\sqrt{2}}{t+\sqrt{2}}\right| = \frac{1}{\sqrt{2}}\log\left|\frac{\sqrt{\frac{x+2}{1-x}}-\sqrt{2}}{\sqrt{\frac{x+2}{1-x}}+\sqrt{2}}\right| = \frac{1}{\sqrt{2}}\log\left|\frac{\sqrt{x+2}-\sqrt{2(1-x)}}{\sqrt{x+2}+\sqrt{2(1-x)}}\right|.$$

3.30 (1) $\sqrt{x^2+A} = t - x$ とおくと, $x = \frac{t^2-A}{2t}$, $\sqrt{x^2+A} = \frac{t^2+A}{2t}$, $dx = \frac{t^2+A}{2t^2} dt$. したがって $\int \frac{dx}{\sqrt{x^2+A}} = \int \frac{1}{t} dt = \log|t| = \log|x+\sqrt{x^2+A}|$.

(2) $\sqrt{x^2+2x-3} = t - x$ とおくと, $x = \frac{t^2+3}{2(t+1)}$, $dx = \frac{t^2+2t-3}{2(t+1)^2} dt$. したがって

$$\int \frac{dx}{x+\sqrt{x^2+2x-3}} = \int \frac{1}{t}\frac{t^2+2t-3}{2(t+1)^2} dt = \frac{1}{2}\int \frac{t^2+2t-3}{t(t+1)^2} dt.$$

ここで $\frac{t^2+2t-3}{t(t+1)^2} = \frac{A}{t} + \frac{B}{t+1} + \frac{C}{(t+1)^2}$ とおくと $t^2+2t-3 = A(t+1)^2 + Bt(t+1) + Ct$. $t = 0$ とおくと, $A = -3$. $t = -1$ とおくと, $-C = -4$. よって $C = 4$. t^2 の係数を比較して, $A + B = 1$. よって $B = 4$.

$\therefore \int \frac{dx}{x+\sqrt{x^2+2x-3}} = \frac{1}{2}\int(-\frac{3}{t} + \frac{4}{t+1} + \frac{4}{(t+1)^2}) dt = \frac{1}{2}(-3\log|t| + 4\log|t+1| - \frac{4}{t+1})$
$= -\frac{3}{2}\log|x+\sqrt{x^2+2x-3}| + 2\log|x+1+\sqrt{x^2+2x-3}| - \frac{2}{x+1+\sqrt{x^2+2x-3}}$.

(3) $\sqrt[4]{x} = t$ とおくと, $x = t^4$, $dx = 4t^3 dt$. したがって

$$\int \frac{\sqrt[4]{x}}{\sqrt{x}+1} dx = \int \frac{t}{t^2+1}\cdot 4t^3 dt = 4\int \frac{t^4}{t^2+1} dt = 4\int\left(t^2 - 1 + \frac{1}{t^2+1}\right) dt$$

$$= 4\left(\frac{t^3}{3} - t + \tan^{-1} t\right) = \frac{4}{3}\sqrt[4]{x^3} - 4\sqrt[4]{x} + 4\tan^{-1}\sqrt[4]{x}.$$

3.31 (1) $e^x = t$ とおく. $e^x dx = dt$ より
$$\int \frac{dx}{e^x + 4 + 3e^{-x}} = \int \frac{e^x}{e^{2x} + 4e^x + 3}dx = \int \frac{dt}{t^2 + 4t + 3} = \frac{1}{2}\int \left(\frac{1}{t+1} - \frac{1}{t+3}\right)dt$$
$$= \frac{1}{2}(\log|t+1| - \log|t+3|) = \frac{1}{2}\log\left|\frac{t+1}{t+3}\right| = \frac{1}{2}\log\left|\frac{e^x+1}{e^x+3}\right|.$$

(2) $\sqrt{1+e^{2x}} = t$ とおくと $\frac{dt}{dx} = \frac{e^{2x}}{\sqrt{1+e^{2x}}} = \frac{t^2-1}{t}$ だから $dx = \frac{t}{t^2-1}dt$. したがって
$$\int \frac{1}{\sqrt{1+e^{2x}}}dx = \int \frac{1}{t}\frac{t}{t^2-1}dt = \int \frac{dt}{t^2-1} = \frac{1}{2}\log\left|\frac{t-1}{t+1}\right| = \frac{1}{2}\log\left|\frac{\sqrt{1+e^{2x}}-1}{\sqrt{1+e^{2x}}+1}\right|.$$

(3) $\sqrt{1+x^3} = t$ とおくと $dt = \frac{3x^2}{2\sqrt{1+x^3}}dx$.
$$\frac{1}{x(1+x^3)^{3/2}} = \frac{x^2}{x^3(1+x^3)\sqrt{1+x^3}} = \frac{2}{3x^3(1+x^3)}\frac{(3/2)x^2}{\sqrt{1+x^3}}$$
だから
$$\int \frac{dx}{x(1+x^3)^{3/2}} = \frac{2}{3}\int \frac{dt}{(t^2-1)t^2} = \frac{2}{3}\int\left(\frac{1}{t^2-1} - \frac{1}{t^2}\right)dt = \frac{2}{3}\left(\frac{1}{2}\log\left|\frac{t-1}{t+1}\right| + \frac{1}{t}\right)$$
$$= \frac{1}{3}\log\left|\frac{\sqrt{1+x^3}-1}{\sqrt{1+x^3}+1}\right| + \frac{2}{\sqrt[3]{1+x^3}}.$$

3.32 (1) $\int_1^3 \frac{dx}{(1-2x)^2} = \left[\frac{1}{2(1-2x)}\right]_1^3 = -\frac{1}{10} - (-\frac{1}{2}) = \frac{2}{5}$

(2) $\int_0^{\pi/2} \sin x \cos^4 x\, dx = \left[-\frac{1}{5}\cos^5 x\right]_0^{\pi/2} = \frac{1}{5}$

(3) $\int_0^1 \frac{dx}{\sqrt{3+2x-x^2}} = \int_0^1 \frac{dx}{\sqrt{4-(x-1)^2}} = \left[\sin^{-1}\frac{x-1}{2}\right]_0^1 = \sin^{-1} 0 - \sin^{-1}(-\frac{1}{2}) = \frac{\pi}{6}$

(4) $\int_1^4 \frac{dx}{x^2-2x+4} = \int_1^4 \frac{dx}{(x-1)^2+3} = \left[\frac{1}{\sqrt{3}}\tan^{-1}\frac{x-1}{\sqrt{3}}\right]_1^4 = \frac{1}{\sqrt{3}}(\tan^{-1}\sqrt{3} - \tan^{-1} 0) = \frac{\pi}{3\sqrt{3}}$

(5) $\int_1^2 \frac{dx}{\sqrt{x^2+2x-2}} = \int_1^2 \frac{dx}{\sqrt{(x+1)^2-3}} = \left[\log\left|(x+1) + \sqrt{(x+1)^2-3}\right|\right]_1^2$
$= \log(3+\sqrt{6}) - \log 3 = \log(1 + \frac{\sqrt{6}}{3})$

(6) 例題 3.19 より $\int \cos(\log x)dx = \frac{x}{2}\{\sin(\log x) + \cos(\log x)\}$ だから
$\int_1^e \cos(\log x)dx = \left[\frac{x}{2}\{\sin(\log x) + \cos(\log x)\}\right]_1^e = \frac{e}{2}(\sin 1 + \cos 1) - \frac{1}{2}$.

3.33 (1) $\log x = t$ とおくと $\frac{dx}{x} = dt$.
$n \geqq 2$ のとき, $\int_e^{e^2} \frac{dx}{x(\log x)^n} = \int_1^2 \frac{dt}{t^n} = \left[\frac{t^{1-n}}{1-n}\right]_1^2 = \frac{1}{n-1}\left(1 - \frac{1}{2^{n-1}}\right)$.
$n = 1$ のとき, $\int_e^{e^2} \frac{dx}{x\log x} = \int_1^2 \frac{dt}{t} = [\log t]_1^2 = \log 2$.

(2) $e^x = t$ とおくと $e^x dx = dt$. $\therefore \int_0^1 \frac{e^x}{(e^{2x}+4)^2}dx = \int_1^e \frac{dt}{(t^2+4)^2}$.
例題 3.22 より $\int \frac{dt}{(t^2+4)^2} = \frac{1}{2(2-1)4}\{\frac{t}{t^2+4} + (4-3)\int \frac{dt}{t^2+4}\} = \frac{1}{8}(\frac{t}{t^2+4} + \frac{1}{2}\tan^{-1}\frac{t}{2})$.
$\therefore \int_0^1 \frac{e^x}{(e^{2x}+4)^2}dx = \left[\frac{1}{8}(\frac{t}{t^2+4} + \frac{1}{2}\tan^{-1}\frac{t}{2})\right]_1^e = \frac{1}{8}(\frac{e}{e^4+4} + \frac{1}{2}\tan^{-1}\frac{e}{2} - \frac{1}{5} - \frac{1}{2}\tan^{-1}\frac{1}{2})$.

(3) $x^2 = t$ とおくと $2x\,dx = dt$.
$\therefore \int_1^3 \frac{dx}{x(x^2+2)} = \int_1^3 \frac{x}{x^2(x^2+2)}dx = \frac{1}{2}\int_1^9 \frac{dt}{t(t+2)} = \frac{1}{4}\left[\log\left|\frac{t}{t+2}\right|\right]_1^9 = \frac{1}{4}\left(\log\frac{9}{11} + \log 3\right)$.

(4) $\cos x = t$ $(1/\sqrt{2} \geqq t \geqq 0)$ とおくと $-\sin x\,dx = dt$.
$\therefore \int_{\pi/4}^{\pi/2} \frac{dx}{\sin x} = \int_{\pi/4}^{\pi/2} \frac{\sin x}{1-\cos^2 x}dx = -\int_{1/\sqrt{2}}^0 \frac{dt}{1-t^2} = -\int_1^{1/\sqrt{2}} \frac{dt}{t^2-1}$
$= -\left[\frac{1}{2}\log\left|\frac{t-1}{t+1}\right|\right]_0^{1/\sqrt{2}} = -\frac{1}{2}\log\frac{\sqrt{2}-1}{\sqrt{2}+1} = -\frac{1}{2}\log(3-2\sqrt{2})$.

(5) $\int_{-1}^{1} \frac{dx}{(1+x^2)^{3/2}} = 2\int_{0}^{1} \frac{dx}{(1+x^2)^{3/2}}$. $x = \tan\theta$ ($0 \leq \theta \leq \pi/4$) とおくと $dx = \frac{d\theta}{\cos^2\theta}$.

$$\therefore \int_{-1}^{1} \frac{dx}{(1+x^2)^{3/2}} = 2\int_{0}^{\pi/4} \frac{1}{(1+\tan^2\theta)^{3/2}} \frac{dt}{\cos^2\theta} = 2\int_{0}^{\pi/4} \frac{\cos^3\theta}{\cos^2\theta} d\theta$$
$$= 2\int_{0}^{\pi/4} \cos\theta\, d\theta = 2[\sin\theta]_{0}^{\pi/4} = \sqrt{2}.$$

3.34 (1) $\cos x$ は偶関数, $\sin^3 x$ は奇関数だから
$\int_{-\pi/3}^{\pi/3}(\cos x + \sin^3 x)dx = 2\int_{0}^{\pi/3} \cos x\, dx = 2[\sin x]_{0}^{\pi/3} = \sqrt{3}$.

(2) $x^3\sqrt{a^2 - x^2}$ は奇関数だから, $\int_{-a}^{a} x^3\sqrt{a^2 - x^2}\, dx = 0$.

(3) $\sin^2(\pi - x)|\cos(\pi - x)| = \sin^2 x|\cos x|$ だから, 定理 3.16(2) より
$\int_{0}^{\pi} \sin^2 x|\cos x|\, dx = 2\int_{0}^{\pi/2} \sin^2 x \cos x\, dx = 2\left[\frac{1}{3}\sin^3 x\right]_{0}^{\pi/2} = 2/3$.

3.35 (1) $\frac{\cos(\pi-x)}{1+\sin^2(\pi-x)} = -\frac{\cos x}{1+\sin^2 x}$ だから, 定理 3.16(3) より $\int_{0}^{\pi} \frac{\cos x}{1+\sin^2 x} dx = 0$.

(2) $I = \int_{0}^{\pi} \frac{x\sin x}{1+\sin^2 x} dx$ とおく. $x = \pi - t$ ($\pi \geq t \geq 0$) とすると
$$I = \int_{\pi}^{0} \frac{(\pi-t)\sin(\pi-t)}{1+\sin^2(\pi-t)}(-dt) = \pi\int_{0}^{\pi} \frac{\sin t}{1+\sin^2 t} dt - \int_{0}^{\pi} \frac{t\sin t}{1+\sin^2 t} dt$$
$$= 2\pi\int_{0}^{\pi/2} \frac{\sin t}{1+\sin^2 t} dt - I.$$

これより $2I = 2\pi\int_{0}^{\pi/2} \frac{\sin t}{1+\sin^2 t} dt$ だから
$$I = \pi\int_{0}^{\pi/2} \frac{\sin t}{2-\cos^2 t} dt = \pi\int_{1}^{0} \frac{-ds}{2-s^2}$$
$$= -\pi\int_{0}^{1} \frac{ds}{s^2-2} = -\pi\left[\frac{1}{2\sqrt{2}}\log\left|\frac{s-\sqrt{2}}{s+\sqrt{2}}\right|\right]_{0}^{1} = -\frac{\pi}{2\sqrt{2}}\log(3-2\sqrt{2}).$$

3.36 (1) $\int_{0}^{\pi/2} x\sin x\, dx = [-x\cos x]_{0}^{\pi/2} + \int_{0}^{\pi/2} \cos x\, dx = [\sin x]_{0}^{\pi/2} = 1$

(2) $I = \int e^x \sin x\, dx = -e^x \cos x + \int e^x \cos x\, dx = -e^x\cos x + e^x\sin x - \int e^x \sin x\, dx$.
ゆえに, $2I = e^x(\sin x - \cos x)$ だから $\int_{0}^{2\pi} e^x \sin x\, dx = \frac{1}{2}[e^x(\sin x - \cos x)]_{0}^{2\pi} = \frac{1}{2}(-e^{2\pi} + 1)$.

(3) $\int x(\log x)^2 dx = \frac{x^2}{2}(\log x)^2 - \int \frac{x^2}{2}2(\log x)\frac{1}{x}dx$
$= \frac{x^2}{2}(\log x)^2 - \int x\log x\, dx = \frac{x^2}{2}(\log x)^2 - \frac{x^2}{2}\log x + \int \frac{x^2}{2}\frac{1}{x}dx$
$= \frac{x^2}{2}(\log x)^2 - \frac{x^2}{2}\log x + \int \frac{x}{2}dx = \frac{x^2}{2}\left\{(\log x)^2 - \log x + \frac{1}{2}\right\}$. ゆえに
$\int_{1}^{2} x(\log x)^2 dx = \left[\frac{x^2}{2}\{(\log x)^2 - \log x + \frac{1}{2}\}\right]_{1}^{2} = 2(\log 2)^2 - 2\log 2 + 3/4$.

(4) $\int_{0}^{\pi} x^2 \sin x\, dx = [-x^2 \cos x]_{0}^{\pi} + \int_{0}^{\pi} 2x\cos x\, dx$
$= \pi^2 + [2x\sin x]_{0}^{\pi} - \int_{0}^{\pi} 2\sin x\, dx = \pi^2 + 2[\cos x]_{0}^{\pi} = \pi^2 + 2(-1-1) = \pi^2 - 4$

(5) $\int_{0}^{1} x\tan^{-1} x\, dx = \left[\frac{x^2}{2}\tan^{-1} x\right]_{0}^{1} - \int_{0}^{1} \frac{x^2}{2}\frac{1}{1+x^2}dx$
$= \frac{1}{2}\tan^{-1} 1 - \frac{1}{2}\int_{0}^{1}\left(1 - \frac{1}{1+x^2}\right)dx = \frac{\pi}{8} - \frac{1}{2}\left[x - \tan^{-1} x\right]_{0}^{1}$
$= \frac{\pi}{8} - \frac{1}{2}(1 - \tan^{-1} 1) = \frac{\pi}{8} - \frac{1}{2} + \frac{\pi}{8} = \frac{\pi}{4} - \frac{1}{2}$

(6) $\int_{1}^{2} x^3 \log x\, dx = \left[\frac{x^4}{4}\log x\right]_{1}^{2} - \int_{1}^{2} \frac{x^4}{4}\frac{1}{x}dx = 4\log 2 - \frac{1}{4}\int_{1}^{2} x^3 dx$
$= 4\log 2 - \frac{1}{16}[x^4]_{1}^{2} = 4\log 2 - \frac{15}{16}$

3.37 (1) $\int_{0}^{2\pi} \sin^6 x\, dx = 4\int_{0}^{\pi/2} \sin^6 x\, dx = 4\frac{5}{6}\frac{3}{4}\frac{1}{2}\frac{\pi}{2} = \frac{5}{8}\pi$

(2) $\sin^6(2\pi - x)\cos(2\pi - x) = \sin^6 x \cos x$ だから
$\int_0^{2\pi} \sin^6 x \cos x\, dx = 2\int_0^\pi \sin^6 x \cos x\, dx$ (定理 3.16(2)).
$\sin^6(\pi - x)\cos(\pi - x) = -\sin^6 x \cos x$ だから $\int_0^\pi \sin^6 x \cos x\, dx = 0$ (定理 3.16(3)).
ゆえに $\int_0^{2\pi} \sin^6 x \cos x\, dx = 0$.

(3) n が奇数のとき $\cos^n(\pi - x) = -\cos^n x$ だから, $\int_0^\pi \cos^n x\, dx = 0$.
n が偶数のとき $\cos^n(\pi - x) = \cos^n x$ だから
$\int_0^\pi \cos^n x\, dx = 2\int_0^{\pi/2} \cos^n x\, dx = 2\frac{n-1}{n}\frac{n-3}{n-2}\cdots\frac{3}{4}\frac{1}{2}\frac{\pi}{2}$.

(4) $x/2 = t$ とおくと $dx = 2\,dt$ だから, $\int_0^{2\pi} \cos^n \frac{x}{2} dx = 2\int_0^\pi \cos^n t\, dt$. ゆえに (3) より
$\int_0^{2\pi} \cos^n \frac{x}{2} dx = \begin{cases} 4\frac{n-1}{n}\frac{n-3}{n-2}\cdots\frac{3}{4}\frac{1}{2}\frac{\pi}{2} & (n: 偶数) \\ 0 & (n: 奇数) \end{cases}$.

(5) $\int_0^\pi \sin^n x\, dx = 2\int_0^{\pi/2} \sin^n x\, dx = \begin{cases} 2\frac{n-1}{n}\frac{n-3}{n-2}\cdots\frac{3}{4}\frac{1}{2}\frac{\pi}{2} & (n: 偶数) \\ 2\frac{n-1}{n}\frac{n-3}{n-2}\cdots\frac{4}{5}\frac{2}{3} & (n: 奇数) \end{cases}$

(6) $x/2 = t$ とおくと $dx = 2\,dt$ だから, $\int_0^{2\pi} \sin^n \frac{x}{2} dx = 2\int_0^\pi \sin^n t\, dt$. したがって (5) より $\int_0^{2\pi} \sin^n \frac{x}{2} dx = \begin{cases} 4\frac{n-1}{n}\frac{n-3}{n-2}\cdots\frac{3}{4}\frac{1}{2}\frac{\pi}{2} & (n: 偶数) \\ 4\frac{n-1}{n}\frac{n-3}{n-2}\cdots\frac{4}{5}\frac{2}{3} & (n: 奇数) \end{cases}$

3.38 (1) $\lim_{n\to\infty}\sum_{k=0}^{n-1}\frac{n}{n^2+k^2} = \lim_{n\to\infty}\frac{1}{n}\left(1 + \frac{1}{1+\left(\frac{1}{n}\right)^2} + \cdots + \frac{1}{1+\left(\frac{n-1}{n}\right)^2}\right)$
$= \int_0^1 \frac{dx}{1+x^2} = \left[\tan^{-1} x\right]_0^1 = \pi/4$

(2) $\lim_{n\to\infty}\sum_{k=0}^{n-1}\frac{1}{\sqrt{n^2-k^2}} = \lim_{n\to\infty}\frac{1}{n}\left(1 + \frac{1}{\sqrt{1-\left(\frac{1}{n}\right)^2}} + \cdots + \frac{1}{\sqrt{1-\left(\frac{n-1}{n}\right)^2}}\right)$
$= \int_0^1 \frac{dx}{\sqrt{1-x^2}} = \left[\sin^{-1} x\right]_0^1 = \sin^{-1} 1 - \sin^{-1} 0 = \pi/2$

3.39 対数関数 $\log x$ は上に凸で $1/p + 1/q = 1$ だから, $a, b > 0$ に対して
$$\log x\left(\frac{1}{p}a^p + \frac{1}{q}b^q\right) \geqq \frac{1}{p}\log a^p + \frac{1}{q}\log b^q = \log a + \log b = \log ab.$$
両辺の指数関数をとると $a^p/p + b^q/q \geqq ab$.

3.40 (1) $\int_0^1 \frac{dx}{\sqrt[3]{x}} = \lim_{\varepsilon\to+0}\int_\varepsilon^1 \frac{dx}{\sqrt[3]{x}} = \lim_{\varepsilon\to+0}\left[\frac{3}{2}x^{2/3}\right]_\varepsilon^1 = \lim_{\varepsilon\to+0}\left(\frac{3}{2} - \frac{3}{2}\varepsilon^{2/3}\right) = \frac{3}{2}$

(2) $\varepsilon > 0$ に対して, $\int_{1+\varepsilon}^3 \frac{dx}{\sqrt{x-1}} = \left[2\sqrt{x-1}\right]_{1+\varepsilon}^3 = 2(\sqrt{2} - \sqrt{\varepsilon}) \to 2\sqrt{2}\ (\varepsilon \to +0)$.
ゆえに $\int_1^3 \frac{dx}{\sqrt{x-1}} = 2\sqrt{2}$.

(3) $\varepsilon_1, \varepsilon_2 > 0$ に対して
$\int_{\varepsilon_1}^{2-\varepsilon_2} \frac{dx}{\sqrt{x(2-x)}} = \int_{\varepsilon_1}^{2-\varepsilon_2} \frac{dx}{\sqrt{1-(x-1)^2}} = \left[\sin^{-1}(x-1)\right]_{\varepsilon_1}^{2-\varepsilon_2} = \sin^{-1}(1-\varepsilon_2) - \sin^{-1}(\varepsilon_1 - 1)$
$\to \sin^{-1} 1 - \sin^{-1}(-1) = \pi\ (\varepsilon_1, \varepsilon_2 \to +0)$. ゆえに $\int_0^2 \frac{dx}{\sqrt{x(2-x)}} = \pi$.

(4) $\varepsilon > 0$ に対して, $\int_\varepsilon^1 \frac{\log x}{x} dx = \left[\frac{1}{2}(\log x)^2\right]_\varepsilon^1 = -\frac{1}{2}(\log \varepsilon)^2 \to -\infty\ (\varepsilon \to +0)$.
したがって $\int_0^1 \frac{\log x}{x} dx$ は存在しない.

3.41 $x = \sqrt{2}\sin\theta\ (\pi/4 \leqq \theta \leqq \pi/2)$ とおくと, $dx = \sqrt{2}\cos\theta\,d\theta$.
$\therefore \int_1^{\sqrt{2}} \frac{\sqrt{2-x^2}}{x^2}dx = \int_{\pi/4}^{\pi/2} \frac{\sqrt{2\cos^2\theta}}{2\sin^2\theta}\sqrt{2}\cos\theta\,d\theta = \int_{\pi/4}^{\pi/2} \frac{\cos^2\theta}{\sin^2\theta}d\theta = \int_{\pi/4}^{\pi/2} \left(\frac{1}{\sin^2\theta} - 1\right)d\theta$

$$= \lim_{\varepsilon \to +0} \int_{\pi/4}^{\pi/2-\varepsilon} \left(\frac{1}{\sin^2\theta} - 1\right) d\theta = \lim_{\varepsilon \to +0} \left[-\frac{1}{\tan\theta} - \theta\right]_{\pi/4}^{\pi/2-\varepsilon}$$

$$= \lim_{\varepsilon \to +0} \left\{-\frac{1}{\tan(\pi/2-\varepsilon)} - \left(\frac{\pi}{2} - \varepsilon\right) + \frac{1}{\tan(\pi/4)} + \frac{\pi}{4}\right\} = 1 - \frac{\pi}{4}.$$

注 $\int_{\pi/4}^{\pi/2} \left(\frac{1}{\sin^2\theta} - 1\right) d\theta = \left[-\frac{\cos\theta}{\sin\theta} - \theta\right]_{\pi/4}^{\pi/2}$ としてもよい．この場合広義積分を使わない．

3.42 (1) $M < 0$ に対して $\int_M^0 xe^{-x^2} dx = \left[-\frac{1}{2}e^{-x^2}\right]_M^0 = \frac{1}{2}(e^{-M^2} - 1) \to -\frac{1}{2}$ $(M \to -\infty)$．
$\therefore \int_{-\infty}^0 xe^{-x^2} dx = -\frac{1}{2}$．

(2) 問題 3.9(6) より，$\int \frac{\log x}{x^2} dx = -\frac{1+\log x}{x}$ だから，

$$\int_1^M \frac{\log x}{x^2} dx = \left[-\frac{1+\log x}{x}\right]_1^M = 1 - \frac{1+\log M}{M} \to 1 \ (M \to \infty)$$

(ロピタルの定理より)．$\therefore \int_1^\infty \frac{\log x}{x^2} dx = 1$．

(3) 例題 3.17 より $\int e^{-ax} \sin bx \, dx = \frac{-e^{-ax}}{a^2+b^2}(a\sin bx + b\cos bx)$ だから，

$$\int_0^M e^{-ax} \sin bx \, dx = \left[\frac{-e^{-ax}}{a^2+b^2}(a\sin bx + b\cos bx)\right]_0^M$$

$$= \frac{1}{a^2+b^2}\{b - e^{-aM}(a\sin bM + b\cos bM)\} \to \frac{b}{a^2+b^2} \ (M \to \infty).$$

$(\because |e^{-aM}(a\sin bM + b\cos bM)| \leqq e^{-aM}(a+|b|) \to 0 \ (M \to \infty))$．
$\therefore \int_0^\infty e^{-ax} \sin bx \, dx = \frac{b}{a^2+b^2}$．

3.43 (1) $|\sin\frac{1}{x^2}| \leqq 1 \ (0 < x \leqq 1)$ だから，定理 3.21 より，$\int_0^1 \sin\frac{1}{x^2} dx$ は収束する．

(2) $\frac{1}{\sqrt[3]{x(x-1)}} \geqq \frac{1}{\sqrt[3]{x^2}} = \frac{1}{x^{2/3}} \ (x \geqq 2)$．定理 3.23(2) より $\int_2^\infty \frac{dx}{x^{2/3}}$ は発散するから，定理 3.21 より $\int_2^\infty \frac{dx}{\sqrt[3]{x(x-1)}}$ は発散する．

(3) $x^2 \frac{1}{\sqrt{x^4+4}} \leqq 1 \ (x \geqq 0)$ だから系 3.22(2) より，$\int_0^\infty \frac{dx}{\sqrt{x^4+4}}$ は収束する．

3.44 $\int_0^{\pi/2} \frac{x}{\tan x} dx = \lim_{\varepsilon_1, \varepsilon_2 \to +0} \int_{\varepsilon_1}^{\pi/2-\varepsilon_2} \frac{x}{\tan x} dx$

$= \lim_{\varepsilon_1, \varepsilon_2 \to +0} \left\{[x\log(\sin x)]_{\varepsilon_1}^{\pi/2-\varepsilon_2} - \int_{\varepsilon_1}^{\pi/2-\varepsilon_2} \log(\sin x) dx\right\}$

$= \lim_{\varepsilon_1, \varepsilon_2 \to +0} \left\{\left(\frac{\pi}{2} - \varepsilon_2\right)\log\left(\sin\left(\frac{\pi}{2} - \varepsilon_2\right)\right) - \varepsilon_1 \log(\sin\varepsilon_1)\right\} - \int_0^{\pi/2} \log(\sin x) dx$

$= \frac{\pi}{2}\log 2$ $\quad (\log(\sin\frac{\pi}{2}) = 0$，またロピタルの定理から $\lim_{\varepsilon_1 \to +0} \varepsilon_1 \log(\sin\varepsilon_1) = 0)$．

3.45 (1) $S = -2\int_0^a y \, dx = -2\int_0^a \frac{x(x^2-a^2)}{a^2} dx = -\frac{2}{a^2}\left[\frac{x^4}{4} - \frac{a^2 x^2}{2}\right]_0^a = \frac{a^2}{2}$

(2) $S = \int_0^\pi e^x \sin x \, dx - \int_\pi^{2\pi} e^x \sin x \, dx + \int_{2\pi}^{3\pi} e^x \sin x \, dx$．$\int e^x \sin x \, dx = \frac{1}{2}e^x(\sin x - \cos x)$ だから，

$$S = \frac{e^\pi}{2} + \frac{1}{2} - \left(-\frac{e^{2\pi}}{2} - \frac{e^\pi}{2}\right) + \left(\frac{e^{3\pi}}{2} + \frac{e^{2\pi}}{2}\right) = \frac{1}{2} + e^\pi + e^{2\pi} + \frac{e^{3\pi}}{2}.$$

3.46 (1) $x = \sin t, y = t\cos t \ (0 \leqq t \leqq \pi/2)$ より，$y = 0$ となるのは $t = 0, \pi/2$．$t = 0$ のとき $x = 0$，$t = \pi/2$ のとき $x = 1$．$dx = \cos t \, dt$ だから

$$S = \int_0^1 y \, dx = \int_0^{\pi/2} t\cos t \cdot \cos t \, dt = \int_0^{\pi/2} t\frac{1+\cos 2t}{2} dt$$

$$= \frac{1}{2}\int_0^{\pi/2} t\,dt + \frac{1}{2}\int_0^{\pi/2} t\cos 2t\,dt = \frac{1}{2}\left[\frac{t^2}{2}\right]_0^{\pi/2} + \frac{1}{2}\left[t\frac{\sin 2t}{2}\right]_0^{\pi/2} - \frac{1}{2}\int_0^{\pi/2}\frac{\sin 2t}{2}dt$$

$$= \frac{\pi^2}{16} - \frac{1}{2}\left[-\frac{\cos 2t}{4}\right]_0^{\pi/2} = \frac{\pi^2}{16} - \frac{1}{4}.$$

(2) $0 \leqq t \leqq 2\pi$ で $y=0$ となるのは $t=0, 2\pi$. $t=0$ のとき $x=0$, $t=2\pi$ のとき $x=2\pi a$. また $dx = a(1-\cos t)dt$ だから
$S = \int_0^{2\pi a} y\,dx = \int_0^{2\pi} a(1-\cos t)a(1-\cos t)dt = a^2\int_0^{2\pi}(1-\cos t)^2 dt$. 定理 3.16(2) より
$= 2a^2\int_0^\pi (1-\cos t)^2 dt = 2a^2\int_0^\pi 4\sin^4\frac{t}{2}dt$. ここで $t/2 = s$ とおくと
$S = 8a^2\int_0^\pi \sin^4\frac{t}{2}dt = 16a^2\int_0^{\pi/2}\sin^4 s\,ds = 16a^2\frac{3}{4}\frac{1}{2}\frac{\pi}{2} = 3\pi a^2$.

3.47 (1) $S = \frac{1}{2}\int_0^{\pi/2} a^2\theta^2 d\theta = \frac{a^2}{6}\left[\theta^3\right]_0^{\pi/2} = \pi^3 a^2/48$

(2) $S = 2\int_0^a \frac{a}{2}(e^{x/a} + e^{-x/a})dx = a^2[e^{x/a} - e^{-x/a}]_0^a = a^2(e-e^{-1})$

3.48 (1) $y' = x$ より $\sqrt{1+y'^2} = \sqrt{1+x^2}$. よって
$l = \int_{-1}^1 \sqrt{1+x^2}\,dx = 2\int_0^1 \sqrt{1+x^2}\,dx = \left[x\sqrt{1+x^2} + \log|x+\sqrt{1+x^2}|\right]_0^1$
$= \sqrt{2} + \log(1+\sqrt{2})$.

(2) $y' = -\frac{\sin x}{\cos x} = -\tan x$ だから
$l = \int_0^{\pi/4}\sqrt{1+\tan^2 x}\,dx = \int_0^{\pi/4}\frac{dx}{\cos x} = \int_0^{\pi/4}\frac{\cos x}{1-\sin^2 x}dx$.
$\sin x = t$ とおくと $\cos x\,dx = dt$ だから
$l = \int_0^{1/\sqrt{2}}\frac{dt}{1-t^2} = -\left[\frac{1}{2}\log\left|\frac{t-1}{t+1}\right|\right]_0^{1/\sqrt{2}} = \frac{1}{2}\log\frac{\sqrt{2}+1}{\sqrt{2}-1} = \log(\sqrt{2}+1)$.

(3) $l = \int_0^{2\pi}\sqrt{e^{-2a\theta} + a^2 e^{-2a\theta}}\,d\theta$
$= \int_0^{2\pi}\sqrt{1+a^2}\,e^{-a\theta}d\theta = \sqrt{1+a^2}\left[-\frac{1}{a}e^{-a\theta}\right]_0^{2\pi} = \frac{\sqrt{1+a^2}}{a}(1-e^{-2\pi a})$

(4) $r^2 + (r')^2 = a^2(1+\cos\theta)^2 + a^2\sin^2\theta = 2a^2(1+\cos\theta) = 4a^2\cos^2(\theta/2)$
この曲線は始線に関して対称だから
$l = 2\int_0^\pi \sqrt{r^2+(r')^2}\,d\theta = 2\int_0^\pi \sqrt{4a^2\cos^2\frac{\theta}{2}}\,d\theta = 4a\int_0^\pi \cos\frac{\theta}{2}d\theta = 4a\left[2\sin\frac{\theta}{2}\right]_0^\pi = 8a$.

3.49 (1) $V = \pi\int_0^\pi \sin^2 x\,dx = 2\pi\int_0^{\pi/2}\sin^2 x\,dx = 2\pi\frac{1}{2}\frac{\pi}{2} = \pi^2/2$

(2) $V = 2\pi\int_0^a \frac{a^2}{4}\left(e^{x/a}+e^{-x/a}\right)^2 dx = \frac{\pi a^2}{2}\int_0^a \left(e^{2x/a}+2+e^{-2x/a}\right)dx$
$= \frac{\pi a^2}{2}\left[\frac{a}{2}e^{2x/a}+2x-\frac{a}{2}e^{-2x/a}\right]_0^a = \frac{\pi a^3}{4}(e^2+4-e^{-2})$

■ 3 章演習問題解答

1 (1) $\int \frac{dx}{\sqrt{x+1}+\sqrt{x}} = \int(\sqrt{x+1}-\sqrt{x})dx = \frac{2}{3}\{(x+1)^{3/2}-x^{3/2}\}$.

(2) $\int \log|x+\sqrt{x^2+1}|\,dx = x\log|x+\sqrt{x^2+1}| - \int \frac{x}{\sqrt{x^2+1}}dx$
$= x\log|x+\sqrt{x^2+1}| - \sqrt{x^2+1}$

(3) $\int \frac{\log x}{x^3}dx = -\frac{\log x}{2x^2} - \int \left(-\frac{1}{2x^2}\right)(\log x)'dx = -\frac{\log x}{2x^2} + \int \frac{1}{2x^3}dx = -\frac{\log x}{2x^2} - \frac{1}{4x^2}$

(4) $\frac{1}{(x^2-1)^2} = \frac{1}{(x+1)^2(x-1)^2} = \frac{A}{x+1} + \frac{B}{x-1} + \frac{C}{(x+1)^2} + \frac{D}{(x-1)^2}$ とおくと $A = C = D = \frac{1}{4}$, $B = -\frac{1}{4}$.
ゆえに $\frac{1}{(x^2-1)^2} = \frac{1}{4}\left\{\frac{1}{x+1} - \frac{1}{x-1} + \frac{1}{(x+1)^2} + \frac{1}{(x-1)^2}\right\}$ だから
$\int \frac{dx}{(x^2-1)^2} = \frac{1}{4}\left(\log\left|\frac{x+1}{x-1}\right| - \frac{1}{x+1} - \frac{1}{x-1}\right) = \frac{1}{4}\left(\log\left|\frac{x+1}{x-1}\right| - \frac{2x}{x^2-1}\right)$.

(5) $\frac{1}{x(x^4-1)^2} = \frac{x^3}{x^4(x^4-1)^2}$ だから, $x^4 = t$ とおくと $4x^3 dx = dt$.

$$\therefore \int \frac{dx}{x(x^4-1)^2} = \int \frac{x^3}{x^4(x^4-1)^2}dx = \frac{1}{4}\int \frac{dt}{t(t-1)^2}.$$

$\frac{1}{t(t-1)^2} = \frac{A}{t} + \frac{B}{t-1} + \frac{C}{(t-1)^2}$ とおくと $A = C = 1, B = -1.$

$$\therefore \int \frac{dx}{x(x^4-1)^2} = \frac{1}{4}\int \left\{\frac{1}{t} - \frac{1}{t-1} + \frac{1}{(t-1)^2}\right\} dt$$

$$= \frac{1}{4}\left(\log|t| - \log|t-1| - \frac{1}{t-1}\right) = \frac{1}{4}\left(\log\left|\frac{x^4}{x^4-1}\right| - \frac{1}{x^4-1}\right).$$

(6) $\frac{x-1}{x^3+1} = \frac{A}{x+1} + \frac{Bx+C}{x^2-x+1}$ とおくと, $A = -2/3, B = 2/3, C = -1/3.$ ゆえに

$$\int \frac{x-1}{x^3+1}dx = -\frac{2}{3}\int \frac{dx}{x+1} + \frac{1}{3}\int \frac{2x-1}{x^2-x+1}dx = -\frac{2}{3}\log|x+1| + \frac{1}{3}\log(x^2-x+1)$$

$$= -\frac{1}{3}\log\frac{(x+1)^2}{x^2-x+1} \ (= -\frac{1}{3}\log\frac{(x+1)^3}{x^3+1}).$$

(7) $x^2 = t$ とおくと $2x\,dx = dt$ だから

$\int \frac{dx}{x\sqrt{x^2+1}} = \int \frac{x\,dx}{x^2\sqrt{x^2+1}} = \frac{1}{2}\int \frac{dt}{t\sqrt{t+1}}.$ $\sqrt{t+1} = s$ とおくと, $t = s^2 - 1, dt = 2s\,ds.$

$$\therefore \int \frac{dx}{x\sqrt{x^2+1}} = \frac{1}{2}\int \frac{2s\,ds}{s(s^2-1)} = \int \frac{ds}{s^2-1} = \frac{1}{2}\log\left|\frac{s-1}{s+1}\right| = \frac{1}{2}\log\left|\frac{\sqrt{x^2+1}-1}{\sqrt{x^2+1}+1}\right|.$$

($\sqrt{x^2+1} = t$ とおいてもよい.)

(8) $\sqrt{x+1} = t$ とおくと $x = t^2 - 1$ だから $dx = 2t\,dt.$ したがって

$$\int \frac{dx}{x+\sqrt{x+1}} = \int \frac{2t}{t^2-1+t}dt = \int \frac{2t+1}{t^2+t-1}dt - \int \frac{dt}{t^2+t-1}$$

$$= \log|(t^2-1)+t| - \int \frac{dt}{(t+\frac{1}{2})^2 - \frac{5}{4}} = \log|x+\sqrt{x+1}| - \frac{1}{\sqrt{5}}\log\left|\frac{t+\frac{1}{2}-\frac{\sqrt{5}}{2}}{t+\frac{1}{2}+\frac{\sqrt{5}}{2}}\right|$$

$$= \log|x+\sqrt{x+1}| - \frac{1}{\sqrt{5}}\log\left|\frac{2\sqrt{x+1}+1-\sqrt{5}}{2\sqrt{x+1}+1+\sqrt{5}}\right|.$$

(9) $\sqrt{\frac{x+1}{x-1}} = t$ とおくと $x = \frac{t^2+1}{t^2-1}.$ 部分積分を用いて,

$$\int \tan^{-1}\sqrt{\frac{x+1}{x-1}}\,dx = \int (\tan^{-1}t)\frac{dx}{dt}dt = \int (\tan^{-1}t)\frac{d}{dt}\left(\frac{t^2+1}{t^2-1}\right)dt$$

$$= (\tan^{-1}t)\frac{t^2+1}{t^2-1} - \int \frac{1}{t^2+1}\frac{t^2+1}{t^2-1}dt = (\tan^{-1}t)\frac{t^2+1}{t^2-1} - \int \frac{dt}{t^2-1}.$$

したがって

$$\int \tan^{-1}\sqrt{\frac{x+1}{x-1}}\,dx = x\tan^{-1}\sqrt{\frac{x+1}{x-1}} - \frac{1}{2}\log\left|\frac{t-1}{t+1}\right|$$

$$= x\tan^{-1}\sqrt{\frac{x+1}{x-1}} - \frac{1}{2}\log\left|\frac{\sqrt{(x+1)/(x-1)}-1}{\sqrt{(x+1)/(x-1)}+1}\right|.$$

注 $x > 1$ のとき, $\int \tan^{-1}\sqrt{\frac{x+1}{x-1}}dx = x\tan^{-1}\sqrt{\frac{x+1}{x-1}} - \frac{1}{2}\log\left|\frac{\sqrt{x+1}-\sqrt{x-1}}{\sqrt{x+1}+\sqrt{x-1}}\right|.$

(10) $\int \frac{\sqrt{x^2+A}}{x^2}dx = -\frac{1}{x}\sqrt{x^2+A} + \int \frac{1}{x}\frac{x}{\sqrt{x^2+A}}dx = -\frac{\sqrt{x^2+A}}{x} + \int \frac{dx}{\sqrt{x^2+A}}$

$= -\frac{\sqrt{x^2+A}}{x} + \log\left|x+\sqrt{x^2+A}\right|.$

(11) $\int \dfrac{\sqrt{a^2-x^2}}{x^2}dx = -\dfrac{1}{x}\sqrt{a^2-x^2} + \int \dfrac{1}{x}\dfrac{-x}{\sqrt{a^2-x^2}}dx$
$= -\dfrac{\sqrt{a^2-x^2}}{x} - \int \dfrac{dx}{\sqrt{a^2-x^2}} = -\dfrac{\sqrt{a^2-x^2}}{x} - \sin^{-1}\dfrac{x}{a}.$

(12) $\sqrt{x^2-x+1} = t - x$ とおくと, $x = \dfrac{t^2-1}{2t-1} = \dfrac{t}{2} + \dfrac{1}{4} - \dfrac{3}{4}\dfrac{1}{2t-1}$ だから,
$\dfrac{dx}{dt} = \dfrac{1}{2} + \dfrac{3}{4}\dfrac{2}{(2t-1)^2} = \dfrac{2(t^2-t+1)}{(2t-1)^2}$. また $\sqrt{x^2-x+1} = \dfrac{t^2-t+1}{2t-1}$ であるので

$$\int \dfrac{dx}{x\sqrt{x^2-x+1}} = \int \dfrac{(2t-1)^2}{(t^2-1)(t^2-t+1)}\dfrac{2(t^2-t+1)}{(2t-1)^2}dt = \int \dfrac{2}{t^2-1}dt$$
$$= \log\left|\dfrac{t-1}{t+1}\right| = \log\left|\dfrac{x-1+\sqrt{x^2-x+1}}{x+1+\sqrt{x^2-x+1}}\right|.$$

(13) $\dfrac{1}{x\sqrt{(x+1)(2-x)}} = \dfrac{1}{x(x+1)}\sqrt{\dfrac{x+1}{2-x}}$. $\sqrt{\dfrac{x+1}{2-x}} = t$ とおくと, $x = \dfrac{2t^2-1}{t^2+1}$, $\dfrac{dx}{dt} = \dfrac{6t}{(t^2+1)^2}$.
$\therefore \int \dfrac{dx}{x\sqrt{(x+1)(2-x)}} = \int \dfrac{1}{\frac{2t^2-1}{t^2+1}\left(\frac{2t^2-1}{t^2+1}+1\right)}t\dfrac{6t}{(t^2+1)^2}dt$
$= \int \dfrac{dt}{t^2-1/2} = \dfrac{1}{\sqrt{2}}\log\left|\dfrac{\sqrt{2}\,t-1}{\sqrt{2}\,t+1}\right| = \dfrac{1}{\sqrt{2}}\log\left|\dfrac{\sqrt{2}\sqrt{\frac{x+1}{2-x}}-1}{\sqrt{2}\sqrt{\frac{x+1}{2-x}}+1}\right|$
$= \dfrac{1}{\sqrt{2}}\log\left|\dfrac{\sqrt{2}\sqrt{x+1}-\sqrt{2-x}}{\sqrt{2}\sqrt{x+1}+\sqrt{2-x}}\right|.$

(14) $\sqrt{\dfrac{2-x}{x+1}} = t$ とおくと, $x = \dfrac{2-t^2}{t^2+1}$. 部分積分を用いて,
$\int \left(\dfrac{2-x}{x+1}\right)^{3/2}dx = \int t^3\dfrac{d}{dt}\left(\dfrac{2-t^2}{t^2+1}\right)dt = \dfrac{t^3(2-t^2)}{t^2+1} - \int 3t^2\dfrac{2-t^2}{t^2+1}dt$
$= \dfrac{t^3(2-t^2)}{t^2+1} + 3\int\left(t^2 - 3 + \dfrac{3}{t^2+1}\right)dt = \dfrac{t^3(2-t^2)}{t^2+1} + 3\left(\dfrac{t^3}{3} - 3t + 3\tan^{-1}t\right).$
したがって
$$\int \left(\dfrac{2-x}{x+1}\right)^{3/2}dx = x\left(\dfrac{2-x}{x+1}\right)^{3/2} + t^3 - 9t + 9\tan^{-1}t$$
$$= x\left(\dfrac{2-x}{x+1}\right)^{3/2} + \left(\dfrac{2-x}{x+1}\right)^{3/2} - 9\sqrt{\dfrac{2-x}{x+1}} + 9\tan^{-1}\sqrt{\dfrac{2-x}{x+1}}.$$
整理すると
$$\int \left(\dfrac{2-x}{x+1}\right)^{3/2}dx = -(x+7)\sqrt{\dfrac{2-x}{x+1}} + 9\tan^{-1}\sqrt{\dfrac{2-x}{x+1}}.$$

(15) $\tan x = t$ とおくと, $\sin^2 x = \dfrac{t^2}{1+t^2}$, $\cos^2 x = \dfrac{1}{1+t^2}$, $dx = \dfrac{dt}{1+t^2}$. したがって
$\int \dfrac{\sin^2 x}{1+3\cos^2 x}dx = \int \dfrac{\frac{t^2}{1+t^2}}{1+\frac{3}{1+t^2}}\dfrac{1}{1+t^2}dt = \int \dfrac{t^2}{(t^2+1)(t^2+4)}dt = \int \dfrac{1}{3}\left(\dfrac{4}{t^2+4} - \dfrac{1}{t^2+1}\right)dt$
$= \dfrac{1}{3}\left(2\tan^{-1}\dfrac{t}{2} - \tan^{-1}t\right) = \dfrac{1}{3}\left(2\tan^{-1}\dfrac{\tan x}{2} - x\right).$

(16) $\tan x = t$ とおくと, $\dfrac{dx}{\cos^2 x} = dt$ だから
$\int \dfrac{dx}{(\sin x - \cos x)(\sin x + 3\cos x)} = \int \dfrac{dx}{\cos^2 x(\tan x - 1)(\tan x + 3)}$

$$= \int \frac{dt}{(t-1)(t+3)} = \frac{1}{4}\int \left(\frac{1}{t-1} - \frac{1}{t+3}\right)dt = \frac{1}{4}\log\left|\frac{t-1}{t+3}\right|.$$

したがって, $\displaystyle\int \frac{dx}{(\sin x - \cos x)(\sin x + 3\cos x)} = \frac{1}{4}\log\left|\frac{t-1}{t+3}\right| = \frac{1}{4}\log\left|\frac{\tan x - 1}{\tan x + 3}\right|.$

2 (1) $\sqrt{\frac{b+x}{a+x}} = t$ とおくと, $x = \frac{b - at^2}{t^2 - 1}$. 部分積分を用いて,

$$\int \sqrt{\frac{b+x}{a+x}}\,dx = \int t\frac{d}{dt}\left(\frac{b - at^2}{t^2 - 1}\right)dt = t\frac{b - at^2}{t^2 - 1} + \int \frac{at^2 - b}{t^2 - 1}\,dt$$

($\frac{dx}{dt}$ を直接計算しなくてよいことに注意).

ここで, $\displaystyle\int \frac{at^2 - b}{t^2 - 1}\,dt = \int \left(a + \frac{a - b}{t^2 - 1}\right)dt = at + \frac{a - b}{2}\log\left|\frac{t-1}{t+1}\right|$ だから

$$\int \sqrt{\frac{b+x}{a+x}}\,dx = t\frac{b - at^2}{t^2 - 1} + at + \frac{a - b}{2}\log\left|\frac{t-1}{t+1}\right|. \quad x = \frac{b - at^2}{t^2 - 1} \text{ に注意して}$$

$$\int \sqrt{\frac{b+x}{a+x}}\,dx = (x+a)\sqrt{\frac{b+x}{a+x}} + \frac{a-b}{2}\log\left|\frac{\sqrt{(b+x)/(a+x)} - 1}{\sqrt{(b+x)/(a+x)} + 1}\right|.$$

注 $a + x > 0$ のときは次のように書ける.

$\int \sqrt{\frac{b+x}{a+x}}\,dx = \sqrt{(a+x)(b+x)} + \frac{a-b}{2}\log\left|\frac{\sqrt{b+x} - \sqrt{a+x}}{\sqrt{b+x} + \sqrt{a+x}}\right|.$

(2) $\sqrt{\frac{b+x}{a-x}} = t$ とおくと, $x = \frac{at^2 - b}{t^2 + 1}$. 部分積分を用いて

$$\int \sqrt{\frac{b+x}{a-x}}\,dx = \int t\frac{d}{dt}\left(\frac{at^2 - b}{t^2 + 1}\right)dt = t\frac{at^2 - b}{t^2 + 1} - \int \frac{at^2 - b}{t^2 + 1}\,dt.$$

ここで, $\displaystyle\int \frac{at^2 - b}{t^2 + 1}\,dt = \int \left(a - \frac{a + b}{t^2 + 1}\right)dt = at - (a+b)\tan^{-1} t$ だから,

$$\int \sqrt{\frac{b+x}{a-x}}\,dx = t\frac{at^2 - b}{t^2 + 1} - at + (a+b)\tan^{-1} t. \quad x = \frac{at^2 - b}{t^2 + 1} \text{ に注意して}$$

$$\int \sqrt{\frac{b+x}{a-x}}\,dx = (x-a)\sqrt{\frac{b+x}{a-x}} + (a+b)\tan^{-1}\sqrt{\frac{b+x}{a-x}}.$$

注 $a - x > 0$ のときは次のように書ける.

$\int \sqrt{\frac{b+x}{a-x}}\,dx = -\sqrt{(a-x)(b+x)} + (a+b)\tan^{-1}\sqrt{\frac{b+x}{a-x}}.$

3 仮定より $b \neq 0$.

(1) $\tan \frac{x}{2} = t$ とすると, $\sin x = \frac{2t}{1+t^2}$, $\cos x = \frac{1-t^2}{1+t^2}$, $dx = \frac{2dt}{1+t^2}$.

$$\frac{1}{a\sin x + b\cos x} = \frac{1}{\frac{2at}{1+t^2} + \frac{b(1-t^2)}{1+t^2}} = -\frac{1}{b}\frac{1+t^2}{t^2 - \frac{2at}{b} - 1} = -\frac{1}{b}\frac{1+t^2}{(t-\frac{a}{b})^2 - (\frac{a^2}{b^2} + 1)}$$

だから

$$\int \frac{dx}{a\sin x + b\cos x} = -\frac{1}{b}\int \frac{1+t^2}{(t-\frac{a}{b})^2 - (\frac{a^2}{b^2} + 1)}\frac{2}{1+t^2}\,dt = -\frac{2}{b}\int \frac{dt}{(t-\frac{a}{b})^2 - (\frac{a^2}{b^2} + 1)}$$

$$= -\frac{2}{b}\frac{1}{2\sqrt{\frac{a^2}{b^2}+1}}\log\left|\frac{t - \frac{a}{b} - \sqrt{\frac{a^2}{b^2}+1}}{t - \frac{a}{b} + \sqrt{\frac{a^2}{b^2}+1}}\right|. \text{ したがって}$$

$$\int \frac{1}{a\sin x + b\cos x}\,dx = -\frac{|b|}{b\sqrt{a^2+b^2}}\log\left|\frac{t - \frac{a}{b} - \frac{\sqrt{a^2+b^2}}{|b|}}{t - \frac{a}{b} + \frac{\sqrt{a^2+b^2}}{|b|}}\right|$$

$$= -\frac{|b|}{b\sqrt{a^2+b^2}} \log \left| \frac{\tan \frac{x}{2} - \frac{a}{b} - \frac{\sqrt{a^2+b^2}}{|b|}}{\tan \frac{x}{2} - \frac{a}{b} + \frac{\sqrt{a^2+b^2}}{|b|}} \right|.$$

$b > 0$ のときは
$$\int \frac{dx}{a\sin x + b\cos x} = -\frac{1}{\sqrt{a^2+b^2}} \log \left| \frac{b\tan \frac{x}{2} - a - \sqrt{a^2+b^2}}{b\tan \frac{x}{2} - a + \sqrt{a^2+b^2}} \right|.$$

$b < 0$ のときは
$$\int \frac{dx}{a\sin x + b\cos x} dx = \frac{1}{\sqrt{a^2+b^2}} \log \left| \frac{b\tan \frac{x}{2} - a + \sqrt{a^2+b^2}}{b\tan \frac{x}{2} - a - \sqrt{a^2+b^2}} \right|.$$

(2) $\tan x = t$ とおくと $\frac{dx}{\cos^2 x} = dt$ だから
$$\int \frac{dx}{a\cos^2 x + b\sin^2 x} = \int \frac{dx}{b\cos^2 x(\frac{a}{b} + \tan^2 x)} = \frac{1}{b} \int \frac{dt}{t^2 + \frac{a}{b}}.$$

$ab > 0$ のとき定理 3.2(11) より
$$\int \frac{dx}{a\cos^2 x + b\sin^2 x} = \frac{1}{b} \int \frac{dt}{t^2 + \frac{a}{b}} = \frac{1}{b}\sqrt{\frac{b}{a}} \tan^{-1} \sqrt{\frac{b}{a}} t = \frac{1}{b}\sqrt{\frac{b}{a}} \tan^{-1} \left(\sqrt{\frac{b}{a}} \tan x \right).$$

$ab < 0$ のとき定理 3.2(12) より
$$\int \frac{dx}{a\cos^2 x + b\sin^2 x} = \frac{1}{b} \int \frac{dt}{t^2 - (-\frac{a}{b})} = \frac{1}{b} \frac{1}{2\sqrt{-\frac{a}{b}}} \log \left| \frac{t - \sqrt{-\frac{a}{b}}}{t + \sqrt{-\frac{a}{b}}} \right|$$
$$= \frac{1}{b} \frac{1}{2\sqrt{-\frac{a}{b}}} \log \left| \frac{\tan x - \sqrt{-\frac{a}{b}}}{\tan x + \sqrt{-\frac{a}{b}}} \right|.$$

4 (1) $I_n = \int x^n \sin x\, dx = -x^n \cos x + \int nx^{n-1} \cos x\, dx$
$= -x^n \cos x + nx^{n-1} \sin x - n\int (n-1)x^{n-2} \sin x\, dx$
$= -x^n \cos x + nx^{n-1} \sin x - n(n-1)I_{n-2}.$

(2) $I_n = \int x^n \sin x\, dx$ とおくと
$I_4 = -x^4 \cos x + 4x^3 \sin x - 4 \cdot 3 I_2$
$= -x^4 \cos x + 4x^3 \sin x - 12\left(-x^2 \cos x + 2x \sin x - 2 \cdot 1 I_0\right)$
$= -x^4 \cos x + 4x^3 \sin x + 12x^2 \cos x - 24x \sin x - 24 \cos x$
$= -(x^4 - 12x^2 + 24)\cos x + 4(x^3 - 6x)\sin x.$

5 (1) $m \neq n$ のとき，$\sin mx \sin nx = -\frac{1}{2}\{\cos(m+n)x - \cos(m-n)x\}$ だから
$\int_0^{2\pi} \sin mx \sin nx\, dx = -\frac{1}{2}\left\{\int_0^{2\pi} \cos(m+n)x\, dx - \int_0^{2\pi} \cos(m-n)x\, dx\right\} = 0$
($\cos x$ を 1 周期積分すれば 0)．

$m = n$ のとき，$\int_0^{2\pi} \sin^2 nx\, dx = \frac{1}{2}\int_0^{2\pi}(1 - \cos 2nx)dx = \frac{1}{2} 2\pi = \pi.$

(2) $m \neq n$ のとき，$\cos mx \cos nx = \frac{1}{2}\{\cos(m+n)x + \cos(m-n)x\}$ だから
$\int_0^{2\pi} \cos mx \cos nx\, dx = \frac{1}{2}\left\{\int_0^{2\pi} \cos(m+n)x\, dx + \int_0^{2\pi} \cos(m-n)x\, dx\right\} = 0.$

$m = n$ のとき，$\int_0^{2\pi} \cos^2 nx\, dx = \frac{1}{2}\int_0^{2\pi}(1 + \cos 2nx)dx = \frac{1}{2} 2\pi = \pi.$

(3) $\sin m(2\pi - x)\cos n(2\pi - x) = -\sin mx \cos nx$ だから，$\int_0^{2\pi} \sin mx \cos nx\, dx = 0$
(定理 3.16(3))．

6 (1) $\int_{-1}^0 x^2 \sqrt{x+1}\, dx = \left[x^2 \frac{2}{3}(x+1)^{3/2}\right]_{-1}^0 - \int_{-1}^0 2x \frac{2}{3}(x+1)^{3/2} dx$
$= \frac{4}{3} \int_0^{-1} x(x+1)^{3/2} dx = \frac{4}{3}\left\{\left[x\frac{2}{5}(x+1)^{5/2}\right]_0^{-1} - \int_0^{-1} \frac{2}{5}(x+1)^{5/2} dx\right\}$

$= \frac{8}{15}\int_{-1}^{0}(x+1)^{5/2}dx = \frac{8}{15}\left[\frac{2}{7}(x+1)^{7/2}\right]_{-1}^{0} = 16/105.$

(2) $\sqrt{1-x} = t$ とおくと $x = 1 - t^2$. よって $dx = -2t\,dt$ だから
$\int_{-1}^{0}\frac{x^2}{\sqrt{1-x}}dx = \int_{\sqrt{2}}^{1}\frac{(1-t^2)^2}{t}(-2t)dt = -2\int_{\sqrt{2}}^{1}(1-t^2)^2 dt$
$= -2\int_{\sqrt{2}}^{1}(1 - 2t^2 + t^4)dt = -2\left[t - \frac{2}{3}t^3 + \frac{t^5}{5}\right]_{\sqrt{2}}^{1} = -16/15 + 14\sqrt{2}/15 = (14\sqrt{2} - 16)/15.$

(3) $I = \int_0^{\pi}\frac{x\sin x}{1+\sin x}dx$ とおく. $x = \pi - t$ ($\pi \geqq t \geqq 0$) と置換すると
$$I = \int_0^{\pi}\frac{x\sin x}{1+\sin x}dx = \int_{\pi}^{0}\frac{(\pi-t)\sin(\pi-t)}{1+\sin(\pi-t)}(-dt) = \int_0^{\pi}\frac{(\pi-t)\sin t}{1+\sin t}dt$$
$$= \pi\int_0^{\pi}\frac{\sin t}{1+\sin t}dt - \int_0^{\pi}\frac{t\sin t}{1+\sin t}dt.$$
したがって, $2I = \pi\int_0^{\pi}\frac{\sin x}{1+\sin x}dx.$ ∴ $I = \frac{\pi}{2}\int_0^{\pi}\frac{\sin x}{1+\sin x}dx.$
ここで $\tan(x/2) = t$ ($0 \leqq t \leqq 1$) とおくと,
$\int_0^{\pi}\frac{\sin x}{1+\sin x}dx = 2\int_0^{\pi/2}\frac{\sin x}{1+\sin x}dx = 2\int_0^{1}\frac{4t}{(t+1)^2(t^2+1)}dt = 4\int_0^{1}\left\{\frac{1}{t^2+1} - \frac{1}{(t+1)^2}\right\}dt$
$= 4\left[\tan^{-1}t + \frac{1}{t+1}\right]_0^{1} = 4\left(\tan^{-1}1 + \frac{1}{2} - \tan^{-1}0 - 1\right) = \pi - 2.$ ∴ $I = \frac{\pi}{2}(\pi - 2).$

(4) $\tan^{-1}x$ は奇関数で $\tan^{-1}\{\cos(\pi - x)\} = \tan^{-1}(-\cos x) = -\tan^{-1}(\cos x)$ だから, 定理 3.16(3) より, $\int_0^{\pi}\tan^{-1}(\cos x)dx = 0.$

(5) $I_n = \int_0^{\pi/2}\cos^n x\cos nx\,dx$ とおく. 部分積分を用いて
$I_n = \left[\frac{1}{n}\sin nx\cos^n x\right]_0^{\pi/2} + \int_0^{\pi/2}\sin nx\cos^{n-1}x\sin x\,dx$
$= \int_0^{\pi/2}\cos^{n-1}x\sin nx\sin x\,dx = -\frac{1}{2}\int_0^{\pi/2}\cos^{n-1}x\{\cos(n+1)x - \cos(n-1)x\}dx$
$= -\frac{1}{2}\int_0^{\pi/2}\cos^{n-1}x\cos(n+1)x\,dx + \frac{1}{2}I_{n-1}$
$= -\frac{1}{2}\int_0^{\pi/2}\cos^{n-1}x(\cos nx\cos x - \sin nx\sin x)dx + \frac{1}{2}I_{n-1}$
$= -\frac{1}{2}\left(\int_0^{\pi/2}\cos^n x\cos nx\,dx - \int_0^{\pi/2}\cos^{n-1}x\sin nx\sin x\,dx\right) + \frac{1}{2}I_{n-1}$
$= -\frac{1}{2}(I_n - I_n) + \frac{1}{2}I_{n-1} = \frac{1}{2}I_{n-1}.$ したがって
$$I_n = \frac{1}{2}I_{n-1} = \cdots = \frac{1}{2^{n-1}}I_1 = \frac{1}{2^{n-1}}\int_0^{\pi/2}\cos^2 x\,dx = \frac{1}{2^{n-1}}\frac{1}{2}\frac{\pi}{2} = \frac{\pi}{2^{n+1}}.$$

(6) $\sqrt{\frac{1-\sqrt{x}}{1+\sqrt{x}}} = t$ とおくと, $x = \left(\frac{1-t^2}{t^2+1}\right)^2$ だから部分積分を用いて
$\int_0^{1}\sqrt{\frac{1-\sqrt{x}}{1+\sqrt{x}}}dx = \int_1^{0}t\frac{d}{dt}\left\{\left(\frac{1-t^2}{t^2+1}\right)^2\right\}dt = \left[t\left(\frac{1-t^2}{t^2+1}\right)^2\right]_1^{0} - \int_1^{0}\left(\frac{1-t^2}{t^2+1}\right)^2 dt$
$= \int_0^{1}\left(\frac{t^2-1}{t^2+1}\right)^2 dt = \int_0^{1}\left(1 - \frac{2}{t^2+1}\right)^2 dt = \int_0^{1}\left\{1 - \frac{4}{t^2+1} + \frac{4}{(t^2+1)^2}\right\}dt$
$= \left[t - 4\tan^{-1}t\right]_0^{1} + 4\int_0^{1}\frac{dt}{(t^2+1)^2}$
$= 1 - \pi + 4\left[\frac{1}{2}\left(\frac{t}{t^2+1} + \tan^{-1}t\right)\right]_0^{1}$ (例題 3.22)
$= 1 - \pi + 1 + \frac{\pi}{2} = 2 - \frac{\pi}{2}.$

(7) $\int_0^{2\pi}\frac{dx}{5+3\cos x} = 2\int_0^{\pi}\frac{dx}{5+3\cos x}$ (定理 3.16(2)).
$\tan(x/2) = t$ とおくと $\cos x = \frac{1-t^2}{1+t^2}, dx = \frac{2dt}{1+t^2}$ だから

$$\int_0^{2\pi} \frac{dx}{5+3\cos x} = 2\int_0^{\pi} \frac{dx}{5+3\cos x} = 2\int_0^{\infty} \frac{1}{5+3(1-t^2)/(1+t^2)} \frac{2}{1+t^2} dt$$

$$= 2\lim_{a\to\infty} \int_0^a \frac{dt}{4+t^2} = 2\lim_{a\to\infty} \left[\frac{1}{2}\tan^{-1}\frac{t}{2}\right]_0^a = \lim_{a\to\infty} \tan^{-1}\frac{a}{2} = \frac{\pi}{2}.$$

7 (1) $I = \int_0^1 \frac{1+x^2}{\sqrt{1-x^2}} dx = \lim_{\varepsilon\to+0} \int_0^{1-\varepsilon} \frac{1+x^2}{\sqrt{1-x^2}} dx.$ $x = \sin\theta$ とおくと $dx = \cos\theta\,d\theta$.

$$\therefore \quad I = \lim_{\varepsilon\to+0} \int_0^{\sin^{-1}(1-\varepsilon)} \frac{1+\sin^2\theta}{\cos\theta} \cos\theta\,d\theta = \lim_{\varepsilon\to+0} \int_0^{\sin^{-1}(1-\varepsilon)} (1+\sin^2\theta)d\theta$$

$$= \int_0^{\pi/2} (1+\sin^2\theta)d\theta = \frac{\pi}{2} + \frac{1}{2}\frac{\pi}{2} = \frac{3}{4}\pi.$$

(2) $\sqrt[3]{e^x - 1} = t$ とおくと, $x = \log(t^3+1)$, $dx = \frac{3t^2}{t^3+1}dt$. したがって

$$\int \frac{dx}{\sqrt[3]{e^x-1}} = \int \frac{3t}{t^3+1} dt = \int \left(-\frac{1}{t+1} + \frac{t+1}{t^2-t+1}\right) dt$$

$$= \int \left\{-\frac{1}{t+1} + \frac{2t-1}{2(t^2-t+1)} + \frac{3}{2}\frac{1}{(t-\frac{1}{2})^2+\frac{3}{4}}\right\} dt$$

$$= -\log|t+1| + \frac{1}{2}\log(t^2-t+1) + \frac{3}{2}\frac{2}{\sqrt{3}}\tan^{-1}\frac{2t-1}{\sqrt{3}}$$

$$= \frac{1}{2}\log\frac{t^2-t+1}{(t+1)^2} + \sqrt{3}\tan^{-1}\frac{2t-1}{\sqrt{3}}.$$

$$\therefore \quad \int_0^{\infty} \frac{dx}{\sqrt[3]{e^x-1}} = \int_0^{\infty} \frac{3t}{t^3+1} dt = \lim_{M\to\infty} \left[\frac{1}{2}\log\frac{t^2-t+1}{(t+1)^2} + \sqrt{3}\tan^{-1}\frac{2t-1}{\sqrt{3}}\right]_0^M$$

$$= \sqrt{3}\left(\frac{\pi}{2} + \frac{\pi}{6}\right) = \frac{2}{\sqrt{3}}\pi.$$

(3) $-x^2 = t$ とおくと $-2x\,dx = dt$ だから

$\int x^3 e^{-x^2} dx = \int x^2 e^{-x^2} x\,dx = \frac{1}{2}\int te^t dt = \frac{1}{2}te^t - \frac{1}{2}\int e^t dt = \frac{1}{2}(te^t - e^t) = \frac{1}{2}(-x^2 e^{-x^2} - e^{-x^2})$. したがって,

$$\int_0^{\infty} x^3 e^{-x^2} dx = \lim_{M\to\infty} \left[\frac{1}{2}(-x^2 e^{-x^2} - e^{-x^2})\right]_0^M = \frac{1}{2}\lim_{M\to\infty}(-M^2 e^{-M^2} - e^{-M^2}) + \frac{1}{2}.$$

ここで $\lim_{x\to\infty} x^2 e^{-x^2} = \lim_{x\to\infty} \frac{x^2}{e^{x^2}} = \lim_{x\to\infty} \frac{2x}{2xe^{x^2}} = 0$ だから, $\int_0^{\infty} x^3 e^{-x^2} dx = \frac{1}{2}$.

8 $p \leqq 0$ のとき関数 $\frac{1}{x^p} = x^{-p}$ は $[0,1]$ で連続だから, $\int_0^1 \frac{dx}{x^p}$ は定積分として存在する (定理 3.19 参照). $p > 0$ とする. $p \neq 1$ のとき, 任意の $\varepsilon > 0$ に対して

$$\int_{\varepsilon}^1 \frac{dx}{x^p} = \left[\frac{x^{1-p}}{1-p}\right]_{\varepsilon}^1 = \frac{1-\varepsilon^{1-p}}{1-p} \to \begin{cases} \frac{1}{1-p} & (0 < p < 1) \\ \infty & (p > 1) \end{cases} \quad (\varepsilon \to +0).$$

$p = 1$ のとき, $\int_{\varepsilon}^1 \frac{dx}{x} = [\log x]_{\varepsilon}^1 = \log 1 - \log\varepsilon \to \infty$ $(\varepsilon \to +0)$. ゆえに $\int_0^1 \frac{dx}{x^p}$ は $p < 1$ のときのみ存在する.

9 (1) 2曲線の交点は $(0,3), (0,-3)$ であり, 2曲線で囲まれた図形は x 軸について対称だから, $S = 2\int_0^3 \left(\frac{9-y^2}{3} - y^2 + 9\right) dy = 2\int_0^3 \left(12 - \frac{4}{3}y^2\right) dy = 2\left[12y - \frac{4}{9}y^3\right]_0^3 = 48.$

(2) 2曲線の交点は $(0,0), (4,4)$. $\therefore \int_0^4 \left(2\sqrt{x} - \frac{x^2}{4}\right) dx = \frac{4}{3}[x\sqrt{x}]_0^4 - \frac{1}{12}[x^3]_0^4 = \frac{16}{3}.$

10 $\cos\theta = \cos(-\theta)$ だから, 与えられた曲線は直交軸で考えると x 軸に関して対称. また

$\cos^2\theta = \cos^2(\pi-\theta)$ だから，y 軸に関しても対称である．(θ が 0 から $\frac{\pi}{2}$ まで変化すると r は $2a$ から減少して a となる．) したがって
$S = 4\frac{1}{2}\int_0^{\pi/2} r^2 d\theta = 2a^2 \int_0^{\pi/2}(1+\cos^2\theta)^2 d\theta$
$= 2a^2 \int_0^{\pi/2}(1+2\cos^2\theta+\cos^4\theta)d\theta = 2a^2 \left(\frac{\pi}{2}+2\frac{1}{2}\frac{\pi}{2}+\frac{3}{4}\frac{1}{2}\frac{\pi}{2}\right) = \frac{19}{8}\pi a^2$.

11 $\sqrt{y/b} = 1 - \sqrt{x/a}$ だから $y = b\left(1-\frac{2}{\sqrt{a}}\sqrt{x}+\frac{x}{a}\right)$. したがって
$S = \int_0^a b\left(1-\frac{2}{\sqrt{a}}\sqrt{x}+\frac{x}{a}\right)dx = b\left[x-\frac{2}{\sqrt{a}}\frac{2}{3}x^{3/2}+\frac{x^2}{2a}\right]_0^a$
$= b\left(a-\frac{2}{\sqrt{a}}\frac{2}{3}a\sqrt{a}+\frac{a^2}{2a}\right) = b\left(a-\frac{4}{3}a+\frac{a}{2}\right) = ab/6$.

12 (1) 第 1 象限の部分の長さを 4 倍すればよい．この曲線は $x = a\cos^3 t$, $y = a\sin^3 t$ ($0 \leqq t \leqq \pi/2$) と表される．したがって
$l = 4\int_0^{\pi/2} \sqrt{\{3a\cos^2 t(-\sin t)\}^2 + (3a\sin^2 t\cos t)^2}\,dt$
$= 12a \int_0^{\pi/2} \sqrt{\cos^4 t\sin^2 t + \sin^4 t\cos^2 t}\,dt = 12a\int_0^{\pi/2}\sqrt{\cos^2 t\sin^2 t}\,dt$
$= 12a\int_0^{\pi/2} \cos t\sin t\,dt = 6a\int_0^{\pi/2}\sin 2t\,dt = 6a\left[-\frac{1}{2}\cos 2t\right]_0^{\pi/2} = 6a\left(\frac{1}{2}+\frac{1}{2}\right) = 6a$.

(2) $l = 2\int_0^a \sqrt{1+(y')^2}\,dx = 2\int_0^a \sqrt{1+\frac{1}{4}(e^{2x/a}-2+e^{-2x/a})}\,dx$
$= \int_0^a (e^{x/a}+e^{-x/a})\,dx = a\left[e^{x/a}-e^{-x/a}\right]_0^a = a(e-e^{-1})$.

13 (1) $\frac{dy}{dx} = \frac{e^x - e^{-x}}{2}$ だから
$$S = \int_0^a \sqrt{1+\left(\frac{dy}{dx}\right)^2}\,dx = \int_0^a \sqrt{1+\frac{1}{4}(e^{2x}-2+e^{-2x})}\,dx$$
$$= \int_0^a \frac{e^x+e^{-x}}{2}\,dx = \left[\frac{e^x-e^{-x}}{2}\right]_0^a = \frac{e^a-e^{-a}}{2}.$$

(2) $e^y = \frac{e^x+1}{e^x-1}$ の両辺を x で微分すると $e^y\frac{dy}{dx} = \frac{-2e^x}{(e^x-1)^2}$.
よって $\frac{dy}{dx} = \frac{-2e^x}{(e^x-1)^2}\frac{e^x-1}{e^x+1} = \frac{-2e^x}{e^{2x}-1}$. したがって
$$S = \int_a^b \sqrt{1+\left(\frac{-2e^x}{e^{2x}-1}\right)^2}\,dx = \int_a^b \frac{e^{2x}+1}{e^{2x}-1}\,dx = \int_a^b\left(1+\frac{2}{e^{2x}-1}\right)dx.$$
ここで $e^{2x} = t$ とおくと $\int \frac{2\,dx}{e^{2x}-1} = \int \frac{2e^{2x}}{e^{2x}(e^{2x}-1)}\,dx = \int \frac{dt}{(t-1)t} = \log\left|\frac{t-1}{t}\right|$ だから
$$S = [x]_a^b + \left[\log\left|\frac{e^{2x}-1}{e^{2x}}\right|\right]_a^b = b-a+\log\frac{e^{2b}-1}{e^{2a}-1} + 2(a-b) = a-b+\log\frac{e^{2b}-1}{e^{2a}-1}.$$

14 (1) $\int f(x)dx = F(x)$ とおくと $\int f(ax+bt)dx = \frac{1}{a}F(ax+bt)$.
両辺を x で微分すると $\frac{d}{dx}\int f(ax+bt)dx = \frac{d}{dx}\frac{1}{a}F(ax+bt) = f(ax+bt)$.

(2) $\int f(ax+bt)dx = \frac{1}{a}F(ax+bt)$ の両辺を t で微分すると
$\frac{d}{dt}\int f(ax+bt)dx = \frac{d}{dt}\frac{1}{a}F(ax+bt) = \frac{b}{a}f(ax+bt)$.

15 (1) $I = \int e^{-x}\sin x\,dx$ とおくと
$I = \int e^{-x}\sin x\,dx = -e^{-x}\sin x + \int e^{-x}\cos x\,dx$
$= -e^{-x}\sin x - e^{-x}\cos x - \int e^{-x}\sin x\,dx = -e^{-x}\sin x - e^{-x}\cos x - I$.
$\therefore I = -\frac{e^{-x}}{2}(\sin x+\cos x)$. したがって，$I_n = \int_{(n-1)\pi}^{n\pi} e^{-x}|\sin x|\,dx$ とおくと
$I_1 = \int_0^\pi e^{-x}|\sin x|\,dx = \int_0^\pi e^{-x}\sin x\,dx = -\frac{1}{2}\left[e^{-x}(\sin x+\cos x)\right]_0^\pi$

$= -\frac{1}{2}(-e^{-\pi} - 1) = \frac{1}{2}\left(1 + \frac{1}{e^{\pi}}\right).$
$I_2 = \int_{\pi}^{2\pi} e^{-x}|\sin x|\, dx = -\int_{\pi}^{2\pi} e^{-x}\sin x\, dx = \frac{1}{2}\left[e^{-x}(\sin x + \cos x)\right]_{\pi}^{2\pi}$
$= \frac{1}{2}(e^{-2\pi} + e^{-\pi}) = \frac{1}{2}\left(\frac{1}{e^{\pi}} + \frac{1}{e^{2\pi}}\right).$
同様にして, $I_3 = \frac{1}{2}\left(\frac{1}{e^{2\pi}} + \frac{1}{e^{3\pi}}\right),\ I_4 = \frac{1}{2}\left(\frac{1}{e^{3\pi}} + \frac{1}{e^{4\pi}}\right), \ldots, I_n = \frac{1}{2}\left\{\frac{1}{e^{(n-1)\pi}} + \frac{1}{e^{n\pi}}\right\}.$
$n\pi \leqq M < (n+1)\pi$ のとき,
$\int_0^{n\pi} e^{-x}|\sin x|\, dx \leqq \int_0^{M} e^{-x}|\sin x|\, dx < \int_0^{(n+1)\pi} |e^{-x}\sin x|\, dx$ だから,
$\int_0^{\infty} e^{-x}|\sin x|\, dx = \lim_{M\to\infty} \int_0^{M} e^{-x}|\sin x|\, dx = \lim_{n\to\infty} \int_0^{n\pi} e^{-x}|\sin x|\, dx.$
$\therefore \int_0^{\infty} e^{-x}|\sin x|\, dx$
$= \lim_{n\to\infty} \left\{\frac{1}{2}\left(1 + \frac{1}{e^{\pi}}\right) + \frac{1}{2}\left(\frac{1}{e^{\pi}} + \frac{1}{e^{2\pi}}\right) + \cdots + \frac{1}{2}\left(\frac{1}{e^{(n-1)\pi}} + \frac{1}{e^{n\pi}}\right)\right\}$
$= \lim_{n\to\infty} \left\{\left(\frac{1}{2} + \frac{1}{e^{\pi}} + \frac{1}{e^{2\pi}} + \cdots + \frac{1}{e^{n\pi}}\right) - \frac{1}{2}\frac{1}{e^{n\pi}}\right\}$
$= \frac{1}{2} + \frac{1}{e^{\pi}} + \frac{1}{e^{2\pi}} + \cdots + \frac{1}{e^{n\pi}} + \cdots = \frac{1}{2} + \frac{1}{e^{\pi} - 1}.$

(2) $\int e^{-x}\cos x\, dx = \frac{1}{2}e^{-x}(\sin x - \cos x)$ より, $\int_0^{\pi/2} e^{-x}\cos x\, dx = \frac{1}{2}(e^{-\pi/2} + 1),$
$\int_{(2n-1)\pi/2}^{(2n+1)\pi/2} e^{-x}\cos x\, dx = \frac{(-1)^n}{2}\{e^{-(2n+1)\pi/2} + e^{-(2n-1)\pi/2}\}.$ (1) と同様にして
$\int_0^{\infty} e^{-x}|\cos x|\, dx = \lim_{M\to\infty} \int_0^{M} e^{-x}|\cos x|\, dx = \lim_{n\to\infty} \int_0^{(2n+1)\pi/2} e^{-x}|\cos x|\, dx$
$= \lim_{n\to\infty} \left\{\int_0^{\pi/2} e^{-x}\cos x\, dx - \int_{\pi/2}^{(3\pi)/2} e^{-x}\cos x\, dx + \int_{(3\pi)/2}^{(5\pi)/2} e^{-x}\cos x\, dx - \cdots\right.$
$\left. + (-1)^n \int_{(2n-1)\pi/2}^{(2n+1)\pi/2} e^{-x}\cos x\, dx\right\}$
$= \lim_{n\to\infty} \left\{\frac{1}{2}\left(e^{-\pi/2} + 1\right) + \frac{1}{2}\left(e^{-(3\pi)/2} + e^{-\pi/2}\right) + \frac{1}{2}\left(e^{-(5\pi)/2} + e^{-(3\pi)/2}\right) + \cdots \right.$
$\left. + \frac{1}{2}\left(e^{-(2n+1)\pi/2} + e^{-(2n-1)\pi/2}\right)\right\}$
$= \lim_{n\to\infty} \left\{\frac{1}{2} + \left(e^{-\pi/2} + e^{-(3\pi)/2} + \cdots + e^{-(2n+1)\pi/2}\right) - \frac{1}{2}e^{-(2n+1)\pi/2}\right\}$
$= \frac{1}{2} + e^{-\pi/2} + e^{-(3\pi)/2} + \cdots + e^{-(2n+1)\pi/2} + \cdots = \frac{1}{2} + \frac{e^{-\pi/2}}{1 - e^{-\pi}} = \frac{1}{2} + \frac{e^{\pi/2}}{e^{\pi} - 1}.$

16 $\frac{\sin(2n-1)x}{\sin x}$ は $x = 0, \pi$ で不連続であることに注意する.
$\lim_{x\to +0} \frac{\sin(2n-1)x}{\sin x} = 2n - 1,\ \lim_{x\to \pi-0} \frac{\sin(2n-1)x}{\sin x} = 2n - 1$ だから定理 3.21 注より広義積分
$\int_0^{\pi} \frac{\sin(2n-1)x}{\sin x}\, dx$ は存在する. $I_n = \int_0^{\pi} \frac{\sin(2n-1)x}{\sin x}\, dx$ とおくと
$$I_{n+1} = \int_0^{\pi} \frac{\sin(2n+1)x}{\sin x}\, dx = \int_0^{\pi} \frac{\sin 2nx \cos x + \cos 2nx \sin x}{\sin x}\, dx$$
$$= \int_0^{\pi} \frac{\sin 2nx \cos x}{\sin x}\, dx + \int_0^{\pi} \cos 2nx\, dx$$
$$= \frac{1}{2}\int_0^{\pi} \frac{\sin(2n+1)x + \sin(2n-1)x}{\sin x}\, dx + \left[\frac{\sin 2nx}{2n}\right]_0^{\pi}$$
$$= \frac{1}{2}(I_{n+1} + I_n).$$

よって $I_{n+1} = I_n$, $I_1 = \pi$ だから，$I_n = \pi$．

17　$f(x) = x^{p-1}(1-x)^{q-1}$ とおく．$p \geqq 1, q \geqq 1$ のとき $f(x)$ は $[0,1]$ で連続だから $\int_0^1 f(x)dx$ は定積分として存在する．$0 < p < 1$ または $0 < q < 1$ のとき，$\int_0^{1/2} f(x)dx$ と $\int_{1/2}^1 f(x)dx$ の存在を示せばよい（定理 3.18 参照）．

$0 < p < 1$ のとき，$f(x)$ は $(0, 1/2]$ で連続だが $x = 0$ で不連続．このとき $x^{1-p}f(x) = (1-x)^{q-1}$ は $(0, 1/2]$ で有界だから，定理 3.21 より，広義積分 $\int_0^{1/2} f(x)dx$ は存在する．$0 < q < 1$ のとき，$f(x)$ は $[1/2, 1)$ で連続だが $x = 1$ で不連続．このとき $(1-x)^{1-q}f(x) = x^{p-1}$ は $[1/2, 1)$ で有界だから，定理 3.21 注より，広義積分 $\int_{1/2}^1 f(x)dx$ は存在する．したがってベータ関数 $B(p,q) = \int_0^1 x^{p-1}(1-x)^{q-1}dx$ は存在する．

18　楕円と弦の交点は $(a, 0), \left(\frac{a(a^2-b^2)}{a^2+b^2}, \frac{2ab^2}{a^2+b^2}\right)$ であるので

$$\begin{aligned}
S &= \int_{a(a^2-b^2)/(a^2+b^2)}^{a} \left\{\frac{b}{a}\sqrt{a^2-x^2} - (a-x)\right\}dx \\
&= \left[\frac{b}{2a}\left(x\sqrt{a^2-x^2} + a^2\sin^{-1}\frac{x}{a}\right) - ax + \frac{x^2}{2}\right]_{a(a^2-b^2)/(a^2+b^2)}^{a} \\
&= \left[\frac{bx\sqrt{a^2-x^2}}{2a} + \frac{ab}{2}\sin^{-1}\frac{x}{a} - ax + \frac{x^2}{2}\right]_{a(a^2-b^2)/(a^2+b^2)}^{a} \\
&= \frac{ab}{2}\left(\frac{\pi}{2} - \sin^{-1}\frac{a^2-b^2}{a^2+b^2}\right) - \frac{a^2b^2}{a^2+b^2} = \frac{ab}{2}\cos^{-1}\frac{a^2-b^2}{a^2+b^2} - \frac{a^2b^2}{a^2+b^2}.
\end{aligned}$$

19　円 $r = a$ とカージオイド $r = a(1+\cos\theta)$ は動径が $\theta = \pi/2$ と $\theta = -\pi/2$ のとき交わる．またこれらの曲線は始線 OX に関して対称だから求める部分の面積 S は
$S = \frac{1}{2}\int_{-\pi/2}^{\pi/2} a^2(1+\cos\theta)^2 d\theta - \frac{\pi a^2}{2} = a^2\int_0^{\pi/2}(1 + 2\cos\theta + \cos^2\theta)d\theta - \frac{\pi a^2}{2}$
$= a^2(\frac{\pi}{2} + 2 + \frac{1}{2}\frac{\pi}{2}) - \frac{\pi a^2}{2} = a^2(\pi/4 + 2)$．

20　(1)　この曲線は始線 OX に関して対称だから

$$S = \frac{1}{2}\int_{-\pi/4}^{\pi/4} r^2 d\theta = \int_0^{\pi/4} a^2 \cos 2\theta\, d\theta = a^2\left[\frac{\sin 2\theta}{2}\right]_0^{\pi/4} = \frac{a^2}{2}.$$

(2)　$S = 4\frac{1}{2}\int_0^{\pi/2} r^2 d\theta = 2a^2 \int_0^{\pi/2} \sin^2 2\theta\, d\theta = a^2 \int_0^{\pi/2}(1 - \cos 4\theta)d\theta$
$= a^2\left[\theta - \frac{1}{4}\sin 4\theta\right]_0^{\pi/2} = \pi a^2/2$．

21　仮定より $x^2 + x = \int_0^x \sqrt{1 + f'(x)^2}\, dx$ $(x \geqq 0)$．両辺を x で微分すると $2x + 1 = \sqrt{1 + f'(x)^2}$．これより $f'(x) = \pm\sqrt{(2x+1)^2 - 1} = \pm\sqrt{4x^2 + 4x}$．
$\therefore f(x) = \pm 2\int \sqrt{x^2 + x}\, dx = \pm 2\int \sqrt{(x + \frac{1}{2})^2 - \frac{1}{4}}\, dx$
$= \pm\left\{(x+\frac{1}{2})\sqrt{(x+\frac{1}{2})^2 - \frac{1}{4}} - \frac{1}{4}\log\left|x+\frac{1}{2} + \sqrt{(x+\frac{1}{2})^2 - \frac{1}{4}}\right|\right\} + C$
$= \pm\left\{(x+\frac{1}{2})\sqrt{x^2+x} - \frac{1}{4}\log\left|x+\frac{1}{2} + \sqrt{x^2+x}\right|\right\} + C$．
$f(0) = 0$ より $C = \mp\frac{1}{4}\log 2$．したがって
$f(x) = \pm\left\{(x+\frac{1}{2})\sqrt{x^2+x} - \frac{1}{4}\log\left|x+\frac{1}{2} + \sqrt{x^2+x}\right| - \frac{1}{4}\log 2\right\}$．

22　$g(b) = 0$ のとき，$b = f(g(b)) = f(0) = 0$ だから明らか．

$g(b) = c$ のとき，$b = f(c)$．このとき
$ab = af(c) = \int_0^a f(x)dx + \int_0^{f(c)} \min\{g(y), a\}dy \leqq \int_0^a f(x)dx + \int_0^b g(y)dy$．

4 章問題解答　　　　　　　　　　　　　　　　　　　　　　　　　　　　　　**247**

$0 < g(b) < c$ とする．$F(a) = ab - \int_0^a f(x)dx$ とおくと，$F'(a) = b - f(a)$．
$f(x)$ は狭義増加だから $0 < a < g(b)$ のとき $0 = f(0) < f(a) < f(g(b)) = b$．ゆえに $F'(a) > 0$．
また，$g(b) < a < c$ では $b = f(g(b)) < f(a)$ だから，$F'(a) < 0$．$F(a)$ は $a = g(b)$ で連続
だから $F(a)$ は $a = g(b)$ で極大となる．したがって，$F(a) \leqq F(g(b))$．
部分積分により $F(g(b)) = bg(b) - \int_0^{g(b)} f(x)dx = \int_0^{g(b)} xf'(x)dx$．
ここで $y = f(x)$ と置換すると $x = f^{-1}(y) = g(y), dy = f'(x)dx$．また，$x = 0$ のとき
$y = f(0) = 0$, $x = g(b)$ のとき $y = f(g(b)) = b$．ゆえに $\int_0^{g(b)} xf'(x)dx = \int_0^b g(y)dy$ となるか
ら $F(g(b)) = \int_0^b g(y)dy$．したがって $ab - \int_0^a f(x)dx = F(a) \leqq F(g(b)) = \int_0^b g(y)dy$ となり結
論を得る．

23　$F(x) = \int_0^x f(t)dt$ $(0 \leqq x \leqq 1)$ とおくと，$f(x)$ は増加関数だから，$F''(x) = f'(x) \geqq 0$
(定理 2.17(2))．ゆえに $F(x)$ は凸関数で，$F(0) = 0, F(1) = \int_0^1 f(x)dx = 0$ だから，$F(x) \leqq 0$
$(0 \leqq x \leqq 1)$．したがって $\int_0^1 xf(x)dx = [xF(x)]_0^1 - \int_0^1 F(x)dx = -\int_0^1 F(x)dx \geqq 0$.

■ 4 章問題解答

4.1　(1) $f(x,y) = \frac{y^3}{x^2+y^2}$ とする．$x = r\cos\theta, y = r\sin\theta$ とおくと，$0 \leqq |f(x,y)| = |r\sin^3\theta| \leqq r$ であり，$(x,y) \to (0,0)$ とは $r \to 0$ ということだから，求める極限値は 0．
[別解] $\frac{y^2}{x^2+y^2} \leqq 1$ より $0 \leqq |f(x,y)| \leqq |y| \to 0$ $((x,y) \to (0,0))$．よって求める極限値は 0．
(2) $f(x,y) = \frac{x^2y}{x^4+y^2}$ とする．x 軸に沿って $(x,y) \to (0,0)$ とすると，$f(x,0) = 0 \to 0$．
$y = x^2$ に沿って $(x,y) \to (0,0)$ とすると，$f(x,x^2) = \frac{1}{2} \to \frac{1}{2}$．よって極限値は存在しない．
(3) $f(x,y) = \frac{\sin xy}{\sqrt{x^2+y^2}}$ とする．$|\sin xy| \leqq |xy|$ より
$$0 \leqq |f(x,y)| \leqq \frac{|xy|}{\sqrt{x^2+y^2}} \leqq |y| \to 0 \quad ((x,y) \to (0,0)).$$
よって求める極限値は 0．

4.2　(1) $f(x,y) = x\sin\frac{1}{x^2+y^2}$ とする．$0 \leqq |f(x,y)| \leqq |x| \to 0$ $((x,y) \to (0,0))$ より $f(x,y)$ の原点 $(0,0)$ における極限値は 0 である．$f(0,0) = 0$ で極限値と一致するから，$f(x,y)$ は $(0,0)$ で連続である．
(2) $f(x,y) = |x|^y$ とする．x 軸に沿って $(x,y) \to (0,0)$ とすると，$f(x,0) = 1 \to 1$ である．$f(0,0) = 0$ より，$f(x,y)$ は $(0,0)$ で不連続である．

4.3　(1) $z_x = 2xy^4 - y, z_y = 4x^2y^3 - x + 4y$
(2) $z_x = 2xe^{x^2+y^2}, z_y = 2ye^{x^2+y^2}$
(3) $z_x = 2x\cos(x^2+y^2), z_y = 2y\cos(x^2+y^2)$
(4) $z_x = ye^{xy}\tan^{-1}y, z_y = e^{xy}(x\tan^{-1}y + \frac{1}{1+y^2})$

4.4　$f_x(0,0) = \lim_{h \to 0} \frac{f(h,0)-f(0,0)}{h} = \lim_{h \to 0} \frac{0}{h} = 0, f_y(0,0) = \lim_{k \to 0} \frac{f(0,k)-f(0,0)}{k} = \lim_{k \to 0} \frac{k}{k} = 1$．

4.5　(1) $z_x = 4xy + 3y^2, z_y = 2x^2 + 6xy$ より $z_{xx} = 4y, z_{xy} = z_{yx} = 4x + 6y, z_{yy} = 6x$．
(2) $z_x = \frac{e^x}{e^x+e^y}, z_y = \frac{e^y}{e^x+e^y}$ より
$$z_{xx} = z_{yy} = \frac{e^{x+y}}{(e^x+e^y)^2}, \quad z_{xy} = z_{yx} = -\frac{e^{x+y}}{(e^x+e^y)^2}.$$

(3) $z_x = -\frac{x}{\sqrt{1-x^2-y^2}}$, $z_y = -\frac{y}{\sqrt{1-x^2-y^2}}$ より

$$z_{xx} = \frac{y^2-1}{(1-x^2-y^2)^{3/2}}, \quad z_{xy} = z_{yx} = -\frac{xy}{(1-x^2-y^2)^{3/2}}, \quad z_{yy} = \frac{x^2-1}{(1-x^2-y^2)^{3/2}}.$$

4.6 (1) $z_x = \frac{x}{x^2+y^2}, z_y = \frac{y}{x^2+y^2}$ より $z_{xx} = -\frac{x^2-y^2}{(x^2+y^2)^2}, z_{yy} = \frac{x^2-y^2}{(x^2+y^2)^2}$.
$z_{xx} + z_{yy} = 0$ より，調和関数である．

(2) $z_x = -\frac{2xy}{(x^2+y^2)^2}, z_y = \frac{x^2-y^2}{(x^2+y^2)^2}$ より $z_{xx} = \frac{2y(3x^2-y^2)}{(x^2+y^2)^3}, z_{yy} = -\frac{2y(3x^2-y^2)}{(x^2+y^2)^3}$.
$z_{xx} + z_{yy} = 0$ より，調和関数である．

(3) $z_x = e^{x+y}\{\sin(x-y) + \cos(x-y)\}$, $z_y = e^{x+y}\{\sin(x-y) - \cos(x-y)\}$ より $z_{xx} = 2e^{x+y}\cos(x-y), z_{yy} = -2e^{x+y}\cos(x-y)$. $z_{xx} + z_{yy} = 0$ より，調和関数である．

4.7 (1) $z_x = 3(x-2y)^2, z_y = -6(x-2y)^2$ より $dz = 3(x-2y)^2 dx - 6(x-2y)^2 dy$.

(2) $z_x = \frac{2x}{x^2+y^2}, z_y = \frac{2y}{x^2+y^2}$ より $dz = \frac{2x}{x^2+y^2}dx + \frac{2y}{x^2+y^2}dy$.

(3) $z_x = 2x\cos(x^2+2y^2), z_y = 4y\cos(x^2+2y^2)$ より
$$dz = 2x\cos(x^2+2y^2)dx + 4y\cos(x^2+2y^2)dy.$$

4.8 (1) $d(\alpha f + \beta g) = (\alpha f + \beta g)_x dx + (\alpha f + \beta g)_y dy = (\alpha f_x + \beta g_x)dx + (\alpha f_y + \beta g_y)dy$
$= \alpha(f_x dx + f_y dy) + \beta(g_x dx + g_y dy) = \alpha\, df + \beta\, dg$

(2) $d(fg) = (fg)_x dx + (fg)_y dy = (f_x g + f g_x)dx + (f_y g + f g_y)dy$
$= g(f_x dx + f_y dy) + f(g_x dx + g_y dy) = g\, df + f\, dg$.

(3) $d(f/g) = (f/g)_x dx + (f/g)_y dy$
$= \frac{f_x g - f g_x}{g^2}dx + \frac{f_y g - f g_y}{g^2}dy = \frac{g(f_x dx + f_y dy) - f(g_x dx + g_y dy)}{g^2} = \frac{g\, df - f\, dg}{g^2}$

4.9 (1) $f(x,y) = xy$ とおくと，$f_x(x,y) = y, f_y(x,y) = x$ だから $f_x(1,2) = 2, f_y(1,2) = 1$ となる．よって接平面の方程式は $z - 2 = 2(x-1) + (y-2)$，すなわち $2x + y - z = 2$. 法線の方程式は $\frac{x-1}{2} = \frac{y-2}{1} = \frac{z-2}{-1}$，すなわち $\frac{x-1}{2} = y - 2 = -z + 2$.

(2) $f(x,y) = \cos(x+y)$ とおくと，$f_x(x,y) = -\sin(x+y), f_y(x,y) = -\sin(x+y)$ だから $f_x(0, \frac{\pi}{2}) = -1, f_y(0, \frac{\pi}{2}) = -1$ となる．よって接平面の方程式は $z - 0 = -(x-0) - (y - \frac{\pi}{2})$，すなわち $x + y + z = \frac{\pi}{2}$. 法線の方程式は $\frac{x-0}{-1} = \frac{y-\frac{\pi}{2}}{-1} = \frac{z-0}{-1}$，すなわち $x = y - \frac{\pi}{2} = z$.

4.10 $\frac{dz}{dt} = \frac{\partial z}{\partial x}\frac{dx}{dt} + \frac{\partial z}{\partial y}\frac{dy}{dt}$ より $\frac{dz}{dt} = -\frac{y}{x^2}\cdot 1 + \frac{1}{x}\cdot(-1) = -\frac{3}{(2+t)^2}$.

4.11 $\frac{\partial z}{\partial u} = \frac{\partial z}{\partial x}\frac{\partial x}{\partial u} + \frac{\partial z}{\partial y}\frac{\partial y}{\partial u}, \frac{\partial z}{\partial v} = \frac{\partial z}{\partial x}\frac{\partial x}{\partial v} + \frac{\partial z}{\partial y}\frac{\partial y}{\partial v}$ より

(1) $z_u = \frac{2x}{x^2+y^2}\cdot 2 + \frac{2y}{x^2+y^2}\cdot 1 = \frac{10u+2v}{5u^2+2uv+10v^2}$,
$z_v = \frac{2x}{x^2+y^2}\cdot(-1) + \frac{2y}{x^2+y^2}\cdot 3 = \frac{2u+20v}{5u^2+2uv+10v^2}$.

(2) $z_u = \frac{1}{1+(x+y)^2}\cdot v + \frac{1}{1+(x+y)^2}\cdot 2u = \frac{2u+v}{1+(uv+u^2+v^2)^2}$,
$z_v = \frac{1}{1+(x+y)^2}\cdot u + \frac{1}{1+(x+y)^2}\cdot 2v = \frac{u+2v}{1+(uv+u^2+v^2)^2}$.

4.12 z が θ だけの関数であることを示すためには $\frac{\partial z}{\partial r} = 0$ を示せばよい.
$$\frac{\partial z}{\partial r} = \frac{\partial z}{\partial x}\frac{\partial x}{\partial r} + \frac{\partial z}{\partial y}\frac{\partial y}{\partial r} = \cos\theta\frac{\partial z}{\partial x} + \sin\theta\frac{\partial z}{\partial y} = \frac{1}{r}\left(x\frac{\partial z}{\partial x} + y\frac{\partial z}{\partial y}\right) = 0.$$
よって $f(x,y)$ は θ だけの関数である.

4.13 $\frac{\partial z}{\partial u} = \cos\theta\frac{\partial z}{\partial x} - \sin\theta\frac{\partial z}{\partial y}, \ \frac{\partial z}{\partial v} = \sin\theta\frac{\partial z}{\partial x} + \cos\theta\frac{\partial z}{\partial y}$ より,
$$\left(\frac{\partial z}{\partial u}\right)^2 + \left(\frac{\partial z}{\partial v}\right)^2 = \cos^2\theta\left(\frac{\partial z}{\partial x}\right)^2 - 2\sin\theta\cos\theta\frac{\partial z}{\partial x}\frac{\partial z}{\partial y} + \sin^2\theta\left(\frac{\partial z}{\partial y}\right)^2$$
$$+ \sin^2\theta\left(\frac{\partial z}{\partial x}\right)^2 + 2\sin\theta\cos\theta\frac{\partial z}{\partial x}\frac{\partial z}{\partial y} + \cos^2\theta\left(\frac{\partial z}{\partial y}\right)^2$$
$$= \left(\frac{\partial z}{\partial x}\right)^2 + \left(\frac{\partial z}{\partial y}\right)^2.$$

4.14 (1) $f(x,y) = e^{x+y}$ とする. $f(0,0) = 1, f_x(0,0) = 1, f_y(0,0) = 1, f_{xx}(0,0) = 1,$
$f_{xy}(0,0) = 1, f_{yy}(0,0) = 1, f_{xxx}(0,0) = 1, f_{xxy}(0,0) = 1, f_{xyy}(0,0) = 1, f_{yyy}(0,0) = 1$ より,
$f(x,y) = 1 + (x+y) + \frac{1}{2}(x^2 + 2xy + y^2) + \frac{1}{6}(x^3 + 3x^2y + 3xy^2 + y^3) + \cdots$
$= 1 + (x+y) + \frac{1}{2}(x+y)^2 + \frac{1}{6}(x+y)^3 + \cdots.$

(2) $f(x,y) = \sin(x+y)$ とする. $f(0,0) = 0, f_x(0,0) = 1, f_y(0,0) = 1,$
$f_{xx}(0,0) = 0, f_{xy}(0,0) = 0, f_{yy}(0,0) = 0, f_{xxx}(0,0) = -1, f_{xxy}(0,0) = -1,$
$f_{xyy}(0,0) = -1, f_{yyy}(0,0) = -1$ より,
$f(x,y) = (x+y) + \frac{1}{6}(-x^3 - 3x^2y - 3xy^2 - y^3) + \cdots = (x+y) - \frac{1}{6}(x+y)^3 + \cdots.$

(3) $f(x,y) = \frac{1}{\sqrt{1-x^2-y^2}}$ とする. $f(0,0) = 1, f_x(0,0) = 0, f_y(0,0) = 0, f_{xx}(0,0) = 1,$
$f_{xy}(0,0) = 0, f_{yy}(0,0) = 1, f_{xxx}(0,0) = 0, f_{xxy}(0,0) = 0, f_{xyy}(0,0) = 0, f_{yyy}(0,0) = 0$ より,
$f(x,y) = 1 + \frac{1}{2}(x^2 + y^2) + \cdots.$

4.15 (1) $F(x,y) = x^3 + 2xy + y^3$ とする. $F_x = 3x^2 + 2y, \ F_y = 2x + 3y^2$ より
$\frac{dy}{dx} = -\frac{F_x}{F_y} = -\frac{3x^2+2y}{2x+3y^2}.$ $F_{xx} = 6x, \ F_{xy} = 2, \ F_{yy} = 6y$ より
$$\frac{d^2y}{dx^2} = -\frac{F_y^2 F_{xx} - 2F_x F_y F_{xy} + F_x^2 F_{yy}}{F_y^3}$$
$$= -\frac{6(2x+3y^2)^2 x - 4(3x^2+2y)(2x+3y^2) + 6(3x^2+2y)^2 y}{(2x+3y^2)^3}$$
$$= -\frac{2xy(27x^3 + 54xy + 27y^3 - 8)}{(2x+3y^2)^3} = \frac{16xy}{(2x+3y^2)^3}.$$

(2) $F(x,y) = y - e^{2x+y}$ とする. $F_x = -2e^{2x+y}, \ F_y = 1 - e^{2x+y}$ より
$$y' = -\frac{F_x}{F_y} = \frac{2e^{2x+y}}{1 - e^{2x+y}} = \frac{2y}{1-y}.$$
また y'' を求めるには直接の計算により $y'' = \frac{2y'}{(1-y)^2} = \frac{4y}{(1-y)^3}.$

4.16 (1) $F(x,y) = \frac{x^2}{a^2} + \frac{y^2}{b^2} - 1$ とおく. $F_x = \frac{2x}{a^2}, \ F_y = \frac{2y}{b^2}$ より
$$F_x(\alpha, \beta) = \frac{2\alpha}{a^2}, \quad F_y(\alpha, \beta) = \frac{2\beta}{b^2}.$$
したがって点 (α, β) における接線の方程式は $\frac{2\alpha}{a^2}(x-\alpha) + \frac{2\beta}{b^2}(y-\beta) = 0.$ ここで $\frac{\alpha^2}{a^2} + \frac{\beta^2}{b^2} = 1$ より $\frac{\alpha}{a^2}x + \frac{\beta}{b^2}y = 1$ である.

法線の方程式は $\frac{2\beta}{b^2}(x-\alpha) - \frac{2\alpha}{a^2}(y-\beta) = 0$ すなわち $\frac{\beta}{b^2}x - \frac{\alpha}{a^2}y = \alpha\beta(\frac{1}{b^2} - \frac{1}{a^2})$.

(2) $F(x,y) = 2x^2y + y^3 - 3$ とする. $F_x = 4xy$, $F_y = 2x^2 + 3y^2$ より $F_x(-1,1) = -4$, $F_y(-1,1) = 5$. したがって点 $(-1,1)$ における接線の方程式は $-4(x+1) + 5(y-1) = 0$, すなわち $y = \frac{4}{5}x + \frac{9}{5}$.

法線の方程式は $5(x+1) + 4(y-1) = 0$, すなわち $y = -\frac{5}{4}x - \frac{1}{4}$.

4.17 (1) $F(x,y) = x^3 - 3axy + y^3$ とおく. $F_x = 3x^2 - 3ay = 0$, $F_y = -3ax + 3y^2 = 0$ を解くと $(x,y) = (0,0), (a,a)$. $F(x,y) = 0$ をみたすのは $(x,y) = (0,0)$. よって特異点は $(0,0)$.

(2) $F(x,y) = x^2 + y^2 - x^2y$ とおく. $F_x = 2x - 2xy = 0$, $F_y = 2y - x^2 = 0$ を解くと $(x,y) = (0,0), (\pm\sqrt{2}, 1)$. $F(x,y) = 0$ をみたすのは $(x,y) = (0,0)$. よって特異点は $(0,0)$.

(3) $F(x,y) = (x^2 + y^2)^2 - a^2(x^2 - y^2)$ とおく. $F_x = 4x(x^2 + y^2) - 2a^2x = 0$, $F_y = 4y(x^2 + y^2) + 2a^2y = 0$ を解くと $(x,y) = (0,0), (\pm\frac{a}{\sqrt{2}}, 0)$. $F(x,y) = 0$ をみたすのは $(x,y) = (0,0)$. よって特異点は $(0,0)$.

4.18 定理 4.19 を用いる. (1) $f(x,y) = x^3 - xy + y^3$ とおく. $f_x = 3x^2 - y = 0$, $f_y = -x + 3y^2 = 0$ を解くと, $(x,y) = (0,0), (1/3, 1/3)$. $f_{xx} = 6x$, $f_{xy} = -1$, $f_{yy} = 6y$ より, $(x,y) = (0,0)$ のとき, $A = 0$, $B = -1$, $C = 0$ より $D = 1 > 0$. よって $(0,0)$ では極値をとらない.

$(x,y) = (1/3, 1/3)$ のとき, $A = 2$, $B = -1$, $C = 2$ より, $D = -3 < 0$, $A > 0$ だから $f(1/3, 1/3) = -1/27$ は極小値である.

(2) $f(x,y) = xy/2 + 2/x + 1/y$ とおく.
$$f_x = \frac{y}{2} - \frac{2}{x^2} = 0, \quad f_y = \frac{x}{2} - \frac{1}{y^2} = 0$$
を解くと, $(x,y) = (2,1)$. $f_{xx} = 4/x^3$, $f_{xy} = 1/2$, $f_{yy} = 2/y^3$ より, $(x,y) = (2,1)$ のとき, $A = 1/2$, $B = 1/2$, $C = 2$ だから, $D = -3/4 < 0$. $A > 0$ より $f(2,1) = 3$ は極小値である.

(3) $f(x,y) = x^4 + y^4 + 4xy$ とおく. $f_x = 4x^3 + 4y = 0$, $f_y = 4y^3 + 4x = 0$ を解くと, $(x,y) = (0,0), (1,-1), (-1,1)$. $f_{xx} = 12x^2$, $f_{xy} = 4$, $f_{yy} = 12y^2$ より, $(x,y) = (0,0)$ のとき, $A = 0$, $B = 4$, $C = 0$ より $D = 16 > 0$ だから極値をとらない.

$(x,y) = (1,-1)$ のとき, $A = 12$, $B = 4$, $C = 12$ より, $D = -128 < 0$, $A > 0$ だから $f(1,-1) = -2$ は極小値である.

$(x,y) = (-1,1)$ のとき, $A = 12$, $B = 4$, $C = 12$ より, $D = -128 < 0$, $A > 0$ だから $f(-1,1) = -2$ は極小値である.

(4) $f(x,y) = xy(x^2 + y^2 + 1)$ とおく. $f_x = 3x^2y + y^3 + y = 0$, $f_y = x^3 + 3xy^2 + x = 0$ を解くと, $(x,y) = (0,0)$. $f_{xx} = 6xy$, $f_{xy} = 3x^2 + 3y^2 + 1$, $f_{yy} = 6xy$ より, $(x,y) = (0,0)$ のとき, $A = 0$, $B = 1$, $C = 0$ より, $D = 1 > 0$. よって極値をとらない.

4.19 (1) $F(x,y) = x^2 - 2xy + 2y^2 - 1 = 0$, $F_x(x,y) = 2x - 2y = 0$ を解くと $(x,y) = (1,1), (-1,-1)$ となる. $F_{xx} = 2$, $F_y = -2x + 4y$ より $(x,y) = (1,1)$ で $\frac{F_{xx}(1,1)}{F_y(1,1)} = 1 > 0$ となり, $y = f(x)$ は $x = 1$ で極大値 $y = 1$ をもつ.

$(x,y) = (-1,-1)$ で $\frac{F_{xx}(-1,-1)}{F_y(-1,-1)} = -1 < 0$ となり, $y = f(x)$ は $x = -1$ で極小値 $y = -1$

(2) $F(x,y) = xy(y-x) - 2a^3 = 0$, $F_x(x,y) = y^2 - 2xy = 0$ を解くと $(x,y) = (a, 2a)$ となる. $F_{xx} = -2y$, $F_y = 2xy - x^2$ より $(x,y) = (a, 2a)$ で $\dfrac{F_{xx}(a, 2a)}{F_y(a, 2a)} = -\dfrac{4}{3a} < 0$ となり, $y = f(x)$ は $x = a$ で極小値 $y = 2a$ をもつ.

(3) $F(x,y) = x^4 - 4xy + 3y^2 = 0$, $F_x(x,y) = 4x^3 - 4y = 0$ を解くと $(x,y) = (0,0), (1,1), (-1,-1)$ となる. $F_{xx} = 12x^2$, $F_y = -4x + 6y$ より, $(x,y) = (0,0)$ のとき $F_y(0,0) = 0$ より $(0,0)$ は特異点であるから, これを除いて考える. $(x,y) = (1,1)$ のとき $\dfrac{F_{xx}(1,1)}{F_y(1,1)} = 6 > 0$ となり, $y = f(x)$ は $x = 1$ で極大値 $y = 1$ をもつ. $(x,y) = (-1,-1)$ のとき $\dfrac{F_{xx}(-1,-1)}{F_y(-1,-1)} = -6 < 0$ となり, $y = f(x)$ は $x = -1$ で極小値 $y = -1$ をもつ.

4.20 (1) $f(x,y) = xy$ とする. 曲線 $g(x,y) = x^2 + y^2 - 4 = 0$ は特異点をもたないことに注意する. $f_x - \lambda g_x = y - 2\lambda x = 0$, $f_y - \lambda g_y = x - 2\lambda y = 0$, $g(x,y) = x^2 + y^2 - 4 = 0$ を解くと, $(x,y) = (\sqrt{2}, \sqrt{2}), (-\sqrt{2}, -\sqrt{2}), (\sqrt{2}, -\sqrt{2}), (-\sqrt{2}, \sqrt{2})$. このとき $f(x,y)$ の値は $f(\sqrt{2}, \sqrt{2}) = f(-\sqrt{2}, -\sqrt{2}) = 2$, $f(\sqrt{2}, -\sqrt{2}) = f(-\sqrt{2}, \sqrt{2}) = -2$. 他方, 集合 $G = \{(x,y); x^2 + y^2 - 4 = 0\}$ は有界閉集合で, $f(x,y)$ は連続だから G 上で最大値および最小値をとる. 最大値は極大値であり, 最小値は極小値だから, これらは上記の候補に含まれており, 最大値は 2, 最小値は -2 であることが分かる. よって $f(x,y)$ は点 $(\sqrt{2}, \sqrt{2}), (-\sqrt{2}, -\sqrt{2})$ で極大値 2, 点 $(\sqrt{2}, -\sqrt{2}), (-\sqrt{2}, \sqrt{2})$ で極小値 -2 をとる.

(2) $f(x,y) = xy$ とする. 曲線 $g(x,y) = x^2 - xy + y^2 - 1 = 0$ は特異点をもたないことに注意する.
$f_x - \lambda g_x = y - \lambda(2x - y) = 0$, $f_y - \lambda g_y = x - \lambda(-x + 2y) = 0$, $g(x,y) = x^2 - xy + y^2 - 1 = 0$ を解くと, $(x,y) = (1,1), (-1,-1), (1/\sqrt{3}, -1/\sqrt{3}), (-1/\sqrt{3}, 1/\sqrt{3})$. このとき $f(x,y)$ の値は $f(1,1) = f(-1,-1) = 1$, $f(1/\sqrt{3}, -1/\sqrt{3}) = f(-1/\sqrt{3}, 1/\sqrt{3}) = -1/3$. 他方, 集合 $G = \{(x,y); x^2 - xy + y^2 - 1 = 0\}$ は有界閉集合で, $f(x,y)$ は連続だから G 上で最大値および最小値をとる. 最大値は極大値であり, 最小値は極小値だから, これらは上記の候補に含まれており, 最大値は 1, 最小値は $-1/3$ であることが分かる. よって $f(x,y)$ は点 $(1,1), (-1,-1)$ で極大値 1, 点 $(1/\sqrt{3}, -1/\sqrt{3}), (-1/\sqrt{3}, 1/\sqrt{3})$ で極小値 $-1/3$ をとる.

(3) $xy = 1$ より $y = 1/x$ だから, 関数 $h(x) = x + 1/x$ ($x \neq 0$) の極値を求めればよい. $h'(x) = 1 - 1/x^2 = 0$ より, $x = \pm 1$. $h''(x) = 2/x^3$ だから, $h''(\pm 1) = \pm 2$ (複号同順). したがって, $h(x)$ は $x = 1$ のとき極小値 $h(1) = 2$, また $x = -1$ のとき極大値 $h(-1) = -2$ をとる. ゆえに, 条件 $xy = 1$ のもとで, 関数 $f(x,y)$ は点 $(x,y) = (1,1)$ で極小値 2, 点 $(x,y) = (-1,-1)$ で極大値 -2 をとる.

■ 4 章演習問題解答

1 (1) $f(x,y) = x\dfrac{x^2 - y^2}{x^2 + y^2}$ とする. $0 \leqq |f(x,y)| \leqq |x| \to 0$ $((x,y) \to (0,0))$.

よって求める極限値は 0.

(2) $f(x,y) = \dfrac{(x+2y)^2}{x^2+y^2}$ とする.

x 軸に沿って $(x,y) \to (0,0)$ のとき, $f(x,0) = 1 \to 1$.

y 軸に沿って $(x,y) \to (0,0)$ のとき, $f(0,y) = 4 \to 4$. よって極限値は存在しない.

(3) $f(x,y) = \dfrac{xy}{|x|+y^2}$ とする. $\dfrac{|x|}{|x|+y^2} \leqq 1$ より,
$$0 \leqq |f(x,y)| \leqq |y| \to 0 \quad ((x,y) \to (0,0)).$$

よって求める極限値は 0.

2 (1) x 軸に沿って $(x,y) \to (0,0)$ のとき, $f(x,0) = 1 \to 1$. これは $f(0,0) = 0$ と一致しない. よって $(0,0)$ で不連続である.

(2) $x = r\cos\theta$, $y = r\sin\theta$ とすると, $0 \leqq |f(x,y)| = r|2\cos^3\theta + \sin^3\theta| \leqq 3r$. $(x,y) \to (0,0)$ のとき $3r \to 0$ だから, 原点 $(0,0)$ における $f(x,y)$ の極限値は 0. $f(0,0) = 0$ で極限値と一致するから $(0,0)$ で連続である.

(3) $f(x,y) = \dfrac{x^2 y}{\sqrt{x^2+y^2}}$ とする. $\dfrac{|y|}{\sqrt{x^2+y^2}} \leqq 1$ より
$$0 \leqq |f(x,y)| \leqq x^2 \to 0 \quad ((x,y) \to (0,0))$$

であるから $f(x,y)$ の原点 $(0,0)$ における極限値は 0 である. $f(0,0) = 0$ で極限値と一致するから, $f(x,y)$ は $(0,0)$ で連続である.

(4) $f(x,y) = \dfrac{xy}{\tan(x^2+y^2)}$ とする. $\lim\limits_{x\to 0} \dfrac{x}{\tan x} = 1$ より, 直線 $y = x$ に沿って $(x,y) \to (0,0)$ のとき, $f(x,x) = \dfrac{x^2}{\tan 2x^2} \to 1/2$ である. $f(0,0) = 0$ より, $f(x,y)$ は $(0,0)$ で不連続である.

3 (1) $z_x = 4\sin(2x-y)\cos(2x-y)$, $z_y = -2\sin(2x-y)\cos(2x-y)$

(2) $z = \dfrac{\log y}{\log x}$ より, $z_x = -\dfrac{\log y}{x(\log x)^2}$, $z_y = \dfrac{1}{y\log x}$. (3) $z_x = -\dfrac{y}{\sqrt{1-x^2 y^2}}$, $z_y = -\dfrac{x}{\sqrt{1-x^2 y^2}}$

(4) $z_x = e^{x^2+y^2}\{2x\sin(x+y) + \cos(x+y)\}$, $z_y = e^{x^2+y^2}\{2y\sin(x+y) + \cos(x+y)\}$

4 $f_x(0,0) = \lim\limits_{h\to 0} \dfrac{f(h,0) - f(0,0)}{h} = \lim\limits_{h\to 0} \dfrac{0}{h} = 0$,

$f_y(0,0) = \lim\limits_{k\to 0} \dfrac{f(0,k) - f(0,0)}{k} = \lim\limits_{k\to 0} \dfrac{0}{k} = 0$.

5 (1) $z_{xx} = e^x \sin y$, $z_{yy} = -e^x \sin y$ より $z_{xx} + z_{yy} = 0$. よって調和関数である.

(2) $z_{xx} = -\sin x \sinh y$, $z_{yy} = \sin x \sinh y$ より $z_{xx} + z_{yy} = 0$. よって調和関数である.

6 例題 1.15(2) より

$\lim\limits_{h\to +0} \dfrac{f(h,0) - f(0,0)}{h} = \lim\limits_{h\to +0} \dfrac{e^h - 1}{h} = 1$, $\lim\limits_{h\to -0} \dfrac{f(h,0) - f(0,0)}{h} = \lim\limits_{h\to -0} \dfrac{e^{-h} - 1}{h} = -1$.

よって x について $(0,0)$ において偏微分可能でない. 同様に y についても $(0,0)$ において偏微分可能でないことが分かる.

7 (1) $f(x,y) = x^2 + y^2 - 2$ とおく. $f_x = 2x$, $f_y = 2y$ だから $f_x(2,1) = 4$, $f_y(2,1) = 2$. よって接平面の方程式は $z - 3 = 4(x-2) + 2(y-1)$ すなわち $4x + 2y - z = 7$.

法線の方程式は $\dfrac{x-2}{4} = \dfrac{y-1}{2} = -(z-3)$.

(2) $f(x,y) = e^{2x-3y}$ とおく. $f_x = 2e^{2x-3y}, f_y = -3e^{2x-3y}$ だから $f_x(0,0) = 2, f_y(0,0) = -3$. よって接平面の方程式は $z - 1 = 2(x - 0) - 3(y - 0)$ すなわち $2x - 3y - z = -1$.
法線の方程式は $\frac{x}{2} = -\frac{y}{3} = -(z-1)$.

(3) $f(x,y) = y \log x - 1$ とおく. $f_x = y/x, f_y = \log x$ だから $f_x(e,1) = 1/e, f_y(e,1) = 1$. よって接平面の方程式は $z - 0 = \frac{1}{e}(x - e) + (y - 1)$ すなわち $\frac{1}{e}x + y - z = 2$.
法線の方程式は $e(x - e) = y - 1 = -z$.

8 (1) $F(x,y) = x^3 + 3xy - y^3 - 1$ とおく. $F_x = 3x^2 + 3y, F_y = 3x - 3y^2$ より $F_x(1,0) = 3, F_y(1,0) = 3$.
よって接線の方程式は $3(x - 1) + 3(y - 0) = 0$ すなわち $y = -x + 1$.
法線の方程式は $3(x - 1) - 3(y - 0) = 0$ すなわち $y = x - 1$.

(2) $F(x,y) = x^2 - 3y^2 - 6$ とおく. $F_x = 2x, F_y = -6y$ より $F_x(3,1) = 6, F_y(3,1) = -6$.
よって接線の方程式は $6(x - 3) - 6(y - 1) = 0$ すなわち $y = x - 2$.
法線の方程式は $-6(x - 3) - 6(y - 1) = 0$ すなわち $y = -x + 4$.

9 (1) $f(x,y) = e^{2x} \cos 3y$ とする.
$f(0,0) = 1, f_x(0,0) = 2, f_y(0,0) = 0, f_{xx}(0,0) = 4, f_{xy}(0,0) = 0, f_{yy}(0,0) = -9,$
$f_{xxx}(0,0) = 8, f_{xxy}(0,0) = 0, f_{xyy}(0,0) = -18, f_{yyy}(0,0) = 0$
より, $f(x,y) = 1 + 2x + \frac{1}{2}(4x^2 - 9y^2) + \frac{1}{3}(4x^3 - 27xy^2) + \cdots$.

(2) $f(x,y) = \frac{1}{1+x+y}$ とする.
$f(0,0) = 1, f_x(0,0) = -1, f_y(0,0) = -1, f_{xx}(0,0) = 2, f_{xy}(0,0) = 2, f_{yy}(0,0) = 2,$
$f_{xxx}(0,0) = -6, f_{xxy}(0,0) = -6, f_{xyy}(0,0) = -6, f_{yyy}(0,0) = -6$
より, $f(x,y) = 1 - (x+y) + (x+y)^2 - (x+y)^3 + \cdots$.

10 (1) $F(x,y) = x^2 + 2xy + 4y^2 - 1$ とおく. $F_x = 2x + 2y, F_y = 2x + 8y$ より
$$\frac{dy}{dx} = -\frac{F_x}{F_y} = -\frac{x+y}{x+4y}.$$
また, $\frac{d^2y}{dx^2}$ を求めるには, 直接の計算により, $\frac{d^2y}{dx^2} = -3\frac{y - xy'}{(x+4y)^2}$.
$\frac{dy}{dx}$ の結果を代入すると, $\frac{d^2y}{dx^2} = -\frac{3}{(x+4y)^3}$.

(2) $F(x,y) = \log\sqrt{x^2+y^2} - \tan^{-1}\frac{x}{y}$ とおく. $F_x = \frac{x-y}{x^2+y^2}, F_y = \frac{x+y}{x^2+y^2}$ より,
$$\frac{dy}{dx} = -\frac{F_x}{F_y} = -\frac{x-y}{x+y}.$$
また, $\frac{d^2y}{dx^2}$ を求めるには, 直接の計算により, $\frac{d^2y}{dx^2} = -2\frac{y-xy'}{(x+y)^2}$.
$\frac{dy}{dx}$ の結果を代入すると, $\frac{d^2y}{dx^2} = -2\frac{x^2+y^2}{(x+y)^3}$.

11 (1) $F(x,y) = x^2 + (y-1)^2 - x^3$ とおく. $F_x = 2x - 3x^2, F_y = 2y - 2$ より, $F = F_x = F_y = 0$ をみたす点を求めると $(x,y) = (0,1)$. よって特異点は $(0,1)$.

(2) $F(x,y) = x^2y^2 - y^2 + x^2$ とおく. $F_x = 2xy^2 + 2x, F_y = 2x^2y - 2y$ より, $F = F_x = $

$F_y = 0$ をみたす点を求めると $(x,y) = (0,0)$. よって特異点は $(0,0)$.

12 (1) $f(x,y) = (x-1)^2 + y^2$ とおく. $f_x = 2x - 2 = 0, f_y = 2y = 0$ を解くと, $(x,y) = (1,0)$ となる. $f_{xx} = 2, f_{xy} = 0, f_{yy} = 2$ より, $D = -4 < 0$. さらに $A > 0$ より $f(1,0) = 0$ は極小値.

(2) $f(x,y) = x^2 + 3y^2 - 2xy - 4x + 2$ とおく. $f_x = 2x - 2y - 4 = 0, f_y = 6y - 2x = 0$ を解くと, $(x,y) = (3,1)$ となる. $f_{xx} = 2, f_{xy} = -2, f_{yy} = 6$ より, $D = -8 < 0$. さらに $A > 0$ より $f(3,1) = -4$ は極小値.

(3) $f(x,y) = 4x^2 + 3y^2 + y^3$ とおく. $f_x = 8x = 0, f_y = 6y + 3y^2 = 0$ を解くと, $(x,y) = (0,0), (0,-2)$ となる. $f_{xx} = 8, f_{xy} = 0, f_{yy} = 6 + 6y$ より, 定理 4.19 を用いて $(x,y) = (0,0)$ のとき, $A = 8, B = 0, C = 6$ より, $D = -48 < 0$. さらに $A > 0$ より $f(0,0) = 0$ は極小値. $(x,y) = (0,-2)$ のとき, $A = 8, B = 0, C = -6$ より, $D = 48 > 0$. よって $(0,-2)$ で極値をとらない.

(4) $f(x,y) = (x^2+y^2)e^{-(x+y)}$ とおく. $f_x = -(x^2-2x+y^2)e^{-(x+y)} = 0, f_y = -(x^2-2y+y^2)e^{-(x+y)} = 0$ を解くと, $(x,y) = (0,0), (1,1)$ となる. $f_{xx} = (x^2-4x+y^2+2)e^{-(x+y)}, f_{xy} = (x^2-2x+y^2-2y)e^{-(x+y)}, f_{yy} = (x^2+y^2-4y+2)e^{-(x+y)}$ より, 定理 4.19 を用いて $(x,y) = (0,0)$ のとき, $A = 2, B = 0, C = 2$ より, $D = -4 < 0$. さらに $A > 0$ より $f(0,0) = 0$ は極小値. $(x,y) = (1,1)$ のとき, $A = 0, B = -2e^{-2}, C = 0$ より, $D = 4e^{-4} > 0$. よって $(1,1)$ で極値をとらない.

(5) $f(x,y) = \sin x + \sin y + \sin(x+y)$ $(0 < x < 2\pi, 0 < y < 2\pi)$ とおく. $f_x = \cos x + \cos(x+y) = 0, f_y = \cos y + \cos(x+y) = 0$ より $\cos x = \cos y$. $\cos x - \cos y = -2\sin\frac{x+y}{2}\sin\frac{x-y}{2} = 0$. $0 < \frac{x+y}{2} < 2\pi, -\pi < \frac{x-y}{2} < \pi$ より $\frac{x+y}{2} = \pi, \frac{x-y}{2} = 0$. $x + y = 2\pi$ のとき $x = y = \pi$. $x = y$ のとき $\cos x + \cos 2x = 0$ より $2\cos^2 x + \cos x - 1 = 0$. $(\cos x + 1)(2\cos x - 1) = 0$ より $\cos x = -1, \cos x = \frac{1}{2}$. $\therefore x = y = \pi, x = y = \frac{\pi}{3}, \frac{5}{3}\pi$. $f_{xx} = -\sin x - \sin(x+y), f_{xy} = -\sin(x+y), f_{yy} = -\sin y - \sin(x+y)$ より, 定理 4.19 を用いて $(x,y) = (\pi/3, \pi/3)$ のとき, $A = -\sqrt{3}, B = -\sqrt{3}/2, C = -\sqrt{3}$ より $D = -9/4 < 0$. さらに $A < 0$ より, $f(\pi/3, \pi/3) = \frac{3}{2}\sqrt{3}$ は極大値.
$(x,y) = (5\pi/3, 5\pi/3)$ のとき, $A = \sqrt{3}, B = \sqrt{3}/2, C = \sqrt{3}$ より $D = -9/4 < 0$. さらに $A > 0$ より, $f(5\pi/3, 5\pi/3) = -\frac{3}{2}\sqrt{3}$ は極小値.
$(x,y) = (\pi, \pi)$ のとき, $A = B = C = 0$ より $D = 0$ だから極値の判別はできない. しかし, $\theta > 0$, 十分小のとき, $f(\pi+\theta, \pi+\theta) = 2\sin\theta(\cos\theta - 1) < 0, f(\pi-\theta, \pi-\theta) = -2\sin\theta(\cos\theta - 1) > 0$. よって (π, π) で極値をとらない.

13 (1) $F(x,y) = x^2 + 2y^2 - 1 = 0, F_x(x,y) = 2x = 0$ を解くと, $(x,y) = (0, \pm\sqrt{1/2})$. $F_{xx} = 2, F_y = 4y$ より, $(x,y) = (0, \sqrt{1/2})$ のとき, $\frac{F_{xx}(0, \sqrt{1/2})}{F_y(0, \sqrt{1/2})} = \sqrt{2}/2 > 0$ となり, $y = f(x)$ は $x = 0$ で極大値 $y = \sqrt{1/2}$ をもつ. $(x,y) = (0, -\sqrt{1/2})$ のとき, $\frac{F_{xx}(0, -\sqrt{1/2})}{F_y(0, -\sqrt{1/2})} = -\sqrt{2}/2 < 0$ となり, $y = f(x)$ は $x = 0$ で極小値 $y = -\sqrt{1/2}$ をもつ.

(2) $F(x,y) = x^2 + xy + y^2 - 3 = 0, F_x(x,y) = 2x + y = 0$ を解くと, $(x,y) =$

$(1,-2), (-1,2)$. $F_{xx} = 2$, $F_y = x+2y$ より, $(x,y) = (1,-2)$ のとき, $\frac{F_{xx}(1,-2)}{F_y(1,-2)} = -2/3 < 0$ となり, $y = f(x)$ は $x = 1$ で極小値 $y = -2$ をもつ. $(x,y) = (-1,2)$ のとき, $\frac{F_{xx}(-1,2)}{F_y(-1,2)} = 2/3 > 0$ となり, $y = f(x)$ は $x = -1$ で極大値 $y = 2$ をもつ.

(3) $F(x,y) = 2x^2y^2 + y - x = 0$, $F_x(x,y) = 4xy^2 - 1 = 0$ を解くと, $(x,y) = (1, 1/2)$. $F_{xx} = 4y^2$, $F_y = 4x^2y + 1$ より $\frac{F_{xx}(1,1/2)}{F_y(1,1/2)} = 1/3 > 0$ となり, $y = f(x)$ は $x = 1$ で極大値 $y = 1/2$ をもつ.

(4) $F(x,y) = x^3 + xy - y^2 = 0$, $F_x(x,y) = 3x^2 + y = 0$ を解くと, $(x,y) = (0,0), (-2/9, -4/27)$. $F_{xx} = 6x$, $F_y = x - 2y$ より $(x,y) = (0,0)$ のとき, $F_y(0,0) = 0$ より特異点であるから, これを除いて考える. $(x,y) = (-2/9, -4/27)$ のとき, $\frac{F_{xx}(-2/9,-4/27)}{F_y(-2/9,-4/27)} = -18 < 0$ となり, $y = f(x)$ は $x = -2/9$ で極小値 $y = -4/27$ をもつ.

(5) $F(x,y) = 3x^2 - 4xy + y^4 = 0$, $F_x = 6x - 4y = 0$ を解くと, $(x,y) = (0,0), (4/3\sqrt{3}, 2/\sqrt{3}), (-4/3\sqrt{3}, -2/\sqrt{3})$. $F_{xx} = 6$, $F_y = -4x + 4y^3$ より $(x,y) = (0,0)$ のとき, $F_y(0,0) = 0$ より特異点であるから, これを除いて考える. $(x,y) = (4/3\sqrt{3}, 2/\sqrt{3})$ のとき, $\frac{F_{xx}(4/3\sqrt{3}, 2/\sqrt{3})}{F_y(4/3\sqrt{3}, 2/\sqrt{3})} = \frac{9}{8}\sqrt{3} > 0$ となり, $y = f(x)$ は $x = 4/3\sqrt{3}$ で極大値 $y = 2/\sqrt{3}$ をもつ. $(x,y) = (-4/3\sqrt{3}, -2/\sqrt{3})$ のとき, $\frac{F_{xx}(-4/3\sqrt{3},-2/\sqrt{3})}{F_y(-4/3\sqrt{3},-2/\sqrt{3})} = -\frac{9}{8}\sqrt{3} < 0$ となり, $y = f(x)$ は $x = -4/3\sqrt{3}$ で極小値 $y = -2/\sqrt{3}$ をもつ.

14 (1) $f(x,y) = x+y$ とおく. 曲線 $g(x,y) = x^2 + xy + y^2 - 4 = 0$ は特異点をもたないことに注意する. ラグランジュの乗数法により極値の候補を求める.

$$f_x - \lambda g_x = 1 - \lambda(2x+y) = 0, \quad f_y - \lambda g_y = 1 - \lambda(x+2y) = 0,$$
$$g(x,y) = x^2 + xy + y^2 - 4 = 0$$

を解くと, $(x,y) = (2/\sqrt{3}, 2/\sqrt{3}), (-2/\sqrt{3}, -2/\sqrt{3})$. このとき $f(x,y)$ の値は $f(2/\sqrt{3}, 2/\sqrt{3}) = 4/\sqrt{3}$, $f(-2/\sqrt{3}, -2/\sqrt{3}) = -4/\sqrt{3}$.
他方, 集合 $G = \{(x,y); x^2 + xy + y^2 - 4 = 0\}$ は有界閉集合で, $f(x,y)$ は連続だから G 上で最大値および最小値をとる. 最大値は極大値であり, 最小値は極小値だから, これらは上記の候補に含まれており, 最大値は $4/\sqrt{3}$, 最小値は $-4/\sqrt{3}$ であることが分かる. よって $f(x,y)$ は $(2/\sqrt{3}, 2/\sqrt{3})$ で極大値 $4/\sqrt{3}$, $(-2/\sqrt{3}, -2/\sqrt{3})$ で極小値 $-4/\sqrt{3}$ をとる.

(2) $f(x,y) = x^2 + 4y^2$ とおく. 曲線 $g(x,y) = xy - 1 = 0$ は特異点をもたないことに注意する.

$$f_x - \lambda g_x = 2x - \lambda y = 0, \quad f_y - \lambda g_y = 8y - \lambda x = 0, \quad g(x,y) = xy - 1 = 0$$

を解くと, $(x,y) = (\sqrt{2}, 1/\sqrt{2}), (-\sqrt{2}, -1/\sqrt{2})$. このとき $f(x,y)$ の値は両方とも 4 である. また, $f(x,y) = x^2 + 4y^2 \geqq 4xy = 4$. よって最小値は 4 である. 最小値は極小値であるから $f(x,y)$ は $(\sqrt{2}, 1/\sqrt{2}), (-\sqrt{2}, -1/\sqrt{2})$ で極小値 4 をとる.

15 (1) $f_x(0,0) = \lim_{h \to 0} \frac{f(h,0) - f(0,0)}{h} = \lim_{h \to 0} \frac{0}{h} = 0$,
$\quad f_y(0,0) = \lim_{k \to 0} \frac{f(0,k) - f(0,0)}{k} = \lim_{k \to 0} \frac{0}{k} = 0$.

(2) (1) から $\varepsilon(h,k) = f(h,k) - f(0,0) - f_x(0,0)h - f_y(0,0)k = hk\sin\frac{1}{\sqrt{h^2+k^2}}$. $(h,k) \to (0,0)$ のとき,

$$0 \leq \left|\frac{\varepsilon(h,k)}{\sqrt{h^2+k^2}}\right| \leq \frac{|hk|}{\sqrt{h^2+k^2}} \leq |h| \to 0.$$

よって，$\frac{\varepsilon(h,k)}{\sqrt{h^2+k^2}} \to 0$．
したがって $f(x,y)$ は $(0,0)$ で全微分可能である．

(3) $f_x = y\sin\dfrac{1}{\sqrt{x^2+y^2}} - \dfrac{x^2 y}{\sqrt{(x^2+y^2)^3}}\cos\dfrac{1}{\sqrt{x^2+y^2}}$

であるから，直線 $y=x$ に沿って $(x,y) \to (0,0)$ のとき $f_x(x,y)$ の極限値は存在しないことが分かる．よって f_x は $(0,0)$ で不連続である．

16 (1) $t=x^2+y^2$ のとき，$z_x = 2xf'(t)$, $z_y = 2yf'(t)$ より $yz_x = xz_y$．

(2) $t = ax+by$ のとき，$z_x = af'(t)$, $z_y = bf'(t)$ より $bz_x = az_y$．

(3) $t = \dfrac{x}{y}$ のとき，$z_x = \dfrac{1}{y}f'(t)$, $z_y = -\dfrac{x}{y^2}f'(t)$ より $xz_x + yz_y = 0$．

17 x,y を定数とみて，$f(tx,ty) = t^\alpha f(x,y)$ の両辺を t で微分すると

$$xf_x(tx,ty) + yf_y(tx,ty) = \alpha t^{\alpha-1} f(x,y). \tag{a}$$

$t=1$ を代入すると，$f_x(x,y)x + f_y(x,y)y = \alpha f(x,y)$．すなわち，$\left(x\dfrac{\partial}{\partial x} + y\dfrac{\partial}{\partial y}\right)z = \alpha z$．さらに (a) の両辺を t で微分すると，

$$f_{xx}(tx,ty)x^2 + 2f_{xy}(tx,ty)xy + f_{yy}(tx,ty)y^2 = \alpha(\alpha-1)t^{\alpha-2}f(x,y).$$

$t=1$ を代入すると，

$$f_{xx}(x,y)x^2 + 2f_{xy}(x,y)xy + f_{yy}(x,y)y^2 = \alpha(\alpha-1)f(x,y).$$

すなわち，$\left(x\dfrac{\partial}{\partial x} + y\dfrac{\partial}{\partial y}\right)^2 z = \alpha(\alpha-1)z$．

18 (1) 曲線 $g(x,y) = x^2+y^2-1 = 0$ は特異点をもたないことに注意する．ラグランジュの乗数法により極値の候補を求める．$f_x - \lambda g_x = 6x + 4y - 2\lambda x = 0$, $f_y - \lambda g_y = 4x - 2\lambda y = 0$, $g(x,y) = x^2+y^2-1 = 0$ を解くと，$\lambda = -1, 4$．
$\lambda = -1$ のとき，$(x,y) = (1/\sqrt{5}, -2/\sqrt{5}), (-1/\sqrt{5}, 2/\sqrt{5})$ であり，$f(x,y)$ の値は -1．
$\lambda = 4$ のとき，$(x,y) = (2/\sqrt{5}, 1/\sqrt{5}), (-2/\sqrt{5}, -1/\sqrt{5})$ であり，$f(x,y)$ の値は 4．
他方，集合 $G = \{(x,y); x^2+y^2-1 = 0\}$ は有界閉集合で，$f(x,y)$ は連続だから G 上で最大値および最小値をとる．最大値は極大値であり，最小値は極小値だから，これらは上記の候補に含まれており，最大値は 4，最小値は -1 であることが分かる．

(**参考**) 線形代数学の知識があれば，次のように求めてもよい．一般の場合 $f(x,y) = ax^2 + 2bxy + cy^2$ を考える．曲線 $g(x,y) = 0$ は特異点をもたないことに注意する．$f_x - \lambda g_x = 0, f_y - \lambda g_y = 0, g = 0$, すなわち $ax+by-\lambda x = 0, bx+cy-\lambda y = 0, x^2+y^2-1 = 0$ を解く．
上式は

$$A\boldsymbol{x} = \lambda\boldsymbol{x}, \quad A = \begin{pmatrix} a & b \\ b & c \end{pmatrix}, \quad \boldsymbol{x} = \begin{pmatrix} x \\ y \end{pmatrix}$$

と表すことができる．この λ は A の固有値であるから，$\begin{vmatrix} a-\lambda & b \\ b & c-\lambda \end{vmatrix} = 0$ を計算すると，

$\lambda = \dfrac{a+c \pm \sqrt{(a-c)^2 + 4b^2}}{2}$ を得る．$a=c, b=0$ のときは $f(x,y) = a$（一定）であるから，

$(a-c)^2 + 4b^2 > 0$ としてよい．固有値 λ に対する固有ベクトルは極値の候補となる点 (x,y) に対応し，さらにこの (x,y) に対して，$f(x,y) = x(ax+by) + y(bx+cy) = x\lambda x + y\lambda y = \lambda$. また，集合 $G = \{(x,y); x^2+y^2-1=0\}$ は有界閉集合で，$f(x,y)$ は連続だから G 上で最大値および最小値をとる．最大値は極大値であり，最小値は極小値だから，これらは上記の候補に含まれる．したがって，最大値，最小値はそれぞれ $\frac{a+c+\sqrt{(a-c)^2+4b^2}}{2}$, $\frac{a+c-\sqrt{(a-c)^2+4b^2}}{2}$ である．

(2) $z = 2-x-y$ より，$f(x,y) = (1-x)(1-y)\{1-(2-x-y)\} = (1-x)(1-y)(x+y-1)$ の最大値を求めればよい．ただし，$x > 0, y > 0, x+y < 2$. $D = \{(x,y); x \geqq 0, y \geqq 0, x+y \leqq 2\}$ とすると，D は有界閉集合であるから $f(x,y)$ は D 上で最大値をとる．D の周上では $f(x,y) \leqq 0$ であるから最大値をとる点は D の内部にある．そこでは広義の極大になるから，$f_x = (1-y)(-2x-y+2) = 0$, $f_y = (1-x)(-x-2y+2) = 0$ を解くと，D の内部の点は $(x,y) = (2/3, 2/3)$. よって $f(x,y)$ は $(2/3, 2/3)$ で最大値 $\frac{1}{27}$ をとる．

[別解] 最大値を求めるから $1-x > 0, 1-y > 0, 1-z > 0$ としてよい．相加・相乗平均 $\frac{x+y+z}{3} \geqq \sqrt[3]{xyz}$ $(x,y,z \geqq 0)$ （等号は $x=y=z$ のとき成立）の関係を用いると，
$$(1-x)(1-y)(1-z) \leqq \left(\frac{1-x+1-y+1-z}{3}\right)^3 = \left\{\frac{3-(x+y+z)}{3}\right\}^3.$$
$x+y+z = 2$ より $(1-x)(1-y)(1-z) \leqq 1/27$. $x=y=z$ のとき，つまり $x=y=z=2/3$ のとき $(1-x)(1-y)(1-z)$ は最大であり，最大値は $1/27$.

19 (1) $\psi'(x) = -\frac{g_x}{g_y} = \frac{4x}{y}$ より $h'(x) = f_x(x,\psi(x)) + f_y(x,\psi(x))\psi'(x) = 3x^2 + \frac{4x}{y}$. さらに x で微分すると，
$$h''(x) = 6x + \frac{4(y-xy')}{y^2} = 6x + \frac{4(y^2-4x^2)}{y^3} = 6x - \frac{16}{y^3}.$$

(2) 曲線 $g(x,y) = 0$ は特異点をもたないことに注意する．
$$f_x - \lambda g_x = 3x^2 - 2\lambda x = 0, \quad f_y - \lambda g_y = 1 + \frac{\lambda}{2}y = 0, \quad g(x,y) = x^2 - \frac{y^2}{4} - 1 = 0$$
を解くと，$(x,y) = (2/\sqrt{3}, -2/\sqrt{3}), (-2/\sqrt{3}, 2/\sqrt{3})$. $(x,y) = (2/\sqrt{3}, -2/\sqrt{3})$ のとき $h'(2/\sqrt{3}) = 0, h''(2/\sqrt{3}) = 10\sqrt{3} > 0$. よって $f(2/\sqrt{3}, -2/\sqrt{3}) = \frac{2}{9}\sqrt{3}$ は極小値である．$(x,y) = (-2/\sqrt{3}, 2/\sqrt{3})$ のとき $h'(-2/\sqrt{3}) = 0, h''(-2\sqrt{3}) = -10\sqrt{3} < 0$. よって $f(-2/\sqrt{3}, 2/\sqrt{3}) = -2\sqrt{3}/9$ は極大値である．

5章問題解答

5.1 (1) $\iint_D xe^y \, dxdy = \int_1^2 x \, dx \int_0^1 e^y \, dy = 3(e-1)/2$

(2) $\iint_D y \, dxdy = \int_1^3 dx \int_0^x y \, dy = \frac{1}{2}\int_1^3 (x^2-1) dx = \frac{10}{3}$

(3) $D = \{(x,y); -2 \leqq x \leqq 2, 0 \leqq y \leqq 1-x^2/4\}$ より
$$\iint_D x \, dxdy = \int_{-2}^2 dx \int_0^{1-x^2/4} x \, dy = \int_{-2}^2 x\left(1-\frac{x^2}{4}\right) dx = 0.$$

5.2 (1) $\int_0^\pi dy \int_y^\pi y\cos(x-y) dx = \int_0^\pi y \sin y \, dy = [-y\cos y]_0^\pi + \int_0^\pi \cos y \, dy = \pi$

(2) $\int_0^1 dx \int_x^{2x} e^{y/x} dy = \int_0^1 [xe^{y/x}]_x^{2x} dx = \int_0^1 x(e^2-e) dx = \frac{1}{2}(e^2-e)$

(3) $\displaystyle\int_0^{\pi/4} d\theta \int_0^{\sqrt{\cos 2\theta}} \frac{r}{(1+r^2)^2} dr = \int_0^{\pi/4} \left[\frac{-1}{2(1+r^2)}\right]_0^{\sqrt{\cos 2\theta}} d\theta = \frac{1}{2}\int_0^{\pi/4}\left(1-\frac{1}{1+\cos 2\theta}\right)d\theta$
$= \displaystyle\frac{1}{2}\int_0^{\pi/4}\left(1-\frac{1}{2\cos^2\theta}\right)d\theta = \frac{1}{2}\left[\theta - \frac{1}{2}\tan\theta\right]_0^{\pi/4} = \frac{\pi}{8} - \frac{1}{4}$

5.3 (1) 領域 D を求めると，$D=\{(x,y); 0 \leqq x \leqq 9, 0 \leqq y \leqq \sqrt{x}\}$ である．この領域を y についての縦線型領域とみれば，$D=\{(x,y); 0 \leqq y \leqq 3, y^2 \leqq x \leqq 9\}$ である．よって，
$$\int_0^9 dx \int_0^{\sqrt{x}} f(x,y)dy = \int_0^3 dy \int_{y^2}^9 f(x,y)dx.$$

(2) 領域 D を求めると，$D=\{(x,y); 0\leqq x \leqq 2, -x \leqq y \leqq x\}$ である．
$D_1=\{(x,y); 0\leqq y \leqq 2, y\leqq x \leqq 2\}$, $D_2=\{(x,y); -2\leqq y \leqq 0, -y \leqq x \leqq 2\}$ とおくと，D は 2 つの閉領域 D_1 と D_2 とに分かれる．
よって，$\displaystyle\int_0^2 dx \int_{-x}^x f(x,y)dy = \int_0^2 dy \int_y^2 f(x,y)dx + \int_{-2}^0 dy \int_{-y}^2 f(x,y)dx.$

5.4 (1) 領域 D を求めると，$D=\{(x,y); 0\leqq x \leqq 1, x\leqq y \leqq 1\}$ である．この領域を y についての縦線型領域とみれば，$D=\{(x,y); 0\leqq y \leqq 1, 0\leqq x \leqq y\}$ である．よって，
$$\int_0^1 dx \int_x^1 \sqrt{1-y^2}\,dy = \int_0^1 dy \int_0^y \sqrt{1-y^2}\,dx = \int_0^1 y\sqrt{1-y^2}\,dy$$
$$= -\frac{1}{3}[(1-y^2)^{3/2}]_0^1 = \frac{1}{3}.$$

(2) 領域 D を求めると，$D=\{(x,y); 0\leqq y \leqq 1, y\leqq x \leqq 1\}$ である．この領域を x についての縦線型領域とみれば，$D=\{(x,y); 0\leqq x \leqq 1, 0\leqq y \leqq x\}$ である．よって，
$$\int_0^1 dy \int_y^1 e^{x^2/2}dx = \int_0^1 dx \int_0^x e^{x^2/2}dy = \int_0^1 xe^{x^2/2}dx = [e^{x^2/2}]_0^1 = \sqrt{e}-1.$$

5.5 (1) $u=x-y$, $v=x+y$ とおくと，D に対応する E は
$E=\{(u,v); 0\leqq u \leqq 1,\ 0\leqq v \leqq 1\}$. $x=\frac{u+v}{2}$, $y=\frac{-u+v}{2}$ だから $J=1/2$. よって
$$\iint_D y\,dxdy = -\frac{1}{4}\iint_E (u-v)dudv = -\frac{1}{4}\int_0^1 du \int_0^1 (u-v)dv = -\frac{1}{4}\int_0^1 \left(u-\frac{1}{2}\right)du = 0.$$

(2) $x=r\cos\theta$, $y=r\sin\theta$ と変換すると，$0\leqq r \leqq 1, 0\leqq \theta \leqq 2\pi$, $J=r$ より
$$\iint_D \left(\frac{x^2}{2}+\frac{y^2}{3}\right)dxdy$$
$$= \int_0^1 r^3 dr \int_0^{2\pi}\left(\frac{\cos^2\theta}{2}+\frac{\sin^2\theta}{3}\right)d\theta = \frac{1}{4}\cdot 4\int_0^{\pi/2}\left(\frac{\cos^2\theta}{2}+\frac{\sin^2\theta}{3}\right)d\theta$$
$$= \frac{1}{2}\cdot\frac{1}{2}\cdot\frac{\pi}{2}+\frac{1}{3}\cdot\frac{1}{2}\cdot\frac{\pi}{2} = \frac{5\pi}{24}\ (\text{例題 3.52 参照}).$$

(3) $x=r\cos\theta$, $y=r\sin\theta$ と変換すると，$0\leqq r \leqq 1, 0\leqq \theta \leqq \pi/2$, $J=r$ より
$$\iint_D \sqrt{1-x^2-y^2}\,dxdy = \int_0^1 \sqrt{1-r^2}\,r\,dr \int_0^{\pi/2} d\theta = \frac{\pi}{2}\left[-\frac{1}{3}(1-r^2)^{3/2}\right]_0^1 = \frac{\pi}{6}.$$

5.6 (1) $x=ar\cos\theta$, $y=br\sin\theta$ と変換すると，$0\leqq r \leqq 1$, $0\leqq \theta \leqq \pi/2$, $J=abr$ より
$$\iint_D y\,dxdy = ab^2\int_0^1 r^2 dr \int_0^{\pi/2}\sin\theta\,d\theta = \frac{ab^2}{3}.$$

(2) $x=r\cos\theta$, $y=r\sin\theta$ と変換すると，$-\pi/2\leqq \theta \leqq \pi/2$, $0\leqq r \leqq \cos\theta$, $J=r$ より
$$\iint_D \sqrt{1-x^2-y^2}\,dxdy = \int_{-\pi/2}^{\pi/2} d\theta \int_0^{\cos\theta} \sqrt{1-r^2}\,r\,dr$$

$$= \int_{-\pi/2}^{\pi/2} \left[-\frac{1}{3}(1-r^2)^{3/2}\right]_0^{\cos\theta} d\theta = \frac{1}{3}\int_{-\pi/2}^{\pi/2}\{1-(\sin^2\theta)^{3/2}\}d\theta$$

$$= \frac{1}{3}\int_{-\pi/2}^{\pi/2}(1-|\sin\theta|^3)d\theta = \frac{2}{3}\int_0^{\pi/2}(1-\sin^3\theta)d\theta = \frac{2}{3}\left(\frac{\pi}{2}-\frac{2}{3}\right)$$

$$= \frac{\pi}{3}-\frac{4}{9}.\,(\text{例題 3.52 参照})$$

5.7 (1) $I = \iint_D \frac{1}{\sqrt{1-x^2-y^2}}dxdy$ とおく.$D_n = \{(x,y);\ x^2+y^2 \leqq 1-1/n^2,\ y \geqq 0\}$ とすると,$\{D_n\}$ は D の近似列である.D_n 上の重積分を計算する.$x=r\cos\theta,\ y=r\sin\theta$ と変換すると,$0 \leqq r \leqq \sqrt{1-1/n^2},\ 0 \leqq \theta \leqq \pi,\ J=r$ より

$$I(D_n) = \iint_{D_n}\frac{1}{\sqrt{1-x^2-y^2}}dxdy = \int_0^{\sqrt{1-1/n^2}}\frac{r}{\sqrt{1-r^2}}dr\int_0^{\pi}d\theta = \pi[-\sqrt{1-r^2}]_0^{\sqrt{1-1/n^2}}$$

$$= \pi\left(1-\frac{1}{n}\right) \to \pi \quad (n\to\infty).$$

よって $I = \pi$.

(2) $I = \iint_D \frac{1}{x^2y^2}dxdy$ とおく.$D_n = \{(x,y); 1 \leqq x \leqq n,\ 1 \leqq y \leqq n\}$ とすると,$\{D_n\}$ は D の近似列である.D_n 上の重積分を計算する.

$$I(D_n) = \iint_{D_n}\frac{1}{x^2y^2}dxdy = \int_1^n\frac{1}{x^2}dx\int_1^n\frac{1}{y^2}dy = \left(1-\frac{1}{n}\right)^2 \to 1 \quad (n\to\infty).$$

よって $I = 1$.

(3) $I = \iint_D \frac{1}{(x^2+y^2)^\alpha}dxdy$ とおく.$D_n = \{(x,y); 1/n^2 \leqq x^2+y^2 \leqq 1\}$ とすると,$\{D_n\}$ は D の近似列である.D_n 上の重積分を計算する.$x=r\cos\theta,\ y=r\sin\theta$ とおくと,$1/n \leqq r \leqq 1,\ 0 \leqq \theta \leqq 2\pi,\ J=r$ であるから,

$$I(D_n) = \iint_{D_n}\frac{1}{(x^2+y^2)^\alpha}dxdy = \int_{1/n}^1 r^{1-2\alpha}dr\int_0^{2\pi}d\theta$$

$$= \frac{\pi}{1-\alpha}\left\{1-\left(\frac{1}{n}\right)^{2-2\alpha}\right\} \to \frac{\pi}{1-\alpha} \quad (n\to\infty).$$

よって $I = \pi/(1-\alpha)$.

5.8 (1) $I = \iint_D \frac{x}{\sqrt[3]{y}}dxdy$ とおく.$D_n = \{(x,y); 0 \leqq x \leqq 1, 1/n \leqq y \leqq 1\}$ とすると,$\{D_n\}$ は D の近似列である.D_n 上の重積分を計算する.

$$I(D_n) = \iint_{D_n}\frac{x}{\sqrt[3]{y}}dxdy = \int_0^1 x\,dx\int_{1/n}^1\frac{1}{\sqrt[3]{y}}dy = \frac{3}{4}\left\{1-\left(\frac{1}{n}\right)^{2/3}\right\} \to \frac{3}{4} \quad (n\to\infty).$$

よって $I = 3/4$.

(2) $I = \iint_D \frac{1}{\sqrt{x-y^2}}dxdy$ とおく.$D_n = \{(x,y); 1/n \leqq x \leqq 1,\ 0 \leqq y \leqq (1-1/n)\sqrt{x}\}$ とすると,$\{D_n\}$ は D の近似列である.D_n 上の重積分を計算する.

$$I(D_n) = \iint_{D_n}\frac{1}{\sqrt{x-y^2}}dxdy = \int_{1/n}^1 dx\int_0^{(1-1/n)\sqrt{x}}\frac{1}{\sqrt{x-y^2}}dy$$

$$= \int_{1/n}^1\left[\sin^{-1}\frac{y}{\sqrt{x}}\right]_0^{(1-1/n)\sqrt{x}}dx = \int_{1/n}^1\sin^{-1}\left(1-\frac{1}{n}\right)dx = \left(1-\frac{1}{n}\right)\sin^{-1}\left(1-\frac{1}{n}\right)$$

$$\to \sin^{-1}1 = \frac{\pi}{2} \quad (n\to\infty).$$

よって $I = \pi/2$.

5.9 極座標変換についてのヤコビアン J は
$$J = \begin{vmatrix} \sin\theta\cos\varphi & r\cos\theta\cos\varphi & -r\sin\theta\sin\varphi \\ \sin\theta\sin\varphi & r\cos\theta\sin\varphi & r\sin\theta\cos\varphi \\ \cos\theta & -r\sin\theta & 0 \end{vmatrix} = r^2\sin\theta.$$

円柱座標変換についてのヤコビアン J は
$$J = \begin{vmatrix} \cos\theta & -r\sin\theta & 0 \\ \sin\theta & r\cos\theta & 0 \\ 0 & 0 & 1 \end{vmatrix} = r.$$

5.10 (1) $E = \{(x,y); x \geqq 0, y \geqq 0, x+y \leqq a\}$ とおくと，D は $D = \{(x,y,z); (x,y) \in E, \ 0 \leqq z \leqq a-x-y\}$ と表せる．よって $\iiint_D dxdydz = \iint_E dxdy \int_0^{a-x-y} dz$．ここで，$E = \{(x,y); 0 \leqq x \leqq a, 0 \leqq y \leqq a-x\}$ であるから
$$\iiint_D dxdydz = \int_0^a dx \int_0^{a-x} dy \int_0^{a-x-y} dz$$
$$= \int_0^a dx \int_0^{a-x}(a-x-y)dy = \frac{1}{2}\int_0^a (a-x)^2 dx = \frac{a^3}{6}.$$

(2) $E = \{(x,y); x \geqq 0, y \geqq 0, x+2y \leqq \pi\}$ とおくと，D は $D = \{(x,y,z); (x,y) \in E, \ 0 \leqq z \leqq (\pi-x-2y)/3\}$ と表せる．よって
$$\iiint_D \sin(x+2y+3z)dxdydz = \iint_E dxdy \int_0^{(\pi-x-2y)/3}\sin(x+2y+3z)dz.$$
ここで，$E = \{(x,y); 0 \leqq x \leqq \pi, 0 \leqq y \leqq (\pi-x)/2\}$ であるから
$$\iiint_D \sin(x+2y+3z)dxdydz = \int_0^\pi dx \int_0^{(\pi-x)/2} dy \int_0^{(\pi-x-2y)/3}\sin(x+2y+3z)dz$$
$$= \frac{1}{3}\int_0^\pi dx \int_0^{(\pi-x)/2}\{1+\cos(x+2y)\}dy = \frac{1}{6}\int_0^\pi (\pi-x-\sin x)dx = \frac{\pi^2}{12} - \frac{1}{3}.$$

5.11 (1) $x = r\sin\theta\cos\varphi, \ y = r\sin\theta\sin\varphi, \ z = r\cos\theta$ と極座標に変換すると，D は $E = \{(r,\theta,\varphi); 0 \leqq r \leqq 1, 0 \leqq \theta \leqq \pi/2, 0 \leqq \varphi \leqq 2\pi\}$ に対応する．$J = r^2\sin\theta$ より，
$$I = \iiint_D z e^{-(x^2+y^2+z^2)}dxdydz = \iiint_E r^3 e^{-r^2}\sin\theta\cos\theta \ drd\theta d\varphi$$
$$= \int_0^1 r^3 e^{-r^2} dr \int_0^{\pi/2}\sin\theta\cos\theta \ d\theta \int_0^{2\pi} d\varphi.$$
$r^2 = t$ とおくと $r\,dr = \frac{1}{2}dt$ より
$$\int_0^1 r^3 e^{-r^2} dr = \frac{1}{2}\int_0^1 te^{-t}dt = \frac{1}{2}\{[-te^{-t}]_0^1 + \int_0^1 e^{-t}dt\} = \frac{1}{2} - \frac{1}{e}.$$
また $\int_0^{\pi/2}\sin\theta\cos\theta \ d\theta = \left[\frac{1}{2}\sin^2\theta\right]_0^{\pi/2} = \frac{1}{2}$ より $I = \left(\frac{1}{2} - \frac{1}{e}\right)\pi.$

(2) $x = r\cos\theta, \ y = r\sin\theta, \ z = z$ と円柱座標に変換すると，D は $E = \{(r,\theta,z); 0 \leqq r \leqq 2\cos\theta, -\pi/2 \leqq \theta \leqq \pi/2, \ 0 \leqq z \leqq \sqrt{4-r^2}\}$ に対応する．$J = r$ より，
$$\iiint_D z\,dxdydz = \int_{-\pi/2}^{\pi/2} d\theta \int_0^{2\cos\theta} r\,dr \int_0^{\sqrt{4-r^2}} z\,dz = \frac{1}{2}\int_{-\pi/2}^{\pi/2} d\theta \int_0^{2\cos\theta}(4r - r^3)dr$$
$$= 4\int_0^{\pi/2}(2\cos^2\theta - \cos^4\theta)d\theta = 4\left(2 \cdot \frac{1}{2} \cdot \frac{\pi}{2} - \frac{3}{4} \cdot \frac{1}{2} \cdot \frac{\pi}{2}\right)$$
$$= \frac{5}{4}\pi.\ (\text{最後の行は例題 3.52 を参照})$$

5.12 (1) 楕円 $\frac{x^2}{a^2} + \frac{y^2}{b^2} = 1$ で囲まれる図形 D の面積 $|D|$ を求める．$x = ar\cos\theta, \ y = br\sin\theta$ と変換すると，$0 \leqq r \leqq 1, \ 0 \leqq \theta \leqq 2\pi, \ J = abr$ であるから
$$|D| = \iint_D dxdy = ab\int_0^1 r\,dr \int_0^{2\pi} d\theta = \pi ab.$$

(2) 楕円体 $\frac{x^2}{a^2}+\frac{y^2}{b^2}+\frac{z^2}{c^2}=1$ で囲まれる図形 D の体積 $|D|$ を求める.$x=au, y=bv, z=cw$ と変換すると,$J=abc$ で,対応する領域は $E=\{(u,v,w); u^2+v^2+w^2 \leqq 1\}$ である.$|E|=(4/3)\pi$ より

$$|D|=\iiint_D dxdydz = abc\iiint_E dudvdw = abc|E| = \frac{4}{3}\pi abc.$$

5.13 (1) $D=\{(x,y); x^2+y^2 \leqq 1, x \geqq 0, y \geqq 0\}$ とおく.求める体積 V は $V=8\iint_D \sqrt{4-x^2-y^2}dxdy$.$x=r\cos\theta, y=r\sin\theta$ とおくと,$0 \leqq r \leqq 1, 0 \leqq \theta \leqq \pi/2, J=r$ より

$$V=8\int_0^{\pi/2}d\theta\int_0^1 \sqrt{4-r^2}\,r\,dr = 4\pi\left[-\frac{1}{3}(4-r^2)^{3/2}\right]_0^1 = \frac{4}{3}(8-3\sqrt{3})\pi.$$

(2) $D=\{(x,y); x^2+y^2 \leqq 1, x \geqq 0, y \geqq 0\}$ とおく.求める体積は

$$V=8\iint_D \sqrt{1-x^2}\,dxdy = 8\int_0^1 dx\int_0^{\sqrt{1-x^2}} \sqrt{1-x^2}\,dy = 8\int_0^1 (1-x^2)dx = \frac{16}{3}.$$

5.14 (1) $D=\{(x,y); x^2+y^2 \leqq 3/4, x \geqq 0, y \geqq 0\}, z=x^2+y^2$ とおく.$z_x=2x, z_y=2y$ より,求める表面積 S は $S=4\iint_D \sqrt{4x^2+4y^2+1}\,dxdy$.ここで,$x=r\cos\theta, y=r\sin\theta$ とおくと,$0 \leqq r \leqq \sqrt{3}/2, 0 \leqq \theta \leqq \pi/2$ より

$$S=4\int_0^{\pi/2}d\theta\int_0^{\sqrt{3}/2}\sqrt{4r^2+1}\,r\,dr = 4\cdot\frac{\pi}{2}\left[\frac{1}{12}(4r^2+1)^{3/2}\right]_0^{\sqrt{3}/2}=\frac{7}{6}\pi.$$

(2) $D=\{(x,y); x^2+y^2 \leqq 1, x \geqq 0, y \geqq 0\}, z=\sqrt{9-x^2-y^2}$ とおく.$z_x=-x/\sqrt{9-x^2-y^2}, z_y=-y/\sqrt{9-x^2-y^2}$ より,求める表面積 S は

$$S=8\iint_D \sqrt{z_x^2+z_y^2+1}\,dxdy = 24\iint_D \frac{1}{\sqrt{9-x^2-y^2}}dxdy.$$

ここで,$x=r\cos\theta, y=r\sin\theta$ とおくと,$0 \leqq r \leqq 1, 0 \leqq \theta \leqq \pi/2, J=r$ より

$$S=24\int_0^{\pi/2}d\theta\int_0^1 \frac{r}{\sqrt{9-r^2}}dr = 12\pi\left[-\sqrt{9-r^2}\right]_0^1 = 12(3-2\sqrt{2})\pi.$$

(3) $y=f(x)=\sqrt{1-x^2}$($-1 \leqq x \leqq 1$)を x 軸のまわりに 1 回転してできる回転体の表面積 S を求めればよい.$f'(x)=-x/\sqrt{1-x^2}$ より,$\sqrt{1+f'(x)^2}=1/\sqrt{1-x^2}$ であるから

$$S=2\pi\int_{-1}^1 \sqrt{1-x^2}\,\frac{1}{\sqrt{1-x^2}}dx = 2\pi\int_{-1}^1 dx = 4\pi.$$

■ 5 章演習問題解答

1 (1) $\iint_D x^3y^2 dxdy = \int_0^1 x^3 dx \int_0^1 y^2 dy = \frac{1}{12}.$

(2) $\iint_D e^{x+2y}dxdy = \int_0^2 e^x dx \int_0^1 e^{2y}dy = \frac{1}{2}(e^2-1)^2.$

(3) $D=\{(x,y); 0 \leqq x \leqq 3, 0 \leqq y \leqq (3-x)/2\}$ であるから,

$$\iint_D x^2 dxdy = \int_0^3 x^2 dx \int_0^{(3-x)/2} dy = \frac{1}{2}\int_0^3 x^2(3-x)dx = \frac{27}{8}.$$

(4) $D=\{(x,y); 0 \leqq x \leqq 1, 0 \leqq y \leqq (1-\sqrt{x})^2\}$ であるから,

$$\iint_D x\,dxdy = \int_0^1 dx\int_0^{(1-\sqrt{x})^2} x\,dy = \int_0^1 x(1-\sqrt{x})^2 dx = \frac{1}{30}.$$

(5) $D = \{(x,y); 1 \leq x \leq 2, 1 \leq y \leq x\}$ であるから,
$$\iint_D \log \frac{x^2}{y} dx dy = \int_1^2 dx \int_1^x (2\log x - \log y) dy = \int_1^2 \{(x-2)\log x + x - 1\} dx$$
$$= \left[\left(\frac{1}{2}x^2 - 2x\right)\log x + \frac{1}{4}x^2 + x\right]_1^2 = \frac{7}{4} - 2\log 2.$$

2 (1) 領域 D を求めると, $D = \{(x,y); 0 \leq x \leq a, x \leq y \leq a\}$ である. この領域を y についての縦線型領域とみれば, $D = \{(x,y); 0 \leq y \leq a, 0 \leq x \leq y\}$ である.
よって, $\int_0^a dx \int_x^a f(x,y) dy = \int_0^a dy \int_0^y f(x,y) dx$.

(2) 領域 D を求めると, $D = \{(x,y); 0 \leq x \leq 1, x \leq y \leq \sqrt{2-x^2}\}$ である. $D_1 = \{(x,y); 0 \leq y \leq 1, 0 \leq x \leq y\}$, $D_2 = \{(x,y); 1 \leq y \leq \sqrt{2}, 0 \leq x \leq \sqrt{2-y^2}\}$ とおくと, D は 2 つの閉領域 D_1 と D_2 とに分かれる.
よって, $\int_0^1 dx \int_x^{\sqrt{2-x^2}} f(x,y) dy = \int_0^1 dy \int_0^y f(x,y) dx + \int_1^{\sqrt{2}} dy \int_0^{\sqrt{2-y^2}} f(x,y) dx$.

3 (1) 領域 D を求めると, $D = \{(x,y); 0 \leq y \leq 1, 0 \leq x \leq \sqrt{1-y}\}$ である. この領域を x についての縦線型領域とみれば, $D = \{(x,y); 0 \leq x \leq 1, 0 \leq y \leq 1-x^2\}$ である. よって,
$$\int_0^1 dy \int_0^{\sqrt{1-y}} y\, dx = \int_0^1 dx \int_0^{1-x^2} y\, dy = \frac{1}{2}\int_0^1 (1-x^2)^2 dx = \frac{4}{15}.$$

(2) 領域 D を求めると, $D = \{(x,y); 0 \leq y \leq \pi/2, y \leq x \leq \pi/2\}$ である. この領域を x についての縦線型領域とみれば, $D = \{(x,y); 0 \leq x \leq \pi/2, 0 \leq y \leq x\}$ である. よって,
$$\int_0^{\pi/2} dy \int_y^{\pi/2} \frac{\sin x}{x} dx = \int_0^{\pi/2} dx \int_0^x \frac{\sin x}{x} dy = \int_0^{\pi/2} \sin x\, dx = 1.$$
($f(x) = \frac{\sin x}{x} (x \neq 0), f(0) = 1$ が $x = 0$ で連続であることに注意する.)

4 (1) $u = x+y, v = x-y$ とおくと, D に対応する E は,
$E = \{(u,v); -1 \leq u \leq 1, -1 \leq v \leq 1\}$. $x = \frac{u+v}{2}, y = \frac{u-v}{2}$ だから $J = -\frac{1}{2}$. $|J| = \frac{1}{2}$ より
$$\iint_D \sqrt{x-y+1}\, dx dy = \frac{1}{2}\iint_E \sqrt{v+1}\, du dv = \frac{1}{2}\int_{-1}^1 du \int_{-1}^1 \sqrt{v+1}\, dv = \frac{4}{3}\sqrt{2}.$$

(2) $x = r\cos\theta, y = r\sin\theta$ と変換すると, $0 \leq r \leq 1, 0 \leq \theta \leq 2\pi, J = r$ より
$$\iint_D \left(\frac{x^2}{a^2} + \frac{y^2}{b^2}\right) dx dy = \int_0^1 r^3 dr \int_0^{2\pi} \left(\frac{\cos^2\theta}{a^2} + \frac{\sin^2\theta}{b^2}\right) d\theta = \frac{1}{4}\left(\frac{1}{a^2} + \frac{1}{b^2}\right)\pi.$$

(3) $x = 2u, y = 3v$ と変換すると, $E = \{(u,v); u^2 + v^2 \leq 1\}, J = 6$ である. 前問より,
$$\iint_D (x^2+y^2) dx dy = 6\iint_E (4u^2 + 9v^2) du dv = 6 \cdot \frac{1}{4}(4+9)\pi = \frac{39}{2}\pi.$$

(4) $x = r\cos\theta, y = r\sin\theta$ と変換すると, $0 \leq r \leq 1, 0 \leq \theta \leq \pi/2, J = r$ より
$$\iint_D \frac{1}{1+x^2+y^2} dx dy = \int_0^{\pi/2} d\theta \int_0^1 \frac{r}{1+r^2} dr = \frac{\pi}{2}\left[\frac{1}{2}\log(1+r^2)\right]_0^1 = \frac{\pi}{4}\log 2.$$

(5) $x = r\cos\theta, y = r\sin\theta$ と変換すると, $0 \leq r \leq a\cos\theta, -\pi/2 \leq \theta \leq \pi/2, J = r$ より
$$\iint_D \sqrt{a^2-x^2-y^2}\, dx dy = \int_{-\pi/2}^{\pi/2} d\theta \int_0^{a\cos\theta} \sqrt{a^2-r^2}\, r\, dr$$
$$= \int_{-\pi/2}^{\pi/2} \left[-\frac{1}{3}(a^2-r^2)^{3/2}\right]_0^{a\cos\theta} d\theta = \frac{1}{3}a^3 \int_{-\pi/2}^{\pi/2} (1-|\sin\theta|^3) d\theta = \frac{2}{3}a^3 \int_0^{\pi/2} (1-\sin^3\theta) d\theta$$
$$= \frac{2}{3}a^3 \left(\frac{\pi}{2} - \frac{2}{3}\right) = \left(\frac{\pi}{3} - \frac{4}{9}\right) a^3. \text{ (例題 3.52 参照)}$$

5 (1) $D_n = \{(x,y); 0 \leq x \leq n, 1 \leq y \leq n\}$ とおくと $\{D_n\}$ は D の近似列である．D_n 上の重積分を計算する．
$$I(D_n) = \iint_{D_n} \frac{1}{(x+y)^3} dxdy = \int_0^n dx \int_1^n \frac{1}{(x+y)^3} dy$$
$$= \frac{1}{2}\int_0^n \left(\frac{1}{(x+1)^2} - \frac{1}{(x+n)^2}\right)dx = \frac{1}{2}\left(-\frac{1}{2n} - \frac{1}{n+1} + 1\right) \to \frac{1}{2} \ (n \to \infty).$$
よって $\iint_D \frac{1}{(x+y)^3} dxdy = \frac{1}{2}$.

(2) $D_n = \{(x,y); 0 \leq x \leq \sqrt{1-1/n}, \ -\sqrt{1-x^2} \leq y \leq \sqrt{1-x^2}\}$ とおくと $\{D_n\}$ は D の近似列である．D_n 上の重積分を計算する．
$$I(D_n) = \iint_{D_n} \frac{xy^4}{1-x^2} dxdy = 2\int_0^{\sqrt{1-1/n}} \frac{x}{1-x^2} dx \int_0^{\sqrt{1-x^2}} y^4 dy = \frac{2}{5}\int_0^{\sqrt{1-1/n}} x(1-x^2)^{3/2} dx$$
$$= -\frac{2}{25}\left[(1-x^2)^{5/2}\right]_0^{\sqrt{1-1/n}} = \frac{2}{25}\left(1 - \frac{1}{n^{5/2}}\right) \to \frac{2}{25} \ (n \to \infty).$$
よって $\iint_D \frac{xy^4}{1-x^2} dxdy = \frac{2}{25}$.

(3) $D_n = \{(x,y); 0 \leq x \leq y, 1/n^2 \leq x^2+y^2 \leq 1\}$ とおくと $\{D_n\}$ は D の近似列である．D_n 上の重積分を計算する．$x = r\cos\theta, y = r\sin\theta$ とおくと，$1/n \leq r \leq 1, \pi/4 \leq \theta \leq \pi/2, J = r$ より，$I(D_n) = \iint_{D_n} \frac{y}{\sqrt[3]{x^2+y^2}} dxdy = \int_{1/n}^1 r^{4/3} dr \int_{\pi/4}^{\pi/2} \sin\theta \, d\theta$
$$= \frac{3}{7\sqrt{2}}\left\{1 - \left(\frac{1}{n}\right)^{7/3}\right\} \to \frac{3}{7\sqrt{2}} \ (n \to \infty). \ \text{よって} \iint_D \frac{y}{\sqrt[3]{x^2+y^2}} dxdy = \frac{3}{7\sqrt{2}}.$$

6 (1) $\iiint_D xyz \, dxdydz = \int_0^1 x \, dx \int_0^1 y \, dy \int_0^1 z \, dz = \frac{1}{8}$.

(2) $D = \{(x,y,z); 0 \leq x \leq 1, 0 \leq y \leq x, 0 \leq z \leq y\}$ より
$$\iiint_D (xy + yz + zx) dxdydz = \int_0^1 dx \int_0^x dy \int_0^y (xy+yz+zx) dz$$
$$= \frac{1}{2}\int_0^1 dx \int_0^x (3xy^2 + y^3) dy = \frac{5}{8}\int_0^1 x^4 dx = \frac{1}{8}.$$

(3) $x = r\sin\theta\cos\varphi, \ y = r\sin\theta\sin\varphi, \ z = r\cos\theta$ と極座標に変換すると，D は $E = \{(r,\theta,\varphi); 0 \leq r \leq 1, 0 \leq \theta \leq \pi, 0 \leq \varphi \leq \pi\}$ に対応する．$J = r^2 \sin\theta$ より，
$$\iiint_D y \, dxdydz = \iiint_E r^3 \sin^2\theta \sin\varphi \, drd\theta d\varphi$$
$$= \int_0^1 r^3 dr \int_0^\pi \sin^2\theta \, d\theta \int_0^\pi \sin\varphi \, d\varphi = \frac{\pi}{4}.$$

7 (1) $x-1$ を x, $y-1$ を y と置き換えて考える．$D = \{(x,y); x^2+y^2 \leq 1\}$ とすると，求める体積 V は $V = \iint_D (x+1)(y+1) dxdy$．$x = r\cos\theta, y = r\sin\theta$ とすると，$0 \leq r \leq 1, 0 \leq \theta \leq 2\pi, J = r$ より
$$V = \int_0^{2\pi} d\theta \int_0^1 (r\cos\theta+1)(r\sin\theta+1) r \, dr$$
$$= \int_0^{2\pi} \left\{\frac{1}{4}\sin\theta\cos\theta + \frac{1}{3}(\sin\theta+\cos\theta) + \frac{1}{2}\right\} d\theta = \pi.$$

(2) $D = \{(x,y,z); \sqrt{x}+\sqrt{y}+\sqrt{z} \leq 1\}$ とする．$E = \{(x,y); \sqrt{x}+\sqrt{y} \leq 1\}$ とおくと，

$D = \{(x,y,z); (x,y) \in E, 0 \leqq z \leqq (1-\sqrt{x}-\sqrt{y})^2\}$ である．よって求める体積 $|D|$ は
$$|D| = 8\iint_D dxdydz = 8\iint_E dxdy \int_0^{(1-\sqrt{x}-\sqrt{y})^2} dz$$
$$= 8\int_0^1 dx \int_0^{(1-\sqrt{x})^2} dy \int_0^{(1-\sqrt{x}-\sqrt{y})^2} dz = \frac{4}{3}\int_0^1 (1-\sqrt{x})^4 dx = \frac{4}{45}.$$

(3) $D = \{(x,y); x^2+y^2 \leqq ax\}$ とおく．求める体積 V は $V = 2\iint_D \sqrt{a^2-x^2-y^2}\,dxdy$. $x = r\cos\theta,\ y = r\sin\theta$ と変換すると，$0 \leqq r \leqq a\cos\theta,\ -\pi/2 \leqq \theta \leqq \pi/2,\ J = r$ より，
$$V = 2\int_{-\pi/2}^{\pi/2} d\theta \int_0^{a\cos\theta} \sqrt{a^2-r^2}\,r\,dr = \frac{4}{3}a^3 \int_0^{\pi/2}(1-\sin^3\theta)d\theta$$
$$= \frac{4}{3}\left(\frac{\pi}{2}-\frac{2}{3}\right)a^3 \quad (\text{例題 3.52 参照}).$$

8 (1) $D = \{(x,y); x^2+y^2 \leqq 1\}$ とする．$z_x = y,\ z_y = x$ より，求める曲面積 S は $S = \iint_D \sqrt{1+x^2+y^2}\,dxdy$. $x = r\cos\theta,\ y = r\sin\theta$ とおくと，$0 \leqq r \leqq 1,\ 0 \leqq \theta \leqq 2\pi$ より，
$$S = \int_0^{2\pi} d\theta \int_0^1 \sqrt{1+r^2}\,r\,dr = 2\pi\left[\frac{1}{3}(1+r^2)^{3/2}\right]_0^1 = \frac{2}{3}(2\sqrt{2}-1)\pi.$$

(2) $D = \{(x,y); x^2+y^2 \leqq ax, y \geqq 0\}$ とおく．$z = \sqrt{a^2-x^2-y^2}$ とおくと，$z_x = -\frac{x}{\sqrt{a^2-x^2-y^2}},\ z_y = -\frac{y}{\sqrt{a^2-x^2-y^2}}$ より，求める曲面積 S は $S = 4a\iint_D \frac{1}{\sqrt{a^2-x^2-y^2}}dxdy$. $x = r\cos\theta,\ y = r\sin\theta$ とすると，$0 \leqq \theta \leqq \pi/2,\ 0 \leqq r \leqq a\cos\theta,\ J = r$ より
$$S = 4a\int_0^{\pi/2} d\theta \int_0^{a\cos\theta} \frac{r}{\sqrt{a^2-r^2}}dr = 4a\int_0^{\pi/2}\left[-\sqrt{a^2-r^2}\right]_0^{a\cos\theta} d\theta$$
$$= 4a^2 \int_0^{\pi/2}(1-\sin\theta)d\theta = 4a^2\left(\frac{\pi}{2}-1\right).$$

(3) $y' = \sinh x$ より，$\sqrt{1+(y')^2} = \sqrt{1+\sinh^2 x} = \cosh x$. よって求める表面積 S は
$$S = 2\pi \int_0^2 \cosh^2 x\,dx = 2\pi \int_0^2 \frac{e^{2x}+e^{-2x}+2}{4}dx = \frac{\pi}{2}\left[\frac{1}{2}e^{2x}-\frac{1}{2}e^{-2x}+2x\right]_0^2$$
$$= \frac{\pi}{4}(e^4-e^{-4}+8).$$

9 (1) 左の累次積分に関して，領域 D を求めると，$D = \{(x,y); 0 \leqq x \leqq a,\ 0 \leqq y \leqq x\}$ である．この領域を y についての縦線型領域とみれば，$D = \{(x,y); 0 \leqq y \leqq a,\ y \leqq x \leqq a\}$ である．よって，
$$\int_0^a dx \int_0^x f(y)dy = \int_0^a dy \int_y^a f(y)dx = \int_0^a (a-y)f(y)dy = \int_0^a (a-t)f(t)dt.$$

(2) $c \leqq y \leqq d$ とするとき，
$$\int_c^y dy \int_a^b f_y(x,y)dx = \int_a^b dx \int_c^y f_y(x,y)dy$$
$$= \int_a^b \{f(x,y)-f(x,c)\}dx = \int_a^b f(x,y)dx - \int_a^b f(x,c)dx.$$
微分積分学の基本定理（定理 3.12）より $\int_a^b f_y(x,y)dx = \frac{d}{dy}\int_a^b f(x,y)dx$. よって等式が成り立つ．

10 D は $E = \{(u,v); a \leqq u \leqq 2a,\ b \leqq v \leqq 2b\}$ に対応する．$x = u^{2/3}v^{1/3},\ y = u^{1/3}v^{2/3}$ より
$$J = \begin{vmatrix} \frac{2}{3}u^{-1/3}v^{1/3} & \frac{1}{3}u^{2/3}v^{-2/3} \\ \frac{1}{3}u^{-2/3}v^{2/3} & \frac{2}{3}u^{1/3}v^{-1/3} \end{vmatrix} = \frac{1}{3}.$$

よって，$\iint_D dxdy = \dfrac{1}{3}\iint_E dudv = \dfrac{1}{3}\int_a^{2a} du \int_b^{2b} dv = \dfrac{1}{3}ab$.

11 (1) $\Gamma(s+1) = \int_0^\infty e^{-x}x^s dx = \lim_{M\to\infty}\int_0^M e^{-x}x^s dx$
$= \lim_{M\to\infty}\{[-e^{-x}x^s]_0^M - \int_0^M(-e^{-x})sx^{s-1}dx\} = \lim_{M\to\infty}(-e^{-M}M^s + s\int_0^M e^{-x}x^{s-1}dx)$
$= s\int_0^\infty e^{-x}x^{s-1}dx = s\Gamma(s)$
（最後の行の $\lim_{M\to\infty}e^{-M}M^s = 0$ はロピタルの定理を用いる）．
また，$\Gamma(1) = \int_0^\infty e^{-x}dx = \lim_{M\to\infty}\int_0^M e^{-x}dx = \lim_{M\to\infty}(1-e^{-M}) = 1$.
これらの結果より，$\Gamma(n+1) = n\Gamma(n) = n(n-1)\Gamma(n-1) = \cdots = n!\,\Gamma(1) = n!$.

(2) 例題 5.8(2) を用いる．$x = t^2$ とおくと
$$\Gamma\left(\dfrac{1}{2}\right) = \int_0^\infty e^{-x}x^{-1/2}dx = 2\int_0^\infty e^{-t^2}dt = \sqrt{\pi}.$$

(3) (1), (2) より
$$\Gamma\left(n+\dfrac{1}{2}\right) = \dfrac{2n-1}{2}\Gamma\left(n-\dfrac{1}{2}\right) = \dfrac{2n-1}{2}\dfrac{2n-3}{2}\cdots\dfrac{1}{2}\Gamma\left(\dfrac{1}{2}\right) = \dfrac{(2n-1)!!}{2^n}\sqrt{\pi}.$$

12 $D = \{(x,y); x \geqq 0, y \geqq 0\}$ とおくと，$\Gamma(p)\Gamma(q) = \iint_D e^{-x-y}x^{p-1}y^{q-1}dxdy$.
この 2 重積分について $x = uv, y = u(1-v)$ と変換すると $E = \{(u,v); u \geqq 0, 0 \leqq v \leqq 1\}$ は D と対応し，$J = -u$ より $|J| = u$．よって
$$\Gamma(p)\Gamma(q) = \iint_E e^{-u}(uv)^{p-1}\{u(1-v)\}^{q-1}u\,dudv$$
$$= \int_0^\infty e^{-u}u^{p+q-1}du \int_0^1 v^{p-1}(1-v)^{q-1}dv$$
$$= \Gamma(p+q)B(p,q).$$
したがって $B(p,q) = \dfrac{\Gamma(p)\Gamma(q)}{\Gamma(p+q)}$.

13 $D = \{(x,y); x^{2/3}+y^{2/3}+z^{2/3} \leqq a^{2/3}, x \geqq 0, y \geqq 0, z \geqq 0\}$ とおく．求める体積 V は $V = 8\iiint_D dxdydz$．$A = a^{1/3}$ とおく．$x = u^3, y = v^3, z = w^3$ と変換すると，ヤコビアン J は
$$J = \begin{vmatrix} 3u^2 & 0 & 0 \\ 0 & 3v^2 & 0 \\ 0 & 0 & 3w^2 \end{vmatrix} = 27u^2v^2w^2.$$
D は $D' = \{(u,v,w); u^2+v^2+w^2 \leqq A^2, u \geqq 0, v \geqq 0, w \geqq 0\}$ に対応する．よって $V = 8\cdot 27\iiint_{D'} u^2v^2w^2 dudvdw$．さらに，$u = r\sin\theta\cos\varphi$, $v = r\sin\theta\sin\varphi$, $w = r\cos\theta$ と極座標に変換すると，領域 D' は $E = \{(r,\theta,\varphi); 0 \leqq r \leqq A, 0 \leqq \theta \leqq \pi/2, 0 \leqq \varphi \leqq \pi/2\}$ に対応し，$J = r^2\sin\theta$．
よって，
$$V = 8\cdot 27 \iiint_E (r\sin\theta\cos\varphi)^2(r\sin\theta\sin\varphi)^2(r\cos\theta)^2 r^2\sin\theta\,drd\theta d\varphi$$
$$= 8\cdot 27 \int_0^A r^8 dr \int_0^{\pi/2}\sin^5\theta\cos^2\theta\,d\theta \int_0^{\pi/2}\sin^2\varphi\cos^2\varphi\,d\varphi.$$
ここで例題 3.52 より，
$$\int_0^{\pi/2}\sin^5\theta\cos^2\theta\,d\theta = \int_0^{\pi/2}(\sin^5\theta - \sin^7\theta)d\theta = \dfrac{4}{5}\cdot\dfrac{2}{3} - \dfrac{6}{7}\cdot\dfrac{4}{5}\cdot\dfrac{2}{3} = \dfrac{8}{105},$$
$$\int_0^{\pi/2}\sin^2\varphi\cos^2\varphi\,d\varphi = \int_0^{\pi/2}(\sin^2\varphi - \sin^4\varphi)d\varphi = \dfrac{1}{2}\cdot\dfrac{\pi}{2} - \dfrac{3}{4}\cdot\dfrac{1}{2}\cdot\dfrac{\pi}{2} = \dfrac{\pi}{16}$$

だから $V = \frac{4}{35}\pi a^3$.

■ 6章問題解答

6.1 (1) $\sum_{n=1}^{\infty} \frac{2^{n-1}-1}{3^n} = \frac{1}{3}\sum_{n=1}^{\infty}\left(\frac{2}{3}\right)^{n-1} - \sum_{n=1}^{\infty}\left(\frac{1}{3}\right)^n = \frac{1}{2}$

(2) $S_n = \sum_{k=1}^{n} \frac{1}{k(k+1)(k+2)} = \frac{1}{2}\sum_{k=1}^{n}\left\{\frac{1}{k(k+1)} - \frac{1}{(k+1)(k+2)}\right\}$

$= \frac{1}{2}\left\{\frac{1}{2} - \frac{1}{n(n+1)}\right\} \to \frac{1}{4} \ (n \to \infty). \ \therefore S = \frac{1}{4}.$

(3) $\sum_{k=1}^{n} \frac{1}{k(k+2)} = \frac{1}{2}\sum_{k=1}^{n}\left(\frac{1}{k} - \frac{1}{k+2}\right)$

$= \frac{1}{2}\left\{\left(\frac{1}{1} - \frac{1}{3}\right) + \left(\frac{1}{2} - \frac{1}{4}\right) + \left(\frac{1}{3} - \frac{1}{5}\right) + \cdots + \left(\frac{1}{n-1} - \frac{1}{n+1}\right) + \left(\frac{1}{n} - \frac{1}{n+2}\right)\right\}$

$= \frac{1}{2}\left(1 + \frac{1}{2} - \frac{1}{n+1} - \frac{1}{n+2}\right) \to \frac{3}{4} \ (n \to \infty). \ \therefore S = \frac{3}{4}.$

6.2 (1) $\sum_{n=1}^{\infty} 1/n^p$ で $p = 1/2$ の場合だから発散.

(2) $\sum_{n=1}^{\infty} 1/n^p$ の $p = 3/2$ の場合だから収束.

(3) $\sum_{n=1}^{\infty} \frac{1}{(n+1)\sqrt[3]{n+1}} = \sum_{n=2}^{\infty} \frac{1}{n\sqrt[3]{n}} = \sum_{n=2}^{\infty} \frac{1}{n^{4/3}}$ だから収束 $(p = 4/3 > 1)$.

6.3 $p \leqq 0$ のとき, $n \geqq 3$ に対して, $\frac{1}{n(\log n)^p} = \frac{(\log n)^{-p}}{n} \geqq \frac{1}{n}$. $\sum_{n=1}^{\infty} \frac{1}{n}$ は発散するから, $\sum_{n=2}^{\infty} \frac{1}{n(\log n)^p}$ は発散する.

$p > 0$ とする. $f(x) = \frac{1}{x(\log x)^p} \ (x \geqq 2)$ とおくと $f(x) > 0$ で,
$$f'(x) = -\frac{\log x + p}{x^2(\log x)^{p+1}} < 0 \ (x \geqq 2)$$
だから, $f(x)$ は $x \geqq 2$ で単調減少で $\lim_{x \to \infty} f(x) = 0$ (ゆえに積分判定法が使える).

$p \neq 1$ のとき,
$$\int_2^{\infty} f(x)dx = \lim_{M \to \infty} \int_2^{M} \frac{dx}{x(\log x)^p} = \lim_{M \to \infty} \left[\frac{1}{1-p}(\log x)^{1-p}\right]_2^M$$
$$= \frac{1}{1-p}\lim_{M \to \infty}\{(\log M)^{1-p} - (\log 2)^{1-p}\}$$
$$= \begin{cases} 1/(p-1)(\log 2)^{p-1} & (p > 1) \\ \infty & (0 < p < 1). \end{cases}$$

したがって積分判定法より, $\sum_{n=2}^{\infty} \frac{1}{n(\log n)^p}$ は $p > 1$ のとき収束し, $0 < p < 1$ のとき発散する. $p = 1$ のとき,
$$\int_2^{\infty} f(x)dx = \lim_{M \to \infty} \int_2^{M} \frac{dx}{x\log x} = \lim_{M \to \infty} [\log(\log x)]_2^M = \lim_{M \to \infty}\{\log(\log M) - \log(\log 2)\} = \infty$$

だから，$\sum_{n=2}^{\infty} \frac{1}{n(\log n)}$ は発散する．

以上から，$\sum_{n=2}^{\infty} \frac{1}{n(\log n)^p}$ は $p > 1$ のときのみ収束する．

6.4 (1) $\sum_{n=2}^{\infty} \frac{1}{n(\log n)^p}$ で $p=1$ の場合だから発散．

(2) $\sum_{n=2}^{\infty} \frac{1}{n(\log n)^p}$ の $p=2$ の場合だから収束．

(3) $\sum_{n=2}^{\infty} \frac{1}{n\sqrt{\log n}} = \sum_{n=2}^{\infty} \frac{1}{n(\log n)^{1/2}}$ だから発散 ($p = 1/2 < 1$)．

6.5 (1) $\frac{1}{(2n-1)^2} \leqq \frac{1}{n^2}$．$\sum_{n=1}^{\infty} \frac{1}{n^2}$ は収束するから，$\sum_{n=1}^{\infty} \frac{1}{(2n-1)^2}$ は収束．

(2) $a_n = \sin^3 \frac{\pi}{\sqrt{n}} \leqq \left(\frac{\pi}{\sqrt{n}}\right)^3 = \pi^3 \frac{1}{n^{3/2}}$．

$\sum_{n=1}^{\infty} 1/n^{3/2}$ は収束するから $\sum_{n=1}^{\infty} a_n$ は収束．

(3) $0 < \log x \leqq \sqrt{x}$ $(x>1)$ だから $\frac{1}{\sqrt{n}\log(n+1)} \geqq \frac{1}{\sqrt{n(n+1)}} \geqq \frac{1}{n+1}$．

$\sum_{n=1}^{\infty} \frac{1}{n+1}$ は発散するから $\sum_{n=1}^{\infty} \frac{1}{\sqrt{n}\log(n+1)}$ は発散．

6.6 (1) $a_n = \frac{2n+1}{3n^2-n-1}$, $b_n = \frac{1}{n}$ とする．$\frac{a_n}{b_n} = \frac{2n^2+n}{3n^2-n-1} \to \frac{2}{3}$ $(n \to \infty)$．

$\sum_{n=1}^{\infty} b_n$ は発散するから $\sum_{n=1}^{\infty} a_n$ は発散．

(2) $a_n = \frac{1}{5^n - 3^n}$, $b_n = \frac{1}{5^n}$ とすると，$\frac{a_n}{b_n} = \frac{5^n}{5^n-3^n} \to 1$ $(n \to \infty)$．

$\sum_{n=1}^{\infty} b_n$ は収束するから $\sum_{n=1}^{\infty} a_n$ は収束．

(3) $\lim_{n \to \infty} \frac{\log(1+1/\sqrt{n})}{1/\sqrt{n}} = 1$．$\sum_{n=1}^{\infty} 1/\sqrt{n}$ は発散．$\therefore \sum_{n=1}^{\infty} \log(1+1/\sqrt{n})$ は発散．

6.7 (1) $a_n = \frac{2^n}{n^2}$ とおくと $\frac{a_{n+1}}{a_n} = \frac{2^{n+1}}{(n+1)^2} \frac{n^2}{2^n} = 2\left(\frac{n}{n+1}\right)^2 = 2\left(1 - \frac{1}{n+1}\right)^2 \to 2 > 1$

$(n \to \infty)$．ゆえにダランベールの判定法より $\sum_{n=1}^{\infty} a_n$ は発散．

(2) $a_n = \frac{n!}{3^{n-1}}$ とおくと，
$$\frac{a_{n+1}}{a_n} = \frac{(n+1)!}{3^n} \frac{3^{n-1}}{n!} = \frac{n+1}{3} \to \infty > 1 \ (n \to \infty)．$$

$\therefore \sum_{n=1}^{\infty} a_n$ は発散．

(3) $a_n = \frac{(n!)^2}{(2n)!}$ とおくと
$$\frac{a_{n+1}}{a_n} = \frac{\{(n+1)!\}^2}{\{2(n+1)\}!} \frac{(2n)!}{(n!)^2} = \frac{(n+1)^2}{(2n+2)(2n+1)} \to \frac{1}{4} \ (n \to \infty)．$$

$\therefore \sum_{n=1}^{\infty} a_n$ は収束．

6.8 (1) $a_n = \left(\frac{\log n}{n}\right)^n$ とすると，$\lim_{n \to \infty} \sqrt[n]{a_n} = \lim_{n \to \infty} \frac{\log n}{n} = \lim_{n \to \infty} \frac{1}{n} = 0 < 1$

$(n \to \infty)$. $\therefore \sum_{n=2}^{\infty} a_n$ は収束.

(2) $a_n = \left(\dfrac{2n-1}{3n-2}\right)^n$ とすると，$\sqrt[n]{a_n} = \dfrac{2n-1}{3n-2} \to \dfrac{2}{3} < 1 \ (n \to \infty)$. $\therefore \sum_{n=1}^{\infty} a_n$ は収束.

(3) $a_n = \left(\dfrac{n-2}{n-1}\right)^{n^2}$ とすると

$$\sqrt[n]{a_n} = \left(\dfrac{n-2}{n-1}\right)^n = \dfrac{(1-2/n)^n}{(1-1/n)^n} = \dfrac{(1-1/n)^{-n}}{\{(1-2/n)^{-n/2}\}^2} \to \dfrac{e}{e^2} = \dfrac{1}{e} < 1 \ (n \to \infty).$$

$\therefore \sum_{n=2}^{\infty} a_n$ は収束.

6.9 (1) $\left\{\dfrac{1}{n \log n}\right\}$ は減少数列で 0 に収束するから交代級数 $\sum_{n=2}^{\infty} \dfrac{(-1)^n}{n \log n}$ は収束．また $\sum_{n=2}^{\infty} \dfrac{1}{n \log n}$ は発散（問題 6.3）．したがって，$\sum_{n=2}^{\infty} \dfrac{(-1)^n}{n \log n}$ は条件収束．

(2) $a_n = (-1)^{n-1} \sin \dfrac{1}{n^2}$ とする．$|a_n| = \sin \dfrac{1}{n^2} \leq \dfrac{1}{n^2}$, $\sum_{n=1}^{\infty} \dfrac{1}{n^2}$ は収束するから，$\sum_{n=1}^{\infty} a_n$ は絶対収束．

(3) $\left|\dfrac{e^n \sin n}{n!}\right| \leq \dfrac{e^n}{n!}$. $\sum_{n=1}^{\infty} \dfrac{e^n}{n!}$ は収束（例題 6.7(1)）．

比較判定法 1 より $\sum_{n=1}^{\infty} \left|\dfrac{e^n \sin n}{n!}\right|$ は収束するから $\sum_{n=1}^{\infty} \dfrac{e^n \sin n}{n!}$ は絶対収束．

6.10 $\sum_{n=1}^{\infty} a_n$ が絶対収束すると仮定すると，コーシーの定理より $\sum_{k=n+1}^{m} |a_k| \to 0$ $(m > n \to \infty)$. このとき

$$\left|\sum_{k=n+1}^{m} a_k\right| \leq \sum_{k=n+1}^{m} |a_k| \to 0 \ (m > n \to \infty).$$

したがって $\sum_{k=n+1}^{m} a_k \to 0 \ (m > n \to \infty)$ となるから再びコーシーの定理より $\sum_{n=1}^{\infty} a_n$ は収束する．

6.11 級数 $\sum_{n=0}^{\infty} a_n$ は初項 1，公比 $-1/3$ の等比級数 $\sum_{n=0}^{\infty}(-1/3)^n$ の項の順序を変えたものである（正の 2 項の後に負の項を 1 つおく）．

$$\sum_{n=0}^{\infty} \left(-\dfrac{1}{3}\right)^n = \dfrac{1}{1+1/3} = \dfrac{3}{4}.$$

この級数は絶対収束するから，定理 6.12(1)（例題 6.11(2)）より，$\sum_{n=0}^{\infty} a_n = 3/4$.

6.12 $\sum_{n=1}^{\infty} a_n = A$, $\sum_{m=1}^{\infty} b_m = B$ とする．これらは絶対収束するから，定理 6.12(2)（例題 6.13）より，a_n と b_m のすべての積 $a_n b_m$ を任意の順序に並べてできる級数 $\sum a_n b_m$ は絶対収束して，$\sum a_n b_m = AB$. ゆえに，

$$\sum_{n=1}^{\infty} c_n = a_1 b_1 + (a_1 b_2 + a_2 b_1) + (a_1 b_3 + a_2 b_2 + a_3 b_1) + \cdots$$

の括弧を外した級数は絶対収束して和は AB に等しい．

したがって定理 6.1(4) より $\sum_{n=1}^{\infty} c_n = AB$ を得る．

6.13 [(a) $\Rightarrow$ (b)]　$r = 0$ とすると，r の定義から，$x \neq 0$ ならば $\sum_{n=0}^{\infty} a_n x^n$ は発散する．

[(b) $\Rightarrow$ (a)]　$\sum_{n=0}^{\infty} a_n x^n$ がすべての $x \neq 0$ に対して発散すれば，

$S = \{|x|; \sum_{n=0}^{\infty} a_n x^n が収束\} = \{0\}$. したがって $r = \sup S = 0$.

6.14 [(a) $\Rightarrow$ (b)]　$r = \infty$ のとき, 集合 $S = \{|x|; \sum_{n=0}^{\infty} a_n x^n が収束\}$ は上に有界でないから, 任意の x に対して, $|x| < |x_0|$ となる $x_0 \in S$ が存在する. このとき $\sum_{n=0}^{\infty} a_n x_0^n$ は収束するから, 定理6.13(1) より $\sum_{n=0}^{\infty} a_n x^n$ は絶対収束する.

　　[(b) $\Rightarrow$ (a)]　$\sum_{n=0}^{\infty} a_n x^n$ がすべての x に対して収束すれば, $S = [0, \infty)$. したがって $r = \sup S = \infty$.

6.15　$x \neq 0$ のとき $a_n = x^{n^2}$ とおくと, $|x| < 1$ のとき, $|a_{n+1}/a_n| = |x^{2n+1}| \to 0 \ (n \to \infty)$ だから, $\sum_{n=0}^{\infty} x^{n^2}$ は絶対収束, したがって収束する. $|x| > 1$ のとき, $|x^{2^n}| > 1 \ (n = 0, 1, 2, \ldots)$ だから $x^{n^2} \not\to 0$ なり, $\sum_{n=0}^{\infty} x^{n^2}$ は発散する. したがって定理6.14(例題6.15) より, 収束半径は $r = 1$.

6.16　(1)　$a_n = 1/(2n)!$ とすると,
$$\frac{a_{n+1}}{a_n} = \frac{(2n)!}{(2n+2)!} \to 0 \ (n \to \infty). \quad \therefore r = \frac{1}{0} = \infty.$$
収束域は $(-\infty, \infty)$.

　　(2)　$a_n = \left(\dfrac{n}{n+1}\right)^n$ とすると, $\sqrt[n]{a_n} = \dfrac{n}{n+1} \to 1 \ (n \to \infty)$. $\therefore r = 1$.
$x = 1$ のとき, $a_n = \frac{1}{(1+1/n)^n} \to 1/e \neq 0 \ (n \to \infty)$ より $\sum_{n=1}^{\infty} a_n x^n$ は発散.
$x = -1$ のとき, 同様に $(-1)^n a_n \not\to 0$ となり, 発散. ゆえに収束域は $(-1, 1)$.

　　(3)　$a_n = \dfrac{(-1)^n}{\log(n+2)}$ とすると, $\left|\dfrac{a_{n+1}}{a_n}\right| = \dfrac{\log(n+2)}{\log(n+3)}$. ここで
$$\lim_{x \to \infty} \frac{\log x}{\log(x+1)} = \lim_{x \to \infty} \frac{x+1}{x} = 1.$$
これより $\lim_{n \to \infty} \dfrac{\log(n+2)}{\log(n+3)} = 1$. ゆえに収束半径は $r = \dfrac{1}{l} = 1$.
$x = 1$ のとき, $\left\{\dfrac{1}{\log(n+2)}\right\}$ は単調減少で 0 に収束するからライプニッツの定理より $\sum_{n=1}^{\infty} \dfrac{(-1)^n}{\log(n+2)}$ は収束. $x = -1$ のとき, $\sum_{n=0}^{\infty} \dfrac{(-1)^n}{\log(n+2)}(-1)^n = \sum_{n=0}^{\infty} \dfrac{1}{\log(n+2)}$ は発散 ($\because \frac{1}{\log(n+2)} \geq \frac{1}{n+2}$. $\sum_{n=0}^{\infty} \frac{1}{n+2}$ は発散). ゆえに収束域は $(-1, 1]$.

6.17　(1)　$a_n = \dfrac{2^n}{n^2}$ とすると, $\dfrac{a_{n+1}}{a_n} = 2\left(\dfrac{n}{n+1}\right)^2 \to 2 \ (n \to \infty)$.
したがって $\sum_{n=1}^{\infty} a_n x^n$ の収束半径は $1/2$. 定理6.16(例題6.17) より, $\sum_{n=1}^{\infty} a_n x^{2n-1}$ の収束半径は $r = 1/\sqrt{2}$.

　　(2)　$a_n = \dfrac{(-1)^n}{(2n+1)!}$ とすると, $\left|\dfrac{a_{n+1}}{a_n}\right| \to 0 \ (n \to \infty)$.
したがって $\sum_{n=0}^{\infty} a_n x^n$ の収束半径は ∞. 定理6.16(例題6.17) より, $\sum_{n=0}^{\infty} a_n x^{2n}$ の収束半径は $r = \infty$.

6.18　$|x| < 1$ のとき, $f(x) = \dfrac{1}{1-x^2} = 1 + x^2 + x^4 + \cdots + x^{2n} + \cdots$.
定理6.19 より, $f^{(2n)}(0) = (2n)! a_{2n} = (2n)!, f^{(2n-1)}(0) = (2n-1)! a_{2n-1} = 0$.

6.19　$-\infty < x < \infty$ に対して

$$e^x = 1 + \frac{x}{1!} + \frac{x^2}{2!} + \cdots + \frac{x^n}{n!} + \cdots, \quad e^{-x} = 1 - \frac{x}{1!} + \frac{x^2}{2!} - \cdots + (-1)^n \frac{x^n}{n!} + \cdots.$$

$$\therefore \sinh x = \frac{1}{2}(e^x - e^{-x}) = \frac{x}{1!} + \frac{x^3}{3!} + \cdots + \frac{x^{2n+1}}{(2n+1)!} + \cdots \quad (-\infty < x < \infty).$$

また定理 6.19 より, $n = 2m$ のとき $f^{(2m)}(0) = 0$.
$n = 2m - 1$ のとき $f^{(2m-1)}(0) = (2m-1)! a_{2m-1} = 1$.

6.20 $\log(1+x)$ の整級数展開で $x = 1/2$ とおくと

$$\frac{1}{2} - \frac{1}{2}\left(\frac{1}{2}\right)^2 + \frac{1}{3}\left(\frac{1}{2}\right)^3 - \cdots + (-1)^{n-1}\frac{1}{n}\left(\frac{1}{2}\right)^n + \cdots = \log\frac{3}{2} = \log 3 - \log 2.$$

6.21 (1) $\log(1+x)$ の展開式で x を x^2 とおくと,

$$f(x) = \log(1+x^2) = x^2 - \frac{x^4}{2} + \frac{x^6}{3} - \cdots + (-1)^{n-1}\frac{x^{2n}}{n} + \cdots.$$

(2) (1) より, $n = 2m - 1$ のとき $f^{(2m-1)}(0) = 0$,
$n = 2m$ のとき $f^{(2m)}(0) = (2m)! a_{2m} = (2m)! \frac{(-1)^{m-1}}{m}$.

6.22 関数 $(1+x)^\alpha$ ($|x| < 1$) の整級数展開で $\alpha = \frac{1}{2}$ とおくと $|x| < 1$ のとき,

$$\sqrt{1+x} = 1 + \frac{1}{2}x - \frac{1}{2}\frac{x^2}{4} + \cdots + (-1)^{n-1}\frac{1 \cdot 3 \cdots (2n-3)}{2 \cdot 4 \cdots (2n-2)}\frac{x^n}{2n} + \cdots$$

(例題 6.23(2)). x を $-x^2$ でおきかえて

$$\sqrt{1-x^2} = 1 - \frac{1}{2}x^2 - \frac{1}{2}\frac{x^4}{4} - \cdots - \frac{1 \cdot 3 \cdots (2n-3)}{2 \cdot 4 \cdots (2n-2)}\frac{x^{2n}}{2n} - \cdots.$$

6.23 $a_n = \frac{f^{(n)}(0)}{n!}$ だから例題 6.24(2) より, $f'(0) = 1$. 以下 $n \geq 1$ として
$f^{(2n+1)}(0) = \frac{1 \cdot 3 \cdots (2n-1)}{2 \cdot 4 \cdots (2n)}\frac{1}{2n+1}(2n+1)! = \frac{1 \cdot 3 \cdots (2n-1)}{2 \cdot 4 \cdots (2n)}(2n)! = 1^2 \cdot 3^2 \cdots (2n-1)^2$,
$f^{(2n)}(0) = 0$.

6.24 いずれも収束半径は 1 であることに注意.

$$\left\{\sum_{n=1}^\infty (-1)^{n-1}\frac{x^n}{n}\right\}\left\{\sum_{n=0}^\infty (-1)^n x^n\right\}$$

$$= \left\{x - \frac{x^2}{2} + \frac{x^3}{3} - \cdots + (-1)^{n-1}\frac{x^n}{n} + \cdots\right\}\{1 - x + x^2 - x^3 + \cdots + (-1)^n x^n + \cdots\}$$

$$= x - \left(1 + \frac{1}{2}\right)x^2 + \left(1 + \frac{1}{2} + \frac{1}{3}\right)x^3 - \cdots + (-1)^{n-1}\left(1 + \frac{1}{2} + \cdots + \frac{1}{n}\right)x^n + \cdots$$

$$= \sum_{n=1}^\infty (-1)^{n-1}\left(\sum_{k=1}^n \frac{1}{k}\right)x^n.$$

6.25 (1) $\dfrac{1}{1-3x+2x^2} = \dfrac{2}{1-2x} - \dfrac{1}{1-x}$ で

$$\frac{2}{1-2x} = \sum_{n=0}^\infty 2^{n+1}x^n \quad \left(|x| < \frac{1}{2}\right), \quad \frac{1}{1-x} = \sum_{n=0}^\infty x^n \ (|x| < 1).$$

したがって $|x| < \dfrac{1}{2}$ のとき $\dfrac{1}{1-3x+2x^2} = \sum_{n=0}^\infty (2^{n+1} - 1)x^n$.

(2) $|x| < 1$ のとき, $\dfrac{1}{x+1} = 1 - x + x^2 - \cdots + (-1)^n x^n + \cdots = \sum_{n=0}^\infty (-1)^n x^n$.

この級数は $|x|<1$ で絶対収束するから，$\sum_{n=0}^{\infty}(-1)^n x^n$ と $\sum_{n=0}^{\infty}(-1)^n x^n$ の積はコーシー乗積に等しい．したがって

$$\frac{1}{(x+1)^2} = \{1-x+x^2-\cdots+(-1)^n x^n+\cdots\}\{1-x+x^2-\cdots+(-1)^n x^n+\cdots\}$$
$$= 1-2x+3x^2+\cdots+(-1)^n(n+1)x^n+\cdots = \sum_{n=0}^{\infty}(-1)^n(n+1)x^n.$$

(3) $\tan^{-1} x = \sum_{n=0}^{\infty}\frac{(-1)^n}{2n+1}x^{2n+1}, \quad \frac{1}{1+x^2} = \sum_{n=0}^{\infty}(-1)^n x^{2n} \ (|x|<1).$

これらの級数は $|x|<1$ で絶対収束するから，その積はコーシー乗積に等しい．したがって

$$\frac{\tan^{-1} x}{1+x^2} = \left\{\sum_{n=0}^{\infty}\frac{(-1)^n}{2n+1}x^{2n+1}\right\}\left\{\sum_{n=0}^{\infty}(-1)^n x^{2n}\right\}$$
$$= x - \left(1+\frac{1}{3}\right)x^3 + \left(1+\frac{1}{3}+\frac{1}{5}\right)x^5 - \cdots + (-1)^{n-1}\left(1+\frac{1}{3}+\frac{1}{5}+\cdots+\frac{1}{2n-1}\right)x^{2n-1} + \cdots$$
$$= \sum_{n=1}^{\infty}(-1)^{n-1}\left(\sum_{k=1}^{n}\frac{1}{2k-1}\right)x^{2n-1}.$$

6 章演習問題解答

1 (1) $\sum_{n=1}^{\infty}(-1)^{n-1}\frac{2^{n-1}}{5^n} = \frac{1}{5}\sum_{n=1}^{\infty}(-1)^{n-1}\left(\frac{2}{5}\right)^{n-1} = \frac{1}{7}$

(2) $\frac{2}{n^2+4n+3} = \frac{2}{(n+1)(n+3)} = \frac{1}{n+1} - \frac{1}{n+3}.$

$\therefore \ S_n = \frac{1}{2} + \frac{1}{3} - \frac{1}{n+2} - \frac{1}{n+3} \to \frac{5}{6} \ (n\to\infty)$

(3) $\sum_{n=1}^{\infty}\frac{1}{2^{2n-1}} = 2\sum_{n=1}^{\infty}\left(\frac{1}{4}\right)^n = 2\cdot\frac{1}{3} = \frac{2}{3}$

2 (1) $a_n = \frac{n^2}{n^3+n-1} \geq \frac{n^2}{2n^3} = \frac{1}{2}\frac{1}{n}$. $\sum_{n=1}^{\infty}\frac{1}{n}$ は発散するから，$\sum_{n=1}^{\infty}a_n$ は発散．

(2) $a_n = \sqrt{n+1} - \sqrt{n} = \frac{1}{\sqrt{n+1}+\sqrt{n}}$ とする．

$a_n \geq \frac{1}{2}\frac{1}{\sqrt{n+1}}$ で $\sum_{n=1}^{\infty}\frac{1}{\sqrt{n+1}}$ は発散だから，$\sum_{n=1}^{\infty}a_n$ は発散．

(3) $a_n = (\sqrt[n]{2n}-1)^n$ とおくと

$$\sqrt[n]{a_n} = \sqrt[n]{2n}-1 = \sqrt[n]{2}\sqrt[n]{n}-1 \to 1\cdot 1 - 1 = 0 < 1 \ (n\to\infty)$$

($\lim_{n\to\infty}\sqrt[n]{2} = \lim_{n\to\infty}\sqrt[n]{n} = 1$ (問題 1.7, 例題 1.5; 問題 1.8 参照)．コーシーの判定法より $\sum_{n=1}^{\infty}(\sqrt[n]{2n}-1)^n$ は収束．

(4) $a_n = \frac{1}{n\sqrt{\log(1+n)}} \geq \frac{1}{(n+1)\log(1+n)}.$

$\sum_{n=1}^{\infty}\frac{1}{(n+1)\log(n+1)}$ は発散する (問題 6.4(1)) から，$\sum_{n=1}^{\infty}a_n$ は発散．

(5) $a_n = \dfrac{\sqrt{n+1}-\sqrt{n}}{n} = \dfrac{1}{n(\sqrt{n+1}+\sqrt{n})} \leq \dfrac{1}{n\sqrt{n}}$.

$\sum_{n=1}^{\infty} \dfrac{1}{n\sqrt{n}}$ は収束するから，$\sum_{n=1}^{\infty} a_n$ は収束．

(6) $a_n = \dfrac{3^{2n}}{n!}$ とする．$\dfrac{a_{n+1}}{a_n} = \dfrac{3^{2(n+1)}}{(n+1)!} \dfrac{n!}{3^{2n}} = \dfrac{3^2}{n+1} \to 0 < 1 \;(n \to \infty)$.

ダランベールの判定法より $\sum_{n=1}^{\infty} a_n$ は収束．

(7) $a_n = \left(\dfrac{n}{n+1}\right)^{n^2}$ とすると，
$$\sqrt[n]{a_n} = \left(\dfrac{n}{n+1}\right)^n = \dfrac{1}{(1+1/n)^n} \to \dfrac{1}{e} < 1 \quad (n \to \infty).$$

コーシーの判定法より $\sum_{n=1}^{\infty} a_n$ は収束．

(8) $a_n = \left(\dfrac{n}{n+1}\right)^n = \dfrac{1}{(1+1/n)^n} \to \dfrac{1}{e} \neq 0 \;(n \to \infty)$. $\sum_{n=1}^{\infty} a_n$ は発散．

(9) $a_n = a^n/n^a$ とすると，
$$\dfrac{a_{n+1}}{a_n} = \dfrac{a^{n+1}}{(n+1)^a} \dfrac{n^a}{a^n} = a\left(\dfrac{n}{n+1}\right)^a \to a \quad (n \to \infty).$$

ゆえに $\sum_{n=1}^{\infty} a_n$ は，$0 < a < 1$ のとき収束，$a > 1$ のとき発散，$a = 1$ のとき $a_n = 1/n$ だから発散．

(10) $p \geqq 1$ のとき $a_n = p^n n^p \geqq 1$ だから，$\sum_{n=1}^{\infty} a_n$ は発散．

$0 < p < 1$ のとき，$\dfrac{a_{n+1}}{a_n} = p\left(1+\dfrac{1}{n}\right)^p \to p < 1 \;(n \to \infty)$ だから，$\sum_{n=1}^{\infty} a_n$ は収束．

(11) $a_n = \sin\dfrac{\pi}{n^p}$ とする．$\dfrac{a_n}{\pi/n^p} \to 1 \;(\lim_{x \to 0}\dfrac{\sin x}{x} = 1$ より$)$．
$$\sum_{n=1}^{\infty} \dfrac{\pi}{n^p} = \pi \sum_{n=1}^{\infty} \dfrac{1}{n^p}$$

は $p > 1$ のときのみ収束．したがって $\sum_{n=1}^{\infty} a_n$ は $p > 1$ のとき収束，$p \leqq 1$ のとき発散．

(12) $a_n = \dfrac{1}{p^n - q^n}$ とする．$\dfrac{a_n}{1/p^n} \to 1 \;(n \to \infty)$．

$\sum_{n=1}^{\infty} a_n$ の収束・発散は $\sum_{n=1}^{\infty} 1/p^n$ と同時におこる．$\sum_{n=1}^{\infty} 1/p^n$ は $1/p < 1$ のときのみ収束するから，$\sum_{n=1}^{\infty} a_n$ は $p > 1$ のとき収束，$0 < p \leqq 1$ のとき発散．

3 (1) $a_n = \dfrac{1}{2n-1}$ とおくと，$\{a_n\}$ は減少数列で $a_n \to 0 \;(n \to \infty)$．したがって交代級数 $\sum_{n=1}^{\infty} (-1)^{n-1} a_n$ は収束する．一方，$a_n = \dfrac{1}{2n-1} \geqq \dfrac{1}{2}\dfrac{1}{n}$ で $\sum_{n=1}^{\infty} \dfrac{1}{n}$ は発散するから $\sum_{n=1}^{\infty} a_n$ は発散．したがって，$\sum_{n=1}^{\infty} (-1)^{n-1} a_n$ は条件収束．

(2) $a_n = \sin\dfrac{\pi}{2n}$ とする．$\{a_n\}$ は単調減少で 0 に収束するから，交代級数 $\sum_{n=1}^{\infty} (-1)^{n-1} a_n$ は収束する．$b_n = \dfrac{\pi}{2n}$ とする．$\dfrac{|a_n|}{b_n} \to 1 \;(n \to \infty)$ だから，$\sum_{n=1}^{\infty} |a_n|$ と $\sum_{n=1}^{\infty} \dfrac{\pi}{2n}$ の収束・発散は同時におこる．後者は発散するから，$\sum_{n=1}^{\infty} |a_n|$ は発散．したがって $\sum_{n=1}^{\infty} (-1)^{n-1} a_n$ は条件収束．

(3) $\left|\dfrac{e^n \cos nx}{n!}\right| \leqq \dfrac{e^n}{n!} = a_n$. $\dfrac{a_{n+1}}{a_n} = \dfrac{e}{n+1} \to 0 < 1 \;(n \to \infty)$.

$\sum_{n=1}^{\infty} a_n$ は収束するから, $\sum_{n=1}^{\infty} a_n \cos nx$ は絶対収束.

(4) $\sum_{n=1}^{\infty} \dfrac{1}{n^p}$ は $p>1$ なら収束. したがって $\sum_{n=1}^{\infty} \dfrac{(-1)^{n-1}}{n^p}$ は絶対収束. $p \leqq 1$ なら $\sum_{n=1}^{\infty} \dfrac{1}{n^p}$ は発散. $0 < p \leqq 1$ のとき, $\{1/n^p\}$ は単調減少で $1/n^p \to 0$ $(n \to \infty)$. したがって交代級数 $\sum_{n=1}^{\infty}(-1)^{n-1}/n^p$ は収束. ゆえに $\sum_{n=1}^{\infty}(-1)^{n-1}/n^p$ は条件収束. $p \leqq 0$ のとき, $1/n^p = n^{-p} \geqq 1$ より $1/n^p \not\to 0$ $(n \to \infty)$ だから, $\sum_{n=1}^{\infty}(-1)^{n-1}/n^p$ は発散.

(5) $a_n = \log\left(1 + \dfrac{1}{n^p}\right)$ とする. $p > 0$ のとき, $\dfrac{a_n}{(1/n^p)} \to 1$ $(n \to \infty)$ だから, $\sum_{n=1}^{\infty} a_n$ と $\sum_{n=1}^{\infty} 1/n^p$ の収束・発散は同時におこる. ゆえに $p > 1$ なら $\sum_{n=1}^{\infty} a_n$ は収束. したがって $\sum_{n=1}^{\infty}(-1)^{n-1} a_n$ は絶対収束.
$0 < p \leqq 1$ なら $\sum_{n=1}^{\infty} a_n$ は発散. このとき $\{a_n\}$ は単調減少で $a_n \to 0$. したがって交代級数 $\sum_{n=1}^{\infty}(-1)^{n-1} a_n$ は収束. ゆえに $\sum_{n=1}^{\infty}(-1)^{n-1} a_n$ は条件収束.
$p = 0$ のとき $\sum_{n=1}^{\infty}(-1)^{n-1} a_n$ は明らかに絶対収束.
$p < 0$ のとき $a_n = \log(1 + n^{-p}) \to \infty$ $(n \to \infty)$ だから $\sum_{n=1}^{\infty}(-1)^{n-1} a_n$ は発散.

4 (1) $\sum_{n=0}^{\infty} x^{2n}$ は公比 x^2 の等比級数だから, $|x^2| < 1$, すなわち $|x| < 1$ のときのみ収束. したがって $r = 1$ で収束域は $(-1, 1)$.

(2) $a_n = (-1)^n \dfrac{\log n}{n}$ とする. $|a_{n+1}/a_n| \to 1$ $(n \to \infty)$ (ロピタルの定理を用いた). ゆえに収束半径は $r = 1$.
$x = 1$ のとき, $\{|a_n|\}$ は単調減少で 0 に収束するから $\sum_{n=2}^{\infty} a_n x^n$ は収束. $x = -1$ のとき, $\sum_{n=2}^{\infty} \dfrac{\log n}{n}$ は $\dfrac{\log n}{n} \geqq \dfrac{1}{n}$ $(n \geqq 3)$ だから発散. したがって収束域は $(-1, 1]$.

(3) $a_n = \left(\dfrac{n}{n+1}\right)^{n^2}$ とする.
$$\sqrt[n]{a_n} = \left(\dfrac{n}{n+1}\right)^n = \dfrac{1}{(1+1/n)^n} \to \dfrac{1}{e} \quad (n \to \infty)$$
より $r = e$. $x = \pm e$ のとき,
$$\sqrt[n]{|a_n(\pm e)^n|} = \sqrt[n]{a_n}\, e \to 1 \neq 0 \quad (n \to \infty)$$
だから, $\sum_{n=1}^{\infty} a_n(\pm e)^n$ は発散. したがって収束域は $(-e, e)$.

(4) $a_n = 1/n^p$ とする. $a_{n+1}/a_n \to 1$ $(n \to \infty)$ だから, 収束半径は $r = 1$. $p > 1$ のとき, $x = \pm 1$ とすると $\sum_{n=1}^{\infty} |x^n/n^p| = \sum_{n=1}^{\infty} 1/n^p$ は収束するから, 収束域は $[-1, 1]$. $0 < p < 1$ のとき, $x = 1$ なら $\sum_{n=1}^{\infty} x^n/n^p = \sum_{n=1}^{\infty} 1/n^p$ は発散.
$x = -1$ のとき, 交代級数 $\sum_{n=1}^{\infty} x^n/n^p = \sum_{n=1}^{\infty} (-1)^n/n^p$ は収束するから, 収束域は $[-1, 1)$.

(5) $a_n = (-1)^{n-1} n^2/3^n$ とする. $|a_{n+1}/a_n| \to 1/3$ $(n \to \infty)$ だから $\sum_{n=1}^{\infty} a_n x^{2n-1}$ の収束半径は $r = \sqrt{3}$. $x = \pm\sqrt{3}$ のとき, $|a_n(\pm\sqrt{3})^{2n}| \geqq 1$ だから $\sum_{n=1}^{\infty} a_n(\pm\sqrt{3})^n x^{2n}$ は発散. したがって $\sum_{n=1}^{\infty} a_n(\pm\sqrt{3})^n x^{2n-1}$ は発散するから, 収束域は $(-\sqrt{3}, \sqrt{3})$.

5 (1) $(\tan^{-1} x)' = \dfrac{1}{1+x^2} = 1 - x^2 + x^4 - \cdots + (-1)^n x^{2n} + \cdots = \sum_{n=0}^{\infty}(-1)^n x^{2n}$ $(|x| < 1)$.
したがって $|x| < 1$ のとき, 項別積分の定理から,
$$\tan^{-1} x = \int_0^x \dfrac{dt}{1+t^2} = \int_0^x \left(\sum_{n=0}^{\infty}(-1)^n t^{2n}\right) dt = \sum_{n=0}^{\infty}(-1)^n \int_0^x t^{2n} dt = \sum_{n=0}^{\infty}(-1)^n \dfrac{x^{2n+1}}{2n+1}.$$

(2) (1) より,

$$\tan^{-1} x = \sum_{n=1}^{\infty} (-1)^{n-1} \frac{x^{2n-1}}{2n-1} \quad (-1 < x < 1).$$

右辺の整級数で $x=1$ とおくと，$\sum_{n=1}^{\infty} \frac{(-1)^{n-1}}{2n-1} \cdot \left\{\frac{1}{2n-1}\right\}$ は減少数列で 0 に収束するからこの級数は収束．したがってアーベルの定理より，

$$\sum_{n=1}^{\infty} \frac{(-1)^{n-1}}{2n-1} = \lim_{x \to 1-0} \sum_{n=1}^{\infty} (-1)^{n-1} \frac{x^{2n-1}}{2n-1} = \lim_{x \to 1-0} \tan^{-1} x = \tan^{-1} 1 = \frac{\pi}{4}.$$

6 (1) $\cosh x = \frac{1}{2}(e^x + e^{-x})$. $-\infty < x < \infty$ に対して

$$e^x = 1 + \frac{x}{1!} + \frac{x^2}{2!} + \cdots + \frac{x^n}{n!} + \cdots,$$

$$e^{-x} = 1 - \frac{x}{1!} + \frac{x^2}{2!} - \cdots + (-1)^n \frac{x^n}{n!} + \cdots.$$

$$\therefore \cosh x = \frac{1}{2}(e^x + e^{-x}) = 1 + \frac{x^2}{2!} + \frac{x^4}{4!} + \cdots + \frac{x^{2n}}{(2n)!} + \cdots \quad (-\infty < x < \infty).$$

(2) $(1+x)e^x = e^x + xe^x$

$$= \left(1 + \frac{x}{1!} + \frac{x^2}{2!} + \cdots + \frac{x^n}{n!} + \cdots\right) + \left(x + \frac{x^2}{1!} + \frac{x^3}{2!} + \cdots + \frac{x^{n+1}}{n!} + \cdots\right)$$

$$= 1 + \left(1 + \frac{1}{1!}\right)x + \left(\frac{1}{1!} + \frac{1}{2!}\right)x^2 + \cdots + \left(\frac{1}{(n-1)!} + \frac{1}{n!}\right)x^n + \cdots$$

$$= 1 + 2x + \frac{3}{2}x^2 + \cdots + \frac{n+1}{n!}x^n + \cdots \quad (|x| < \infty).$$

(3) $\log(1 + 3x + 2x^2) = \log(1+x)(1+2x) = \log(1+x) + \log(1+2x)$,

$$\log(1+x) = x - \frac{x^2}{2} + \frac{x^3}{3} - \cdots + (-1)^{n-1}\frac{x^n}{n} + \cdots \quad (|x| < 1),$$

$$\log(1+2x) = 2x - \frac{(2x)^2}{2} + \frac{(2x)^3}{3} - \cdots + (-1)^{n-1}\frac{(2x)^n}{n} + \cdots \quad (|2x| < 1).$$

$$\therefore \log(1 + 3x + x^2) = (1 + 2^1)x - \frac{1+2^2}{2}x^2 + \frac{1+2^3}{3}x^3 - \cdots$$
$$+ (-1)^{n-1}\frac{1+2^n}{n}x^n + \cdots \quad (|x| < 1/2).$$

(4) $\sin x = \frac{x}{1!} - \frac{x^3}{3!} + \frac{x^5}{5!} - \cdots + (-1)^{n-1}\frac{x^{2n-1}}{(2n-1)!} + \cdots \quad (|x| < \infty),$

$$\frac{1}{1-x^2} = 1 + x^2 + x^4 + \cdots + x^{2n} + \cdots \quad (|x| < 1).$$

これらは絶対収束する．ゆえに，その積はコーシー乗積に一致するから

$$\frac{\sin x}{1-x^2} = \frac{1}{1!}x + \left(\frac{1}{1!} - \frac{1}{3!}\right)x^3 + \left(\frac{1}{1!} - \frac{1}{3!} + \frac{1}{5!}\right)x^5 + \cdots$$
$$+ \left(\frac{1}{1!} - \frac{1}{3!} + \cdots + (-1)^{n-1}\frac{1}{(2n-1)!}\right)x^{2n-1} + \cdots \quad (|x| < 1).$$

(5) 前問 5(1) より，

$$\tan^{-1} x = x - \frac{x^3}{3} + \frac{x^5}{5} - \cdots + (-1)^{n-1}\frac{x^{2n-1}}{2n-1} + \cdots \quad (|x| < 1).$$

また，

$$\frac{1}{1-x^2} = 1 + x^2 + x^4 + \cdots + x^{2n} + \cdots \quad (|x| < 1).$$

これらは絶対収束するから，その積はコーシー乗積に一致．

$$\therefore \ \frac{\tan^{-1} x}{1-x^2} = x + \left(\frac{1}{1} - \frac{1}{3}\right)x^3 + \left(\frac{1}{1} - \frac{1}{3} + \frac{1}{5}\right)x^5 + \cdots$$
$$+ \left\{\frac{1}{1} - \frac{1}{3} + \cdots + (-1)^{n-1}\frac{1}{2n-1}\right\}x^{2n-1} + \cdots \ (|x| < 1).$$

7 $\sum_{n=1}^{\infty} a_n$ が収束するから，$a_n \to 0$．したがってある番号 n_0 以上の n に対して $|a_n| < 1$．このとき $a_n^2 \leqq |a_n|$ で $\sum_{n=1}^{\infty} |a_n|$ は収束するから，$\sum_{n=1}^{\infty} a_n^2$ は収束．

8 (1) $\sqrt{a_n a_{n+1}} \leqq \dfrac{a_n + a_{n+1}}{2}$．$\sum_{n=1}^{\infty}(a_n + a_{n+1}) = \sum_{n=1}^{\infty} a_n + \sum_{n=1}^{\infty} a_{n+1}$ は収束するから，$\sum_{n=1}^{\infty} \sqrt{a_n a_{n+1}}$ は収束．

(2) (a) $S_{2n} \geqq \sum_{k=1}^{n} 1/k \to \infty \ (n \to \infty)$．したがってこの級数は発散する．

(b) $a_{2n-1} a_{2n} = 1/n^3$ だから，$\sum_{n=1}^{\infty} \sqrt{a_{2n-1} a_{2n}} = \sum_{n=1}^{\infty} 1/n^{3/2}$ は収束する．

9 演習問題 6-B の 7 より $\sum_{n=1}^{\infty} a_n^2$ は収束．また $p > 1/2$ のとき $2p > 1$ だから，$\sum_{n=1}^{\infty} 1/n^{2p}$ は収束する．このときシュワルツの不等式（演習問題 2-B の 19(2)）より，任意の n に対して

$$S_n = \sum_{k=1}^{n} \frac{a_k}{k^p} \leqq \left(\sum_{k=1}^{n} a_k^2\right)^{1/2} \left(\sum_{k=1}^{n} \frac{1}{k^{2p}}\right)^{1/2} \leqq \left(\sum_{k=1}^{\infty} a_k^2\right)^{1/2} \left(\sum_{k=1}^{\infty} \frac{1}{k^{2p}}\right)^{1/2} < \infty$$

となるから $\{S_n\}$ は上に有界．したがって $\sum_{n=1}^{\infty} a_n/n^p$ は収束する．
$p = 1/2$ のとき，$a_n = 1/\sqrt{n}$ とすると，$\sum_{n=1}^{\infty} a_n/n^{1/2} = \sum_{n=1}^{\infty} 1/n$ は発散する．

10 $S_{2n} = \sum_{k=1}^{2n} a_k = \sum_{k=1}^{n} \left(\frac{1}{k} - \frac{1}{2k}\right) = \sum_{k=1}^{n} \frac{1}{2k} \to \infty \ (n \to \infty)$．

したがって $\sum_{k=1}^{\infty}$ は発散する．

11 (1) $|x| < r = 1/l$ とすると，$l|x| = \lim_{N \to \infty} \sup_{n \geqq N} \sqrt[n]{|a_n x^n|} < 1$．
$l|x| < q < 1$ となる q をとると，ある番号 N に対して $n \geqq N$ ならば $\sqrt[n]{|a_n x^n|} < q$，したがって $|a_n x^n| < q^n$．$\sum_{n=0}^{\infty} q^n$ は収束するから，$\sum_{n=0}^{\infty} |a_n x^n|$ は収束，すなわち $\sum_{n=0}^{\infty} a_n x^n$ は絶対収束する．$|x| > r = 1/l$ とすると，ある番号 N_0 に対して $N \geqq N_0$ ならば $\sup_{n \geqq N} \sqrt[n]{|a_n x^n|} > 1$．これより無数の n に対して $|a_n x^n| > 1$ となり $a_n x^n \not\to 0$ だから，$\sum_{n=0}^{\infty} a_n x^n$ は発散．以上から，r は $\sum_{n=0}^{\infty} a_n x^n$ の収束半径．

(2) $\sum_{n=0}^{\infty} x^{n^2} = 1 + x + x^4 + x^9 + \cdots$ における係数を a_n とすると，$a_n = 1 \ (n = m^2)$，$a_n = 0 \ (n \neq m^2)$．これより任意の N に対して

$$\sup_{n \geqq N} a_n = 1. \quad \therefore \ r = \frac{1}{\lim_{N \to \infty} \sup_{n \geqq N} a_n} = 1.$$

12 (1) $\{\log(x + \sqrt{1+x^2})\}' = \dfrac{1}{\sqrt{1+x^2}}$．例題 6.23(1) より $-1 < x < 1$ のとき

$$\frac{1}{\sqrt{1+x}} = 1 - \frac{1}{2}x + \frac{1 \cdot 3}{2 \cdot 4}x^2 - \cdots + (-1)^n \frac{1 \cdot 3 \cdots (2n-1)}{2 \cdot 4 \cdots (2n)}x^n + \cdots.$$

x を x^2 でおきかえて

$$\frac{1}{\sqrt{1+x^2}} = 1 - \frac{1}{2}x^2 + \frac{1\cdot 3}{2\cdot 4}x^4 - \cdots + (-1)^n \frac{1\cdot 3\cdots(2n-1)}{2\cdot 4\cdots(2n)}x^{2n} + \cdots.$$

したがって項別積分の定理より，$-1 < x < 1$ のとき

$$\begin{aligned}\log(x+\sqrt{1+x^2}) &= \int_0^x \frac{dt}{\sqrt{1+t^2}} \\ &= \int_0^x \Big\{ 1 - \frac{1}{2}t^2 + \frac{1\cdot 3}{2\cdot 4}t^4 - \cdots + (-1)^n \frac{1\cdot 3\cdots(2n-1)}{2\cdot 4\cdots(2n)}t^{2n} + \cdots \Big\}dt \\ &= x - \frac{1}{2}\frac{x^3}{3} + \frac{1\cdot 3}{2\cdot 4}\frac{x^5}{5} - \cdots + (-1)^n \frac{1\cdot 3\cdots(2n-1)}{2\cdot 4\cdots(2n)}\frac{x^{2n+1}}{2n+1} + \cdots.\end{aligned}$$

(2) $f^{(n)}(0) = n!\,a_n$ だから，$f'(0) = 1$. 以下 $n \geqq 1$ として，$f^{(2n)}(0) = 0$,

$$\begin{aligned}f^{(2n+1)}(0) &= (-1)^n \frac{1\cdot 3\cdots(2n-1)}{2\cdot 4\cdots(2n)}\frac{1}{2n+1}(2n+1)! \\ &= (-1)^n \frac{1\cdot 3\cdots(2n-1)}{2\cdot 4\cdots(2n)}(2n)!.\end{aligned}$$

索引

あ行

アーベルの定理　190
アステロイド　114

1 次変換　151
陰関数　134, 141
陰関数の極値　141, 143
陰関数の存在定理　134
上に凸　45
上に有界　1, 2
円柱座標変換　161
凹　45

か行

カージオイド　115
開区間　10
開集合　121
外点　121
回転体　164
下界　1
下限　1
カテーナリー　115
関数項級数　188
ガンマ関数　106

逆関数　10
逆関数の微分法　22
逆正弦関数　11
逆正接関数　11
逆双曲線関数　19
逆余弦関数　11
級数　172
境界　121
境界点　121
狭義減少　10
狭義増加　10
狭義の単調関数　10
極　112

極限　121
極限値　1, 9, 122
極座標　112
極座標系　112
極座標変換　152, 161
極小　44, 141
極小値　44, 141
極大　44, 141
極大値　44, 141
極値　141
極値点　141
曲面　121
曲面積　164
距離　121
近似列　157
近傍　121

結節点　140
原始関数　60
減少　10
減少数列　2
懸垂線　115

広義積分の存在　106
広義定積分　104
広義 2 重積分　157
広義 2 重積分可能　157
広義の極小　44
広義の極小値　44
広義の極大　44
広義の極大値　44
広義の極値　141
高次導関数　32
高次偏導関数　126
合成関数　133
合成関数の微分法　22
交代級数　181
項別積分の定理　189
項別微分の定理　189
コーシー乗積　190, 199

コーシーの定理　2, 181
コーシーの判定法　175
コーシーの平均値の定理　36
コーシー列　2
孤立点　140
混合偏導関数　126

さ行

サイクロイド　114
最小数　1
最小値　122
最大数　1
最大値　122
三角不等式　3
3 重積分　160
指数関数　11
始線　112
自然対数　11
下に凸　45
下に有界　1, 2
重積分　148
重積分可能　148, 157
収束　1
収束域　188
収束する　172
収束半径　188
シュワルツの不等式　59, 103
上界　1
上極限　202
上限　1
条件収束　181
条件付極値問題　141
商の微分公式　21
剰余項　37
心臓形　115

整級数　37, 188

整級数展開　189
正項級数　174
正則点　134
正値性　94
星芒形　114
正葉曲線　120
積の微分公式　21
積分　60
積分定数　60
積分の正値性　149
積分判定法　174
積分変数　60
接線　134
絶対収束　181
接平面　130
漸化式　61, 96
全区間　10
尖点　140
全微分　130
全微分可能　129, 130
増加　10
増加数列　2
双曲線関数　19

た 行

対数関数　11
対数微分法　22
体積　112
第 n 部分和　172
ダランベールの判定法　175
単調関数　10
単調数列　2
値域　121
置換積分法　61, 95
中間値の定理　10, 122
調和関数　128
定義域　121
定積分　94
テイラーの定理　36, 133
導関数　21, 32
等比級数　172
特異点　134
凸　18, 45

な 行

内点　121
長さ　112
2 項展開　190
2 重積分　148
2 重積分可能　148
2 変数関数　121
ニュートンの方法　53
ネイピアの数　2

は 行

はさみうちの定理　2, 9, 122
発散　1, 9
発散する　172
幅　148
ばら曲線　120
汎調和級数　174
比較判定法　174
被積分関数　60
左極限値　9
左半開区間　10
左微分係数　21
左連続　10
微分　21
微分可能　21, 32, 129, 130
微分係数　21
微分積分学の基本定理　95
不定形の極限　45
不定積分　60
部分積分法　61, 95
部分列　2
平均値の定理　36, 95, 149
閉区間　10
閉集合　121
閉領域　121
ベータ関数　106
ヘルダーの不等式　59, 103
変曲点　45

変数変換　151
変数変換公式　151, 161
偏導関数　125
偏微分可能　125
偏微分係数　125
法線　130, 134
ボルツァノ-ワイエルシュトラスの定理　2

ま 行

マクローリン級数　37
マクローリン展開　37
マクローリンの定理　36, 133
右極限値　9
右半開区間　10
右微分係数　21
右連続　10
ミンコフスキーの不等式　103
無限回微分可能　32
無限回連続微分可能　32
無限級数　172
無限積分　105
無理関数　11
面積　112

や 行

ヤコビアン　151, 161
ヤングの不等式　59, 120
有界　1, 2
有界閉領域　121
有理関数　81

ら 行

ライプニッツの公式　32
ライプニッツの定理　181
ラグランジュの乗数法　141
ラグランジュの剰余　37
ラプラシアン　128
ランダウの記号　129
リーマン和　94, 148

索 引

領域　121
累次積分　150, 160
レムニスケート　120
連珠形　120
連続　10, 122
連続微分可能　32
ロピタルの定理　45
ロルの定理　36

わ 行

和　172

欧 字

C^n 級　32
p 乗平均　59

著者略歴

加 藤 幹 雄
(かとう みきお)
1974 年 広島大学大学院理学研究科修士課程修了
現　在　九州工業大学名誉教授　理学博士

柳　研 二 郎
(やなぎ けんじろう)
1976 年 東京工業大学大学院理工学研究科修士課程修了
現　在　城西大学客員教授
　　　　山口大学名誉教授　理学博士

三 谷 健 一
(みたに けんいち)
2004 年 新潟大学大学院自然科学研究科博士後期課程修了
現　在　岡山県立大学情報工学部准教授　博士（理学）

高 橋 泰 嗣
(たかはし やすじ)
1971 年 岡山大学大学院理学研究科修士課程修了
　　　　岡山県立大学名誉教授　理学博士
2017 年 逝去

数学基礎コース＝H 別巻 1

詳解 微分積分演習
―基礎から本質の確かな理解へ―

2016 年　6 月 10 日 ⓒ　　　　　初　版　発　行
2022 年　2 月 25 日　　　　　　初版第 3 刷発行

著　者　加藤幹雄　　　発行者　森平敏孝
　　　　柳研二郎　　　印刷者　篠倉奈緒美
　　　　三谷健一　　　製本者　小西惠介
　　　　高橋泰嗣

発行所　　株式会社　サ　イ　エ　ン　ス　社

〒151-0051　東京都渋谷区千駄ヶ谷 1 丁目 3 番 25 号
営業☎（03）5474-8500（代）FAX☎（03）5474-8900
編集☎（03）5474-8600（代）振替 00170-7-2387

印刷　（株）ディグ　　　製本　ブックアート

《検印省略》

本書の内容を無断で複写複製することは、著作者および
出版者の権利を侵害することがありますので、その場合
にはあらかじめ小社あて許諾をお求め下さい。

ISBN978-4-7819-1381-0
PRINTED IN JAPAN

サイエンス社のホームページのご案内
http://www.saiensu.co.jp
ご意見・ご要望は
rikei@saiensu.co.jp　まで．